COLLECTION

DE

MÉMOIRES

RELATIFS A LA

PHYSIQUE.

TOME III.

COLLECTION

DE

MÉMOIRES

RELATIFS A LA

PHYSIQUE,

PUBLIÉS PAR

LA SOCIÉTÉ FRANÇAISE DE PHYSIQUE.

TOME III.

—

MÉMOIRES SUR L'ÉLECTRODYNAMIQUE.

SECONDE PARTIE.

PARIS,

GAUTHIER-VILLARS, IMPRIMEUR-LIBRAIRE

DU BUREAU DES LONGITUDES, DE L'ÉCOLE POLYTECHNIQUE,

Quai des Augustins, 55.

—

1887

MÉMOIRES

SUR

L'ÉLECTRODYNAMIQUE.

XXX.

MÉMOIRE SUR LA THÉORIE MATHÉMATIQUE DES PHÉNOMÈNES ÉLECTRO-DYNAMIQUES, UNIQUEMENT DÉDUITE DE L'EXPÉRIENCE,

DANS LEQUEL SE TROUVENT RÉUNIS LES MÉMOIRES QUE M. AMPÈRE A COMMUNIQUÉS A L'ACADÉMIE ROYALE DES SCIENCES, DANS LES SÉANCES DES 4 ET 26 DÉCEMBRE 1820, 10 JUIN 1822, 22 DÉCEMBRE 1823, 12 SEPTEMBRE ET 28 NOVEMBRE 1825 (1).

L'époque que les travaux de Newton ont marquée dans l'histoire des Sciences n'est pas seulement celle de la plus importante des découvertes que l'homme ait faites sur les causes des grands phénomènes de la nature, c'est aussi l'époque où l'esprit humain s'est ouvert une nouvelle route dans les sciences qui ont pour objet l'étude de ces phénomènes.

---

(1) *Mémoires de l'Académie des Sciences* [2], t. VI, p. 175-388; 1823. Ce Volume, bien que portant la date de 1823, n'a paru qu'en 1827.

Ce Mémoire, dans lequel se trouve exposée d'une manière méthodique l'Œuvre à peu près complète d'Ampère, n'est, dans beaucoup de parties, que la reproduction, le plus souvent textuelle, de publications antérieures, notamment pour ce qui concerne les Mémoires lus à l'Académie le 22 décembre 1823 et le 12 septembre 1825.

Le Mémoire du 22 décembre 1823 a été publié dans les *Annales de Chimie et de Physique* [2], t. XXVI, p. 134-162 et 246-258, sous le titre de : *Mémoire sur les phénomènes électro-dynamiques,* et dans l'Opuscule intitulé : *Précis de la théorie des phénomènes électro-dynamiques,* par M. Ampère, *pour servir de supplément à son Recueil d'observations électro-dynamiques et au Manuel d'Électricité de M. Demonferrand,* Paris, Crochard et Bachelier, 1824 (67 pages). Le *Précis,*

Jusqu'alors on en avait presque exclusivement cherché les causes dans l'impulsion d'un fluide inconnu qui entraînait les particules matérielles suivant la direction de ses propres particules; et partout où l'on voyait un mouvement révolutif, on imaginait un tourbillon dans le même sens.

Newton nous a appris que cette sorte de mouvement doit, comme tous ceux que nous offre la nature, être ramenée par le calcul à des forces agissant toujours entre deux particules matérielles suivant la droite qui les joint, de manière que l'action exercée par l'une d'elles sur l'autre soit égale et opposée à celle que cette dernière exerce en même temps sur la première, et qu'il ne puisse, par conséquent, lorsqu'on suppose ces deux particules liées invariablement entre elles, résulter aucun mouvement de leur action mutuelle. C'est cette loi, confirmée aujourd'hui par toutes les observations, par tous les calculs, qu'il exprima dans le dernier des trois axiomes (¹) qu'il plaça au commencement des *Philosophiæ naturalis principia mathematica*. Mais il ne suffisait pas de s'être élevé à cette haute conception, il fallait trouver suivant quelle loi ces forces varient avec la situation respective des particules entre lesquelles elles s'exercent, ou, ce qui revient au même, en exprimer la valeur par une formule.

Newton fut loin de penser qu'une telle loi pût être inventée en partant de considérations abstraites plus ou moins plausibles. Il établit qu'elle devait être déduite des faits observés, ou plutôt de ces lois empiriques qui, comme celles de Kepler, ne sont que les résultats généralisés d'un grand nombre de faits.

---

sauf l'addition de trois Notes, importantes d'ailleurs, n'est qu'un tirage à part de l'article des *Annales*. (*Voir* l'analyse de ce Mémoire, t. II, art. XXIX.)

Le Mémoire du 12 septembre 1825, *Mémoire sur une nouvelle expérience électro-dynamique, sur son application à la formule qui représente l'action mutuelle de deux éléments de deux conducteurs voltaïques, et sur de nouvelles conséquences déduites de cette formule*, a été inséré dans les *Annales de Chimie et de Physique* [1], t. XXIX, p. 381, et t. XXX, p. 24-41.

On a jugé inutile de réimprimer ces Mémoires qui auraient fait double emploi avec le Mémoire actuel, pensant qu'il suffirait d'indiquer au fur et à mesure les passages empruntés à chacun d'eux, et de reproduire dans des notes les variantes et les passages supprimés qui présenteraient quelque intérêt. (J.)

(¹) *Actioni contrariam semper et æqualem esse reactionem : sive corporum duorum actiones in se mutuo semper esse æquales et in partes contrarias dirigi* (J.)

Observer d'abord les faits, en varier les circonstances autant qu'il est possible, accompagner ce premier travail de mesures précises pour en déduire des lois générales, uniquement fondées sur l'expérience, et déduire de ces lois, indépendamment de toute hypothèse sur la nature des forces qui produisent les phénomènes, la valeur mathématique de ces forces, c'est-à-dire la formule qui les représente, telle est la marche qu'a suivie Newton. Elle a été, en général, adoptée en France par les savants auxquels la Physique doit les immenses progrès qu'elle a faits dans ces derniers temps, et c'est elle qui m'a servi de guide dans toutes mes reches sur les phénomènes électro-dynamiques. J'ai consulté uniquement l'expérience pour établir les lois de ces phénomènes, et j'en ai déduit la formule qui peut seule représenter les forces auxquelles ils sont dus; je n'ai fait aucune recherche sur la cause même qu'on peut assigner à ces forces, bien convaincu que toute recherche de ce genre doit être précédée de la connaissance purement expérimentale des lois, et de la détermination, uniquement déduite de ces lois, de la valeur des forces élémentaires dont la direction est nécessairement celle de la droite menée par les points matériels entre lesquels elles s'exercent. C'est pour cela que j'ai évité de parler des idées que je pouvais avoir sur la nature de la cause de celles qui émanent des conducteurs voltaïques, si ce n'est dans les Notes qui accompagnent l'*Exposé sommaire des nouvelles expériences électro-magnétiques faites par plusieurs physiciens depuis le mois de mars* 1821, que j'ai lu dans la séance publique de l'Académie des Sciences, le 8 avril 1822; on peut voir ce que j'en ai dit dans ces Notes à la page 215 de mon *Recueil d'observations électro-dynamiques*(¹). Il ne paraît pas que cette marche, la seule qui puisse conduire à des résultats indépendants de toute hypothèse, soit préférée par les physiciens du reste de l'Europe, comme elle l'est par les Français; et le savant illustre qui a vu le premier les pôles d'un aimant transportés par l'action d'un fil conducteur dans des directions perpendiculaires à celles de ce fil en a conclu que la matière électrique tournait autour de lui et poussait ces pôles dans le sens de son mouvement, précisément comme Descartes faisait tourner la matière de ses tour-

(¹) Tome II, art. XVIII, p. 250. (J.)

billons dans le sens des révolutions planétaires ([1]). Guidé par les principes de la philosophie newtonienne, j'ai ramené le phénomène observé par M. Oersted, comme on l'a fait à l'égard de tous ceux du même genre que nous offre la nature, à des forces agissant toujours suivant la droite qui joint les deux particules entre lesquelles elles s'exercent; et si j'ai établi que la même disposition ou le même mouvement de l'électricité qui existe dans le fil conducteur a lieu aussi autour des particules des aimants, ce n'est certainement pas pour les faire agir par impulsion à la manière d'un tourbillon, mais pour calculer, d'après ma formule, les forces qui en résultent entre ces particules et celles d'un conducteur ou d'un autre aimant, suivant les droites qui joignent deux à deux les particules dont on considère l'action mutuelle, et pour montrer que les résultats du calcul sont complètement vérifiés, 1° par les expériences que j'ai faites, et par celles qu'on doit à M. Pouillet sur la détermination précise des situations où il faut que se trouve un conducteur mobile, pour qu'il reste en équilibre lorsqu'il est soumis à l'action, soit d'un autre conducteur, soit d'un aimant; 2° par l'accord de ces résultats avec les lois que Coulomb et M. Biot ont déduites de leurs expériences, le premier relativement à l'action mutuelle de deux aimants, le second à celle d'un aimant et d'un fil conducteur.

Le principal avantage des formules qui sont ainsi conclues immédiatement de quelques faits généraux, donnés par un nombre suffisant d'observations pour que la certitude n'en puisse être contestée, est de rester indépendantes, tant des hypothèses dont leurs auteurs ont pu s'aider dans la recherche de ces formules, que de celles qui peuvent leur être substituées dans la suite. L'expression de l'attraction universelle déduite des lois de Kepler ne dépend point des hypothèses que quelques auteurs ont essayé de faire sur une cause mécanique qu'ils voulaient lui assigner. La théorie de la chaleur repose réellement sur des faits généraux donnés immédiatement par l'observation; et l'équation déduite de ces faits, se trouvant confirmée par l'accord des résultats qu'on en tire et de ceux que donne l'expérience, doit être également reçue comme exprimant les vraies lois de la propagation de la

([1]) *Voir* l'art. I du t. II, p. 5. (J.)

chaleur, et par ceux qui l'attribuent à un rayonnement de molécules calorifiques, et par ceux qui recourent, pour expliquer le même phénomène, aux vibrations d'un fluide répandu dans l'espace; seulement, il faut que les premiers montrent comment l'équation dont il s'agit résulte de leur manière de voir, et que les seconds la déduisent des formules générales des mouvements vibratoires; non pour rien ajouter à la certitude de cette équation, mais pour que leurs hypothèses respectives puissent subsister. Le physicien qui n'a point pris de parti à cet égard admet cette équation comme la représentation exacte des faits, sans s'inquiéter de la manière dont elle peut résulter de l'une ou de l'autre des explications dont nous parlons; et si de nouveaux phénomènes et de nouveaux calculs viennent à démontrer que les effets de la chaleur ne peuvent être réellement expliqués que dans le système des vibrations, le grand physicien qui a le premier donné cette équation, et qui a créé pour l'appliquer à l'objet de ses recherches de nouveaux moyens d'intégration, n'en serait pas moins l'auteur de la théorie mathématique de la chaleur, comme Newton est celui de la théorie des mouvements planétaires, quoique cette dernière ne fût pas aussi complètement démontrée par ses travaux qu'elle l'a été depuis par ceux de ses successeurs.

Il en est de même de la formule par laquelle j'ai représenté l'action électro-dynamique. Quelle que soit la cause physique à laquelle on veuille rapporter les phénomènes produits par cette action, la formule que j'ai obtenue restera toujours l'expression des faits. Si l'on parvient à la déduire d'une des considérations par lesquelles on a expliqué tant d'autres phénomènes, telles que les attractions en raison inverse du carré de la distance, celles qui deviennent insensibles à toute distance appréciable des particules entre lesquelles elles s'exercent, les vibrations d'un fluide répandu dans l'espace, etc., on fera un pas de plus dans cette partie de la Physique; mais cette recherche, dont je ne me suis point encore occupé, quoique j'en reconnaisse toute l'importance, ne changera rien aux résultats de mon travail, puisque, pour s'accorder avec les faits, il faudra toujours que l'hypothèse adoptée s'accorde avec la formule qui les représente si complètement [1].

---

[1] Cette Introduction formait le préambule d'un Mémoire inédit portant la date

Dès que j'eus reconnu (¹) que deux conducteurs voltaïques agissent l'un sur l'autre, tantôt en s'attirant, tantôt en se repoussant, que j'eus distingué et décrit les actions qu'ils exercent dans les différentes situations où ils peuvent se trouver l'un à l'égard de l'autre, et que j'eus constaté l'égalité de l'action qui est exercée par un conducteur rectiligne, et de celle qui l'est par un conducteur sinueux, lorsque celui-ci ne s'éloigne qu'à des distances extrêmement petites de la direction du premier, et se termine, de part et d'autre, aux mêmes points, je cherchai à exprimer par une formule la valeur de la force attractive ou répulsive de deux de leurs éléments, ou parties infiniment petites, afin de pouvoir en déduire, par les méthodes connues d'intégration, l'action qui a lieu entre deux portions de conducteurs données de forme et de situation.

L'impossibilité de soumettre directement à l'expérience des portions infiniment petites du circuit voltaïque oblige nécessairement à partir d'observations faites sur des fils conducteurs de grandeur finie, et il faut satisfaire à ces deux conditions, que les observations soient susceptibles d'une grande précision et qu'elles

---

du 24 novembre 1823, et dont le manuscrit autographe appartient à la Société de Physique. Ce Mémoire, inachevé et présentant des lacunes nombreuses, renferme, mais sous une forme qui n'a pas encore atteint toute sa perfection, les principaux résultats relatifs à l'action d'un circuit fermé sur un élément de courant qui ont été publiés dans le Mémoire du 22 décembre 1823. Ampère y croit nécessaire d'établir une classification des diverses espèces de circuits et de leur attribuer des noms. Voici un extrait de sa classification :

« 1° *Courant corismérique,* un courant dont les différentes parties peuvent se mouvoir séparément, de χωρίς, séparément, μέρος, partie;

» 2° *Courant acorismène,* un courant pris dans son entier et, par conséquent, rentrant sur lui-même en formant une courbe fermée ou infinie dans les deux sens, de ἀ privatif et de κεχωρίσμενος, qui a été séparé, divisé;

» 3° *Portion hypocorismène*, une portion de courant formant à elle seule un circuit presque fermé, d'après la signification du mot ὑπό, dans les mots composés, très peu séparé ou ininterrompu;

» 4° *Portion olocorismène,* une portion de courant qui ne tombe pas dans le cas précédent; ὅλος, dans les mots composés, signifie, comme l'on sait, tout à fait, entièrement;

» 5° *Système électrodynamique invariable,* un assemblage de courants *arregmatiques* dont la situation les uns à l'égard des autres est invariable.

» 6° *Solénoïde électrodynamique,* etc. » (J.)

(¹) Toute cette partie du Mémoire, jusqu'au milieu de la page 12, est empruntée au Mémoire du 10 juin 1822, t. II, art. XIX, p. 270. (J.)

soient propres à déterminer la valeur de l'action mutuelle de deux portions infiniment petites de ces fils. C'est ce qu'on peut obtenir de deux manières : l'une consiste à mesurer d'abord, avec la plus grande exactitude, des valeurs de l'action mutuelle de deux portions d'une grandeur finie, en les plaçant successivement, l'une par rapport à l'autre, à différentes distances et dans différentes positions, car il est évident qu'ici l'action ne dépend pas seulement de la distance; il faut ensuite faire une hypothèse sur la valeur de l'action mutuelle de deux portions infiniment petites, en conclure celle de l'action qui doit en résulter pour les conducteurs de grandeur finie sur lesquels on a opéré, et modifier l'hypothèse jusqu'à ce que les résultats du calcul s'accordent avec ceux de l'observation. C'est ce procédé que je m'étais d'abord proposé de suivre, comme je l'ai expliqué en détail dans un Mémoire lu à l'Académie des Sciences le 9 octobre 1820 (1); et, quoiqu'il ne nous conduise à la vérité que par la voie indirecte des hypothèses, il n'en est pas moins précieux, puisqu'il est souvent le seul qui puisse être employé dans les recherches de ce genre. Un des membres de cette Académie, dont les travaux ont embrassé toutes les parties de la Physique, l'a parfaitement décrit dans la *Notice sur l'aimantation imprimée aux métaux par l'électricité en mouvement*, qu'il nous a lue le 2 avril 1821, en l'appelant un travail, en quelque sorte, de divination, qui est la fin de presque toutes les recherches physiques (2).

Mais il existe une autre manière d'atteindre plus directement le même but; c'est celle que j'ai suivie depuis et qui m'a conduit au résultat que je désirais : elle consiste à constater, par l'expérience, qu'un conducteur mobile reste exactement en équilibre entre des forces égales, ou des moments de rotation égaux, ces forces et ces moments étant produits par des portions de conducteurs fixes dont les formes ou les grandeurs peuvent varier d'une manière quelconque, sous des conditions que l'expérience déter-

---

(1) Ce Mémoire n'a pas été publié à part, mais les principaux résultats en ont été insérés dans celui que j'ai publié en 1820, dans le Tome XV des *Annales de Chimie et de Physique*. (A.)

Voir t. II, art. II, p. 17, et, en particulier pour les essais de mesure dont il s'agit, les pages 29 et suiv.

(2) Voir le *Journal des Savants*, p. 233, avril 1821. (A.)

mine, sans que l'équilibre soit troublé, et d'en conclure directement par le calcul quelle doit être la valeur de l'action mutuelle de deux portions infiniment petites, pour que l'équilibre soit, en effet, indépendant de tous les changements de forme ou de grandeur compatibles avec ces conditions.

Ce dernier procédé ne peut être employé que quand la nature de l'action qu'on étudie donne lieu à des cas d'équilibre indépendants de la forme des corps; il est, par conséquent, beaucoup plus restreint dans ses applications que celui dont j'ai parlé tout à l'heure : mais, puisque les conducteurs voltaïques présentent des circonstances où cette sorte d'équilibre a lieu, il est naturel de le préférer à tout autre, comme plus direct, plus simple, et susceptible d'une plus grande exactitude quand les expériences sont faites avec les précautions convenables. Il y a d'ailleurs, à l'égard de l'action exercée par ces conducteurs, un motif bien plus décisif encore de le suivre dans les recherches relatives à la détermination des forces qui la produisent : c'est l'extrême difficulté des expériences où l'on se proposerait, par exemple, de mesurer ces forces par le nombre des oscillations d'un corps soumis à leurs actions. Cette difficulté vient de ce que, quand on fait agir un conducteur fixe sur une portion mobile du circuit voltaïque, les parties de l'appareil nécessaire pour la mettre en communication, la pile, agissent sur cette portion mobile, en même temps que le conducteur fixe, et altèrent ainsi les résultats des expériences. Je crois cependant être parvenu à la surmonter dans un appareil propre à mesurer l'action mutuelle de deux conducteurs, l'un fixe et l'autre mobile, par le nombre des oscillations de ce dernier et en faisant varier la forme du conducteur fixe. Je décrirai cet appareil dans la suite de ce Mémoire.

Il est vrai qu'on ne rencontre pas les mêmes obstacles quand on mesure de la même manière l'action d'un fil conducteur sur un aimant; mais ce moyen ne peut être employé quand il s'agit de la détermination des forces que deux conducteurs voltaïques exercent l'un sur l'autre, détermination qui doit être le premier objet de nos recherches dans l'étude des nouveaux phénomènes. Il est évident, en effet, que si l'action d'un fil conducteur sur un aimant était due à une autre cause que celle qui a lieu entre deux conducteurs, les expériences faites sur la première ne pourraient rien apprendre relativement à la seconde; et que si les aimants ne doivent leurs propriétés qu'à des courants électriques, entourant chacune de leurs particules, il faudrait, pour pouvoir en tirer des conséquences certaines relativement à l'action qu'exerce sur ces courants celui du fil conducteur, que l'on sût d'avance s'ils ont la même intensité près de la surface de l'aimant et dans son intérieur, ou suivant quelle loi varie cette intensité; si les plans de ces courants sont partout perpendiculaires à l'axe du barreau aimanté, comme je l'avais d'abord supposé, ou si l'action mutuelle des courants d'un même aimant leur donne une situation d'autant plus inclinée à cet axe qu'ils en sont à une plus grande distance et qu'ils s'écartent davantage de son milieu, comme je l'ai conclu depuis de la différence qu'on remarque entre la situation des pôles d'un aimant et celles des points qui jouissent des mêmes propriétés dans un fil conducteur roulé en hélice (¹).

(¹) Je crois devoir insérer ici la Note suivante, qui est extraite de l'*Analyse des travaux de l'Académie pendant l'année* 1821, publiée le 8 avril 1822 (*voir* la partie mathématique de cette Analyse, p. 22 et 23) :

« La principale différence entre la manière d'agir d'un aimant et d'un conducteur voltaïque, dont une partie est roulée en hélice autour de l'autre, consiste en ce que les pôles du premier sont situés plus près du milieu de l'aimant que ses extrémités, tandis que les points qui présentent les mêmes propriétés dans l'hélice sont exactement placés aux extrémités de cette hélice : c'est ce qui doit arriver quand l'intensité des courants de l'aimant va en diminuant de son milieu vers ses extrémités. Mais M. Ampère a reconnu depuis une autre cause qui peut aussi déterminer cet effet. Après avoir conclu de ses nouvelles expériences que les courants électriques d'un aimant existent autour de chacune de ses particules, il lui a été aisé de voir qu'il n'est pas nécessaire de supposer, comme il l'avait fait d'abord, que les plans de ces courants sont partout perpendiculaires à l'axe de l'aimant; leur action mutuelle doit tendre à donner à ces plans une situation inclinée à l'axe, surtout vers ses extrémités, en sorte que les pôles, au lieu d'y être exactement situés, comme ils devraient l'être, d'après les calculs déduits des formules données par M. Ampère, lorsqu'on suppose tous les courants de même intensité et dans des plans perpendiculaires à l'axe, doivent se rapprocher du milieu de l'aimant d'une partie de sa longueur, d'autant plus grande que les plans d'un plus grand nombre de courants sont ainsi inclinés, et qu'ils le sont davantage, c'est-à-dire d'autant plus que l'aimant est plus épais relativement à sa longueur, ce qui est conforme à l'expérience. Dans les fils conducteurs pliés en hélice, et dont une partie revient par l'axe pour détruire l'effet de la partie des courants de chaque spire qui agit comme s'ils étaient parallèles à cet axe, les deux circonstances qui, d'après ce que nous venons de dire, n'ont pas nécessairement lieu dans les aimants, existent, au contraire, nécessairement dans ces fils; aussi observe-t-on que les hélices ont des pôles semblables à ceux des

Les divers cas d'équilibre que j'ai constatés par des expériences précises donnent immédiatement autant de lois qui conduisent directement à l'expression mathématique de la force que deux éléments de conducteurs voltaïques exercent l'un sur l'autre, d'abord en faisant connaître la forme de cette expression, ensuite en déterminant les nombres constants, mais d'abord inconnus, qu'elle renferme, précisément comme les lois de Kepler démontrent d'abord que la force qui retient les planètes dans leurs orbites tend constamment au centre du Soleil, puis qu'elle change pour une même planète en raison inverse du carré de sa distance à ce centre, enfin, que le coefficient constant qui en représente l'intensité a la même valeur pour toutes les planètes. Ces cas d'équilibre sont au nombre de quatre : le premier démontre l'égalité des valeurs absolues de l'attraction et de la répulsion qu'on produit en faisant passer alternativement, en deux sens opposés, le même courant dans un conducteur fixe dont on ne change ni la situation, ni la distance au corps sur lequel il agit. Cette égalité résulte de la simple observation que deux portions égales d'un même fil conducteur, recouvertes de soie pour en empêcher la communication, et toutes deux rectilignes ou tordues ensemble, de manière à former l'une autour de l'autre deux hélices dont toutes les parties sont égales et qui sont parcourues par un même courant électrique, l'une dans un sens et l'autre en sens contraire, n'exercent aucune action, soit sur un conducteur mobile, soit sur un aimant; on peut aussi la constater à l'aide du conducteur mobile

---

aimants, mais placés exactement à leurs extrémités, comme le donne le calcul. »

On voit par cette Note que, dès l'année 1821, j'avais conclu des phénomènes que présentent les aimants : 1° qu'en considérant chaque particule d'un barreau aimanté comme un aimant, les axes de ces aimants élémentaires doivent être, non pas parallèles à l'axe de l'aimant total, comme on le supposait alors, mais situés dans des directions inclinées à cet axe et dans des directions déterminées par leur action mutuelle; 2° que cette disposition est une des causes pour lesquelles les pôles de l'aimant total ne sont pas situés à ses extrémités, mais entre les extrémités et le milieu de l'aimant. L'une et l'autre de ces assertions se trouvent aujourd'hui complètement démontrées par les résultats que M. Poisson a déduits des formules par lesquelles il a représenté la distribution, dans les aimants, des forces qui émanent de chacune de leurs particules. Ces formules sont fondées sur la loi de Coulomb, et il n'y a, par conséquent, rien à y changer quand on adopte la manière dont j'ai expliqué les phénomènes magnétiques, puisque cette loi est une conséquence de ma formule, comme on le verra dans la suite de ce Mémoire.

(A.)

qu'on voit dans la *fig.* 9 de la *Pl. I* du Tome XVIII des *Annales de Chimie et de Physique,* relative à la description d'un de mes appareils électrodynamiques, et qui est représenté ici (*fig.* 1). On

Fig. 1.

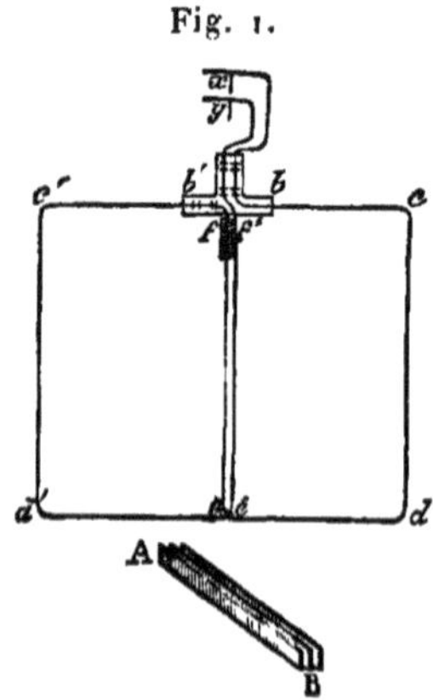

place pour cela, un peu au-dessous de la partie inférieure $dee'd'$ de ce conducteur, et dans une direction quelconque, un conducteur rectiligne horizontal plusieurs fois redoublé AB, de manière que le milieu de sa longueur et de son épaisseur soit dans la verticale qui passe par les pointes x, y, autour desquelles tourne librement le conducteur mobile. On voit alors que ce conducteur reste dans la situation où on le place; ce qui prouve qu'il y a équilibre entre les actions exercées par le conducteur fixe sur les deux portions égales et opposées de circuit voltaïque $bcde$, $b'c'd'e'$, qui ne diffèrent que parce que, dans l'une, le courant électrique va en s'approchant du conducteur fixe AB, et dans l'autre en s'en éloignant, quel que soit d'ailleurs l'angle formé par la direction de ce dernier conducteur avec le plan du conducteur mobile : or, si l'on considère d'abord les deux actions exercées entre chacune de ces portions de circuit voltaïque et la moitié du conducteur AB dont elle est la plus voisine, et ensuite les deux actions entre chacune d'elles et la moitié du même conducteur dont elle est la plus éloignée, on verra aisément : 1° que l'équilibre dont nous venons de parler ne peut avoir lieu pour toutes les valeurs de cet angle, qu'autant qu'il y a séparément équilibre entre les deux premières actions et les deux dernières; 2° que si l'une des deux premières est attractive, parce que les côtés de l'angle aigu formé par les portions de conducteurs entre lesquelles elle a lieu sont parcourus dans le même sens par le courant électrique, l'autre sera répulsive parce qu'elle aura lieu entre les deux côtés de l'angle égal opposé au sommet, qui sont parcourus en sens contraires par le même courant; en sorte qu'il faudra d'abord, pour qu'il y ait équilibre entre elles, que ces deux premières actions, qui tendent à faire tourner le conducteur mobile, l'une dans un sens, l'autre dans le sens opposé, soient égales entre elles, et ensuite que les deux dernières actions, l'une attractive et l'autre répulsive, qui s'exercent entre les côtés des deux angles obtus opposés au sommet et suppléments de ceux dont nous venons de parler, soient aussi égales entre elles. Il est inutile de remarquer que ces actions sont réellement les sommes des produits des forces qui agissent sur chaque portion infiniment petite du conducteur mobile, multipliées par leur distance à la verticale autour de laquelle il peut librement tourner; mais, comme les distances à cette verticale des portions infiniment petites correspondantes des deux branches *bcde*, *b'c'd'e'* sont toujours égales entre elles, l'égalité des moments rend nécessaire celle des forces.

Le second des trois cas généraux d'équilibre est celui que j'ai remarqué à la fin de l'année 1820; il consiste dans l'égalité des actions exercées sur un conducteur rectiligne mobile, par deux conducteurs fixes situés à égales distances du premier et dont l'un est rectiligne, l'autre plié et contourné d'une manière quelconque, quelles que soient d'ailleurs les sinuosités que forme ce dernier. Voici la description (¹) de l'appareil avec lequel j'ai vérifié l'égalité des deux actions par des expériences susceptibles d'une grande précision, et dont j'ai communiqué les résultats à l'Académie, dans la séance du 26 décembre 1820.

Les deux règles verticales en bois, PQ, RS (*fig.* 2), portent, dans des rainures pratiquées sur celles de leurs faces qui se trouvent en regard, la première un fil rectiligne *bc*, la seconde un fil *kl* formant, dans toute sa longueur et dans un plan perpendiculaire au plan qui joindrait les deux axes des règles, des contours et des replis tels que ceux qu'on voit dans la figure, le long de la règle

(¹) Cette description est empruntée textuellement à l'*Exposé sommaire*, etc., t. II, art. XVIII, p. 258. (J.)

RS, de manière que ce fil ne s'éloigne, en aucun de ces points, que très peu du milieu de la rainure.

Ces deux fils sont destinés à servir de conducteurs à deux portions d'un même courant, que l'on fait agir par répulsion sur la partie GH d'un conducteur mobile, composé de deux circuits rectangulaires presque fermés et égaux, BCDE, FGHI, qui sont par-

Fig. 2.

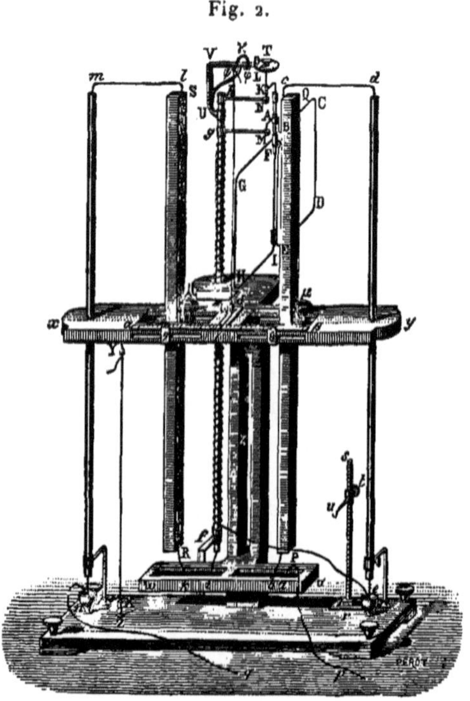

courus en sens contraires par le courant électrique, afin que les actions que la terre exerce sur ces deux circuits se détruisent mutuellement. Aux deux extrémités de ce conducteur mobile sont deux pointes A et K qui plongent dans les coupes M et N, pleines de mercure, et soudées aux extrémités des deux branches de cuivre *g*M, *h*N. Ces branches sont en communication, par les boîtes de cuivre *g* et *h*, la première avec un fil de cuivre *gfe*, plié en hélice autour du tube de verre *hgf*, l'autre avec un fil rectiligne *hi* qui passe dans l'intérieur du même tube et se termine dans l'auge *ki*, creusée dans une pièce de bois *vw* qu'on fixe à la hauteur que l'on veut, contre le montant *z*, avec la vis de pression *o*. D'après l'expérience dont j'ai parlé plus haut, cette portion du circuit composée de l'hélice *gf* et du fil rectiligne *hi*, ne peut exercer aucune action sur le conducteur mobile. Pour que le courant électrique passe dans les conducteurs fixes *bc* et *kl*, les fils dont ces conducteurs sont formés se prolongent en *cde*, *lmn* dans deux tubes de verre (¹) attachés à la traverse *xy*, et viennent se terminer, le premier dans la coupe *e* et le second dans la coupe *n*. Tout étant ainsi disposé, on met du mercure dans toutes les coupes et dans les deux auges *ba*, *ki*, et l'on plonge le rhéophore positif *pa* dans l'auge *ba*, qui est aussi creusée dans la pièce de bois *vv*, et le rhéophore négatif *qn* dans la coupe *n*. Le courant parcourt tous les conducteurs de l'appareil dans l'ordre suivant : *pabcdefg*MABCDEFGHIKN*hiklmnq*; d'où il résulte qu'il est ascendant dans les deux conducteurs fixes, et descendant dans la partie GH du conducteur mobile qui est soumise à leur action, et qui se trouve au milieu de l'intervalle des deux conducteurs fixes dans le plan qui passe par leurs axes. Cette partie GH est donc repoussée par *bc* et *kl* : d'où il suit que, si l'action de ces deux conducteurs est la même à égales distances, GH doit s'arrêter au milieu de l'intervalle qui les sépare; c'est ce qui arrive en effet.

Il est bon de remarquer : 1° que les deux axes des conducteurs fixes étant à égales distances de GH, on ne peut pas dire rigoureusement que la distance est la même pour tous les points du conducteur *kl*, à cause des contours et des replis que forme ce conducteur. Mais, comme ces contours et ces replis sont dans un plan perpendiculaire au plan qui passe par GH et par les axes des conducteurs fixes, il est évident que la différence de distance qui en résulte est la plus petite possible, et d'autant moindre que la moitié de la largeur de la rainure RS, que cette moitié est moindre que l'intervalle des deux règles, puisque cette différence, dans le cas où elle est la plus grande possible, est égale à celle qui se trouve entre le rayon et la sécante d'un arc dont la tangente est égale à la moitié de la largeur de la rainure, et qui appartient à un

(¹) L'usage de ces tubes est d'empêcher la flexion des fils qui y sont renfermés en les maintenant à des distances égales des deux conducteurs *be*, *kl*, afin que leurs actions sur GH qui diminuent celle de ces deux conducteurs les diminuent également. (A.)

cercle dont le diamètre est l'intervalle des deux règles. 2° Que si l'on décompose chaque portion infiniment petite du conducteur kl, comme on décomposerait une force en deux autres petites portions qui en soient les projections, l'une sur l'axe vertical de ce conducteur, l'autre sur des lignes horizontales menées par tous ses points dans le plan où se trouvent les replis et les contours qu'il forme, la somme des premières, en prenant négativement celles qui, ayant une direction opposée à la direction des autres, doivent produire une action en sens contraire, sera égale à la longueur de cet axe ; en sorte que l'action totale, résultant de toutes ces projections, sera la même que celle d'un conducteur rectiligne égal à l'axe, c'est-à-dire à celle du conducteur bc situé de l'autre côté à la même distance de GH, tandis que l'action des secondes sera nulle sur le même conducteur mobile GH, puisque les plans élevés perpendiculairement sur le milieu de chacune d'elles passeront sensiblement par la direction de GH. La réunion de ces deux séries de projections produit donc nécessairement sur GH une action égale à celle de bc ; et, comme l'expérience prouve que le conducteur sinueux kl produit aussi une action égale à celle de bc, quels que soient les replis et les contours qu'il forme, il s'ensuit qu'il agit, dans tous les cas, comme la réunion des deux séries de projections, ce qui ne peut avoir lieu, indépendamment de la manière dont il est plié et contourné, à moins que chacune des parties de ce conducteur n'agisse séparément comme la réunion de ses deux projections.

Pour que cette expérience ait toute l'exactitude désirable, il est nécessaire que les deux règles soient exactement verticales et qu'elles soient précisément à la même distance du conducteur mobile. Pour remplir ces conditions, on adapte une division $\alpha\beta$ à la traverse xy, et l'on fixe les règles avec deux crampons η et ϑ et deux vis de pression λ, μ, ce qui permet de les écarter ou de les rapprocher à volonté, en les maintenant toujours à égale distance du milieu γ de la division $\alpha\beta$. L'appareil est construit de manière que les deux règles sont perpendiculaires à la traverse xy, et l'on rend celle-ci horizontale à l'aide des vis que l'on voit aux quatre coins du pied de l'instrument, et du fil à plomb XY qui répond exactement au point Z, déterminé convenablement sur ce pied, quand la traverse xy est parfaitement de niveau.

Pour rendre le conducteur ABCDEFGHIK mobile autour d'une ligne verticale, située à égale distance des deux conducteurs *bc*, *kl*, ce conducteur est suspendu à un fil métallique très fin attaché au centre d'un bouton T, qui peut tourner sur lui-même sans changer de distance à ces deux conducteurs; ce bouton est au centre d'un petit cadran O, sur lequel l'indice L sert à marquer l'endroit où il faut l'arrêter pour que la partie GH du conducteur mobile réponde, sans que le fil soit tordu, au milieu de l'intervalle des deux conducteurs fixes *bc*, *kl*, afin de pouvoir remettre immédiatement l'aiguille dans la direction où il faut qu'elle soit pour cela, toutes les fois qu'on veut répéter l'expérience. On reconnaît que GH est en effet à égale distance de *bc* et de *kl*, au moyen d'un autre fil à plomb $\psi\omega$ attaché à une branche de cuivre $\varphi\chi\psi$ portée comme le cadran O par le support UVO, dans lequel cette branche $\varphi\chi\psi$ peut tourner autour de l'axe du bouton φ qui la termine, ce qui donne la facilité de faire répondre la pointe de l'aplomb ω sur la ligne $\gamma\delta$ milieu de la division $\alpha\beta$. Quand le conducteur est dans la position convenable, les trois verticales $\psi\omega$, GH et CD se trouvent dans le même plan, et l'on s'en assure aisément en plaçant l'œil dans ce plan en avant de $\psi\omega$.

Le conducteur mobile se trouve ainsi placé d'avance dans la situation où il doit y avoir équilibre entre les répulsions des deux conducteurs fixes, si ces répulsions sont exactement égales : on les produit alors en plongeant dans le mercure de l'auge *ba* et de la coupe *n* les fils *ap*, *nq*, qui communiquent avec les deux extrémités de la pile, et l'on voit le conducteur GH rester dans cette situation malgré la grande mobilité de ce genre de suspension, tandis que, si l'on déplace, même très peu, l'indice L, ce qui amène GH dans une situation où il n'est plus à égales distances des conducteurs fixes *bc*, *kl*, on le voit se mouvoir à l'instant où l'on établit les communications avec la pile, en s'éloignant de celui des conducteurs dont il se trouve le plus près. C'est ainsi que j'ai constaté, dans le temps où j'ai fait construire cet instrument, l'égalité des actions des deux conducteurs fixes, par des expériences répétées plusieurs fois avec toutes les précautions nécessaires pour qu'il ne pût rester aucun doute sur leur résultat.

On peut aussi démontrer la même loi par une expérience bien simple : il suffit pour cela de prendre un fil de cuivre revêtu de soie, dont une portion est rectiligne et l'autre est repliée autour d'elle, de manière qu'elle forme des sinuosités quelconques sans se séparer de la première qui en est isolée par la soie qui les recouvre. On constate alors qu'une autre portion de fil conducteur est sans action sur l'assemblage de ces deux portions; et, comme elle le serait également sur l'assemblage de deux fils rectilignes parcourus en sens contraires par un même courant électrique, d'après l'expérience par laquelle on constate de la manière la plus simple le premier cas d'équilibre, il s'ensuit que l'action d'un courant sinueux est précisément égale à celle d'un courant rectiligne compris entre les mêmes extrémités, puisque ces deux actions font l'une et l'autre équilibre à l'action d'un même courant rectiligne de même longueur que ce dernier, mais dirigé en sens contraire (¹).

Le troisième cas d'équilibre consiste en ce qu'un circuit fermé de forme quelconque ne saurait mettre en mouvement une portion quelconque d'un fil conducteur formant un arc de cercle dont le centre est dans un axe fixe, autour duquel il peut tourner librement et qui est perpendiculaire au plan du cercle dont cet arc fait partie (²).

(¹) M. J. Bertrand a montré (*Journal de Physique* [1], t. III, p. 297; 1874) que le théorème des *courants sinueux*, pris par Ampère comme un des quatre théorèmes fondamentaux dont il se sert pour établir sa formule, est une conséquence de l'hypothèse que l'action de deux éléments est dirigée suivant la droite qui les joint et du théorème fourni par le troisième cas d'équilibre, que l'action d'un courant formé sur un élément de courant est toujours normale à l'élément.

« Supposons, ajoute M. Bertrand, qu'Ampère ait vérifié et énoncé d'abord ce dernier théorème et que, par le raisonnement seul, il en ait déduit le théorème des courants sinueux, il aurait pu dire : Si l'action de deux éléments est, comme cela me paraît vraisemblable, dirigée suivant la droite qui les joint, il faut nécessairement qu'un conducteur sinueux exerce la même action qu'un conducteur rectiligne suivant la même direction. L'expérience venant ensuite confirmer cette prévision, n'aurait-elle pas été regardée, avec raison, comme une très forte preuve en faveur de l'hypothèse qui y conduit? L'ordre dans lequel les vérités ont été découvertes et l'époque à laquelle a été signalée leur dépendance mutuelle changent-ils quelque chose à leur probabilité? » (J.)

(²) *Mémoire sur une nouvelle expérience électro-dynamique*, etc., lu à l'Académie royale des Sciences, dans la séance du 12 septembre 1825 (note de la p. 1). Le Mémoire débute par les lignes suivantes : « La manière dont j'ai déterminé la relation des deux coefficients de la formule par laquelle j'ai représenté l'action mutuelle de deux éléments de courants électriques, dans le Mémoire que j'ai lu à l'Académie le 10 juin 1822 (t. II, art. XIX), étant sujette à quelque

Sur un pied TT′ (*fig.* 3), en forme de table, s'élèvent deux colonnes EF, E′F′, liées entre elles par deux traverses LL′, FF′;

Fig. 3.

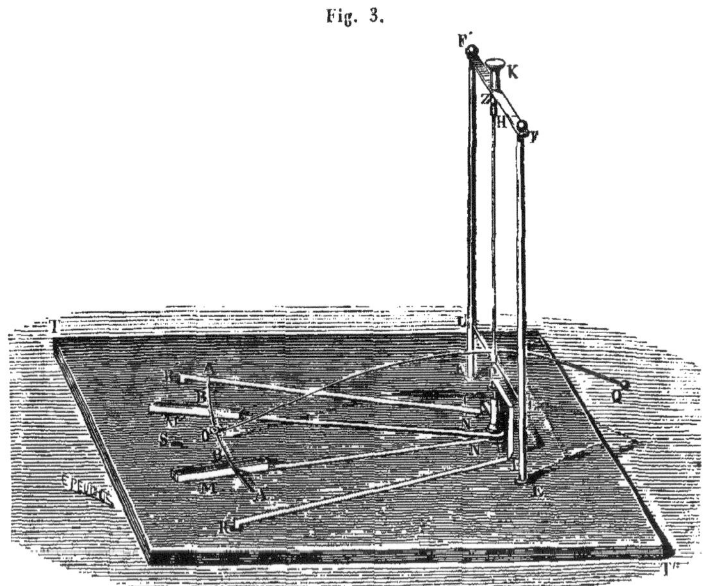

un axe GH est maintenu entre ces deux traverses dans une position verticale. Ses deux extrémités G, H, terminées en pointes aiguës, entrent dans deux trous coniques pratiqués, l'un dans la traverse inférieure LL′, l'autre à l'extrémité d'une vis KZ portée par la traverse supérieure FF′ et destinée à presser l'axe GH sans le forcer. En C est fixé invariablement à cet axe un support QO dont l'extrémité O présente une charnière dans laquelle est engagé par son milieu un arc de cercle AA′ formé d'un fil métallique qui

difficulté, j'ai cherché à établir cette relation d'une manière plus simple et plus directe : j'y suis parvenu aisément à l'aide d'un instrument que je vais d'abord décrire; j'exposerai ensuite quelques nouveaux résultats que j'ai déduits de la même formule. »

Au point de vue pratique, la nouvelle expérience ne paraît pas présenter moins de difficultés que l'ancienne; elle est d'une sensibilité médiocre, à cause des nombreux frottements qui nuisent à la mobilité de l'appareil, les frottements de l'axe et surtout le frottement de l'arc contre le mercure des augets : le mouvement ne commence à s'accuser que pour une assez forte excentricité de l'arc. M. Ettingshausen (*Sitzb. der Wien. Ak.*, p. 12; 1878) a notablement amélioré les conditions de l'expérience en soutenant le levier par une suspension bifilaire. (J.)

reste constamment dans une position horizontale, et qui a pour rayon la distance du point O à l'axe GH. Cet arc est équilibré par un contre-poids Q, afin de diminuer le frottement de l'axe GH dans les trous coniques où ses extrémités sont reçues.

Au-dessous de l'arc AA′ sont disposés deux augets M, M′ pleins de mercure, de telle sorte que la surface du mercure, s'élevant au-dessus des bords, vienne toucher l'arc AA′ en B et B′. Ces deux augets communiquent par des conducteurs métalliques, MN, M′N′, avec des coupes P, P′ pleines de mercure. La coupe P et le conducteur MN qui la réunit à l'auget M sont fixés à un axe vertical qui s'enfonce dans la table de manière à pouvoir tourner librement. La coupe P′, à laquelle est attaché le conducteur M′N′, est traversée par le même axe, autour duquel elle peut tourner aussi indépendamment de l'autre. Elle en est isolée par un tube de verre V qui enveloppe cet axe, et par une rondelle de verre U qui la sépare du conducteur de l'auget M, de manière qu'on peut disposer les conducteurs MN, M′N′ sous l'angle qu'on veut.

Deux autres conducteurs IR, I′R′ attachés à la table plongent respectivement dans les coupes P, P′ et les font communiquer avec des cavités R, R′ creusées dans la table et remplies de mercure. Enfin, une troisième cavité S, pleine également de mercure, se trouve entre les deux autres.

Voici la manière de faire usage de cet appareil : on fait plonger l'un des rhéophores, par exemple, le rhéophore positif dans la cavité R, et le rhéophore négatif dans la cavité S, qu'on met en communication avec la cavité R′ par un conducteur curviligne d'une forme quelconque. Le courant suit le conducteur RI, passe dans la coupe P, de là dans le conducteur NM, dans l'auget M, le conducteur M′N′, la coupe P′, le conducteur I′R′, et enfin de la cavité R′ dans le conducteur curviligne qui communique avec le mercure de la cavité S où plonge le rhéophore négatif.

D'après cette disposition, le circuit voltaïque total est formé :

1° De l'arc BB′ et des conducteurs MN, M′N′;

2° D'un circuit qui se compose des parties RIP, P′I′R′ de l'appareil, du conducteur curviligne allant de R′ en S et de la pile elle-même.

Ce dernier circuit doit agir comme un circuit fermé, puisqu'il n'est interrompu que par l'épaisseur du verre qui isole les deux coupes P, P′ : il suffira donc d'observer son action sur l'arc BB′ pour constater par l'expérience l'action d'un circuit fermé sur un arc dans les différentes positions qu'on peut donner à l'un et à l'autre.

Lorsqu'au moyen de la charnière O on met l'arc AA′ dans une position telle que son centre soit hors de l'axe GH, cet arc prend un mouvement et glisse sur le mercure des augets M, M′, en vertu de l'action du courant curviligne fermé qui va de R′ en S. Si au contraire son centre est dans l'axe, il reste immobile; d'où il suit que les deux portions du circuit fermé qui tendent à le faire tourner en sens contraires autour de l'axe exercent sur cet arc des moments de rotation dont la valeur absolue est la même, et cela, quelle que soit la grandeur de la partie BB′ déterminée par l'ouverture de l'angle des conducteurs MN, M′N′. Si donc on prend successivement deux arcs BB′ qui diffèrent peu l'un de l'autre, comme le moment de rotation est nul pour chacun d'eux, il sera nul pour leur petite différence, et par conséquent pour tout élément de circonférence dont le centre est dans l'axe; d'où il suit que la direction de l'action exercée par le circuit fermé sur l'élément passe par l'axe, et qu'elle est nécessairement perpendiculaire à l'élément.

Lorsque l'arc AA′ est situé de manière que son centre soit dans l'axe, les portions de conducteur MN, M′N′ exercent sur l'arc BB′ des actions répulsives égales et opposées, en sorte qu'il ne peut en résulter aucun effet; et, puisqu'il n'y a pas de mouvement, on est sûr qu'il n'y a pas de moment de rotation produit par le circuit fermé.

Lorsque l'arc AA′ se meut dans l'autre situation où nous l'avions d'abord supposé, les actions des conducteurs MN et M′N′ ne sont plus égales : on pourrait croire que le mouvement n'est dû qu'à cette différence; mais, suivant qu'on approche ou qu'on éloigne le circuit curviligne qui va de R′ en S, le mouvement est augmenté ou diminué, ce qui ne permet pas de douter que le circuit fermé ne soit pour beaucoup dans l'effet observé.

Ce résultat, ayant lieu quelle que soit la longueur de l'arc AA′, aura nécessairement lieu pour chacun des éléments dont cet arc est composé. Nous tirerons de là cette conséquence générale, que l'action d'un circuit fermé ou d'un ensemble de circuits fermés quelconques, sur un élément infiniment petit d'un courant électrique, est perpendiculaire à cet élément.

C'est à l'aide d'un quatrième cas d'équilibre ([1]), dont il me reste à parler, qu'on peut achever de déterminer les coefficients constants qui entrent dans ma formule, sans avoir recours, comme je l'avais d'abord fait, aux expériences où un aimant et un fil conducteur agissent l'un sur l'autre. Voici l'instrument à l'aide duquel cette détermination repose uniquement sur l'observation de ce qui a lieu quand ce sont deux fils conducteurs dont on examine l'action mutuelle.

Dans la table MN (*fig.* 4), est creusée une cavité A, remplie de

Fig. 4.

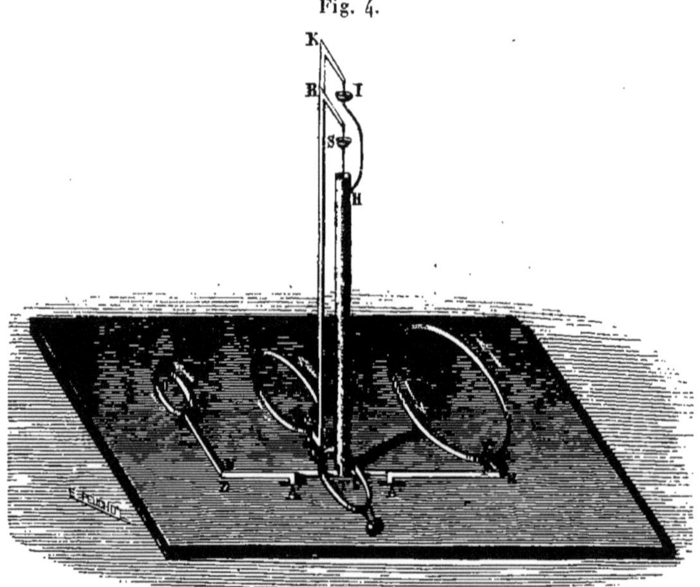

mercure, d'où part un conducteur fixe ABCDEFG formé d'une

([1]) La description de cette expérience a été présentée à l'Académie le 25 novembre 1825. On verra, dans le dernier paragraphe du présent Mémoire, qu'elle n'avait pas été faite au moment de sa publication, et elle ne paraît pas l'avoir été depuis. Elle serait d'ailleurs d'une exécution assez difficile sous la forme que lui a donnée Ampère. M. Felici (*Il nuovo Cimento* [3], t. XI, p. 243) l'a rendue plus simple et, en même temps, beaucoup plus précise, en plaçant les cercles verticalement avec leurs centres sur une même droite horizontale. On trouvera la description et la figure de l'appareil de M. Felici dans le *Journal de Physique* [2], t. II, p. 529. (J.)

lame de cuivre; la portion CDE est circulaire, et les parties CBA, EFG sont isolées l'une de l'autre par la soie qui les recouvre. En G ce conducteur est soudé à un tube de cuivre GH, surmonté d'une coupe I, qui communique avec le tube par le support HI du même métal. De la coupe I part un conducteur mobile IKLMNPQRS, dont la portion MNP est circulaire; il est entouré de soie dans les parties MLK et PQR pour qu'elles soient isolées, et il est tenu horizontal au moyen d'un contrepoids *a* fixé sur une circonférence de cercle qu'un prolongement *bcg* de la lame, dont est composé le conducteur mobile, forme autour du tube GH. La coupe S est soutenue par une tige ST, ayant le même axe que GH, dont elle est isolée par une substance résineuse que l'on coule dans le tube. Le pied de la tige ST est soudé au conducteur fixe TUVXYZA′, qui sort du tube GH par une ouverture assez grande pour que la résine l'en isole aussi complètement dans cet endroit qu'elle le fait dans le reste du tube GH, à l'égard de ST. Ce conducteur, à sa sortie du tube, est revêtu de soie pour empêcher la portion TUV de communiquer avec YZA′. Quant à la portion VXY, elle est circulaire, et l'extrémité A′ plonge dans une seconde cavité A′ creusée dans la table et pleine de mercure.

Les centres O, O′, O″ des trois portions circulaires sont en ligne droite; les rayons des cercles qu'elles forment sont en proportion géométrique continue, et l'on place d'abord le conducteur mobile de manière que les distances OO′, O′O″ soient dans le même rapport que les termes consécutifs de cette proportion; de sorte que les cercles O et O′ forment un système semblable à celui des cercles O′ et O″. On plonge alors le rhéophore positif en A et le rhéophore négatif en A′, le courant parcourt successivement les trois cercles dont les centres sont en O, O′, O″, qui se repoussent deux à deux, parce que le courant va en sens opposés dans les parties voisines.

Le but de l'expérience qu'on fait avec cet instrument est de prouver que le conducteur mobile reste en équilibre dans la position où le rapport de OO′ à O′O″ est le même que celui des rayons de deux cercles consécutifs, et si on l'écarte de cette position, il y revient en oscillant autour d'elle.

Je vais maintenant expliquer comment on déduit rigoureusement de ces cas d'équilibre la formule par laquelle j'ai représenté l'action mutuelle de deux éléments de courant voltaïque, en montrant que c'est la seule force agissant suivant la droite qui en joint les milieux qui puisse s'accorder avec ces données de l'expérience. Il est d'abord évident que l'action mutuelle de deux éléments de courants électriques est proportionnelle à leur longueur; car, en les supposant divisés en parties infiniment petites égales à leur commune mesure, toutes les attractions ou répulsions de ces parties, pouvant être considérées comme dirigées suivant une même droite, s'ajoutent nécessairement. Cette même action doit encore être proportionnelle aux intensités des deux courants. Pour exprimer en nombre l'intensité d'un courant quelconque, on concevra qu'on ait choisi un autre courant arbitraire pour terme de comparaison, qu'on ait pris deux éléments égaux dans chacun de ces courants, qu'on ait cherché le rapport des actions qu'ils exercent à la même distance sur un même élément de tout autre courant, dans la situation où il leur est parallèle et où sa direction est perpendiculaire aux droites qui joignent son milieu avec les milieux de deux autres éléments. Ce rapport sera la mesure d'une des intensités, en prenant l'autre pour unité.

Désignant donc par i et i' les rapports des intensités des deux courants donnés à l'intensité du courant pris pour unité, et par ds, ds' les longueurs des éléments que l'on considère dans chacun d'eux, leur action mutuelle, quand ils seront perpendiculaires à la ligne qui joint leurs milieux, parallèles entre eux et situés à l'unité de distance l'un de l'autre, sera exprimée par $ii'ds\,ds'$, que nous prendrons avec le signe $+$ quand les deux courants, allant dans le même sens, s'attireront, et avec le signe $-$ dans le cas contraire.

Si l'on voulait rapporter l'action des deux éléments à la pesanteur, on prendrait pour unité de force le poids de l'unité de volume d'une matière convenue. Mais alors le courant pris pour unité ne serait plus arbitraire; il devrait être tel, que l'attraction entre deux de ses éléments ds, ds', situés comme nous venons de le dire, pût soutenir un poids qui fût à l'unité de poids comme $ds\,ds'$ est à 1. Ce courant une fois déterminé, le produit $ii'ds\,ds'$ désignerait le rapport de l'attraction de deux éléments d'intensités quelconques, toujours dans la même situation, au poids qu'on aurait choisi pour unité de force ([1]).

Cela posé ([2]), si l'on considère deux éléments placés d'une manière quelconque, leur action mutuelle dépendra de leurs longueurs, des intensités des courants dont ils font partie, et de leur position respective. Cette position peut se déterminer au moyen de la longueur r de la droite qui joint leurs milieux, des angles θ et θ' que font, avec un même prolongement de cette droite, les directions des deux éléments pris dans le sens de leurs courants respectifs, et enfin de l'angle ω que font entre eux les plans menés par chacune de ces directions et par la droite qui joint les milieux des éléments.

La considération des diverses attractions ou répulsions observées dans la nature me portait à croire que la force dont je cherchais l'expression agissait de même en raison inverse (du carré) de la distance; je la supposai, pour plus de généralité, en raison inverse de la puissance $n^{\text{ième}}$ de cette distance, n étant une constante à déterminer ([3]). Alors, en représentant par ρ la fonction inconnue des angles θ, θ', ω, j'eus $\frac{\rho\, ii'\, ds\, ds'}{r^n}$ pour l'expression générale de l'action de deux éléments ds, ds' de deux courants ayant pour

---

([1]) L'unité d'intensité ainsi définie est l'unité électrodynamique, rapportée à l'unité de poids, au gramme par exemple, pris comme unité de force; elle est donc égale à l'unité absolue (C.G.S.) multipliée par $\sqrt{g}$ ($g = 981^c$). D'autre part, on sait que l'unité électromagnétique (C.G.S.), plus ordinairement employée, est égale à l'unité électrodynamique multipliée par $\sqrt{2}$ et vaut 10 *ampères*. L'unité définie dans le texte vaut donc $10\sqrt{\frac{981}{2}} = 221,4$ *ampères*. (J.)

([2]) *Voir* t. II, p. 128 et 238, l'art. VII (4 décembre 1820) et l'art. XVIII (8 avril 1822). (J.)

([3]) En toute rigueur, rien ne prouve : 1° que la fonction de la distance soit de la forme $\frac{1}{r^n}$; 2° que cette forme soit la même quand l'élément occupe la position $a'''d'''$ et la position ad (*fig.* 5), et que, par suite, il y ait un rapport constant k, indépendant de la distance entre les actions exercées dans les deux cas. Dans la Note I qui fait suite au présent Mémoire, Ampère donne une méthode plus générale où l'on ne suppose plus *a priori* que l'action varie en raison inverse d'une puissance de la distance. On trouvera dans les Œuvres de Verdet (*Conférences à l'École Normale*, t. I, p. 144) une démonstration, plus générale encore, due à Blanchet, et dans laquelle on prend deux fonctions différentes pour représenter l'action de deux éléments de courants dans les positions ad et $a'''d'''$. (J.)

intensités i et i'. Il me restait à déterminer la fonction ρ; je considérai d'abord, pour cela, deux éléments ad, $a'd'$ (*fig.* 5) parallèles entre eux, perpendiculaires à la droite qui joint leurs milieux, et situés à une distance quelconque r l'un de l'autre; leur action étant exprimée d'après ce qui précède par $\frac{ii'\,ds\,ds'}{r^n}$, je supposai que ad restât fixe et que $a'd'$ fût transporté parallèlement à

Fig. 5.

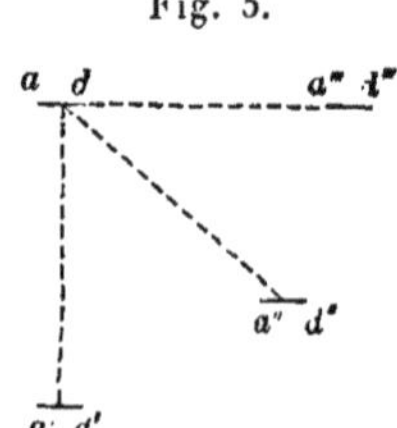

lui-même, de manière que son milieu fût toujours à la même distance de celui de ad; ω étant toujours nul, la valeur de leur action mutuelle ne pouvait dépendre que des angles désignés ci-dessus par θ, θ', et qui, dans ce cas, sont égaux ou suppléments l'un de l'autre, selon que les courants sont dirigés dans le même sens ou en sens opposés; je trouvai ainsi pour cette valeur $\frac{ii'\,ds\,ds'\,\varphi(\theta,\theta')}{r^n}$. En nommant k la constante positive ou négative à laquelle se réduit $\varphi(\theta,\theta')$ quand l'élément $a'd'$ est en $a'''d'''$ dans le prolongement de ad, et dirigé dans le même sens, j'obtins $\frac{kii'\,ds\,ds'}{r^n}$ pour l'expression de l'action de ad sur $a'''d'''$; dans cette expression, la constante k représente le rapport de l'action de ad sur $a'''d'''$ à celle de ad sur $a'd'$, rapport indépendant de la distance r, des intensités i, i', et des longueurs ds, ds' des deux éléments que l'on considère.

Ces valeurs de l'action électrodynamique, dans les deux cas les plus simples, suffisent pour trouver la forme générale de la fonction ρ, en partant de l'expérience qui montre que l'attraction d'un élément rectiligne infiniment petit est la même que celle d'un autre élément sinueux quelconque, terminé aux deux extrémités du premier, et de ce théorème que je vais établir : savoir, qu'une portion infiniment petite de courant électrique n'exerce aucune action sur une autre portion infiniment petite d'un courant situé dans un plan qui passe par son milieu et qui est perpendiculaire à sa direction. En effet, les deux moitiés du premier élément produisent sur le second des actions égales, l'une attractive et l'autre répulsive, parce que dans l'une de ces moitiés le courant va en s'approchant, et dans l'autre en s'éloignant de la perpendiculaire commune. Or ces deux forces égales font un angle qui tend vers deux angles droits à mesure que l'élément tend vers zéro. Leur résultante est donc infiniment petite, par rapport à ces forces, et doit, par conséquent, être négligée dans le calcul. Cela posé, soient $Mm = ds$ (*fig.* 6) et $M'm = ds'$ deux éléments de courants électriques, dont les milieux soient aux points A et A'; faisons passer le plan MA'm par la droite AA' qui les joint et par l'élément Mm; substituons à la portion de courant ds qui parcourt

Fig. 6.

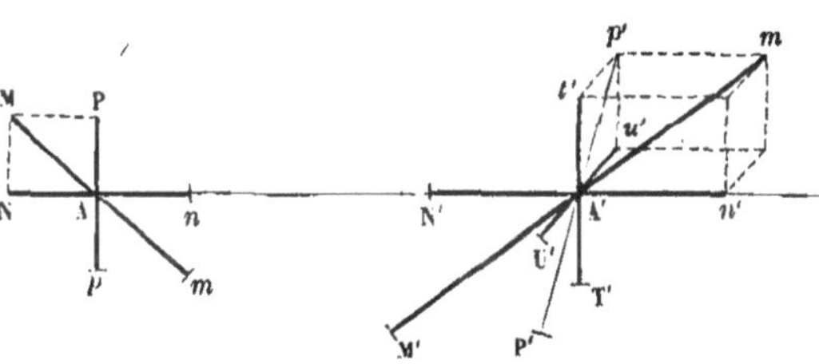

cet élément sa projection $Nn = ds \cos\theta$ sur la droite AA', et sa projection $Pp = ds \sin\theta$ sur la perpendiculaire élevée en A à cette droite dans le plan MA'm; substituons ensuite à la portion de courant ds' qui parcourt M'm' sa projection $N'n' = ds' \cos\theta$ sur la droite AA', et sa projection $P'p' = ds' \sin\theta'$ sur la perpendiculaire à AA' menée par le point A' sur AA' dans le plan M'Am'; remplaçons enfin cette dernière par sa projection $T't' = ds' \sin\theta' \cos\omega$ sur le plan MA'm, et par sa projection $U'u' = ds' \sin\theta' \sin\omega$ sur la perpendiculaire à ce plan menée par le point A'; d'après la loi établie ci-dessus, l'action des deux éléments ds et ds' sera la même que celle de l'assemblage des deux portions de courants $ds \cos\theta$ et $ds \sin\theta$ sur celui des trois portions $ds' \cos\theta'$, $ds' \sin\theta' \cos\omega$, $ds' \sin\theta' \sin\omega$; cette dernière ayant son milieu dans le plan MAm auquel elle est perpendiculaire, il n'y aura aucune action entre elle et les deux portions $ds \cos\theta$, $ds \sin\theta$, qui sont dans ce plan. Il ne pourra non plus, par la même raison, y en avoir aucune entre les portions $ds\cos\theta$, $ds'\sin\theta'\cos\omega$, ni entre les portions $ds\sin\theta$, $ds'\cos\theta'$, puisqu'en concevant par la droite AA' un plan perpendiculaire au plan MA'm, $ds\cos\theta$ et $ds'\cos\theta'$ se trouvent dans ce plan, et que les portions $ds'\sin\theta'\cos\omega$ et $ds\sin\theta$ lui sont perpendiculaires et ont leurs milieux dans ce même plan. L'action des deux éléments ds et ds' se réduit donc à la réunion des deux actions restantes, savoir : l'action mutuelle de $ds\sin\theta$ et de $ds'\sin\theta'\cos\omega$ et à celle de $ds\cos\theta$ et de $ds'\cos\theta'$; ces deux actions étant toutes deux dirigées suivant la droite AA' qui joint les milieux des portions de courants entre lesquelles elles s'exercent, il suffit de les ajouter pour avoir l'action mutuelle des deux éléments ds et ds'. Or les portions $ds\sin\theta$ et $ds'\sin\theta'\cos\omega$ sont dans un même plan, et toutes deux perpendiculaires à la droite AA'; leur action mutuelle suivant cette droite est donc, d'après ce que nous venons de voir, égale à

$$\frac{ii'\,ds\,ds'\sin\theta\sin\theta'\cos\omega}{r^n},$$

et celle des deux portions $ds\cos\theta$ et $ds'\cos\theta'$ dirigée suivant la même droite AA' a pour valeur

$$\frac{ii'k\,ds\,ds'\cos\theta\cos\theta'}{r^n},$$

et, par conséquent, l'action des deux éléments ds, ds' l'un sur l'autre est nécessairement exprimée par

$$\frac{ii'\,ds\,ds'}{r^n}(\sin\theta\sin\theta'\cos\omega + k\cos\theta\cos\theta').$$

On simplifie cette formule en y introduisant l'angle ε des deux éléments au lieu de ω; car, en considérant le triangle sphérique dont les côtés seraient θ, θ', ε, on a

$$\cos\varepsilon = \cos\theta\cos\theta' + \sin\theta\sin\theta'\cos\omega;$$

d'où

$$\sin\theta\sin\theta'\cos\omega = \cos\varepsilon - \cos\theta\cos\theta';$$

substituant dans la formule précédente et faisant $k - 1 = h$, elle devient

$$\frac{ii'\,ds\,ds'}{r^n}(\cos\varepsilon + h\cos\theta\cos\theta'),$$

et il est bon de remarquer qu'elle change de signe quand un seul des courants, par exemple celui de l'élément ds, prend une direction diamétralement opposée à celle qu'il avait, car alors $\cos\theta$ et $\cos\varepsilon$ changent de signe, et $\cos\theta'$ reste le même. Cette valeur de l'action mutuelle de deux éléments n'a été déduite que de la substitution des projections d'un élément à cet élément même; mais il est facile de s'assurer qu'elle exprime qu'on peut substituer à un élément un contour polygonal quelconque, et par suite un arc quelconque de courbe terminé aux mêmes extrémités, pourvu que toutes les dimensions de ce polygone ou de cette courbe soient infiniment petites.

Soient, en effet, $ds_1, ds_2, \ldots, ds_m$ les différents côtés du polygone infiniment petit substitué à ds; la direction AA′ pourra toujours être considérée comme celle des lignes qui joignent les milieux respectifs de ces côtés avec A′.

Soient $\theta_1, \theta_2, \ldots, \theta_m$ les angles qu'ils font respectivement avec AA′, et $\varepsilon_1, \varepsilon_2, \ldots, \varepsilon_m$ ceux qu'ils font avec $M'm'$; en désignant, suivant l'usage, par Σ une somme de termes de même forme, la somme des actions des côtés $ds_1, ds_2, \ldots, ds_m$ sur ds' sera

$$\frac{ii'\,ds'}{r^n}(\Sigma\, ds_1 \cos\varepsilon_1 + h\cos\theta'\,\Sigma\, ds_1\cos\theta_1).$$

Or $\Sigma ds_1 \cos\varepsilon_1$ est la projection du contour polygonal sur la direction de ds', et est, par conséquent, égal à la projection de ds sur la même direction, c'est-à-dire à $ds\cos\varepsilon$; de même $\Sigma ds_1 \cos\theta_1$ est égal à la projection de ds sur AA′ qui est $ds\cos\theta$; l'action exercée sur ds' par le contour polygonal terminé aux extrémités de ds a donc pour expression

$$\frac{ii'\,ds'}{r^n}(ds\cos\varepsilon + h\,ds\cos\theta\cos\theta')$$

et est la même que celle de ds sur ds'.

Cette conséquence, étant indépendante du nombre des côtés $ds_1, ds_2, \ldots, ds_m$, aura lieu pour un arc infiniment petit d'une courbe quelconque.

On prouverait semblablement que l'action de ds' sur ds peut être remplacée par celle qu'une courbe infiniment petite quelconque, dont les extrémités seraient les mêmes que celles de ds', exercerait sur chacun des éléments de la petite courbe que nous avons déjà substituée à ds, et par conséquent sur cette petite courbe elle-même. Ainsi la formule que nous avons trouvée exprime qu'un élément curviligne quelconque produit le même effet que la portion infiniment petite de courant rectiligne terminée aux mêmes extrémités, quelles que soient d'ailleurs les valeurs des constantes n et h. L'expérience par laquelle on constate ce résultat ne peut donc servir en rien à déterminer ces constantes.

Nous aurons alors recours aux deux autres cas d'équilibre dont nous avons déjà parlé. Mais auparavant nous transformerons (1) l'expression précédente de l'action de deux éléments de courants voltaïques, en y introduisant les différentielles partielles de la distance de ces deux éléments.

Soient x, y, z les coordonnées du premier point, et x', y', z' celles du second, il viendra

$$\cos\theta = \frac{x - x'}{r}\frac{dx}{ds} + \frac{y - y'}{r}\frac{dy}{ds} + \frac{z - z'}{r}\frac{dz}{ds},$$

$$\cos\theta' = \frac{x - x'}{r}\frac{dx'}{ds} + \frac{y - y'}{r}\frac{dy'}{ds'} + \frac{z - z'}{r}\frac{dz'}{ds'};$$

mais on a

$$r^2 = (x - x')^2 + (y - y')^2 + (z - z')^2,$$

d'où, en prenant successivement les coefficients différentiels partiels par rapport à s et s',

$$r\frac{dr}{ds} = (x - x')\frac{dx}{ds} + (y - y')\frac{dy}{ds} + (z - z')\frac{dz}{ds},$$

$$r\frac{dr}{ds'} = -(x - x')\frac{dx'}{ds'} - (y - y')\frac{dy'}{ds'} - (z - z')\frac{dz'}{ds'};$$

ainsi

$$\cos\theta = \frac{dr}{ds}, \qquad \cos\theta' = -\frac{dr}{ds'}.$$

Pour avoir la valeur de $\cos\varepsilon$, nous observerons que

$$\frac{dx}{ds}, \frac{dy}{ds}, \frac{dz}{ds} \quad \text{et} \quad \frac{dx'}{ds'}, \frac{dy'}{ds'}, \frac{dz'}{ds'}$$

sont les cosinus des angles que ds et ds' forment avec les trois

(1) Cette transformation a été donnée pour la première fois par Ampère, dans le Mémoire du 10 juin 1822, art. XIX. C'était un pas considérable qui lui permettait de calculer l'action d'un courant fermé sur un élément de courants et d'établir une relation entre les deux constantes n et k. (J.)

axes, et nous en conclurons

$$\cos\varepsilon = \frac{dx}{ds}\frac{dx'}{ds'} + \frac{dy}{ds}\frac{dy'}{ds'} + \frac{dz}{ds}\frac{dz'}{ds'}.$$

Or, en différentiant par rapport à s' l'équation précédente qui donne $r\frac{dr}{ds}$, on trouve

$$r\frac{d^2r}{ds\,ds'} + \frac{dr}{ds}\frac{dr}{ds'} = -\frac{dx}{ds}\frac{dx'}{ds'} - \frac{dy}{ds}\frac{dy'}{ds'} - \frac{dz}{ds}\frac{dz'}{ds'} = -\cos\varepsilon.$$

Si l'on substitue, dans la formule qui représente l'action mutuelle des deux éléments ds, ds', au lieu de $\cos\theta$, $\cos\theta$, $\cos\varepsilon$, les valeurs que nous venons d'obtenir, cette formule deviendra, en remplaçant $1+h$ par son égal k,

$$-\frac{ii'\,ds\,ds'}{r^n}\left(r\frac{d^2r}{ds\,ds'} + k\frac{dr}{ds}\frac{dr}{ds'}\right),$$

qu'on peut mettre sous la forme

$$-\frac{ii'\,ds\,ds'}{r^n}\frac{1}{r^{k-1}}\frac{d\left(r^k\frac{dr}{ds}\right)}{ds'}$$

ou enfin

$$-ii'r^{1-n-k}\frac{d\left(r^k\frac{dr}{ds}\right)}{ds'}ds\,ds'.$$

On pourrait encore lui donner la forme suivante :

$$-\frac{ii'}{1+k}r^{1-n-k}\frac{d^2(r^{1+k})}{ds\,ds'}ds\,ds'.$$

Examinons maintenant ce qui résulte du troisième cas d'équilibre dont nous avons parlé, et qui démontre que la composante de l'action d'un circuit fermé quelconque sur un élément, suivant la direction de cet élément, est toujours nulle, quelle que soit la forme du circuit [1]. En désignant par ds' l'élément en question, l'action d'un élément ds du circuit fermé sur ds' sera, d'après ce qui précède,

$$-ii'\,ds'\,r^{1-n-k}\frac{d\left(r^k\frac{dr}{ds'}\right)}{ds}ds$$

(1) Tiré du Mémoire du 12 septembre 1825, *loc. cit.* (J.)

ou, en remplaçant $\frac{dr}{ds'}$ par $-\cos\theta'$,

$$ii'\,ds'\,r^{1-n-k}\,\frac{d(r^k\cos\theta')}{ds}\,ds;$$

la composante de cette action suivant ds' s'obtiendra en multipliant cette expression par $\cos\theta'$ et sera

$$ii'\,ds'\,r^{1-n-k}\cos\theta'\,\frac{d(r^k\cos\theta')}{ds}\,ds.$$

Cette différentielle intégrée dans toute l'étendue du circuit s donnera la composante tangente totale et devra être nulle, quelle que soit la forme de ce circuit. En l'intégrant par partie, après l'avoir écrite ainsi

$$ii'\,ds'\,r^{1-n-2k}\,r^k\cos\theta'\,\frac{d(r^k\cos\theta')}{ds}\,ds,$$

nous aurons

$$\tfrac{1}{2}\,ii'\,ds'\left[r^{1-n}\cos^2\theta' - (1-n-2k)\int r^{-n}\cos^2\theta'\,dr\right].$$

Le premier terme $r^{1-n}\cos^2\theta'$ s'évanouit aux limites. Quant à l'intégrale $\int r^{-n}\cos^2\theta'\,dr$, il est très facile de concevoir un circuit fermé pour lequel elle ne se réduise pas à zéro. En effet, si l'on coupe ce circuit par des surfaces sphériques très rapprochées, ayant pour centre le milieu de l'élément ds', les deux points où chacune de ces sphères coupera le circuit donneront la même valeur pour r et des valeurs égales et des signes contraires pour dr; mais les valeurs de $\cos^2\theta'$ pourront être différentes, et il y aura une infinité de manières de faire en sorte que les carrés de tous les cosinus relatifs aux points situés d'un même côté entre les points extrêmes du circuit soient moindres que ceux relatifs aux points correspondants de l'autre côté; or, dans ce cas, l'intégrale ne s'évanouira pas; et, comme l'expression ci-dessus doit être nulle, quelle que soit la forme du circuit, il faut donc que le coefficient $1-n-2k$ de cette intégrale soit nul, ce qui donne entre n et k cette première relation $1-n-2k=0$ (¹).

(¹) Dans le Mémoire du 10 juin 1822 (t. II, art. XIX, p. 270), Ampère déduisait cette même relation du fait qu'un circuit fermé circulaire n'exerce aucune action

Avant de chercher une seconde équation pour déterminer ces deux constantes, nous commencerons par prouver que k est négatif, et, par conséquent, que $n = 1 - 2k$ est plus grand que 1; nous aurons recours pour cela à un fait bien facile à constater par l'expérience (¹), savoir qu'un conducteur rectiligne indéfini attire un circuit fermé, quand le courant électrique de ce circuit va dans le même sens que celui du conducteur dans la partie qui en est la plus voisine, et qu'il le repousse dans le cas contraire.

Soit UV (*fig.* 7) le conducteur rectiligne indéfini; supposons,

Fig. 7.

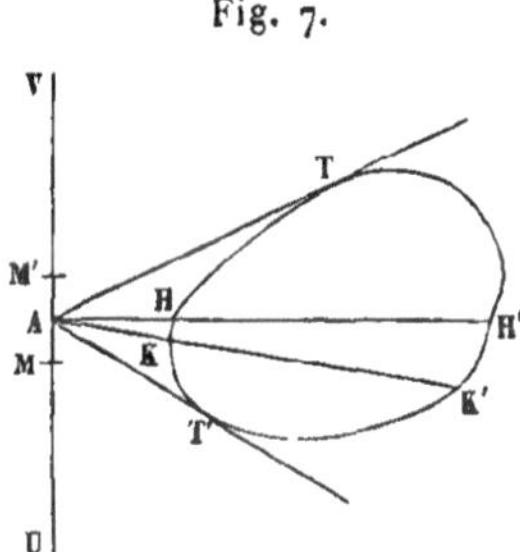

pour plus de simplicité, que le circuit fermé THKT'K'H' soit dans le même plan que le fil conducteur UV, et cherchons l'action exercée par un élément quelconque MM' de ce dernier. Pour cela,

---

sur un conducteur de forme quelconque mobile autour de l'axe du cercle et ayant ses deux extrémités sur cet axe.

On a vu comment Savary s'était servi, pour obtenir une seconde relation entre n et k, de la remarque de Gay-Lussac et Welter, que l'action extérieure d'un aimant annulaire est nulle (*Mémoire de Savary*, t. II, art. XXVI, p. 351). On a vu également comment Ampère, pour rendre la détermination des constantes indépendante de toute assimilation des aimants aux courants, avait montré qu'un solénoïde n'exerce plus aucune action sur une portion mobile de conducteur de forme quelconque, du moment où il est fermé sur lui-même (*loc. cit.*, p. 352). Cette expérience conduit à la relation

$$kn + 1 = 0,$$

qui, jointe à la première, donne les deux solutions

$$k' = -\tfrac{1}{2}, \quad n' = 2 \qquad \text{et} \qquad k'' = 1, \quad n'' = 1,$$

la première étant seule acceptable dès que l'on démontre que k est négatif. Cette démonstration est superflue dans la méthode actuelle qui donne directement $n = 2$.

(J.)

(¹) Expérience faite au mois de mai 1822. (*Voir*, t. II, la note de la p. 288.)

(J.)

tirons du milieu A de cet élément des rayons vecteurs à tous ces points du circuit, et cherchons l'action perpendiculaire à UV exercée par cet élément sur le circuit.

La composante perpendiculaire à UV de l'action exercée par $MM' = ds'$ sur un élément $KH = ds$ s'obtiendra en multipliant l'expression de cette action par $\sin\theta'$; elle sera donc, en observant que $1 - n - 2k = 0$,

$$ii' ds' \sin\theta' r^k \frac{d(r^k \cos\theta')}{ds} ds$$

ou

$$\tfrac{1}{2} ii' ds' \operatorname{tang}\theta' \frac{d(r^{2k}\cos^2\theta')}{ds} ds,$$

expression qui doit être intégrée dans toute l'étendue du circuit. L'intégration par parties donnera

$$\tfrac{1}{2} ii' ds' \left(r^{2k} \sin\theta' \cos\theta' - \int r^{2k} d\theta' \right),$$

Le premier terme s'évanouissant aux limites, il reste seulement

$$-\tfrac{1}{2} ii' ds' \int r^{2k} d\theta'.$$

Considérant maintenant les deux éléments KH, K'H' compris entre les deux mêmes rayons consécutifs, $d\theta'$ est le même de part et d'autre, mais doit être pris avec un signe contraire, en sorte qu'en faisant $AH = r$, $AH' = r'$, on a, pour l'action réunie des deux éléments,

$$-\tfrac{1}{2} ii' ds' \left[\int (r'^{2k} - r^{2k}) d\theta' \right],$$

où nous supposons que r' est plus grand que r. Le terme de cette intégrale qui résulte de l'action de la partie THT' convexe vers UV l'emportera sur celui qui est produit par l'action de la partie concave TH'T' si k est négatif; le contraire aura lieu si k est positif, et il n'y aura pas d'action si k est nul. Les mêmes conséquences ayant lieu pour tous les éléments de UV, il s'ensuit que la partie convexe vers UV aura plus d'influence sur le mouvement du circuit que la partie concave, si $k < 0$, autant si $k = 0$, et moins si $k > 0$. Or l'expérience prouve qu'elle en a davantage. On a donc $k < 0$, et, par suite, $n > 1$, puisque $n = 1 - 2k$.

On déduit de là cette conséquence remarquable, que les parties d'un même courant rectiligne se repoussent; car, si l'on fait $\theta = 0$, $\theta' = 0$, la formule qui donne l'attraction de deux éléments devient $\frac{kii'\,ds\,ds'}{r^n}$, et, comme elle est négative, puisque k l'est, il y a répulsion. C'est ce que j'ai vérifié par l'expérience que je vais décrire (¹). On prend un vase de verre PQ [*fig.* 8 (²)], séparé par la

Fig. 8.

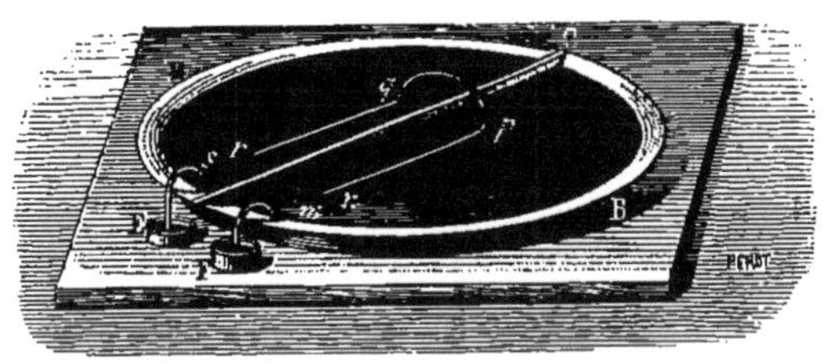

cloison MN en deux compartiments égaux et remplis de mercure, on y place un fil de cuivre recouvert de soie ABCDE, dont les branches AB, ED, situées parallèlement à la cloison MN, flottent sur le mercure avec lequel communiquent les extrémités nues A et E de ces branches. En mettant les rhéophores dans les capsules S et T, dont le mercure communique avec celui du vase PQ par les portions de conducteur hH, kK, on établit deux courants, dont chacun a pour conducteur une partie de mercure et une partie solide; quelle que soit la direction du courant, on voit toujours les deux fils AB, ED marcher parallèlement à la cloison MN en s'éloignant des points H et K, ce qui indique une répulsion pour chaque fil entre le courant établi dans le mercure et son prolongement dans le fil lui-même. Suivant le sens du courant, le mouvement du fil de cuivre est plus ou moins facile, parce que, dans un cas, l'action exercée par le globe sur la portion BCD de ce fil s'ajoute à l'effet obtenu, et que dans l'autre, au contraire, elle le diminue et doit en être retranchée.

Examinons maintenant l'action qu'exerce un courant électrique

(¹) Expérience faite à Genève à la fin d'août 1822. (*Voir* les art. XXIV et XXV.) (J.)

(²) On a reproduit ici la figure de la p. 327 du t. II (*Mémoire de de la Rive*, art. XXIV). Les lettres de la figure ne concordent plus avec celles du texte; mais il n'en peut résulter aucun embarras pour le lecteur. (J.)

formant un circuit fermé, ou un système de courants formant aussi des circuits fermés, sur un élément de courant électrique [1].

Prenons l'origine des coordonnées au milieu A′ (*fig.* 9) de l'élé-

Fig. 9.

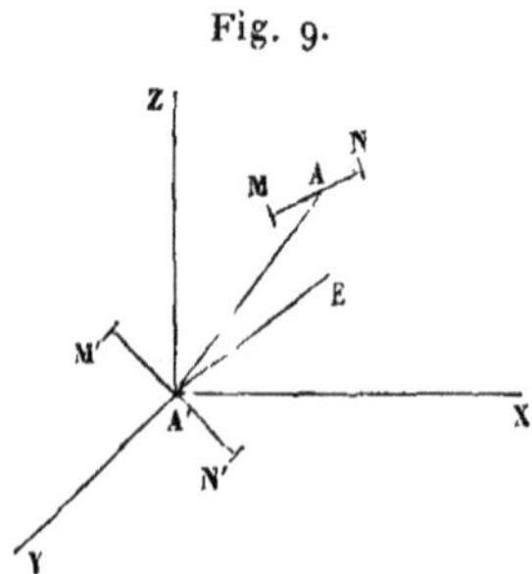

ment proposé M′N′, et nommons λ, μ, ν les angles qu'il fait avec les trois axes. Soit MN un élément quelconque du courant formant un circuit fermé, ou d'un des courants formant également des circuits fermés dont se compose le système de courants que l'on considère, en nommant ds' et ds les éléments M′N′, MN, r la distance AA′ de leurs milieux et θ' l'angle du courant M′N′ avec AA′; la formule que nous avons trouvée précédemment pour exprimer l'action mutuelle des deux éléments deviendra, en y remplaçant $\frac{dr}{ds'}$ par $-\cos\theta'$,

$$ii'\,ds'\,r^k\,\frac{d(r^k\cos\theta')\,ds}{ds}.$$

Les angles que AA′ fait avec les trois axes ayant pour cosinus $\frac{x}{r}$, $\frac{y}{r}$, $\frac{z}{r}$, on a

$$\cos\theta' = \frac{x}{r}\cos\lambda + \frac{y}{r}\cos\mu + \frac{z}{r}\cos\nu;$$

en substituant cette valeur à $\cos\theta$ et en multipliant par $\frac{x}{r}$, nous trouverons pour l'expression de la composante suivant l'axe des x,

$$ii'\,ds'\,r^{k-1}x\,d(r^{k-1}x\cos\lambda + r^{k-1}y\cos\mu + r^{k-1}z\cos\nu),$$

le signe d se rapportant seulement, excepté dans le facteur ds',

---

(1) Mémoire du 22 décembre 1823. Reproduction, à quelques variantes près, du texte des *Annales* et du *Précis*, jusqu'à la fin de la page 46. (J.)

aux différentielles prises en ne faisant varier que s (cette expression peut s'écrire ainsi

$$= ii'\,ds'\left[\cos\lambda\, r^{k-1}x\,d(r^{k-1}x) + \frac{x\cos\mu}{y}\, r^{k-1}y\,d(r^{k-1}y) + \frac{x\cos\nu}{z}\, r^{k-1}z\,d(r^{k-1}z)\right]$$

$$= \tfrac{1}{2} ii'\,ds'\left[\cos\lambda\, d(r^{2k-2}x^2) + \frac{x}{y}\cos\mu\, d(r^{2k-2}y^2) + \frac{x}{z}\cos\nu\, d(r^{2k-2}z^2)\right]$$

$$= \tfrac{1}{2} ii'\,ds'\left(d\,\frac{x^2\cos\lambda + xy\cos\mu + xz\cos\nu}{r^{n+1}} - \frac{y^2\cos\mu}{r^{n+1}}\,d\,\frac{x}{y} - \frac{z^2\cos\nu}{r^{n+1}}\,d\,\frac{x}{y}\right)$$

$$= \tfrac{1}{2} ii'\,ds'\left(d\,\frac{x\cos\theta'}{r^n} + \frac{x\,dy - y\,dx}{r^{n+1}}\cos\mu - \frac{z\,dx - x\,dz}{r^{n+1}}\cos\nu\right),$$

en remplaçant $2k - 2$ par sa valeur $-n-1$.

Si l'on représente par r_1, x_1, θ'_1 et r_2, x_2, θ'_2 les valeurs de r, x, θ' aux deux extrémités de l'arc s, et par X la résultante suivant l'axe des x de toutes les forces exercées par les éléments de cet arc sur ds', on aura

$$X = \tfrac{1}{2} ii'\,ds'\left(\frac{x_2\cos\theta'_2}{r_2^n} - \frac{x_1\cos\theta'_1}{r_1^n} + \cos\mu\int\frac{x\,dy - y\,dx}{r^{n+1}} - \cos\nu\int\frac{z\,dx - x\,dz}{r^{n+1}}\right).$$

Si cet arc forme un circuit fermé, r_2, x_2, θ'_2 seront égaux à r_1, x_1, θ'_1, et la valeur de X se réduira à

$$X = \tfrac{1}{2} ii'\,ds'\left(\cos\mu\int\frac{x\,dy - y\,dx}{r^{n+1}} - \cos\nu\int\frac{z\,dx - x\,dz}{r^{n+1}}\right).$$

En désignant par Y et Z les forces suivant les axes des y et des z résultant de l'action des mêmes éléments sur ds', on trouvera, par un calcul semblable,

$$Y = \tfrac{1}{2} ii'\,ds'\left(\cos\nu\int\frac{y\,dz - z\,dy}{r^{n+1}} - \cos\lambda\int\frac{x\,dy - y\,dx}{r^{n+1}}\right),$$

$$Z = \tfrac{1}{2} ii'\,ds'\left(\cos\lambda\int\frac{z\,dx - x\,dz}{r^{n+1}} - \cos\mu\int\frac{y\,dz - z\,dy}{r^{n+1}}\right),$$

et, en faisant

$$\int\frac{y\,dz - z\,dy}{r^{n+1}} = A,\quad \int\frac{z\,dx - x\,dz}{r^{n+1}} = B,\quad \int\frac{x\,dy - y\,dx}{r^{n+1}} = C,$$

il viendra

$$X = \tfrac{1}{2} ii' ds' (C \cos\mu - B \cos\nu),$$
$$Y = \tfrac{1}{2} ii' ds' (A \cos\nu - C \cos\lambda),$$
$$Z = \tfrac{1}{2} ii' ds' (B \cos\lambda - A \cos\mu).$$

En multipliant la première de ces équations par A, la seconde par B et la troisième par C, on trouve

$$AX + BY + CZ = 0;$$

et si l'on conçoit par l'origine une droite A'E qui fasse avec les axes des angles dont les cosinus soient respectivement

$$\frac{A}{D} = \cos\xi_1, \qquad \frac{B}{D} = \cos\eta_1, \qquad \frac{C}{D} = \cos\zeta_1,$$

en supposant, pour abréger,

$$\sqrt{A^2 + B^2 + C^2} = D,$$

elle sera perpendiculaire sur la résultante R des trois forces X, Y, Z, qui fait avec les axes des angles dont les cosinus sont

$$\frac{X}{R}, \frac{Y}{R}, \frac{Z}{R},$$

puisqu'on a, en vertu de l'équation précédente,

$$\frac{A}{D}\frac{X}{R} + \frac{B}{D}\frac{Y}{R} + \frac{C}{D}\frac{Z}{R} = 0.$$

Il est à remarquer que la droite que nous venons de déterminer est tout à fait indépendante de la direction de l'élément M'N'; car elle se déduit immédiatement des intégrales A, B, C, qui ne dépendent que du circuit fermé et de la position des plans coordonnés, et qui sont les sommes des projections sur les plans coordonnés des aires des triangles qui ont leur sommet au milieu de l'élément ds', et pour bases les différents éléments des circuits fermés s, toutes ces aires étant divisées par la puissance $n+1$ du rayon vecteur r (1). La résultante étant perpendiculaire sur cette

(1) Résultat capital auquel Ampère est parvenu en 1823, à la suite du travail de Savary. On le trouve exposé pour la première fois dans le Mémoire daté du 24 novembre 1823. Dans un des brouillons d'Ampère qui se rapportent à cette époque, on lit cette phrase jetée au milieu de calculs : « Mes trois grandes choses, les attractions, les projections, les aires. » (J.)

droite A′E, que je nommerai *directrice,* elle se trouve, quelle que soit la direction de l'élément, dans le plan élevé au point A′ perpendiculairement à A′E; je donnerai à ce plan le nom de *plan directeur*. Si l'on fait la somme des carrés de X, Y, Z, on trouvera pour valeur de la résultante de l'action du circuit unique ou de l'ensemble de circuits que l'on considère,

$$R = \frac{1}{2} D\, ii'ds'\sqrt{(\cos\zeta_1\cos\mu - \cos\eta_1\cos\nu)^2 + (\cos\xi_1\cos\nu - \cos\zeta_1\cos\lambda)^2 + (\cos\eta_1\cos\lambda - \cos\xi_1\cos\mu)^2},$$

ou, en appelant ε l'angle de l'élément ds' avec la directrice,

$$R = \tfrac{1}{2} D\, ii'ds' \sin\varepsilon \text{ (1)}.$$

Il est facile de déterminer la composante de cette action dans un plan donné passant par l'élément ds' et faisant un angle φ avec le plan mené par ds' et la directrice. En effet, la résultante R étant perpendiculaire à ce dernier plan, sa composante sur le plan donné sera

$$R \sin\varphi \quad \text{ou} \quad \tfrac{1}{2} D\, ii'ds' \sin\varepsilon \sin\varphi.$$

Or $\sin\varepsilon\sin\varphi$ est égal au sinus de l'angle ψ que la directrice fait avec le plan donné. C'est ce que l'on déduit immédiatement de l'angle trièdre formé par ds', par la directrice et par sa projection sur le plan donné. La composante dans ce plan aura donc pour expression

$$\tfrac{1}{2} D\, ii'ds' \sin\psi.$$

Cette expression peut se mettre sous une autre forme en observant que ψ est le complément de l'angle que fait la directrice avec la normale au plan dans lequel on considère l'action. On a donc, en nommant ξ, η, ζ les angles que cette dernière droite forme avec

---

(1) En unités électromagnétiques on aura

$$R = D I I' ds' \sin\varepsilon;$$

la droite D représente en grandeur et en direction l'action exercée par le circuit fermé parcouru par un courant égal à l'unité sur un pôle égal à l'unité placé au point A′; autrement dit, l'intensité du champ en ce point. La résultante R est donc égale au produit des intensités par l'aire du parallélogramme construit sur l'élément du courant et la directrice. Elle est normale au parallélogramme et dirigée vers la gauche de l'observateur placé dans le courant et qui regarde dans la direction de la directrice. (J.)

les trois axes,

$$\sin\psi = \frac{A}{D}\cos\xi + \frac{B}{D}\cos\eta + \frac{C}{D}\cos\zeta,$$

et l'expression de l'action devient

$$\tfrac{1}{2}ii'ds'(A\cos\xi + B\cos\eta + C\cos\zeta)$$

ou

$$\tfrac{1}{2}Uii'ds',$$

en faisant

$$U = A\cos\xi + B\cos\eta + C\cos\zeta.$$

On voit que cette action est indépendante de la direction de l'élément dans le plan que l'on considère; nous la désignerons sous le nom d'*action exercée dans ce plan*, et nous conclurons de ce qu'elle reste la même lorsqu'on donne successivement à l'élément différentes directions dans un même plan, que si celle que la terre exerce sur un conducteur mobile dans un plan fixe est produite par des courants électriques formant des circuits fermés, et dont les distances au conducteur sont assez grandes pour être considérées comme constantes pendant qu'il se meut dans ce plan, elle aura toujours la même valeur dans les différentes positions que prendra successivement le conducteur, parce que les actions exercées sur chacun des éléments dont il est composé restant toujours les mêmes et toujours perpendiculaires à ces éléments, leur résultante ne pourra varier ni dans sa grandeur ni dans sa direction relativement au conducteur. Cette direction changera d'ailleurs dans le plan fixe en y suivant le mouvement de ce conducteur : c'est, en effet, ce qu'on observe à l'égard d'un conducteur qui est mobile dans un plan horizontal et qu'on dirige successivement dans divers azimuts.

On peut vérifier ce résultat par l'expérience suivante (1) : dans un disque de bois ABCD (*fig.* 10), on creuse une rigole circulaire KLMN dans laquelle on place deux vases en cuivre KL, MN, de même forme, et qui occupent chacun presque la demi-circonférence de la rigole, de manière cependant qu'il reste entre eux deux intervalles KN, LM, qu'on remplit d'un mastic isolant; à

(1) *Annales de Chimie et de Physique*, t. XXVI, p. 139; 1824. (Mémoire du 22 décembre 1823.) (J.)

chacun de ces vases sont soudées les deux lames de cuivre PQ, RS, incrustées dans le disque et qui portent les coupes X, Y destinées à mettre, au moyen du mercure qu'elles contiennent, les vases KL, MN en communication avec les rhéophores d'une très forte pile; dans le disque est incrustée une autre lame TO portant la coupe Z, où l'on met aussi un peu de mercure; cette lame TO

Fig. 10.

est soudée au centre O du disque à une tige verticale sur laquelle est soudée une quatrième coupe U, dont le fond est garni d'un morceau de verre ou d'agate pour rendre plus mobile le sautoir dont nous allons parler, mais dont les bords sont assez élevés pour être en communication avec le mercure qu'on met dans cette coupe; elle reçoit la pointe V (*fig.* 11) qui sert de pivot au sau-

Fig. 11.

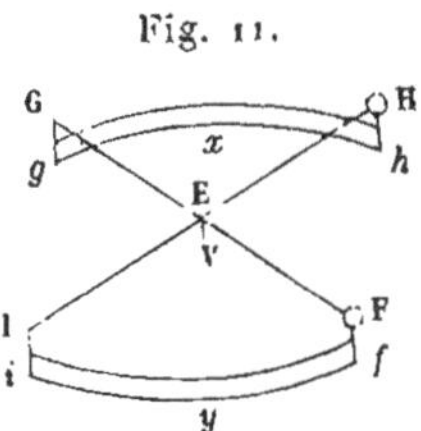

toir FGHI, dont les branches EG, EI sont égales entre elles et soudées en G et I aux lames *gxh*, *iyf* qui plongent dans l'eau acidulée des vases KL, MN, lorsque la pointe V repose sur le fond de la coupe U, et qui sont attachées par leurs autres extrémités *h*, *f*, aux branches EH, EF, sans communiquer avec elles. Ces deux lames sont égales et semblables et pliées en arcs de cercle d'environ 90°. Lorsqu'on plonge les rhéophores, l'un dans la coupe Z, l'autre dans l'une des deux coupes X ou Y, le courant ne passe que par une des branches du sautoir, et l'on voit celui-ci tourner sur la pointe V par l'action de la terre, de l'est à l'ouest par le midi quand le courant va de la circonférence au centre, et dans le sens contraire quand il va du centre à la circonférence, conformément à l'explication que j'ai donnée de ce phénomène et qu'on peut voir dans mon *Recueil d'observations électrodynamiques*, p. 284 (¹). Mais, lorsqu'on les plonge dans les coupes X et Y, le courant parcourant en sens contraires les deux branches EG, EI, le sautoir reste immobile, dans quelque situation qu'on l'ait placé, quand, par exemple, une des branches est parallèle et l'autre perpendiculaire au méridien magnétique, et cela lors même qu'en frappant légèrement sur le disque ABCD on augmente, par les petites secousses qui en résultent, la mobilité de l'instrument. En pliant un peu les branches du sautoir autour du point E, on peut leur faire faire différents angles, et le résultat de l'expérience est toujours le même. Il s'ensuit évidemment que la force avec laquelle la terre agit sur une portion de conducteur, perpendiculairement à sa direction, pour la mouvoir dans un plan horizontal, et, par conséquent, dans un plan donné de position à l'égard du système des courants terrestres, est la même, quelle que soit la direction, dans ce plan, de la portion de conducteur, ce qui est précisément le résultat de calcul qu'il s'agissait de vérifier.

Il est bon de remarquer que l'action des courants de l'eau acidulée sur leurs prolongements dans les lames *gh*, *if* ne trouble en aucune manière l'équilibre de l'appareil; car il est aisé de voir que l'action dont il est ici question tend à faire tourner la lame *gh* autour de la pointe V, dans le sens *hxg*, et la lame *if* dans le sens *fyi*, d'où résulte, à cause de l'égalité de ces lames, deux moments de rotations égaux et de signes contraires qui se détruisent.

On sait que c'est à M. Savary (²) qu'est due l'expérience par laquelle on constate cette action; cette expérience peut se faire plus commodément, en remplaçant la spirale en fil de cuivre de l'appareil, dont il s'est d'abord servi, par une lame circulaire du même métal. Cette lame ABC (*fig.* 12) forme un arc de cercle presque égal à une circonférence entière; mais ses extrémités A et C sont séparées l'une de l'autre par un morceau D d'une substance isolante. On met une de ses extrémités A, par exemple,

---

(¹) Tome II, p. 326.

(²) *Voir* t. II, art. XIV, p. 198. (J.)

en communication avec un des rhéophores par la pointe O qu'on

Fig. 12.

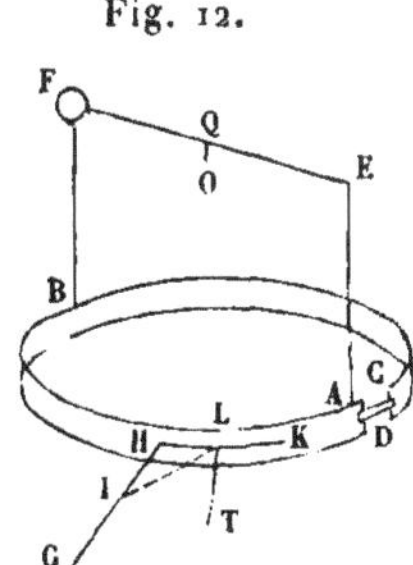

place dans la coupe S (*fig.* 13) pleine de mercure; celle-ci est

Fig. 13.

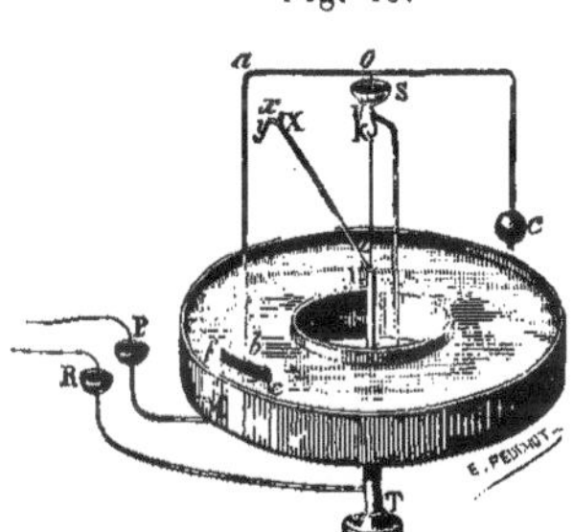

jointe par le fil métallique STR à la coupe R dans laquelle plonge un des rhéophores. Cette pointe O (*fig.* 12) communique avec l'extrémité A par le fil de cuivre AEQ, dont le prolongement QF soutient en F la lame ABC par un anneau de substance isolante, qui entoure en ce point le fil de cuivre. Lorsque la pointe O repose sur le fond de la coupe S (*fig.* 13), la lame ABC (*fig.* 12) plonge dans l'eau acidulée contenue dans le vase de cuivre MN (*fig.* 13) qui communique avec la coupe P où se rend l'autre rhéophore; on voit alors tourner cette lame dans le sens CBA, et, pourvu que la pile soit assez forte, le mouvement reste toujours dans ce sens lorsqu'on renverse les communications avec la pile, en changeant réciproquement les deux rhéophores de la coupe P à la coupe R, ce qui prouve que ce mouvement n'est point dû à l'action de la terre et ne peut venir que de celle que les courants de l'eau acidulée exercent sur le courant de la lame circulaire ABC (*fig.* 12), action qui est toujours répulsive, parce que si GH représente un des courants de l'eau acidulée qui se prolonge en HK dans la lame ABC, quel que soit le sens de ce courant, il parcourra évidemment l'un des côtés de l'angle GHK en s'approchant, et l'autre en s'éloignant du sommet H. Mais il faut, pour que le mouvement qu'on observe dans ce cas ait lieu, que la répulsion entre deux éléments, l'un en I et l'autre en L, ait lieu suivant la droite IL, oblique à l'arc ABC, et non suivant la perpendiculaire LT à l'élément situé en L; car, la direction de cette perpendiculaire rencontrant la verticale menée par le point O autour de laquelle la partie mobile de l'appareil est assujettie à tourner, une force dirigée suivant cette perpendiculaire ne pourrait lui imprimer aucun mouvement de rotation.

Je viens de dire que, quand on veut s'assurer que le mouvement de cet appareil n'est pas produit par l'action de la terre, en constatant qu'il continue d'avoir lieu dans le même sens quand on renverse les communications avec la pile en changeant les rhéophores de coupes, il fallait employer une pile qui fût assez forte; il est impossible en effet, dans cette disposition de conducteur mobile, d'empêcher la terre d'agir sur le fil vertical AE pour le porter à l'ouest, quand le courant y est ascendant, à l'est quand le courant y est descendant et sur le fil horizontal EQ, pour le faire tourner autour de la verticale passant par le point O, dans le sens direct est, sud, ouest, quand le courant va de E en Q, en s'approchant du centre de rotation, et dans le sens rétrograde ouest, sud, est, quand il va de Q en E, en s'éloignant du même centre ([1]). La première de ces actions est peu sensible, lors du moins qu'on ne donne au fil vertical AE que la longueur nécessaire pour la stabilité du conducteur mobile sur sa pointe O; mais la seconde est déterminée par les dimensions de l'appareil; et, comme elle change de sens lorsqu'on renverse les communications avec la pile, elle s'ajoute dans un ordre de communication avec l'action exercée par les courants de l'eau acidulée et s'en retranche dans l'autre; c'est pourquoi le mouvement observé est toujours plus rapide dans un cas que dans l'autre; cette différence est d'autant

---

([1]) *Voir*, sur ces deux sortes d'actions exercées par le globe terrestre, ce qui est dit dans mon *Recueil d'observations électrodynamiques*, p. 280, 284. (Mémoire de De la Rive, art. XXIV, p. 321-327.) (A.)

plus marquée, que le courant produit par la pile est plus faible, parce qu'à mesure que son intensité diminue, l'action électrodynamique étant, toutes choses égales d'ailleurs, comme le produit des intensités des deux portions de courants qui agissent l'une sur l'autre, cette action entre les courants de l'eau acidulée et ceux de la lame ABC diminue comme le carré de leur intensité, tandis que l'intensité des courants terrestres restant la même, leur action, sur ceux de la lame, ne devient moindre que proportionnellement à la même intensité : à mesure que l'énergie de la pile diminue, l'action du globe devient de plus en plus près de détruire celle des courants de l'eau acidulée dans la disposition des communications avec la pile où ces actions sont opposées, et l'on voit, lorsque cette énergie est devenue très faible, l'appareil s'arrêter dans ce cas et le mouvement se produire ensuite en sens contraire; alors l'expérience conduirait à une conséquence opposée à celle qu'il s'agissait d'établir, puisque, l'action de la terre devenant prépondérante, on pourrait méconnaître l'existence de celle des courants de l'eau acidulée. Au reste, la première de ces deux actions est toujours nulle sur la lame circulaire ABC, parce que, la terre agissant comme un système de courants fermés, la force qu'elle exerce sur chaque élément, étant perpendiculaire à la direction de cet élément, passe par la verticale menée par le point O, et ne peut, par conséquent, tendre à faire tourner autour d'elle le conducteur mobile.

Nous allons, pour servir d'exemple, appliquer les formules précédentes au cas où le système se réduit à un seul courant circulaire fermé (¹).

Lorsque le système n'est composé que d'un seul courant, parcourant une circonférence de cercle d'un rayon quelconque m, on simplifie le calcul en prenant, pour le plan des xy, le plan mené par l'origine des coordonnées, c'est-à-dire par le milieu A de l'élément ab (*fig.* 14), parallèlement à celui du cercle, et, pour le plan des xz, celui qui est mené perpendiculairement au plan du cercle par la même origine et par le centre O.

Soient p et q les coordonnées de ce centre O; supposons que le point C soit la projection de O sur le plan de xy, N celle d'un

(¹) *Précis de la théorie des phénomènes électrodynamiques*, § II; 1824.

point quelconque M du cercle, et nommons ω l'angle ACN; si l'on abaisse NP perpendiculairement sur AX, les trois coordonnées x,

Fig. 14.

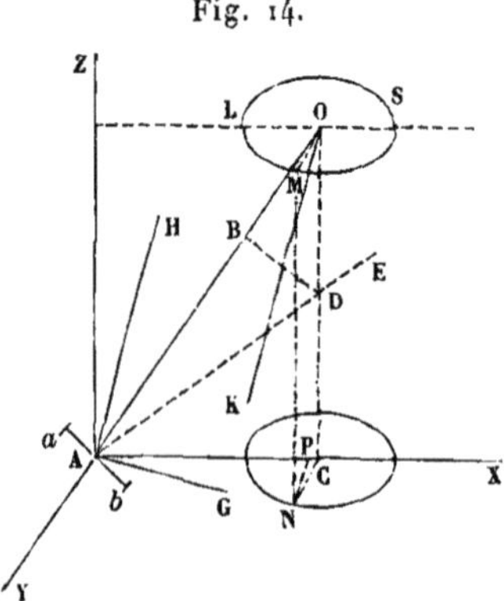

y, z du point M seront MN, NP, AP, et l'on trouvera facilement pour leurs valeurs

$$z = q, \qquad y = m \sin \omega, \qquad x = p - m \cos \omega.$$

Les quantités que nous avons désignées par A, B, C étant respectivement égales à

$$\int \frac{y\,dz - z\,dy}{r^{n+1}}, \quad \int \frac{z\,dx - x\,dz}{r^{n+1}}, \quad \int \frac{x\,dy - y\,dx}{r^{n+1}};$$

nous aurons

$$A = -mq \int \frac{\cos \omega\, d\omega}{r^{n+1}},$$

$$B = mq \int \frac{\sin \omega\, d\omega}{r^{n+1}},$$

$$C = mp \int \frac{\cos \omega\, d\omega}{r^{n+1}} - m^2 \int \frac{d\omega}{r^{n+1}}.$$

Si l'on intègre par partie ceux de ces termes qui contiennent $\sin \omega$ et $\cos \omega$, en faisant attention que

$$r^2 = x^2 + y^2 + z^2 = q^2 + p^2 + m^2 - 2mp \cos \omega$$

donne

$$dr = \frac{mp \sin \omega\, d\omega}{r},$$

qu'on supprime les termes qui sont nuls, parce que ces intégrales doivent être prises depuis $\omega = 0$ jusqu'à $\omega = 2\pi$, et qu'on mette les valeurs de A, B, C ainsi trouvées dans celle de U,

$$U = A\cos\xi + B\cos\eta + C\cos\zeta,$$

on obtiendra

$$U = m^2\left[(n+1)(p^2\cos\zeta - pq\cos\xi)\int\frac{\sin^2\omega\,d\omega}{r^{n+3}} - \cos\zeta\int\frac{d\omega}{r^{n+1}}\right].$$

Or l'angle ξ peut être exprimé au moyen de ζ; car, en désignant par h la perpendiculaire OK abaissée du centre O sur le plan bAG, pour lequel on calcule la valeur de U, on aura

$$h = q\cos\zeta + p\cos\xi,$$

et cette valeur deviendra

$$U = m^2\left\{(n+1)[(p^2+q^2)\cos\zeta - hq]\int\frac{\sin^2\omega\,d\omega}{r^{n+3}} - \cos\zeta\int\frac{d\omega}{r^{n+1}}\right\}.$$

L'évaluation en est bien simple dans le cas où le rayon m est très petit par rapport à la distance l de l'origine A au centre O; car, si on la développe en série suivant les puissances de m, on verra que, quand on néglige les puissances de m supérieures à 3, les termes en m^3 s'évanouissent entre les limites $0, 2\pi$, et que ceux en m^2 s'obtiennent en remplaçant r par $l = \sqrt{p^2+q^2}$; il ne reste alors qu'à calculer les valeurs de $\int\sin^2\omega\,d\omega$ et de $\int d\omega$, depuis $\omega = 0$ jusqu'à $\omega = 2\pi$; ce qui donne π pour la première et 2π pour la seconde; la valeur de U se réduit donc à

$$U = \pi m^2\left[\frac{(n-1)\cos\zeta}{l^{n+1}} - \frac{(n+1)hq}{l^{n+3}}\right].$$

Pour plus de généralité, nous allons supposer maintenant que le courant fermé, au lieu d'être circulaire, ait une forme quelconque, mais sans cesser d'être plan et très petit [1].

Soit MNL (*fig.* 15) un très petit circuit fermé et plan dont l'aire soit λ et qui agisse sur un élément placé à l'origine A. Partageons sa surface en éléments infiniment petits, par des plans

[1] La démonstration de ce théorème, que l'action sur un élément d'un circuit fermé plan très petit est indépendante de la forme du circuit et proportionnelle à son aire, se trouve à la fin du tirage à part du Mémoire du 12 septembre 1825, mais ne figure pas encore dans le texte des *Annales*. (J.)

passant par l'axe des z, et soient APQ la trace d'un de ces plans, et M, N ses points de rencontre avec le circuit λ, projetés sur le plan des xy en P et Q. Prolongeons la corde MN jusqu'à l'axe des z en

Fig. 15.

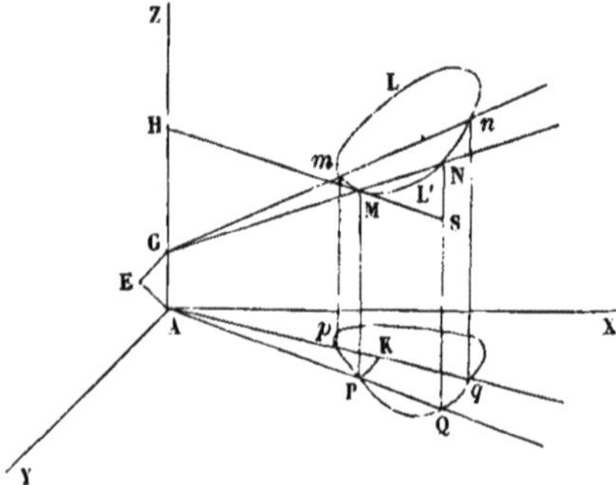

G; abaissons de A une perpendiculaire $AE = q$ sur le plan du circuit et joignons EG. Soit Apq la trace d'un plan infiniment voisin du premier, faisant avec celui-ci un angle $d\varphi$; faisons $AP = u$ et $PQ = \delta u$. L'action du circuit sur l'élément en A dépend, comme nous l'avons vu, de trois intégrales désignées par A, B, C, que nous allons calculer. Considérons d'abord C, dont la valeur est

$$C = \int \frac{x\,dy - y\,dx}{r^{n+1}} = \int \frac{u^2\,d\varphi}{r^{n+1}}.$$

Cette intégrale est relative à tous les points du circuit, et si l'on considère simultanément les deux éléments compris entre les deux plans voisins AGNQ et AGnq, et qui se rapportent à des valeurs égales et des signes contraires de $d\varphi$, on verra que les actions de ces deux éléments doivent être ôtées l'une de l'autre, et que celle de l'élément qui est le plus près de A produit l'action la plus forte. Observant que, pour avoir l'action du plus éloigné, il faut remplacer u et r par $u + \delta u$ et $r + \delta r$, on trouve

$$C = \int \frac{u^2\,d\varphi}{r^{n+1}} - \int \frac{(u + \delta u)^2\,d\varphi}{(r + \delta r)^{n+1}},$$

ces deux intégrales étant prises entre les deux valeurs de φ relatives aux points extrêmes L, L' entre lesquels est compris le circuit.

La différence de ces deux intégrales pouvant être considérée comme la variation de la première prise en signe contraire, lorsqu'on néglige toutes les puissances des dimensions du circuit dont les exposants surpassent l'unité, il vient

$$C = -\delta \int \frac{u^2 d\varphi}{r^{n+1}} = \int \left[\frac{(n+1)u^2 \delta r}{r^{n+2}} - \frac{2u\delta u}{r^{n+1}} \right] d\varphi.$$

Or

$$r^2 = u^2 + z^2,$$

d'où

$$\delta r = \frac{u\delta u + z\delta z}{r};$$

d'ailleurs l'angle ZAE étant égal à ζ, on a

$$AG = \frac{q}{\cos\zeta}, \qquad GH = z - \frac{q}{\cos\zeta},$$

et, à cause des triangles semblables MHG, MSN,

$$MH : MS :: GH : NS,$$

c'est-à-dire

$$u : \delta u :: z - \frac{q}{\cos\zeta} : \delta z,$$

en tirant de cette proportion la valeur δz et la reportant dans celle de δr, on obtient

$$\delta z = \frac{z\cos\zeta - q}{u\cos\zeta}\delta u, \qquad \delta r = \frac{(u^2 + z^2)\cos\zeta - qz}{ur\cos\zeta}\delta u = \frac{r^2\cos\zeta - qz}{ur\cos\zeta}\delta u,$$

et, en substituant cette valeur dans celle de C, il vient

$$C = \int \left[\frac{(n+1)(r^2\cos\zeta - qz)}{r^{n+3}\cos\zeta} - \frac{2}{r^{n+1}} \right] u\delta u d\varphi$$
$$= \int \left[\frac{n-1}{r^{n+1}} - \frac{(n+1)qz}{r^{n+3}\cos\zeta} \right] u\delta u\, d\varphi.$$

Le circuit étant très petit, on peut regarder les valeurs de r et de z comme constantes et égales par exemple à celles qui se rapportent au centre de gravité de l'aire du circuit, afin que les termes du troisième ordre s'évanouissent; en représentant ces valeurs par l et z_1, l'intégrale précédente prendra cette forme

$$C = \left[\frac{n-1}{l^{n+1}} - \frac{(n+1)qz_1}{l^{n+3}\cos\zeta} \right] \int u\, d\varphi\, \delta u.$$

Mais $u d\varphi$ est l'arc PK décrit de A comme centre avec le rayon u

et $PQ = \delta u$; donc $u d\varphi \delta u$ est l'aire infiniment petite $PQqp$, et l'intégrale $\int u d\varphi du$ exprime l'aire totale de la projection du circuit, c'est-à-dire $\lambda \cos\zeta$, puisque ζ est l'angle du plan du circuit avec le plan des xy; on aura donc, enfin,

$$C = \left[\frac{(n-1)\cos\zeta}{l^{n+1}} - \frac{(n+1)qz_1}{l^{n+3}}\right]\lambda.$$

On obtiendra des valeurs analogues pour B et A, savoir

$$B = \left[\frac{(n-1)\cos\eta}{l^{n+1}} - \frac{(n+1)qy_1}{l^{n+3}}\right]\lambda,$$
$$A = \left[\frac{(n-1)\cos\xi}{l^{n+1}} - \frac{(n+1)qx_1}{l^{n+3}}\right]\lambda.$$

On connaîtra ainsi les angles que la directrice fait avec les axes, puisqu'on a pour leurs cosinus $\frac{A}{D}, \frac{B}{D}, \frac{C}{D}$, en faisant

$$D = \sqrt{A^2 + B^2 + C^2}.$$

Quant à la force produite par l'action du circuit sur l'élément situé à l'origine, elle aura, comme on l'a vu plus haut, pour expression $\frac{1}{2}ii' ds' D \sin\varepsilon$, ε étant l'angle que fait cet élément avec la directrice, à laquelle cette force est perpendiculaire, ainsi qu'à la direction de l'élément.

Dans le cas où le petit circuit que l'on considère est dans le même plan (¹) que l'élément ds' sur lequel il agit, on a, en prenant ce plan pour celui des xy,

$$q = 0, \qquad \cos\zeta = 1, \qquad \cos\eta = 0, \qquad \cos\xi = 0$$

et, par suite,

$$A = 0, \qquad B = 0, \qquad C = \frac{n-1}{l^{n+1}}\lambda;$$

D se réduit alors à C; ε est égal à $\frac{\pi}{2}$, et l'action du circuit sur l'élément ds devient

$$\frac{n-1}{2}\,\frac{ii' ds' \lambda}{l^{n+1}}.$$

(¹) Mémoire du 21 novembre 1825. (J.)

Je vais maintenant exposer une nouvelle manière de considérer l'action des circuits plans d'une forme et d'une grandeur quelconques.

Soit un circuit plan quelconque MNm (*fig.* 16); partageons sa surface en éléments infiniment petits par des droites parallèles coupées par un second système de parallèles faisant des angles droits avec les premières, et imaginons autour de chacune de ces

Fig. 16.

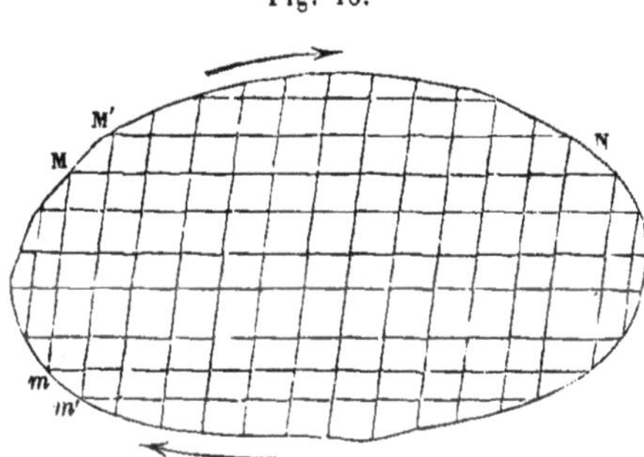

aires infiniment petites des courants dirigés dans le même sens que le courant MNm. Toutes les parties de ces courants qui se trouveront suivant ces lignes droites seront détruites, parce qu'il y en aura deux de signes contraires qui parcourront la même droite; et il ne restera que les parties curvilignes de ces courants, telles que MM', mm', qui formeront le circuit total MNm.

Il suit de là que les trois intégrales A, B, C s'obtiendront pour le circuit plan d'une grandeur finie, en substituant dans les valeurs que nous venons d'obtenir pour ces trois quantités, à la place de λ, un élément quelconque de l'aire du circuit que nous pouvons représenter par $d^2\lambda$ et intégrant dans toute l'étendue de cette aire.

Lorsque, par exemple, l'élément est situé dans le même plan que le circuit et qu'on prend ce plan pour celui des xy, on a

$$A = 0, \qquad B = 0, \qquad C = (n-1)\iint \frac{d^2\lambda}{l^{n+1}},$$

et la valeur de la force devient

$$\frac{n-1}{2}\, ii'ds' \iint \frac{d^2\lambda}{l^{n+1}};$$

d'où il suit que, si à chacun des points de l'aire du circuit on élève une perpendiculaire égale à $\frac{1}{l^{n+1}}$, le volume du prisme qui aura pour base le circuit et qui sera terminé à la surface formée par les extrémités de ces perpendiculaires représentera la valeur de $\int\int \frac{d^2\lambda}{l^{n+1}}$, et ce volume, multiplié par $\frac{n-1}{2}\, ii'\, ds'$, exprimera l'action cherchée.

Il est bon d'observer que, la question étant ramenée à la cubature d'un solide, on pourra adopter le système de coordonnées et la division de l'aire du circuit en éléments qui conduiront aux calculs les plus simples.

Passons à l'action mutuelle de deux circuits très petits O et O' (*fig.* 18) situés dans un même plan. Soit MN un élément ds' quel-

Fig. 18.

conque du second. L'action du circuit O sur ds' est, d'après ce qui précède,

$$\frac{n-1}{2}\,\frac{ii'\,ds'\lambda}{r^{n+1}}.$$

Nommant $d\varphi$ l'angle MNO, et décrivant l'arc MP entre les côtés de cet angle, on pourra remplacer le petit courant MN par les deux courants MP, NP, dont les longueurs sont respectivement $r\,d\varphi$ et dr; l'action du circuit O sur l'élément MP, qui est normale à sa direction, s'obtiendra en remplaçant dans l'expression précédente ds' par MP et sera

$$\frac{n-1}{2}\,\frac{ii'\lambda\,d\varphi}{r^{n}};$$

l'action sur NP, perpendiculaire à sa direction, sera de même

$$\frac{n-1}{2}\,\frac{ii'\lambda\,dr}{r^{n+1}}.$$

Cette dernière, intégrée dans toute l'étendue du circuit fermé O', est nulle; il suffit de considérer la première qui est dirigée vers le point O, d'où il résulte déjà que l'action des deux petits circuits est dirigée suivant la droite qui les joint.

Prolongeons les rayons OM, ON jusqu'à ce qu'ils rencontrent la courbe en M' et N'; l'action de M'N' devra être retranchée de celle de MN, et l'action résultante s'obtiendra en prenant comme précédemment la variation de celle de MN en signe contraire, ce qui donne

$$\frac{n(n-1)}{2}\,\frac{ii'\lambda\,d\varphi\,\delta r}{r^{n+1}} \quad \text{ou} \quad \frac{n(n-1)}{2}\,\frac{ii'\lambda\,r\,d\varphi\,\delta r}{r^{n+2}}.$$

Or, $r\,d\varphi\,\delta r$ est la mesure du segment infiniment petit MNN'M'. Faisant la somme de toutes les expressions analogues relatives aux différents éléments du circuit O', et considérant r comme constant et égal à la distance des centres de gravité des aires λ et λ' des deux circuits, on aura, pour l'action qu'ils exercent l'un sur l'autre,

$$\frac{n(n-1)}{2}\,\frac{ii'\lambda\lambda'}{r^{n+2}},$$

et cette action sera dirigée suivant la droite OO'. Il résulte de là que l'on obtiendra l'action mutuelle de deux circuits finis situés dans un même plan, en considérant leurs aires comme partagées en éléments infiniment petits dans tous les sens, et supposant que ces éléments agissent l'un sur l'autre, suivant la droite qui les joint, en raison directe de leurs surfaces et en raison inverse de la puissance $n+2$ de leur distance.

L'action mutuelle des courants fermés n'étant plus alors fonction que de la distance, on en tire cette conséquence importante, qu'il ne peut jamais résulter de cette action un mouvement de rotation continue.

La formule que nous venons de trouver pour ramener l'action mutuelle de deux circuits fermés et plans à celles des éléments des aires de ces circuits, conduit à la détermination de la valeur de n.

En effet, si l'on considère deux systèmes semblables composés de deux circuits fermés et plans, les éléments semblables de leurs aires seront proportionnels aux carrés des lignes homologues, et les distances de ces éléments seront proportionnelles aux premières puissances de ces mêmes lignes. Appelant m le rapport des lignes homologues des deux systèmes, les actions de deux éléments du premier système et de leurs correspondants du second seront respectivement

$$\frac{n(n-1)}{2}\frac{ii'\lambda\lambda'}{r^{n+2}} \quad \text{et} \quad \frac{n(n-1)}{2}\frac{ii'\lambda\lambda' m^4}{r^{n+2}m^{n+2}};$$

leur rapport, et par suite celui des actions totales, sera donc m^{2-n}. Or nous avons décrit précédemment une expérience par laquelle on peut prouver directement que ces deux actions sont égales; il faut donc que $n=2$ et, en vertu de l'équation $1-n-2k=0$, que $k=-\frac{1}{2}$ (¹). Ces valeurs de n et de k réduisent à une forme très simple l'expression

$$-\frac{ii'}{1+k}r^{1-n-k}\frac{d^2(r^{1+k})}{ds\,ds'}\,ds\,ds'$$

(¹) La collection des papiers d'Ampère comprend un brouillon où il remplace cette quatrième expérience par l'expérience équivalente, et plus simple, qui consiste à faire agir un courant rectiligne indéfini mN sur deux portions verticales et parallèles AB, CD (*fig.* 18 *bis*) d'un cadre mobile, et à constater que l'équilibre

Fig. 18 *bis*.

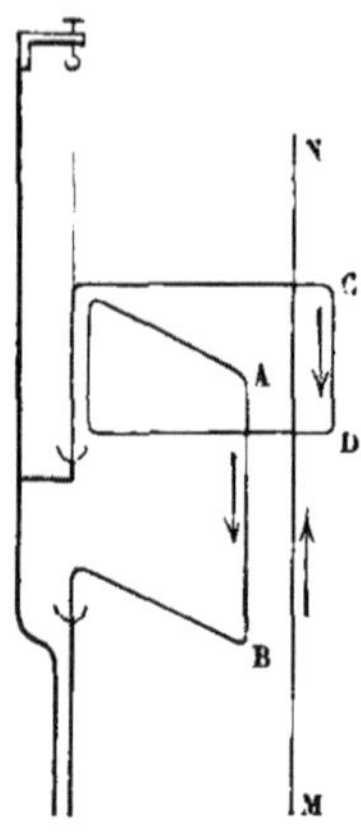

a lieu quand les distances du courant aux deux lignes AB et CD sont proportionnelles aux longueurs de ces lignes. Pour que l'équilibre soit stable, il est nécessaire

de l'action mutuelle de ds et de ds'; cette expression devient

$$-\frac{2ii'}{\sqrt{r}}\frac{d^2\sqrt{r}}{ds\,ds'}ds\,ds'.$$

Il suit aussi de ce que $n=2$ que, dans le cas où les directions des deux éléments restent les mêmes, cette action est en raison inverse du carré de leur distance. On sait que M. de Laplace a établi la même loi, d'après une expérience de M. Biot, lorsqu'il s'agit de l'action mutuelle d'un élément de conducteur voltaïque et d'une molécule magnétique; mais ce résultat ne pouvait être étendu à l'action de deux éléments de conducteurs, qu'en admettant que l'action des aimants est due à des courants électriques; tandis que la démonstration expérimentale que je viens d'en donner est indépendante de toutes les hypothèses que l'on pourrait faire sur la constitution des aimants.

Soit MON (*fig.* 17) un circuit formant un secteur dont les côtés comprennent un angle infiniment petit, et cherchons l'action qu'il exerce sur un conducteur rectiligne OS' passant par le centre

---

d'opérer par répulsion. Cette expérience a été employée par Lamé (*Cours de Physique à l'École Polytechnique*, 2ᵉ édit., t. III, p. 235; 1840) pour établir la formule fondamentale et elle lui avait été attribuée.

Les actions exercées sur les parties horizontales se détruisent; pour une des portions verticales situées à la distance a, on a $\omega=0$, $\theta=\theta'$ et, par suite, pour l'action d'un élément ds de courant indéfini sur la portion l,

$$ii'l\,\frac{(1-k)\sin^2\theta+k}{r^n}\,ds;$$

ou, en remarquant que $\sin\theta=\frac{a}{r}$ et $ds=\frac{dx}{\cos\theta}$,

$$-\frac{ii'l}{a^{n-1}}\left[(1-k)\sin^n\theta+k\sin^{n-2}\theta\right]d\theta.$$

En désignant par A l'intégrale de 0 à π de la quantité entre parenthèse, intégrale indépendante de a et de l, l'action du courant indéfini est égale à $-\frac{\mathrm{A}ii'l}{a^{n-1}}$; on en conclut

$$\frac{l}{a^{n-1}}=\frac{l'}{a'^{n-1}};$$

comme l'expérience donne

$$\frac{l}{a}=\frac{l'}{a'},$$

il faut que l'on ait $n=2$ (J.)

O du secteur (¹), et calculons d'abord celle d'un élément MNQP de l'aire de ce secteur sur un élément M′N′ du conducteur OS′. Faisons $OM = u$, $MP = du$, $OM' = s'$, $MM' = r$, $S'ON = \varepsilon$, $NOM = d\varepsilon$.

Fig. 17.

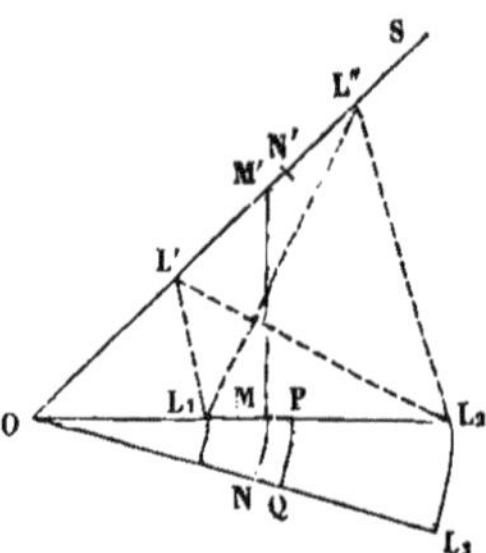

Le moment de MNQP pour faire tourner M′ autour de O sera, en observant que l'aire MNQP a pour expression $u\,du\,d\varepsilon$,

$$\tfrac{1}{2}\, ii' s'\, ds' \,\frac{u\,du\,d\varepsilon}{r^3},$$

et le moment du secteur sur le conducteur s' s'obtiendra en intégrant cette expression par rapport à u et s'.

On a

$$r^2 = s'^2 + u^2 - 2us' \cos\varepsilon;$$

d'où

$$r\frac{dr}{du} = u - s'\cos\varepsilon, \qquad r\frac{dr}{ds'} = s' - u\cos\varepsilon$$

et, en différentiant une seconde fois,

$$r\frac{d^2r}{du\,ds'} + \frac{dr}{ds'}\frac{dr}{du} = -\cos\varepsilon,$$

ou, en substituant à $\frac{dr}{ds'}$ et $\frac{dr}{du}$ leurs valeurs,

$$r\frac{d^2r}{du\,ds'} + \frac{(u - s'\cos\varepsilon)(s' - u\cos\varepsilon)}{r^2} = -\cos\varepsilon,$$

(¹) Et situé dans son plan. (J.)

ce qui devient, en effectuant les calculs et réduisant,

$$r\frac{d^2 r}{du\,ds'} + \frac{us'\sin^2\varepsilon}{r^2} = 0,$$

d'où l'on tire

$$\frac{us'}{r^3} = -\frac{1}{\sin^2\varepsilon}\frac{d^2 r}{du\,ds'};$$

substituant cette valeur dans le moment élémentaire, on a, pour l'expression du moment total,

$$\tfrac{1}{2}ii'd\varepsilon\int\int\frac{us'\,du\,ds'}{r^3} = -\tfrac{1}{2}ii'\frac{d\varepsilon}{\sin^2\varepsilon}\int\int\frac{d^2 r}{du\,ds'}du\,ds'.$$

En considérant la portion $L'L''$ du courant s' et la portion L_1L_2 du secteur, et en faisant $L'L_1 = r'_1$, $L''L_1 = r''_1$, $L'L_2 = r'_2$, $L''L_2 = r''_2$, la valeur de cette intégrale est évidemment

$$\tfrac{1}{2}ii'\frac{d\varepsilon}{\sin^2\varepsilon}(r'_2 + r''_1 - r''_2 - r'_1).$$

Lorsque c'est à partir du centre O que commencent le secteur et le conducteur s', la distance $r'_1 = 0$; et, si l'on fait $OL_2 = a$, $OL'' = b$, $L''L_2 = r$, on trouve que leur action mutuelle est exprimée par

$$\tfrac{1}{2}ii'\frac{d\varepsilon}{\sin^2\varepsilon}(a + b - r).$$

Quand le conducteur $L'L''$ (*fig.* 19) a pour milieu le centre L_1 du

Fig. 19.

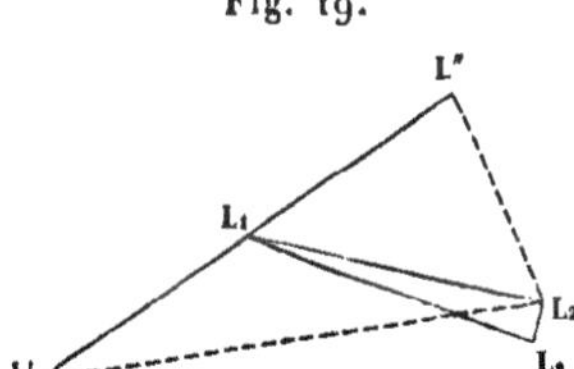

secteur et que sa longueur est double du rayon a de ce secteur, on a $a = b$, et, en faisant $L'L_1L_2 = 2\theta = \pi - \varepsilon$,

$$r'_1 = r''_1 = a,\quad r'_2 = 2a\sin\theta,\quad r''_2 = 2a\cos\theta,\quad d\varepsilon = -2d\theta,$$

en sorte que la valeur du moment de rotation devient

$$aii'\frac{d\varepsilon}{\sin^2\varepsilon}(\sin\theta - \cos\theta) = \frac{1}{2}\frac{aii'd\theta(\cos\theta - \sin\theta)}{\sin^2\theta\cos^2\theta}.$$

On peut déduire de ce résultat une manière de vérifier ma formule au moyen d'un instrument dont je vais donner la description (¹).

Aux deux points a, a' (*fig.* 20) de la table mn s'élèvent deux supports ab, $a'b'$ dont les parties supérieures cb, $c'b'$ sont isolantes; ils soutiennent une lame de cuivre HdeH'$d'e'$ pliée en deux, suivant la droite HH', et qui est terminée par deux coupes

Fig. 20.

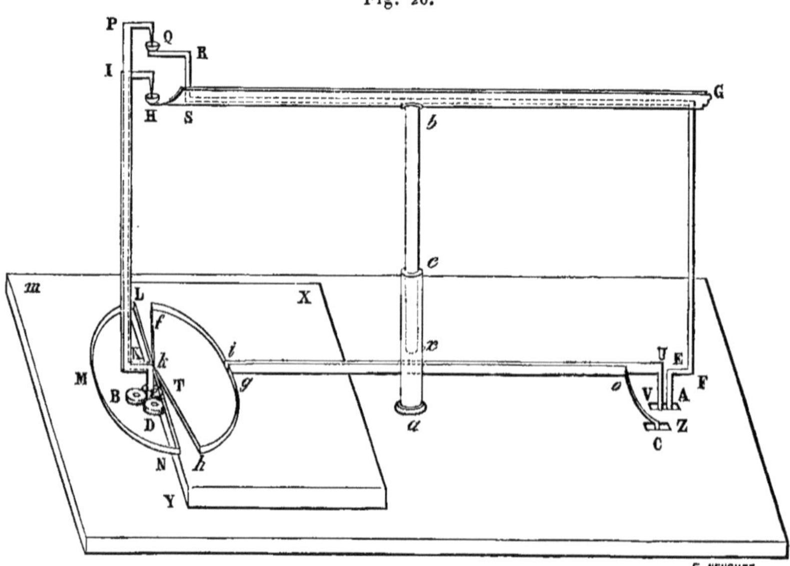

H et H' où l'on met du mercure. Aux points A, C, A', C' de la table sont quatre cavités remplies de même de mercure. De A part un conducteur en cuivre AEFGSRQ, soutenu par HH' et terminé par une coupe Q; de A' il en part un second A'E'F'G'S'R'Q' symétrique au premier; ils sont tous les deux entourés de soie, pour être isolés l'un de l'autre et du conducteur HH'. Dans la

(¹) Cette expérience est indiquée dans le Mémoire du 12 septembre 1825 (*Annales de Chimie et de Physique*, t. XXIX) et décrite complètement, ainsi que l'appareil destiné à l'exécuter, dans le Mémoire du 21 novembre. L'expérience, comme il résulte du dernier paragraphe du présent Mémoire, n'a jamais été faite; elle présenterait, surtout au point de vue des mesures, les plus grandes difficultés.

L'appareil se composant de deux parties symétriques, on a reproduit seulement la moitié gauche de la figure; les lettres accentuées se rapportent à la partie supprimée. (J.)

coupe Q plonge la pointe d'un conducteur mobile QPONMLKIH revenant sur lui-même de K en I, et ayant dans cette partie ses deux branches PO, KI entourées de soie; il est terminé par une seconde pointe plongée dans la coupe H; NML forme une demi-circonférence dont LN est le diamètre et K le centre; la tige PKp est verticale et terminée en p par une pointe retenue par trois cercles horizontaux B, D, T qui peuvent tourner autour de leurs centres et sont destinés à diminuer le frottement.

XY est une tablette fixe qui reçoit dans une rainure un conducteur VU$ifkhgo$ZC revenant sur lui-même de g en o et doublé de soie dans cette partie; $ifkhg$ est un secteur de cercle qui a pour centre le point k; les parties Ui et go sont rectilignes; elles traversent en x le support ab, dans lequel on a pratiqué une ouverture à cet effet, et se séparent en o pour aller se plonger respectivement dans les cavités A et C. A droite de FG se trouve un assemblage de conducteurs fixes et mobile parfaitement semblable à celui que nous venons de décrire, et lorsqu'on plonge le rhéophore positif de la pile en C et le négatif en C′, le courant électrique parcourt les conducteurs CZ$oghkfi$UV, AEFGSRQ; de là il passe dans le conducteur mobile QPONMLKIH, et se rend en H′ par HH′; il parcourt ensuite le conducteur mobile symétrique H′I′K′L′M′N′O′P′Q′, arrive en Q′, suit le conducteur Q′R′S′G′F′E′A′ qui le conduit dans la cavité A′, d'où il se rend en C′ par le conducteur V′U′$i'f'k'h'g'o'$Z′C′, et de là dans le rhéophore négatif.

Le courant allant dans la direction LN dans le diamètre LN, et de h en k, puis de k en f, dans les rayons hk, kf, il y a répulsion entre ces rayons et le diamètre; de plus, le circuit fermé $ghkfi$ ne produisant aucune action sur le demi-cercle LMN dont le centre se trouve dans l'axe fixe pH, le conducteur mobile ne peut être mis en mouvement que par l'action du secteur $ghkfi$ sur le diamètre LN, vu que dans toutes les autres parties de l'appareil passent deux courants opposés dont les actions se détruisent [1]. L'équilibre aura lieu quand le diamètre LN fera des angles égaux avec les rayons kf, kh et, si on l'écarte de cette position, il oscillera par l'action seule du secteur $ghkfi$ sur ce diamètre.

---

[1] En vertu du troisième cas d'équilibre. (J.)

Soit 2η l'angle au centre du secteur, on aura dans la position d'équilibre

$$2\theta = \frac{\pi}{2} + \eta \qquad \text{ou} \qquad \theta = \frac{\pi}{4} + n:$$

d'où l'on conclut

$$\cos\theta - \sin\theta = \cos\theta - \cos\left(\frac{\pi}{2} - \theta\right) = 2\sin\frac{\pi}{4}\sin\left(\frac{\pi}{4} - \theta\right) = -\sqrt{2}\sin\tfrac{1}{2}\eta$$

et

$$\sin\theta\cos\theta = \tfrac{1}{2}\sin 2\theta = \tfrac{1}{2}\cos\eta;$$

mais il est aisé de voir que, quand on déplace de sa position d'équilibre le conducteur L′L″ d'une quantité égale à $2d\theta$, le moment des forces qui tendent à l'y ramener se compose de ceux que produisent deux petits secteurs dont l'angle est égal à ce déplacement et dont les actions sont égales, moment dont la valeur, d'après ce que nous avons vu tout à l'heure, est

$$\frac{1}{2}\,\frac{aii'(\cos\theta - \sin\theta)}{\sin^2\theta\cos^2\theta}\,d\theta = -\frac{2aii'\sqrt{2}\sin\frac{1}{2}\eta}{\cos^2\eta}\,d\theta.$$

D'où il suit que les durées des oscillations seront, pour le même diamètre, proportionnelles à

$$\frac{\sqrt{\sin\frac{1}{2}\eta}}{\cos\eta}.$$

Faisant donc simultanément osciller les conducteurs mobiles dans les deux parties symétriques de l'appareil, en supposant les angles des secteurs différents, on aura des courants de même intensité, et l'on observera si les nombres d'oscillations faites dans un même temps sont proportionnels aux deux expressions

$$\frac{\sqrt{\sin\frac{1}{2}\eta}}{\cos\eta} \qquad \text{et} \qquad \frac{\sqrt{\sin\frac{1}{2}\eta'}}{\cos\eta'},$$

en appelant 2η et $2\eta'$ les angles au centre des deux secteurs.

Nous allons maintenant examiner l'action mutuelle de deux conducteurs rectilignes; et rappelons-nous d'abord qu'en nommant β l'angle compris entre la direction de l'élément ds' et celle de la droite r, la valeur de l'action que les deux éléments de courants électriques ds et ds' exercent l'un sur l'autre a déjà été mise sous la forme

$$ii'\,ds'\,r^k\,d(r^k\cos\beta);$$

en la multipliant et la divisant par $\cos\beta$, et en faisant attention que $k = -\frac{1}{2}$ donne $r^{2k} = \frac{1}{r}$, nous verrons qu'on peut l'écrire ainsi

$$\frac{ii'\,ds'}{\cos\beta}\,r^k\cos\beta\,d(r^k\cos\beta) = \frac{1}{2}\,\frac{ii'\,ds'}{\cos\beta}\,d\left(\frac{\cos^2\beta}{r}\right),$$

d'où il nous sera facile de conclure que la composante de cette action suivant la tangente à l'élément ds' est égale à

$$\tfrac{1}{2}\,ii'\,ds'\,d\left(\frac{\cos^2\beta}{r}\right),$$

et la composante normale au même élément l'est à

$$\tfrac{1}{2}\,ii'\,ds'\tang\beta\,d\left(\frac{\cos^2\beta}{r}\right),$$

expression qui peut se mettre sous la forme

$$\tfrac{1}{2}\,ii'\,ds'\left[d\left(\frac{\sin\beta\cos\beta}{r}\right) - \frac{d\beta}{r}\right].$$

Ces valeurs des deux composantes se trouvent à la page 331 de mon *Recueil d'observations électro-dynamiques*, publié en 1822 (1).

Appliquons la dernière au cas de deux courants rectilignes parallèles, situés à une distance a l'un de l'autre (2).

On a alors

$$r = \frac{a}{\sin\beta},$$

et la composante normale devient

$$\tfrac{1}{2}\,ii'\,ds'\left[\frac{d(\sin^2\beta\cos\beta)}{a} - \frac{\sin\beta\,d\beta}{a}\right].$$

Soit M′ (*fig.* 21) un point quelconque du courant qui parcourt la

---

(1) *Voir* t. II, la note de la p. 291. (J.)

(2) Les calculs qui suivent, relatifs à l'action de deux courants rectilignes, sont la reproduction textuelle du Mémoire du 12 septembre 1825 (*Annales de Chimie et de Physique*, [2], t. XXIX). (J.)

droite $L_1 L_2$, et β', β'' les angles $L'M'L_2$, $L''M'L_2$ formés avec $L_1 L_2$ par les rayons vecteurs extrêmes $M'L'$, $M'L''$; on aura l'action de

Fig. 21.

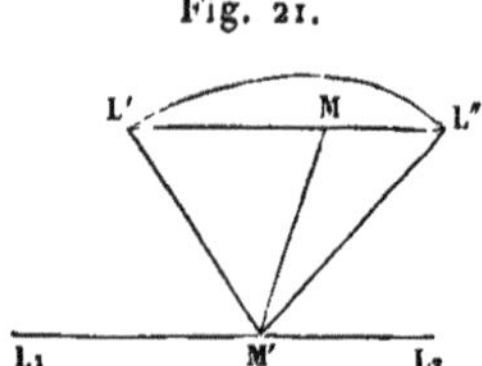

ds' sur $L'L''$ en intégrant l'expression précédente entre les limites β', β'', ce qui donne

$$\frac{1}{2a}\, ii'\, ds'(\sin^2\beta''\cos\beta'' + \cos\beta'' - \sin^2\beta'\cos\beta' - \cos\beta');$$

mais on a à chaque limite, en y représentant les valeurs de s par b' et b'',

$$s' = b'' - a\cot\beta'' = b' - a\cot\beta', \qquad ds' = \frac{a\,d\beta''}{\sin^2\beta''} = \frac{a\,d\beta'}{\sin^2\beta'};$$

en substituant ces valeurs et intégrant de nouveau entre les limites β'_1, β'_2 et β''_1, β''_2, on a pour la valeur de la force cherchée

$$\tfrac{1}{2}ii'\left(\sin\beta''_2 - \sin\beta''_1 - \sin\beta'_2 + \sin\beta'_1 - \frac{1}{\sin\beta''_2} + \frac{1}{\sin\beta''_1} + \frac{1}{\sin\beta'_1} - \frac{1}{\sin\beta'_1}\right),$$

ou

$$\tfrac{1}{2}ii'\left(\frac{a}{r''_2} - \frac{a}{r''_1} - \frac{a}{r'_2} + \frac{a}{r'_1} + \frac{r''_1 + r'_2 - r''_2 - r'_1}{a}\right).$$

Si les deux conducteurs sont de même longueur et perpendiculaires aux droites qui en joignent les deux extrémités d'un même côté, on a

$$r'_1 = r''_2 = a \qquad \text{et} \qquad r'_2 = r''_1 = c;$$

en nommant c la diagonale du rectangle formé par ces deux droites et les deux directions des courants, l'expression précédente devient alors

$$ii'\left(\frac{c}{a} - \frac{a}{c}\right) = \frac{ii'l^2}{ac};$$

en nommant l la longueur des conducteurs, et quand ce rectangle devient un carré, on a $\frac{ii'}{\sqrt{2}}$ pour la valeur de la force; enfin, si l'on suppose l'un des conducteurs indéfini dans les deux sens, et que l soit la longueur de l'autre, les termes où r'_1, r'_2, r''_1, r''_2 se trouvent au dénominateur disparaîtront; on aura

$$r'_2 + r''_1 - r''_2 - r'_1 = 2l,$$

et l'expression de la force deviendra

$$\frac{ii'l}{a},$$

qui se réduit à ii' quand la longueur l est égale à la distance a.

Quant à l'action de deux courants parallèlement à la direction de s', elle peut s'obtenir quelle que soit la forme du courant s. En effet, la composante suivant ds' étant

$$\tfrac{1}{2}\, ii'\, ds'\, d\left(\frac{\cos^2\beta}{r}\right),$$

l'action totale qu'exerce ds' dans cette direction sur le courant L'L'' (*fig.* 21) a pour valeur

$$\tfrac{1}{2}\, ii'\, ds' \left(\frac{\cos^2\beta''}{r''} - \frac{\cos^2\beta'}{r'}\right),$$

et il est remarquable qu'elle ne dépend que de la situation des extrémités L', L'' du conducteur s; elle est donc la même, quelle que soit la forme de ce conducteur, qui peut être plié suivant une ligne quelconque.

Si l'on nomme a' et a'' les perpendiculaires abaissées des deux extrémités de la portion de conducteur L'L'' que l'on considère comme mobile, sur le conducteur rectiligne dont il s'agit de calculer l'action parallèlement à sa direction, on aura

$$r'' = \frac{a''}{\sin\beta''}, \qquad r' = \frac{a'}{\sin\beta'},$$

$$ds' = -\frac{dr''}{\cos\beta''} = \frac{a''\,d\beta''}{\sin^2\beta''} = -\frac{dr'}{\cos\beta'} = \frac{a'\,d\beta'}{\sin^2\beta'},$$

et, par conséquent,

$$\frac{ds'}{r''} = \frac{d\beta''}{\sin\beta''}, \qquad \frac{ds'}{r'} = \frac{d\beta'}{\sin\beta'};$$

d'où il est aisé de conclure que l'intégrale cherchée est

$$-\tfrac{1}{2}ii'\int\left(\frac{\cos^2\beta''d\beta''}{\sin\beta''}-\frac{\cos^2\beta'd\beta'}{\sin\beta'}\right)$$
$$=-\tfrac{1}{2}ii'\left(\mathrm{l.}\,\frac{\operatorname{tang}\frac{1}{2}\beta''}{\operatorname{tang}\frac{1}{2}\beta''}+\cos\beta''-\cos\beta'+\mathrm{C}\right).$$

Il faudra prendre cette intégrale entre les limites déterminées par les deux extrémités du conducteur rectiligne; en nommant β'_1, β'_2 et β''_1, β''_2 les valeurs de β' et de β'' relatives à ces limites, on a sur-le-champ celle de la force exercée par le conducteur rectiligne, et cette dernière valeur ne dépend évidemment que des quatre angles β'_1, β''_1, β'_2, β''_2.

Lorsqu'on veut la valeur de cette force pour le cas où le conducteur rectiligne s'étend indéfiniment dans les deux sens, il faut faire $\beta'_1=\beta''_1=0$ et $\beta'_2=\beta''_2=\pi$; il semble, au premier coup d'œil, qu'elle devient nulle, ce qui serait contraire à l'expérience; mais on voit aisément que la partie de l'intégrale où entrent les cosinus de ces quatre angles est la seule qui s'évanouisse dans ce cas, et que le reste de l'intégrale

$$\tfrac{1}{2}ii'\left(\mathrm{l.}\,\frac{\operatorname{tang}\frac{1}{2}\beta''_1}{\operatorname{tang}\frac{1}{2}\beta'_1}-\mathrm{l.}\,\frac{\operatorname{tang}\frac{1}{2}\beta''_2}{\operatorname{tang}\frac{1}{2}\beta'_2}\right)=\tfrac{1}{2}ii'\,\mathrm{l.}\,\frac{\operatorname{tang}\frac{1}{2}\beta''_1\cot\frac{1}{2}\beta''_2}{\operatorname{tang}\frac{1}{2}\beta'_1\cot\frac{1}{2}\beta'_2}$$

devient, à cause qu'on a $\beta''_2=\pi-\beta''_1$ et $\beta'_2=\pi-\beta'_1$,

$$\tfrac{1}{2}ii'\,\mathrm{l.}\,\frac{\operatorname{tang}^2\frac{1}{2}\beta''_1}{\operatorname{tang}^2\frac{1}{2}\beta'_1}=ii'\,\mathrm{l.}\,\frac{\operatorname{tang}\frac{1}{2}\beta''_1}{\operatorname{tang}\frac{1}{2}\beta'_1}=ii'\,\mathrm{l.}\,\frac{a''}{a'}.$$

Cette valeur montre que la force cherchée ne dépend alors que du rapport des deux perpendiculaires a' et a'', abaissées sur le conducteur rectiligne indéfini des deux extrémités de la portion de conducteur sur lequel il agit; qu'elle est encore indépendante de la forme de cette portion, et ne devient nulle, comme cela doit être, que quand les deux perpendiculaires sont égales entre elles.

Pour avoir la distance de cette force au conducteur rectiligne, dont la direction est parallèle à la sienne, il faut multiplier chacune des forces élémentaires dont elle se compose par sa distance au conducteur, et intégrer le résultat par rapport aux mêmes limites; on aura ainsi le moment qu'il faudra diviser par la force pour avoir la distance cherchée.

On trouve aisément, d'après les valeurs ci-dessus, que le moment élémentaire a pour valeur

$$\tfrac{1}{2}\,ii'\,\mathrm{d}s'\,r\sin\beta\,\mathrm{d}\,\frac{\cos^2\beta}{r}.$$

Cette valeur ne peut s'intégrer que quand on y a substitué à l'une des variables r ou β sa valeur en fonction de l'autre, tirée des équations qui déterminent la forme de la portion mobile de conducteur; elle devient très simple quand cette portion se trouve sur une droite élevée par un point quelconque du conducteur rectiligne que l'on considère comme fixe, perpendiculairement à sa direction, parce qu'en prenant ce point pour l'origine des s' on a

$$r = -\frac{s'}{\cos\beta},$$

et que s' est une constante relativement à la différentielle

$$\mathrm{d}\,\frac{\cos^2\beta}{r}.$$

La valeur du moment élémentaire devient donc

$$\tfrac{1}{2}\,ii'\,\mathrm{d}s'\,\frac{\sin\beta}{\cos\beta}\,\mathrm{d}(\cos^3\beta) = -\tfrac{3}{2}\,ii'\,\mathrm{d}s'\sin^2\beta\cos\beta\,\mathrm{d}\beta;$$

donc l'intégrale entre les limites β'' et β' est

$$-\tfrac{1}{2}\,ii'\,\mathrm{d}s'(\sin^3\beta''-\sin^3\beta').$$

Et remplaçant $\mathrm{d}s'$ par les valeurs de cette différentielle trouvées plus haut, et en intégrant de nouveau, on a, entre les limites déterminées du conducteur rectiligne,

$$\tfrac{1}{2}\,ii'[a''(\cos\beta''_2-\cos\beta''_1)-a'(\cos\beta'_2-\cos\beta'_1)].$$

Si l'on suppose que le conducteur s'étende indéfiniment dans les deux sens, il faudra donner à β'_1, β''_1, β'_2, β''_2 les valeurs que nous leur avons déjà assignées dans ce cas, et l'on aura

$$-\,ii'(a''-a')$$

pour la valeur du moment cherché, qui sera, par conséquent, proportionnel à la longueur $a''-a'$ du conducteur mobile, et ne changera point tant que cette longueur restera la même, quelles que soient d'ailleurs les distances des extrémités de ce dernier conducteur à celui qui est considéré comme fixe.

Calculons maintenant (¹) l'action exercée par un arc de courbe quelconque NM pour faire tourner un arc de cercle L_1L_2 autour de son centre.

Soient M′ (*fig.* 23) le milieu d'un élément quelconque ds' de l'arc L_1L_2, et a le rayon du cercle. Le moment d'un élément ds de NM

Fig. 23.

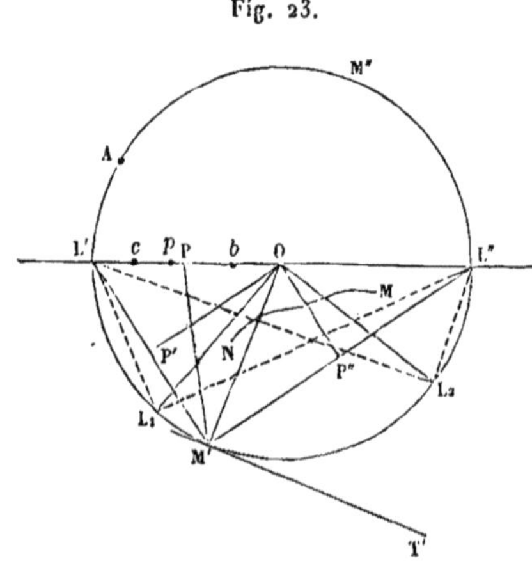

pour faire tourner ds' autour du centre O s'obtient en multipliant la composante tangente en M′ par sa distance a au point fixe, ce qui donne

$$\tfrac{1}{2}aii'\,ds'\,d\,\frac{\cos^2\beta}{r}.$$

Nommant β', β'' et r', r'' les valeurs de β et r relatives aux limites M et N, on a pour le moment de rotation de ds'

$$\tfrac{1}{2}aii'\,ds'\left(\frac{\cos^2\beta''}{r''}-\frac{\cos^2\beta'}{r'}\right),$$

résultat qui ne dépend que de la situation des extrémités M et N.

Nous achèverons le calcul en supposant que la ligne MN soit un diamètre L′L″ du même cercle.

Nommons 2θ l'angle M′OL′; M′T′ étant la tangente en M′, les

(¹) Les paragraphes suivants faisaient partie du Mémoire du 21 novembre 1825 et se trouvaient publiés pour la première fois dans le Mémoire actuel. (J.)

angles $L'M'T'$, $L''M'T'$ seront respectivement β' et β'', et l'on aura évidemment

$$\cos\beta' = -\cos\theta, \qquad \cos\beta'' = \sin\theta, \qquad r' = 2a\sin\theta, \qquad r'' = 2a\cos\theta.$$

L'action du diamètre $L'L''$ pour faire tourner l'élément situé en M' sera donc

$$\tfrac{1}{4}\,ii'ds'\left(\frac{\sin^2\theta}{\cos\theta} - \frac{\cos^2\theta}{\sin\theta}\right).$$

Lorsqu'on prend un point quelconque A de la circonférence pour origine des arcs, et qu'on fait $AL' = C$, on a

$$s' = C + 2a\theta \qquad \text{et} \qquad ds' = 2a\,d\theta,$$

ce qui change l'expression précédente en

$$\tfrac{1}{2}\,aii'\left(\frac{\sin^2\theta\,d\theta}{\cos\theta} - \frac{\cos^2\theta\,d\theta}{\sin\theta}\right),$$

qu'il faut intégrer dans toute l'étendue de l'arc L_1L_2 pour avoir le moment de rotation de cet arc autour de son centre.

Or on a

$$\int\frac{\sin^2\theta\,d\theta}{\cos\theta} = \mathrm{l.\,tang}\left(\frac{\pi}{4} + \frac{1}{2}\theta\right) - \sin\theta + C_1,$$

$$\int\frac{\cos^2\theta\,d\theta}{\sin\theta} = \mathrm{l.\,tang}\,\tfrac{1}{2}\theta + \cos\theta + C';$$

si donc on appelle $2\theta_1$ et $2\theta_2$ les angles $L'OL_1$ et $L'OL_2$, le moment total de l'arc L_1L_2 sera

$$\frac{a}{2}\,ii'\left[\mathrm{l.}\,\frac{\mathrm{tang}\left(\frac{\pi}{4} + \frac{1}{2}\theta_2\right)\mathrm{tang}\,\frac{1}{2}\theta_1}{\mathrm{tang}\,\frac{1}{2}\theta_2\,\mathrm{tang}\left(\frac{\pi}{4} + \frac{1}{2}\theta_1\right)} - \sin\theta_2 - \cos\theta_2 + \sin\theta_1 + \cos\theta_1\right].$$

Cette expression, changée de signe, donne la valeur du moment de rotation du diamètre $L'L''$ dû à l'action de l'arc L_1L_2.

Dans un appareil que j'ai décrit précédemment, un conducteur, qui a la forme d'un secteur circulaire, agit sur un autre conducteur composé d'un diamètre et d'une demi-circonférence qui est mobile autour d'un axe passant par le centre de cette demi-circonférence et perpendiculaire à son plan. L'action qu'elle éprouve de la part du secteur est détruite par la résistance de l'axe, puisque le contour que forme le secteur est fermé; il ne reste donc que l'action sur le diamètre. Nous avons déjà calculé celle de l'arc; il ne nous reste donc plus qu'à obtenir celles des rayons de ce secteur sur le même diamètre.

Pour les déterminer, nous allons chercher le moment de rotation qui résulte de l'action mutuelle de deux courants rectilignes situés dans le même plan, et qui tend à les faire tourner en sens contraire autour du point de rencontre de leurs directions.

La composante normale à l'élément ds' situé en M' (*fig.* 24)

Fig. 24.

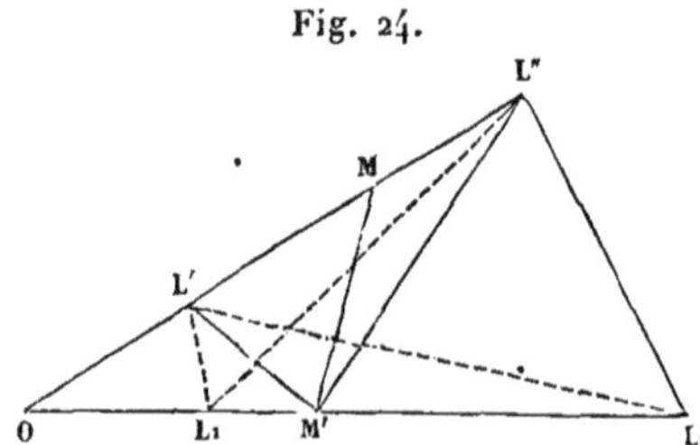

est, comme nous l'avons vu précédemment,

$$\tfrac{1}{2}\, ii'\, ds' \left(d\, \frac{\sin\beta \cos\beta}{r} - \frac{d\beta}{r} \right).$$

Le moment de ds pour faire tourner ds' autour de O s'obtiendra en multipliant cette force par s'; on aura donc, en nommant M le moment total,

$$\frac{d^2 M}{ds\, ds'}\, ds\, ds' = \tfrac{1}{2}\, ii'\, s'\, ds' \left(d\, \frac{\sin\beta \cos\beta}{r} - \frac{d\beta}{r} \right);$$

d'où, en intégrant par rapport à s,

$$\frac{dM}{ds'}\, ds' = \tfrac{1}{2}\, ii'\, s'\, ds' \left(\frac{\sin\beta \cos\beta}{r} - \int \frac{d\beta}{r} \right).$$

Mais, d'après la manière dont les angles ont été pris dans le calcul de la formule qui représente l'action mutuelle de deux éléments de conducteurs voltaïques, l'angle $MM'L_2 = \beta$ est extérieur au triangle OMM'; et, en nommant ε l'angle MOM' compris entre les directions des deux courants, on trouve que le troisième angle OMM' est égal à $\beta - \varepsilon$, ce qui donne

$$r = \frac{s' \sin\varepsilon}{\sin(\beta - \varepsilon)};$$

on a donc

$$\frac{dM}{ds'}\,ds' = \tfrac{1}{2}\,ii'\,\frac{ds'}{\sin\varepsilon}\,[\cos\beta\sin\beta\sin(\beta-\varepsilon)+\cos(\beta-\varepsilon)+C].$$

En remplaçant dans cette valeur $\cos(\beta-\varepsilon)$ par

$$\cos^2\beta\cos(\beta-\varepsilon)+\sin^2\beta\cos(\beta-\varepsilon),$$

on voit aisément qu'elle se réduit à

$$\frac{dM}{ds'}\,ds' = \tfrac{1}{2}\,ii'\,\frac{ds'}{\sin\varepsilon}\,[\cos\varepsilon\cos\beta+\sin^2\beta\cos(\beta-\varepsilon)+C],$$

qu'il faut prendre dans les limites β' et β''; on a ainsi la différence de deux fonctions de même forme, l'une de β'', l'autre de β', qu'il s'agit d'intégrer de nouveau pour avoir le moment de rotation cherché : il suffit de faire cette seconde intégration sur une seule de ces deux quantités; soit donc a'' la distance OL$''$ qui répond à β'', on a, dans le triangle OM$'$L$''$,

$$s' = \frac{a''\sin(\beta''-\varepsilon)}{\sin\beta''} = a''\cos\varepsilon - a''\sin\varepsilon\cot\beta'', \qquad ds' = \frac{a''\sin\varepsilon\,d\beta''}{\sin^2\beta''};$$

et la quantité que nous nous proposons d'abord d'intégrer devient

$$\tfrac{1}{2}\,a''\,ii'\left[\frac{\cos\varepsilon\cos\beta''\,d\beta''}{\sin^2\beta''}+\cos(\beta''-\varepsilon)\,d\beta''\right],$$

dont l'intégrale prise entre les limites β''_1 et β''_2 est

$$\tfrac{1}{2}\,a''\,ii'\left[\sin(\beta''_2-\varepsilon)-\sin(\beta''_1-\varepsilon)-\frac{\cos\varepsilon}{\sin\beta''_2}+\frac{\cos\varepsilon}{\sin\beta''_1}\right].$$

En désignant par p''_2 et p'_2 les perpendiculaires abaissées du point O sur les distances $L''L_2 = r''_2$, $L''L_1 = r''_1$, on a évidemment

$$a''\sin(\beta''_2-\varepsilon) = p''_2, \quad a''\sin(\beta''_1-\varepsilon) = p''_1, \quad \frac{a''}{\sin\beta''_2} = \frac{r''_2}{\sin\varepsilon}, \quad \frac{a''}{\sin\beta''_1} = \frac{r''_1}{\sin\varepsilon},$$

et l'intégrale précédente devient

$$\tfrac{1}{2}\,ii'[p''_2 - p''_1 - (r''_2 - r''_1)\cot\varepsilon].$$

Si l'on fait attention qu'en désignant la distance OL$'$ par a', on a aussi, dans le triangle OM$'$L$'$,

$$s' = \frac{a'\sin(\beta'-\varepsilon)}{\sin\beta'} = a'\cos\varepsilon - a'\sin\varepsilon\cot\beta', \qquad ds' = \frac{a'\sin\varepsilon\,d\beta'}{\sin^2\beta'},$$

on voit aisément que l'intégrale de l'autre quantité se forme de celle que nous venons d'obtenir, en y changeant p''_2, p''_1, r''_2, r''_1, en p'_2, p'_1, r'_2, r'_1 ; ce qui donne pour la valeur du moment de rotation, qui est la différence des deux intégrales,

$$\frac{1}{2} ii'[p''_2 - p''_1 - p'_2 + p'_1 - (r''_2 - r''_1 - r'_2 + r'_1)\cot\varepsilon].$$

Cette valeur se réduit à celle que nous avons trouvée plus haut, dans le cas où l'angle ε est droit, parce qu'alors $\cot\varepsilon = 0$.

Quand on suppose que les deux courants partent du point O et que leurs longueurs OL″, OL₂ [*fig.* 22 (¹)] sont représentées res-

Fig. 22.

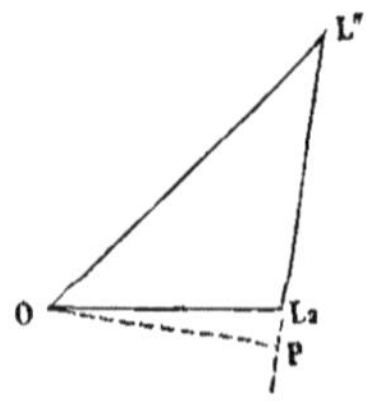

pectivement par a et b, la perpendiculaire OP par p et la distance $L''L_2$ par r, on a

$$p''_2 = p, \quad p''_1 = p'_2 = p'_1 = 0, \quad r''_2 = r, \quad r''_1 = a, \quad r'_2 = b, \quad r'_1 = 0$$

et

$$\frac{1}{2} ii'[p + (a + b - r)\cot\varepsilon],$$

pour la valeur que prend alors le moment de rotation.

La quantité $a + b - r$, excès de la somme de deux côtés d'un triangle sur le troisième, est toujours positive : d'où il suit que le moment de rotation est plus grand que la valeur $\frac{1}{2} ii'p$ qu'il prend quand l'angle ε des deux conducteurs est droit, tant que $\cot\varepsilon$ est positif, c'est-à-dire tant que cet angle est aigu; mais il devient plus petit quand le même angle est obtus, parce qu'alors $\cot\varepsilon$ est négatif. Il est évident d'ailleurs que sa valeur est d'autant plus grande que l'angle ε est plus petit et qu'elle croît à l'infini comme $\cot\varepsilon$, à mesure que ε s'approche de zéro; mais il est bon de mon-

(¹) On a laissé subsister les légères interversions que présente plusieurs fois le texte relativement au numérotage des figures. (J.)

trer qu'il reste toujours positif, quelque voisin que cet angle soit de deux droits.

Il suffit pour cela de faire attention qu'en nommant α l'angle du triangle $OL''L_2$ compris entre les côtés a et r, et β celui qui l'est entre les côtés b et r, on a

$$\cot\varepsilon = -\cot(\alpha+\beta), \qquad p = a\sin\alpha = b\sin\beta, \qquad r = a\cos\alpha + b\cos\beta,$$

et par conséquent

$$a+b-r = a(1-\cos\alpha)+b(1-\cos\beta) = p\tang\tfrac{1}{2}\alpha + p\tang\tfrac{1}{2}\beta$$

et

$$\tfrac{1}{2}ii'[p+(a+b-r)\cot\varepsilon] = \tfrac{1}{2}ii'p\left[1-\frac{\tang\frac{1}{2}\alpha+\tang\frac{1}{2}\beta}{\tang(\alpha+\beta)}\right],$$

valeur qui reste toujours positive, quelque petits que soient les angles α et β, puisque $\tang(\alpha+\beta)$, pour des angles inférieurs à $\frac{\pi}{4}$, est toujours plus grand que $\tang\alpha+\tang\beta$, et, à plus forte raison, plus grand que $\tang\frac{1}{2}\alpha+\tang\frac{1}{2}\beta$. Cette valeur tend évidemment vers la limite $\frac{1}{4}ii'p$ à mesure que les angles α et β s'approchent de zéro; elle s'évanouit avec p quand ces angles deviennent nuls.

Fig. 25.

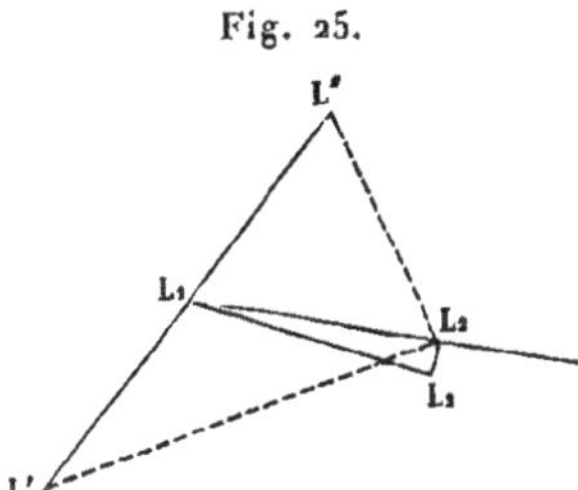

Reprenons maintenant la valeur générale du moment de rotation en n'y faisant entrer que les distances $OL''=a''$, $OL'=a'$ et les différents angles, valeur qui est

$$\tfrac{1}{2}ii'\left[a''\sin(\beta''_2-\varepsilon)-a''\sin(\beta''_1-\varepsilon)-a'\sin(\beta'_2-\varepsilon)\right.$$
$$\left.+a'\sin(\beta'_1-\varepsilon)-\frac{a''\cos\varepsilon}{\sin\beta''_2}+\frac{a''\cos\varepsilon}{\sin\beta''_1}+\frac{a'\cos\varepsilon}{\sin\beta'_2}-\frac{a'\cos\varepsilon}{\sin\beta'_1}\right],$$

et appliquons-la au cas où un des conducteurs $L'L''$ (*fig.* 25) est rectiligne et mobile autour de son milieu L_1 et où l'autre part de ce milieu. En faisant $L'L'' = 2a$, on a

$$a'' = a, \qquad a' = -a, \qquad \beta'_1 = \pi + \varepsilon, \qquad \beta''_1 = \varepsilon, \qquad \sin\beta'_1 = -\sin\beta''_1,$$

et en désignant comme précédemment les perpendiculaires abaissées de L_1 sur $L'L_2$ et $L''L_2$, l'expression du moment devient

$$\tfrac{1}{2} ii' \left(p''_2 + p'_2 - \frac{a\cos\varepsilon}{\sin\beta''_2} - \frac{a\cos\varepsilon}{\sin\beta'_1}\right).$$

Or

$$\sin\beta''_2 : a :: \sin\varepsilon : r''_2$$

et

$$-\sin\beta'_2 : a :: \sin\varepsilon : r'_2,$$

et les valeurs de r''_2 et de r'_2 tirées de ces proportions et substituées dans l'expression précédente la changent en

$$\tfrac{1}{2} ii' [p''_2 + p'_2 + \cot\varepsilon(r'_2 - r''_2)].$$

Lorsqu'on suppose $L_1 L_2$ infini, on a

$$p''_2 = p'_2 = a\sin\varepsilon, \qquad r'_2 - r''_2 = 2a\cos\varepsilon,$$

et cette valeur du moment se réduit à

$$\tfrac{1}{2} aii' \left(2\sin\varepsilon + \frac{2\cos^2\varepsilon}{\sin\varepsilon}\right) = \frac{aii'}{\sin\varepsilon};$$

il est donc en raison inverse du sinus de l'angle des deux courants et proportionnel à la longueur du courant fini.

Quand $L_1 L_2 = \frac{1}{2} L'L'' = a$ et qu'on représente l'angle $L'L_1 L_2$ par 2θ, on a

$$p''_2 = a\sin\theta, \quad p'_2 = a\cos\theta, \quad r'_2 = 2a\sin\theta, \quad r''_2 = 2a\cos\theta, \quad \cot\varepsilon = -\cot 2\theta,$$

et le moment devient

$$\tfrac{1}{2} aii' [\cos\theta + \sin\theta + 2\cot 2\theta(\cos\theta - \sin\theta)];$$

en remplaçant $2\cot 2\theta$ par sa valeur

$$\frac{1 - \operatorname{tang}^2\theta}{\operatorname{tang}\theta} = \frac{\cos^2\theta - \sin^2\theta}{\sin\theta\cos\theta} = \frac{(\cos\theta + \sin\theta)(\cos\theta - \sin\theta)}{\sin\theta\cos\theta},$$

on trouve que celle de ce moment est égale à

$$\tfrac{1}{2} aii'(\cos\theta + \sin\theta)\left[1 + \frac{(\cos\theta - \sin\theta)^2}{\sin\theta\cos\theta}\right]$$
$$= \tfrac{1}{2} aii'(\cos\theta + \sin\theta)\left(\frac{1}{\sin\theta\cos\theta} - 1\right).$$

Pour avoir la somme des actions des deux rayons entre lesquels est compris un secteur infiniment petit dont l'arc est $d\varepsilon$, il faut faire attention que, ces deux rayons étant parcourus en sens contraire, cette somme est égale à la différentielle de l'expression précédente; on trouve ainsi qu'elle est représentée par

$$\tfrac{1}{2}aii'\left[(\cos\theta-\sin\theta)\left(\frac{1}{\sin\theta\cos\theta}-1\right)-\frac{(\cos\theta+\sin\theta)(\cos^2\theta-\sin^2\theta)}{\sin^2\theta\cos^2\theta}\right]d\theta$$

$$=\tfrac{1}{2}aii'(\cos\theta-\sin\theta)\left[\frac{1}{\sin\theta\cos\theta}-1-\frac{(\cos\theta+\sin\theta)^2}{\sin^2\theta\cos^2\theta}\right]d\theta$$

$$=-\tfrac{1}{2}aii'(\cos\theta-\sin\theta)\left(\frac{1}{\sin^2\theta\cos^2\theta}+\frac{1}{\sin\theta\cos\theta}+1\right)d\theta.$$

Mais l'action de l'arc L_2L_3 sur le diamètre $L'L''$ est égale et opposée à celle que ce diamètre exerce sur l'arc pour le faire tourner autour de son centre; le moment de cette action, d'après ce que nous venons de voir, est donc égal à

$$\tfrac{1}{2}aii'\left(\frac{\cos^2\theta}{\sin\theta}-\frac{\sin^2\theta}{\cos\theta}\right)d\theta=\tfrac{1}{2}aii'(\cos\theta-\sin\theta)\left(\frac{1}{\sin\theta\cos\theta}+1\right)d\theta;$$

en l'ajoutant au précédent, on a, pour celui qui résulte de l'action du secteur infiniment petit sur le diamètre $L'L''$,

$$-\tfrac{1}{2}aii'(\cos\theta-\sin\theta)\frac{d\theta}{\sin\theta\cos\theta}.$$

Cette valeur ne diffère que par le signe de celle que nous avons déjà trouvée pour le même moment, différence qui vient évidemment de ce que nous avons tiré cette dernière de la formule relative à l'action d'un très petit circuit fermé sur un élément où nous avions changé le signe de C pour la rendre positive.

Examinons maintenant l'action que deux courants rectilignes, qui ne sont pas dans un même plan, exercent l'un sur l'autre, soit pour se mouvoir parallèlement à leur commune perpendiculaire, soit pour tourner autour de cette droite.

Soient les deux courants AU, A'U' (*fig.* 26); $AA'=a$, leur commune perpendiculaire; AV une parallèle à A'U' : l'action de deux éléments situés en M et M′, lorsqu'on fait $n = 2$ et

Fig. 26.

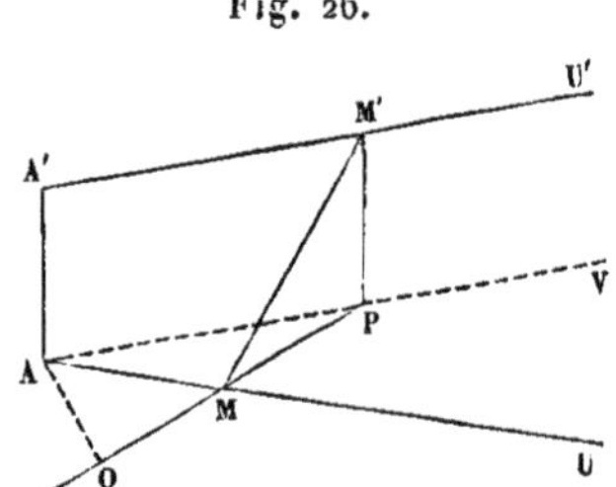

$h = k - 1 = -\frac{3}{2}$ dans la formule générale

$$\frac{ii'\,ds\,ds'}{r^n}(\cos\varepsilon + h\cos\theta\cos\theta'),$$

devient

$$\frac{1}{2}\,\frac{ii'\,ds\,ds'\left(2\cos\varepsilon + 3\,\frac{dr}{ds}\,\frac{dr}{ds'}\right)}{r^2},$$

à cause de

$$\cos\theta = \frac{dr}{ds}, \qquad \cos\theta' = -\frac{dr}{ds'};$$

mais, en faisant $AM = s$, $A'M' = s'$, $VAU = \varepsilon$, on a

$$r^2 = a^2 + s^2 + s'^2 - 2ss'\cos\varepsilon,$$

d'où

$$r\,\frac{dr}{ds} = s - s'\cos\varepsilon, \qquad r\,\frac{dr}{ds'} = s' - s\cos\varepsilon, \qquad r\,\frac{d^2r}{ds\,ds'} + \frac{dr}{ds}\,\frac{dr}{ds'} = -\cos\varepsilon,$$

et comme

$$\frac{d\frac{1}{r}}{ds} = -\frac{\frac{dr}{ds}}{r^2}, \qquad \frac{d^2\frac{1}{r}}{ds\,ds'} = -\frac{r\,\frac{d^2r}{ds\,ds'} - 2\,\frac{dr}{ds}\,\frac{dr}{ds'}}{r^3} = \frac{\cos\varepsilon + 3\,\frac{dr}{ds}\,\frac{dr}{ds'}}{r^3},$$

la valeur de l'action des deux éléments devient

$$\frac{1}{2}\,ii'\,ds\,ds'\left(\frac{\cos\varepsilon}{r^2} + r\,\frac{d^2\frac{1}{r}}{ds\,ds'}\right).$$

Pour avoir la composante parallèle à AA′, il faut multiplier cette expression par le cosinus de l'angle MM′P que fait MM′ avec M′P parallèle à AA′, c'est-à-dire par $\frac{\text{M}'\text{P}}{\text{M}'\text{M}}$ ou $\frac{a}{r}$, ce qui donne

$$\tfrac{1}{2}aii'\,\mathrm{d}s\,\mathrm{d}s'\left(\frac{\cos\varepsilon}{r^3}+\frac{\mathrm{d}^2\frac{1}{r}}{\mathrm{d}s\,\mathrm{d}s'}\right);$$

et en intégrant dans toute l'étendue des deux courants, on trouve pour l'action totale

$$\tfrac{1}{2}aii'\left(\frac{1}{r}+\cos\varepsilon\int\!\!\int\frac{\mathrm{d}s\,\mathrm{d}s'}{r^3}\right).$$

Si les deux courants font entre eux un angle droit, on a

$$\cos\varepsilon = 0,$$

et l'action parallèle à AA′ se réduit, en prenant l'intégrale entre les limites convenables et en employant les mêmes notations que ci-dessus, à

$$\tfrac{1}{2}ii'\left(\frac{a}{r''_2}-\frac{a}{r''_1}-\frac{a}{r'_2}+\frac{a}{r'_1}\right).$$

Cette expression est proportionnelle à la plus courte distance des courants et devient, par conséquent, nulle quand ils sont dans un même plan, comme cela doit être évidemment.

Si les courants sont parallèles, on a

$$\varepsilon = 0$$

et

$$r^2 = a^2 + (s-s')^2;$$

d'où

$$\int\!\!\int\frac{\mathrm{d}s\,\mathrm{d}s'}{r^3} = \int\mathrm{d}s'\int\frac{\mathrm{d}s}{[a^2+(s-s')^2]^{\frac{3}{2}}}$$
$$= \int\mathrm{d}s'\,\frac{s-s'}{a^2\sqrt{a^2+(s-s')^2}} = -\frac{\sqrt{a^2-(s-s')^2}}{a^2} = -\frac{r}{a^2},$$

c'est-à-dire, entre les limites des intégrations,

$$\frac{r'_2+r''_1-r'_1-r''_2}{a^2};$$

et, comme $\cos\varepsilon = 1$, l'action totale devient

$$\tfrac{1}{2}ii'\left(\frac{a}{r''_2}-\frac{a}{r'_2}-\frac{a}{r''_1}+\frac{a}{r'_1}+\frac{r''_1+r'_2-r''_2-r'_1}{a}\right).$$

Nous verrons plus tard comment se fait l'intégration dans le cas où l'angle ε est quelconque.

Cherchons maintenant le moment de rotation autour de la commune perpendiculaire : pour cela il faut connaître d'abord la composante suivant MP et la multiplier par la perpendiculaire AQ abaissée de A sur MP, ce qui revient à multiplier la force suivant MM' par $\frac{\mathrm{MP}}{\mathrm{MM}'}\mathrm{AQ}$ ou par $\frac{ss'\sin\varepsilon}{r}$; on aura ainsi

$$\tfrac{1}{2}ii'\sin\varepsilon\left(ss'\,\frac{d^2\frac{1}{r}}{ds\,ds'}\,ds\,ds' + ss'\,\frac{\cos\varepsilon\,ds\,ds'}{r^3}\right);$$

posant $\frac{ss'}{r} = q$, on aura

$$\frac{dq}{ds} = \frac{s'}{r} + \frac{ss'd\frac{1}{r}}{ds}$$

et

$$\frac{d^2q}{ds\,ds'} = \frac{1}{r} - \frac{s'}{r^2}\frac{dr}{ds'} - \frac{s}{r^2}\frac{dr}{ds} + ss'\,\frac{d^2\frac{1}{r}}{ds\,ds'}$$

$$= \frac{1}{r} - \frac{s'(s'-s\cos\varepsilon) + s(s-s'\cos\varepsilon)}{r^3} + ss'\,\frac{d^2\frac{1}{r}}{ds\,ds'}$$

et, en réduisant,

$$\frac{d^2q}{ds\,ds'} = \frac{a^2}{r^3} + \frac{ss'd^2\frac{1}{r}}{ds\,ds'},$$

d'où l'on tirera

$$ss'\,\frac{d^2\frac{1}{r}}{ds\,ds'} = \frac{d^2q}{ds\,ds'} - \frac{a^2}{r^3}.$$

Or, nous avons trouvé précédemment

$$r\,\frac{d^2r}{ds\,ds'} + \frac{dr}{ds}\frac{dr}{ds'} = -\cos\varepsilon,$$

ou

$$r\,\frac{d^2r}{ds\,ds'} + \frac{(s-s'\cos\varepsilon)(s'-s\cos\varepsilon)}{r^2} = -\cos\varepsilon;$$

effectuant la multiplication et remplaçant $s^2 + s'^2$ par sa valeur tirée de

$$r^2 = a^2 + s^2 + s'^2 - 2ss'\cos\varepsilon,$$

on obtient, en réduisant,

$$\frac{d^2 r}{ds\,ds'} + \frac{ss'\sin^2\varepsilon + a^2\cos\varepsilon}{r^3} = 0,$$

d'où

$$\frac{ss'}{r^3} = -\frac{1}{\sin^2\varepsilon}\left(\frac{d^2 r}{ds\,ds'} + \frac{a^2\cos\varepsilon}{r^3}\right).$$

Substituant cette valeur, ainsi que celle de $ss'\dfrac{d^2\frac{1}{r}}{ds\,ds'}$, dans l'expression du moment de rotation de l'élément, il devient

$$\begin{aligned}
&\tfrac{1}{2}ii'\sin\varepsilon\,ds\,ds'\left[\frac{d^2 q}{ds\,ds'} - \frac{a^2}{r^3} - \frac{\cos\varepsilon}{\sin^2\varepsilon}\left(\frac{d^2 r}{ds\,ds'} + \frac{a^2\cos\varepsilon}{r^3}\right)\right]\\
&= \tfrac{1}{2}ii'\,ds\,ds'\left(\sin\varepsilon\frac{d^2 q}{ds\,ds'} - \frac{a^2\sin\varepsilon}{r^3} - \cot\varepsilon\frac{d^2 r}{ds\,ds'} - \frac{\cos^2\varepsilon}{\sin\varepsilon}\frac{a^2}{r^3}\right)\\
&= \tfrac{1}{2}ii'\,ds\,ds'\left(\sin\varepsilon\frac{d^2 q}{ds\,ds'} - \cot\varepsilon\frac{d^2 r}{ds\,ds'} - \frac{1}{\sin\varepsilon}\frac{a^2}{r^3}\right),
\end{aligned}$$

et intégrant par rapport à s et s', on a, pour le moment total,

$$\tfrac{1}{2}ii'\left(q\sin\varepsilon - r\cot\varepsilon - \frac{a^2}{\sin\varepsilon}\iint\frac{ds\,ds'}{r^3}\right);$$

le calcul se ramène donc, comme précédemment, à trouver la valeur de l'intégrale double $\displaystyle\iint\frac{ds\,ds'}{r^3}$.

Si les courants sont dans un même plan, on a $a = 0$, et le moment se réduit à

$$\tfrac{1}{2}ii'(q\sin\varepsilon - r\cot\varepsilon),$$

résultat qui coïncide avec celui que nous avons obtenu en traitant directement le cas de deux courants situés dans un même plan. Car, q n'étant autre chose que $\frac{ss'}{r}$, et r devenant MP, on a

$$q\sin\varepsilon = \frac{ss'\sin\varepsilon}{r} = \frac{\text{MP}.\text{AQ}}{\text{MP}} = \text{AQ};$$

et nous avions trouvé par l'autre procédé

$$\tfrac{1}{2}ii'(p - r\cot\varepsilon),$$

p désignant la perpendiculaire AQ : les deux résultats sont donc identiques. L'intégration faite entre les limites donne

$$\tfrac{1}{2}ii'[p''_2 - p''_1 - p'_2 + p'_1 + \cot\varepsilon(r''_1 + r'_2 - r''_2 - r'_1)];$$

si l'angle ε est droit, ce moment se réduit à

$$\tfrac{1}{2} ii'(p''_2 - p''_1 - p'_2 + p'_1).$$

Lorsque $\varepsilon = \frac{\pi}{2}$, mais que a n'est pas nul, le moment ci-dessus devient

$$\tfrac{1}{2} ii'\left(q - a^2 \int\int \frac{ds\, ds'}{r^3}\right).$$

L'intégrale qu'il s'agit de calculer dans ce cas est

$$\int ds' \int \frac{ds}{r^3} = \int ds' \int \frac{ds}{(a^2 + s^2 + s'^2)^{\frac{3}{2}}} = \int \frac{s}{(a^2 + s'^2)\sqrt{a^2 + s^2 + s'^2}}\, ds',$$

qu'il faut intégrer de nouveau par rapport à s'; il vient

$$\int \frac{s\, ds'}{(a^2 + s'^2)\sqrt{a^2 + s^2 + s'^2}} = \int \frac{(a^2 + s^2) s\, ds'}{(a^4 + a^2 s'^2 + a^2 s^2 + s^2 s'^2)\sqrt{a^2 + s^2 + s'^2}}$$

$$= \int \frac{s(a^2 + s^2)\dfrac{ds'}{\sqrt{a^2 + s^2 + s'^2}}}{a^2(a^2 + s^2 + s'^2) + s^2 s'^2}$$

$$= \int \frac{\dfrac{s(a^2 + s^2)\, ds'}{(a^2 + s^2 + s'^2)^{\frac{3}{2}}}}{a^2 + \dfrac{s^2 s'^2}{a^2 + s^2 + s'^2}}$$

$$= \int \frac{\dfrac{dq}{ds'}\, ds'}{a^2 + q^2} = \frac{1}{a} \operatorname{arc\,tang} \frac{q}{a} + C.$$

Soit M la valeur du moment de rotation lorsque les deux courants électriques, dont les longueurs sont s et s', partent des points où leurs directions rencontrent la droite qui en mesure la plus courte distance; on aura

$$M = \tfrac{1}{2} ii'\left(q - a \operatorname{arc\,tang} \frac{q}{a}\right),$$

expression qui se réduit, quand $a = 0$, à $M = \frac{1}{2} ii'q$, ce qui s'accorde avec la valeur $M = \frac{1}{2} ii'p$ que nous avons déjà trouvée pour ce cas, parce qu'alors q devient la perpendiculaire que nous avions désignée par p. Si l'on suppose a infini, M devient nul, comme cela doit être, puisqu'il en résulte

$$a \operatorname{arc\,tang} \frac{q}{a} = q.$$

Si l'on nomme z l'angle dont la tangente est

$$\frac{ss'}{a\sqrt{a^2+s^2+s'^2}},$$

il viendra

$$M = \tfrac{1}{2}\,ii'q\left(1 - \frac{z}{\tang z}\right);$$

c'est la valeur du moment de rotation qui serait produit par une force égale à

$$\tfrac{1}{2}\,ii'\left(1 - \frac{z}{\tang z}\right),$$

agissant suivant la droite qui joint les deux extrémités des conducteurs opposées à celles où ils sont rencontrés par la droite qui en mesure la plus courte distance.

Il suffit de quadrupler ces expressions pour avoir le moment de rotation produit par l'action mutuelle de deux conducteurs dont l'un serait mobile autour de la droite qui mesure leur plus courte distance, dans le cas où cette droite rencontre les deux conducteurs à leurs milieux et où leurs longueurs sont respectivement représentées par $2s$ et $2s'$.

Il est, au reste, aisé de voir que si, au lieu de supposer que les deux courants partent du point où ils rencontrent la droite, on avait fait le calcul pour des limites quelconques, on aurait trouvé une valeur de M composée de quatre termes de la forme de celui que nous avons obtenu dans ce cas particulier, deux de ces termes étant positifs et les deux autres négatifs.

Considérons maintenant deux courants rectilignes A'S', L'L''

Fig. 27.

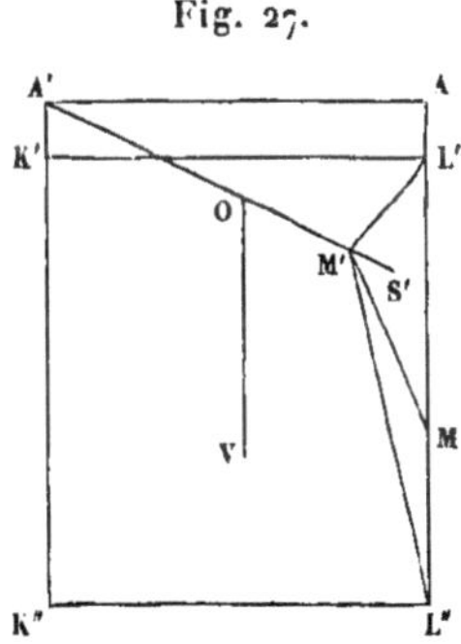

(*fig.* 27), non situés dans un même plan et dont les directions fassent un angle droit.

Soit A′A leur commune perpendiculaire, et cherchons l'action de L′L″ pour faire tourner A′S′ autour d'une parallèle OV à L′L″ menée à la distance A′O $= b$ de A′.

Soient M, M′ deux éléments quelconques de ces courants; l'expression générale de la composante de leur action parallèle à la perpendiculaire commune AA′ devient, en faisant $\varepsilon = \frac{\pi}{2}$,

$$\tfrac{1}{2} a i i' \frac{d^2 \frac{1}{r}}{ds\,ds'} ds'\,ds';$$

son moment par rapport au point O est donc, en prenant A′ pour origine des s', égal à

$$\tfrac{1}{2} a i i' (s' - b) \frac{d^2 \frac{1}{r}}{ds\,ds'} ds\,ds';$$

en intégrant par rapport à s, il vient

$$\tfrac{1}{2} a i i' (s' - b) \frac{d \frac{1}{r}}{ds'} ds';$$

et en appelant r' et r'' les distances M′L′, M′L″ de M′ aux points L′, L″ et intégrant entre ces limites, l'action de L′L″, pour faire tourner l'élément M′, est

$$\tfrac{1}{2} a i i' (s' - b) ds' \left(\frac{d \frac{1}{r''}}{ds'} - \frac{d \frac{1}{r'}}{ds'} \right),$$

expression qu'il faut intégrer par rapport à s'. Or

$$\tfrac{1}{2} a i i' \int (s' - b) d \frac{1}{r''} = \tfrac{1}{2} a i i' \left(\frac{s' - b}{r''} - \int \frac{ds'}{r''} \right),$$

et il est d'ailleurs aisé de voir qu'en nommant c la valeur AL″ de s qui correspond à r'' et qui est une constante dans l'intégration actuelle, on a

$$\text{A}'\text{L}'' = \sqrt{a^2 + c^2},$$

d'où il suit que

$$r'' = \frac{\sqrt{a^2 + c^2}}{\sin \beta''}, \qquad s' = -\sqrt{a^2 + c^2} \cot \beta'', \qquad ds' = \frac{\sqrt{a^2 + c^2}}{\sin^2 \beta''} d\beta'';$$

ainsi

$$\int \frac{ds'}{r''} = \int \frac{d\beta''}{\sin \beta''} = \text{l.} \frac{\operatorname{tang} \frac{1}{2} \beta''_2}{\operatorname{tang} \frac{1}{2} \beta''_1};$$

le second terme s'intégrera de la même manière et l'on aura enfin, pour le moment de rotation cherché,

$$\tfrac{1}{2}aii'\left(\frac{s'_2-b}{r''_2}-\frac{s'_1-b}{r''_1}-\frac{s'_2-b}{r'_2}+\frac{s'_1-b}{r'_1}-\mathrm{l.}\frac{\tan\frac{1}{2}\beta''_2\tan\frac{1}{2}\beta'_1}{\tan\frac{1}{2}\beta''_1\tan\frac{1}{2}\beta'_2}\right).$$

Dans le cas où l'axe de rotation parallèle à la droite L'L'' ou s passe par le point d'intersection A' des droites a et s', on a $b=0$; et si l'on suppose, en outre, que le courant qui parcourt s' part de ce point d'intersection, on aura de plus

$$s'_1=0,\qquad \beta'_1=\frac{\pi}{2},\qquad \beta''_1=\frac{\pi}{2},$$

en sorte que la valeur du moment de rotation se réduira à

$$\tfrac{1}{2}aii'\left(\frac{s'_2}{r''_2}-\frac{s'_2}{r'_2}-\mathrm{l.}\frac{\tan\frac{1}{2}\beta''_2}{\tan\frac{1}{2}\beta'_2}\right).$$

Je vais maintenant chercher l'action d'un fil conducteur plié suivant le périmètre d'un rectangle K'K''L''L' [(*fig.* 27)] pour faire tourner un conducteur rectiligne A'S'$=s'_2$, perpendiculaire sur le plan de ce rectangle et mobile autour d'un de ses côtés K'K'' qu'il rencontre au point A' : le moment produit par l'action de ce côté K'K'' étant alors évidemment nul, il faudra à celui qui est dû à l'action de L'L'', et dont nous venons de calculer la valeur, ajouter le moment produit par K'L' dans le même sens que celui de L'L'' et en ôter celui qui l'est par K''L'', dont l'action tend à faire tourner A'S' en sens contraire; or, d'après les calculs précédents, en nommant g et h les plus courtes distances A'K', A'K'' de AS' aux droites K'L', K''L'' qui sont toutes deux égales à a, on a pour les valeurs absolues de ces moments

$$\tfrac{1}{2}ii'\left(q'-g\,\mathrm{arc\,tang}\,\frac{q'}{g}\right),\quad \tfrac{1}{2}ii'\left(q''-h\,\mathrm{arc\,tang}\,\frac{q''}{h}\right),$$

en faisant

$$q'=\frac{as'_2}{\sqrt{g^2+a^2+s'^2}}=\frac{as'_2}{r'_2},\qquad q''=\frac{as'_2}{\sqrt{h^2+a^2+s'^2}}=\frac{as'_2}{r''_2};$$

celle du moment total est donc

$$\tfrac{1}{2}ii'\left(h\,\mathrm{arc\,tang}\,\frac{q''}{h}-g\,\mathrm{arc\,tang}\,\frac{q'}{g}-a\,\mathrm{l.}\frac{\tan\frac{1}{2}\beta''_2}{\tan\frac{1}{2}\beta'_2}\right).$$

Telle est la valeur du moment de rotation résultant de l'action d'un conducteur ayant pour forme le périmètre d'un rectangle, et agissant sur un conducteur mobile autour d'un des côtés du rectangle, lorsque la direction de ce conducteur est perpendiculaire au plan du rectangle, quelle que soit d'ailleurs sa distance aux autres côtés du rectangle et les dimensions de celui-ci. En déterminant par l'expérience l'instant où le conducteur mobile est en équilibre entre les actions opposées de deux rectangles situés dans le même plan, mais de grandeurs différentes et à des distances différentes du conducteur mobile, on a un moyen bien simple de se procurer des vérifications de ma formule susceptibles d'une grande précision; c'est ce qu'on peut faire aisément à l'aide d'un instrument dont il est trop facile de concevoir la construction pour qu'il soit nécessaire de l'expliquer ici.

Intégrons maintenant l'expression $\int\int\frac{ds\,ds'}{r^3}$ dans l'étendue de deux courants rectilignes non situés dans un même plan et faisant entre eux un angle quelconque ε, dans le cas où ces courants commencent à la perpendiculaire commune; les autres cas s'en déduisent immédiatement.

Soient A (*fig.* 28) le point où la commune perpendiculaire

Fig. 28.

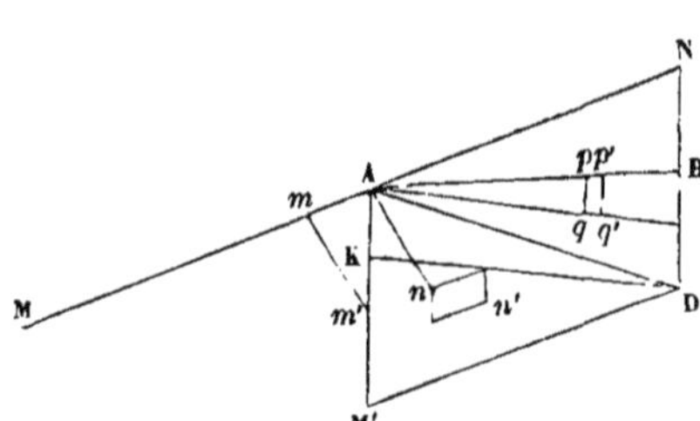

rencontre la direction AM du courant s, AM' une parallèle menée par ce point au courant s', et mm' la projection sur le plan MAM' de la droite qui joint les deux éléments ds, ds'.

Menons par A une ligne An parallèle et égale à mm', et formons en n un petit parallélogramme nn' ayant ses côtés parallèles aux droites MAN, AM' et égaux à ds, ds'.

Si l'on répète la même construction pour tous les éléments, les parallélogrammes ainsi formés composeront le parallélogramme entier NAM'D et, leur surface ayant pour mesure $ds\,ds'\sin\varepsilon$, on obtiendra l'intégrale proposée multipliée par $\sin\varepsilon$, en cherchant le volume ayant pour base NAM'D et terminé à la surface dont les ordonnées élevées aux différents points de cette base ont pour valeur $\frac{1}{r^3}$; r étant la distance des deux éléments des courants qui correspondent, d'après notre construction, à tous ces points de la surface NAMD.

Or, pour calculer ce volume, nous pourrons partager la base en triangles ayant pour sommet commun le point A.

Soient Ap une droite menée à l'un quelconque des points de l'aire du triangle AND, et $pqq'p'$ l'aire comprise entre les deux droites infiniment voisines Ap, Aq' et les deux arcs de cercle décrits de A avec les rayons A$p = u$ et A$p' = u + du$: nous aurons, à cause que l'angle NAM$' = \pi - \varepsilon$ et en appelant φ l'angle NAp,

$$\sin\varepsilon \int\int \frac{ds\,ds'}{r^3} = \int\int \frac{u\,du\,d\varphi}{r^3}.$$

Or, si a désigne la perpendiculaire commune aux directions des deux conducteurs, et s et s' les distances comptées de A sur les deux courants, on a

$$r = \sqrt{a^2 + u^2}, \qquad u = \sqrt{s^2 + s'^2 - 2ss'\cos\varepsilon};$$

donc, en intégrant d'abord depuis $u = 0$ jusqu'à $u = \text{AR} = u_1$,

$$\sin\varepsilon \int\int \frac{ds\,ds'}{r^3} = \int\int \frac{u\,du\,d\varphi}{(a^2 + u^2)^{\frac{3}{2}}} = \int d\varphi \left(\frac{1}{a} - \frac{1}{\sqrt{a^2 + u_1^2}}\right).$$

Il reste à intégrer cette dernière expression par rapport à φ : pour cela nous calculerons u_1 en fonction de φ par la proportion

$$\text{AN} : \text{AR} :: \sin(\varphi + \varepsilon) : \sin\varepsilon$$

ou

$$s : u_1 :: \sin(\varphi + \varepsilon) : \sin\varepsilon;$$

et, en substituant à $a^2 + u_1^2$ la valeur tirée de cette proportion, nous aurons à calculer

$$\int d\varphi \left[\frac{1}{a} - \frac{1}{\sqrt{a^2 + \frac{s^2\sin^2\varepsilon}{\sin^2(\varphi+\varepsilon)}}}\right] = \frac{\varphi}{a} - \int \frac{d\varphi \sin(\varphi+\varepsilon)}{\sqrt{s^2\sin^2\varepsilon + a^2\sin^2(\varphi+\varepsilon)}}$$

$$= \frac{\varphi}{a} + \frac{1}{a}\int \frac{d\cos(\varphi+\varepsilon)}{\sqrt{\frac{a^2+s^2\sin^2\varepsilon}{a^2} - \cos^2(\varphi+\varepsilon)}}$$

$$= \frac{1}{a}\left[\varphi + \arcsin\frac{a\cos(\varphi+\varepsilon)}{\sqrt{a^2+s^2\sin^2\varepsilon}} + C\right].$$

Nommons μ et μ' les angles NAD, M'AD, et prenons l'intégrale précédente entre $\varphi = 0$ et $\varphi = \mu$; elle devient alors

$$\frac{1}{a}\left[\mu + \operatorname{arc\,sin} \frac{a\cos(\mu+\varepsilon)}{\sqrt{a^2+s^2\sin^2\varepsilon}} - \operatorname{arc\,sin} \frac{a\cos\varepsilon}{\sqrt{a^2+s^2\sin^2\varepsilon}}\right],$$

et, à cause de $\mu + \varepsilon = \pi - \mu'$, elle se change en

$$\frac{1}{a}\left[\mu - \operatorname{arc\,sin} \frac{a\cos\mu'}{\sqrt{a^2+s^2\sin^2\varepsilon}} - \operatorname{arc\,sin} \frac{a\cos\varepsilon}{\sqrt{a^2+s^2\sin^2\varepsilon}}\right];$$

or

$$\cos\mu' = \frac{\text{AK}}{\text{AD}} = \frac{s' - s\cos\varepsilon}{\sqrt{(s'-s\cos\varepsilon)^2 + s^2\sin^2\varepsilon}} = \frac{s'-s\cos\varepsilon}{\sqrt{s^2+s'^2-2ss'\cos\varepsilon}};$$

d'où l'on tire pour l'intégrale l'expression suivante

$$\frac{1}{a}\left[\mu - \operatorname{arc\,sin} \frac{a(s'-s\cos\varepsilon)}{\sqrt{a^2+s^2\sin^2\varepsilon}\sqrt{s^2+s'^2-2ss'\cos\varepsilon}} - \operatorname{arc\,sin} \frac{a\cos\varepsilon}{\sqrt{a^2+s^2\sin^2\varepsilon}}\right]$$

ou, en passant du sinus à la tangente pour les deux arcs,

$$\frac{1}{a}\left[\mu - \operatorname{arc\,tang} \frac{a(s'-s\cos\varepsilon)}{s\sin\varepsilon\sqrt{a^2+s^2+s'^2-2ss'\cos\varepsilon}} - \operatorname{arc\,tang} \frac{a\cot\varepsilon}{\sqrt{a^2+s^2}}\right];$$

et, comme on trouve l'intégrale relative au triangle M'AD en changeant dans cette expression μ en μ' et s en s', on a pour l'intégrale totale, à cause que $\mu + \mu' = \pi - \varepsilon$,

$$\begin{aligned}\frac{1}{a}\Bigg[\pi - \varepsilon - \operatorname{arc\,tang} \frac{a(s'-s\cos\varepsilon)}{s\sin\varepsilon\sqrt{a^2+s^2+s'^2-2ss'\cos\varepsilon}} - \operatorname{arc\,tang} \frac{a\cot\varepsilon}{\sqrt{a^2+s^2}} \\ - \operatorname{arc\,tang} \frac{a(s-s'\cos\varepsilon)}{s'\sin\varepsilon\sqrt{a^2+s^2+s^{2\prime}-2ss'\cos\varepsilon}} - \operatorname{arc\,tang} \frac{a\cot\varepsilon}{\sqrt{a^2+s'^2}}\Bigg].\end{aligned}$$

En calculant la tangente de la somme des deux arcs dont les valeurs contiennent s et s', on change cette expression en

$$\begin{aligned}\frac{1}{a}\Bigg(\pi - \varepsilon - \operatorname{arc\,tang} \frac{a\sin\varepsilon\sqrt{a^2+s^2+s'^2-2ss'\cos\varepsilon}}{ss'\sin^2\varepsilon + a^2\cos\varepsilon} \\ - \operatorname{arc\,tang} \frac{a\cot\varepsilon}{\sqrt{a^2+s^2}} - \operatorname{arc\,tang} \frac{a\cot\varepsilon}{\sqrt{a^2+s'^2}}\Bigg);\end{aligned}$$

et comme

$$\frac{\pi}{2} - \text{arc tang}\,\frac{a\sin\varepsilon\sqrt{a^2+s^2+s'^2-2ss'\cos\varepsilon}}{ss'\sin^2\varepsilon+a^2\cos\varepsilon}$$

$$= \text{arc tang}\,\frac{ss'\sin^2\varepsilon+a^2\cos\varepsilon}{a\sin\varepsilon\sqrt{a^2+s^2+s'^2-2ss'\cos\varepsilon}},$$

on a, en divisant par $\sin\varepsilon$ (¹),

$$\iint\frac{ds\,ds'}{r^3} = \frac{1}{a\sin\varepsilon}\left(\text{arc tang}\,\frac{ss'\sin^2\varepsilon+a^2\cos\varepsilon}{a\sin\varepsilon\sqrt{a^2+s^2+s'^2-2ss'\cos\varepsilon}}\right.$$

$$\left.-\text{arc tang}\,\frac{a\cot\varepsilon}{\sqrt{a^2+s^2}}-\text{arc tang}\,\frac{a\cot\varepsilon}{\sqrt{a^2+s'^2}}+\frac{\pi}{2}-\varepsilon\right),$$

expression qui, lorsqu'on suppose $\varepsilon = \frac{\pi}{2}$, se réduit à

$$\frac{1}{a}\left(\text{arc tang}\,\frac{ss'}{a\sqrt{a^2+s^2+s'^2}}\right),$$

comme nous l'avons trouvé précédemment.

On peut remarquer que le premier terme de la valeur que nous venons de trouver dans le cas général est l'intégrale indéfinie de

$$\frac{ds\,ds'}{(a^2+s^2+s'^2-2ss'\cos\varepsilon)^{\frac{3}{2}}},$$

comme on peut le vérifier par la différentiation, et que les trois autres s'obtiennent en faisant successivement dans cette intégrale indéfinie

$$1^\circ\ s'=0,\qquad 2^\circ\ s=0,\qquad 3^\circ\ s'=0\quad\text{et}\quad s=0.$$

Si les courants ne partaient pas de la commune perpendiculaire, on aurait une intégrale composée encore de quatre termes qui seraient tous de même forme que l'intégrale indéfinie.

Nous avons considéré jusqu'ici l'action mutuelle de courants électriques situés dans un même plan et de courants rectilignes situés d'une manière quelconque dans l'espace; il nous reste à examiner l'action mutuelle des courants curvilignes qui ne seraient pas dans un même plan. Nous supposerons d'abord que ces courants décrivent des courbes planes et fermées, dont toutes les di-

(¹) Le Mémoire du 12 septembre 1825, publié dans les *Annales*, t. XXIX et XXX, donne la valeur de cette intégrale, mais sans les calculs qui y conduisent. (J.)

mensions soient infiniment petites. Nous avons vu que l'action d'un courant de cette espèce dépendait de trois intégrales A, B, C, dont les valeurs sont

$$A = \lambda\left(\frac{\cos\xi}{l^3} - \frac{3qx}{l^5}\right),$$

$$B = \lambda\left(\frac{\cos\eta}{l^3} - \frac{3qy}{l^5}\right),$$

$$C = \lambda\left(\frac{\cos\zeta}{l^3} - \frac{3qz}{l^5}\right) \quad (^1).$$

Concevons maintenant dans l'espace une ligne quelconque MmO

Fig. 29.

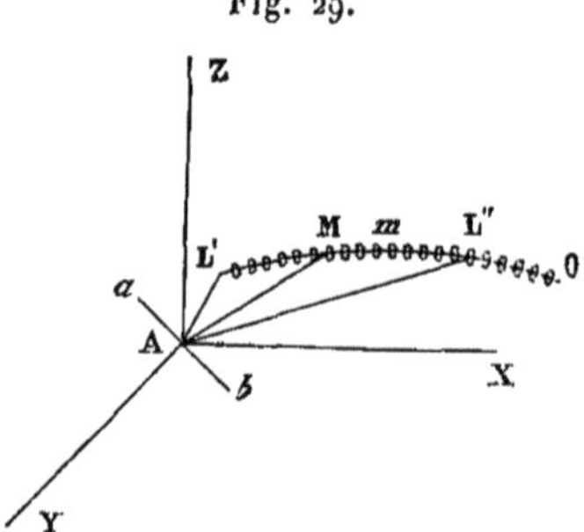

(*fig.* 29) qu'entourent des courants électriques formant de très

(1) Les paragraphes qui suivent, relatifs à la théorie des solénoïdes, sont la reproduction textuelle du Mémoire du t. XXVI des *Annales* et des paragraphes III, IV et V du *Précis,* avec cette différence cependant que les courants infiniment petits qui forment le solénoïde sont encore supposés circulaires et que, par suite, λ est remplacé par πm^2. (*Voir* la note de la p. 46.)

Ampère ajoute, p. 19 du *Précis :* « Ces mêmes résultats (propriétés générales des trois intégrales A, B, C) sont indépendants de la valeur qu'on donne à l'exposant de la puissance à la distance à laquelle on suppose que l'action électrodynamique est réciproquement proportionnelle, quand cette distance varie sans que les éléments des courants électriques entre lesquels elle s'exerce changent de direction. Il n'en est pas de même des résultats dont je m'occupe dans le reste de mon Mémoire, et qui sont relatifs au cas où le système de courants formant des circuits fermés devient un cylindre électrodynamique; ceux-ci n'ont lieu que dans deux cas : dans celui de la nature, c'est-à-dire lorsqu'on admet que l'action électrodynamique est réciproquement proportionnelle au carré de la distance quand elle varie seule, et dans le cas où l'on supposerait la même action directement proportionnelle à la distance. Ils sont dus, la plupart, à M. Savary, qui les a d'abord obtenus pour un cylindre électrodynamique et ensuite pour un solénoïde quelconque. La nouvelle démonstration que j'en donne s'applique directement au solénoïde, et comprend ainsi le cas où il s'agit d'un cylindre, qui n'est qu'une espèce particulière de solénoïde. »

petits circuits fermés autour de cette ligne, dans des plans infiniment rapprochés qui lui soient perpendiculaires, de manière que les aires comprises dans ces circuits soient toutes égales entre elles et représentées par λ, que leurs centres de gravité soient sur $\mathrm{M}m\mathrm{O}$, et qu'il y ait partout la même distance, mesurée sur cette ligne, entre deux plans consécutifs. En appelant g cette distance, que nous regarderons comme infiniment petite, le nombre des courants qui se trouveront répondre à un élément ds de la ligne $\mathrm{M}m\mathrm{O}$ sera $\frac{ds}{g}$; et il faudra multiplier par ce nombre les valeurs de A, B, C que nous venons de trouver pour un seul circuit, afin d'avoir celles qui se rapportent aux circuits de l'élément ds; en intégrant ensuite depuis l'une des extrémités L′ de l'arc s jusqu'à l'autre extrémité L″ de cet arc, on aura les valeurs de A, B, C relatives à l'assemblage de tous les circuits qui l'entourent, assemblage auquel j'ai donné le nom de *solénoïde électrodynamique,* du mot grec σωληνοειδής, dont la signification exprime précisément ce qui a la forme du canal, c'est-à-dire la surface de cette forme sur laquelle se trouvent tous les circuits.

On a ainsi, pour tout le solénoïde,

$$\mathrm{A} = \frac{\lambda}{g}\int\left(\frac{\cos\xi\, ds}{l^3} - \frac{3qx\, ds}{l^5}\right),$$

$$\mathrm{B} = \frac{\lambda}{g}\int\left(\frac{\cos\eta\, ds}{l^3} - \frac{3qy\, ds}{l^5}\right),$$

$$\mathrm{C} = \frac{\lambda}{g}\int\left(\frac{\cos\zeta\, ds}{l^3} - \frac{3qz\, ds}{l^5}\right).$$

Or, la direction de la ligne g, perpendiculaire au plan de λ, étant parallèle à la tangente à la courbe s, on a

$$\cos\xi = \frac{dx}{ds}, \qquad \cos\eta = \frac{dy}{ds}, \qquad \cos\zeta = \frac{dz}{ds}.$$

De plus, q est évidemment égal à la somme des projections des trois coordonnées x, y, z sur sa direction ; ainsi

$$q = \frac{x\,dx + y\,dy + z\,dz}{ds} = \frac{l\,dl}{ds},$$

puisqu'on a

$$l^2 = x^2 + y^2 + z^2.$$

Substituant ces valeurs dans celle que nous venons de trouver pour C, elle devient

$$C = \frac{\lambda}{g}\int\left(\frac{dz}{l^3} - \frac{3z\,dl}{l^4}\right) = \frac{\lambda}{g}\left(\frac{z}{l^3} + C\right).$$

Nommant x', y', z', l' et x'', y'', z'', l'' les valeurs de x, y, z, l, relatives aux deux extrémités L′, L″ du solénoïde, on a

$$C = \frac{\lambda}{g}\left(\frac{z''}{l''^3} - \frac{z'}{l'^3}\right).$$

En opérant de la même manière pour les deux autres intégrales A, B, on trouve des expressions semblables pour les représenter, et les valeurs des trois quantités que nous nous sommes proposé de calculer pour le solénoïde entier sont

$$A = \frac{\lambda}{g}\left(\frac{x''}{l''^3} - \frac{x'}{l'^3}\right),$$

$$B = \frac{\lambda}{g}\left(\frac{y''}{l''^3} - \frac{y'}{l'^3}\right),$$

$$C = \frac{\lambda}{g}\left(\frac{z''}{l''^3} - \frac{z'}{l'^3}\right).$$

Si le solénoïde avait pour directrice une courbe fermée, on aurait $x'' = x'$, $y'' = y'$, $z'' = z'$, $l'' = l'$, et, par conséquent, $A = 0$, $B = 0$, $C = 0$; s'il s'étendait à l'infini dans les deux sens, tous les termes des valeurs de A, B, C seraient nuls séparément, et il est évident que dans ces deux cas l'action exercée par le solénoïde se réduit à zéro. Si l'on suppose qu'il ne s'étende à l'infini que d'un seul côté, ce que j'exprimerai en lui donnant le nom de *solénoïde indéfini* dans un seul sens, on n'aura à considérer que l'extrémité dont les coordonnées x', y', z' ont des valeurs finies; car l'autre extrémité étant supposée à une distance infinie, les premiers termes de celles que nous venons de trouver pour A, B, C sont nécessairement nuls; on a ainsi

$$A = -\frac{\lambda x'}{gl'^3}, \qquad B = -\frac{\lambda y'}{gl'^3}, \qquad C = -\frac{\lambda z'}{gl'^3}:$$

donc $A : B : C :: x' : y' : z'$; d'où il suit que la normale au plan directeur, qui passe par l'origine et forme avec les axes des angles dont les cosinus sont

$$\frac{A}{D}, \quad \frac{B}{D}, \quad \frac{C}{D},$$

en faisant toujours $D=\sqrt{A^2+B^2+C^2}$, passe aussi par l'extrémité du solénoïde dont les coordonnées sont x', y', z'.

Nous avons vu, dans le cas général, que la résultante totale est perpendiculaire sur cette normale; ainsi l'action d'un solénoïde indéfini sur un élément est perpendiculaire à la droite qui joint le milieu de cet élément à l'extrémité du solénoïde; et, comme elle l'est aussi à l'élément, il s'ensuit qu'elle est perpendiculaire au plan mené par cet élément et par l'extrémité du solénoïde.

Sa direction étant déterminée, il ne reste plus qu'à en connaître la valeur : or, d'après le calcul fait dans le cas général, cette valeur est

$$-\frac{D\,ii'\,ds'\sin\varepsilon'}{2},$$

ε' étant l'angle de l'élément ds' avec la normale au plan directeur; et comme $D=\sqrt{A^2+B^2+C^2}$, on trouve aisément

$$D=-\frac{\lambda}{gl'^2},$$

ce qui donne pour la valeur de la résultante

$$\frac{\lambda\,ii'\,ds'\sin\varepsilon}{2gl'^2}.$$

On voit donc que l'action qu'un solénoïde indéfini, dont l'extrémité est en L' (*fig.* 29), exerce sur l'élément *ab* est normale en A au plan *b*AL', proportionnelle au sinus de l'angle *b*AL', et en raison inverse du carré de la distance AL', et qu'elle reste toujours la même, quelles que soient la forme et la direction de la courbe indéfinie L'L'' sur laquelle on suppose placés tous les centres de gravité des courants dont se compose le solénoïde indéfini.

Si l'on veut passer de là au cas d'un solénoïde défini dont les deux extrémités soient situées à deux points donnés L', L'', il suffira de supposer un second solénoïde indéfini commençant au point L'' du premier et coïncidant avec lui depuis ce point jusqu'à l'infini, ayant ses courants de même intensité, mais dirigés en sens contraire, l'action de ce dernier sera de signe contraire à celle du premier solénoïde indéfini partant du point L', et la détruira dans toute la partie qui s'étend depuis L″ jusqu'à l'infini dans la direction L″O où ils seront superposés; l'action du solénoïde L′L″ sera donc la même qu'exercerait la réunion de ces deux solénoïdes indéfinis, et se composera, par conséquent, de la force que nous venons de calculer et d'une autre force agissant en sens contraire, passant de même par le point A, perpendiculaire au plan bAL″, et ayant pour valeur

$$\frac{\lambda ii'ds' \sin\varepsilon''}{2gl''^2},$$

ε'' étant l'angle bAL″ et l'' la distance AL″. L'action totale du solénoïde L′L″ est la résultante de ces deux forces et passe, comme elles, par le point A.

Comme l'action d'un solénoïde défini se déduit immédiatement de celle du solénoïde indéfini, nous commencerons, dans tout ce qui nous reste à dire sur ce sujet, par considérer le solénoïde indéfini qui offre des calculs plus simples, et dont il est toujours facile de conclure ce qui a lieu relativement à un solénoïde défini.

Soient L′ (*fig.* 30) l'extrémité d'un solénoïde indéfini; A le

Fig. 30.

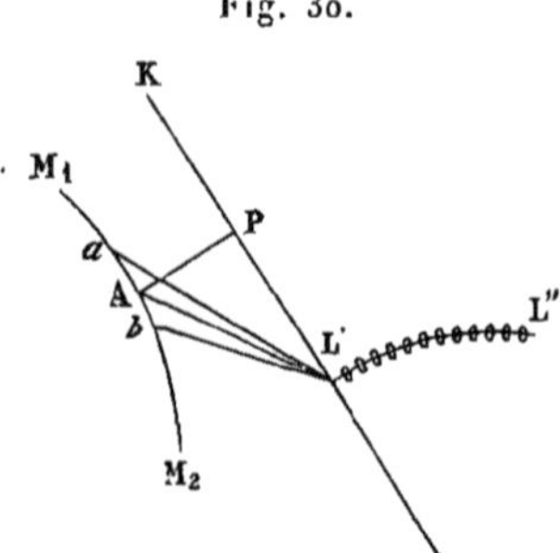

milieu d'un élément quelconque ba d'un courant électrique M_1AM_2, et L′K une droite fixe quelconque menée par le point L′; nommons θ l'angle variable KL′A, μ l'inclinaison des plans bAL′, AL′K, et l' la distance L′A. L'action de l'élément ba sur le solénoïde étant égale et opposée à celle que ce dernier exerce sur l'élément, il faut, pour la déterminer, considérer un point situé en A, lié invariablement au solénoïde, et sollicité par une force dont l'expression soit, abstraction faite du signe,

$$\frac{\lambda ii' ds' \sin b AL'}{2gl'^2}$$

ou

$$\frac{\lambda ii' dv}{gl'^3},$$

en nommant dv l'aire $aL'b$ qui est égale à

$$\frac{l' ds' \sin b AL'}{2}.$$

Comme cette force est normale en A au plan $AL'b$, il faut, pour avoir son moment par rapport à l'axe L'K, chercher sa composante perpendiculaire à AL'K et la multiplier par la perpendiculaire à AP abaissée du point A sur la droite L'K. μ étant l'angle compris entre les plans $AL'b$, AL'K, cette composante s'obtient en multipliant l'expression précédente par $\cos\mu$; mais $dv \cos\mu$ est la projection de l'aire dv sur le plan AL'K, d'où il suit qu'en représentant cette projection par du la valeur de la composante cherchée est

$$\frac{\lambda ii' du}{gl'^3}.$$

Or la projection de l'angle $aL'b$ sur AL'K peut être considérée comme la différence infiniment petite des angles $KL'a$ et $KL'b$: ce sera donc $d\theta$, et l'on aura

$$du = \frac{l'^2 d\theta}{2};$$

ce qui réduit la dernière expression à

$$\frac{\lambda ii' d\theta}{2gl'};$$

et comme $AP = l' \sin\theta$, on a, pour le moment cherché,

$$\frac{\lambda ii'}{2g} \sin\theta \, d\theta.$$

Cette expression, intégrée dans toute l'étendue de la courbe M_1AM_2, donne le moment de ce courant pour faire tourner le solénoïde autour de L'K; or, si le courant est fermé, l'intégrale, qui est, en général,

$$C - \frac{\lambda ii' \cos\theta}{2g},$$

s'évanouit entre les limites, et le moment est nul par rapport à une droite quelconque L'K passant par le point L'.

Il suit de là que, dans l'action d'un circuit fermé, ou d'un système quelconque de circuits fermés sur un solénoïde indéfini, toutes les forces appliquées aux divers éléments du système donnent, autour d'un axe quelconque, les mêmes moments que si elles l'étaient à l'extrémité même du solénoïde ; que leur résultante passe par cette extrémité, et que ces forces ne peuvent, dans aucun cas, tendre à imprimer au solénoïde un mouvement de rotation autour d'une droite menée par son extrémité, ce qui est conforme aux résultats des expériences. Si le courant représenté par la courbe M_1AM_2 n'était pas fermé, son moment pour faire tourner le solénoïde autour de L'K, en appelant θ'_1 et θ'_2 les valeurs extrêmes de θ relatives au point L' et aux extrémités M_1, M_2 de la courbe M_1AM_2, serait

$$\frac{\lambda ii'}{2g}(\cos\theta'_1 - \cos\theta'_2).$$

Considérons maintenant un solénoïde défini L'L″ (*fig.* 31) qui ne

Fig. 31.

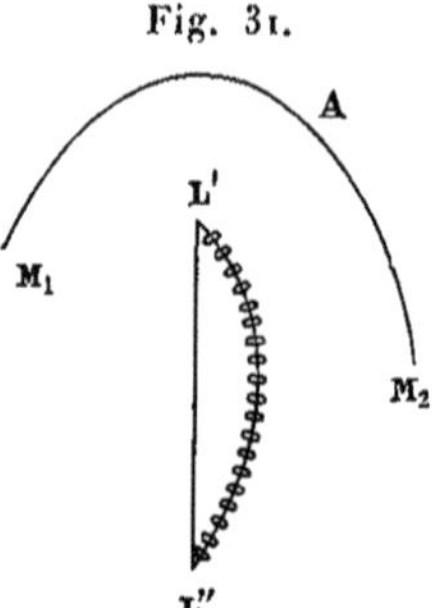

puisse que tourner autour d'un axe passant par ses deux extrémités. Nous pourrons lui substituer, comme précédemment, deux solénoïdes indéfinis ; et la somme des actions du courant M_1AM_2 sur chacun d'eux sera son action sur L'L″. Nous venons de trouver le moment de la première, et en appelant θ''_1, θ''_2 les angles correspondants à θ'_1, θ'_2, mais relatifs à l'extrémité L″, on aura pour celui de la seconde

$$-\frac{\lambda ii'}{2g}(\cos\theta''_1 - \cos\theta''_2);$$

le moment total produit par l'action de M_1AM_2, pour faire tourner le solénoïde autour de son axe $L'L''$, sera donc

$$\frac{\lambda ii'}{2g}(\cos\theta'_1 - \cos\theta''_1 - \cos\theta'_2 + \cos\theta''_2).$$

Ce moment est indépendant de la forme du conducteur M_1AM_2, de sa grandeur et de sa distance au solénoïde $L'L''$, et reste le même quand elles varient de manière que les quatre angles θ'_1, θ''_1, θ'_2, θ''_2 ne changent pas de valeurs; il est nul, non seulement quand le courant M_1M_2 forme un circuit fermé, mais encore quand on suppose que ce courant s'étend à l'infini dans les deux sens, parce qu'alors, ses deux extrémités étant à une distance infinie de celles du solénoïde, l'angle θ'_1 devient égal à θ''_1 et l'angle θ'_2 à θ''_2.

Tous les moments de rotation autour des droites menées par l'extrémité d'un solénoïde indéfini étant nuls, cette extrémité est le point d'application de la résultante des forces exercées sur le solénoïde par un circuit électrique fermé ou par un système de courants formant des circuits fermés; on peut donc supposer que toutes ces forces y sont transportées, et la prendre pour l'origine A (*fig.* 32) des coordonnées : soit alors BM une portion d'un des

Fig. 32.

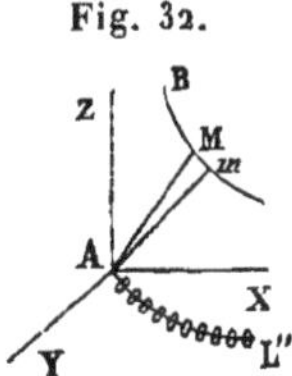

courants qui agissent sur le solénoïde; la force due à un élément quelconque Mm de BM est, d'après ce qui précède, normale au plan AMm et exprimée par

$$\frac{\lambda ii'\,dv}{gr^3},$$

dv étant l'aire AMm, et r la distance variable AM.

Pour avoir la composante de cette action suivant AX, on doit la multiplier par le cosinus de l'angle qu'elle fait avec AX, lequel est le même que l'angle des plans AMm, ZAY; mais dv multiplié par ce cosinus est la projection de AMm sur ZAY, qui est égale à

$$\frac{y\,dz - z\,dy}{2};$$

si donc on veut avoir l'action suivant AX exercée par un nombre quelconque de courants formant des circuits fermés, il faudra prendre dans toute l'étendue de ces courants l'intégrale

$$\frac{\lambda ii'}{2g}\int\frac{y\,dz - r\,dy}{r^3},$$

qui est

$$\frac{\lambda ii' \mathrm{A}}{2g},$$

A désignant toujours la même quantité que précédemment, dans laquelle on a remplacé n par sa valeur 2 ; on trouvera semblablement que l'action suivant AY est exprimée par

$$\frac{\lambda ii' \mathrm{B}}{2g},$$

et celle qui a lieu suivant AZ par

$$\frac{\lambda ii' \mathrm{C}}{2g}.$$

La résultante de ces trois forces, qui est l'action totale exercée par un nombre quelconque de circuits fermés sur le solénoïde indéfini, est donc égale à

$$\frac{\lambda ii' \mathrm{D}}{2g},$$

en désignant toujours $\sqrt{\mathrm{A}^2 + \mathrm{B}^2 + \mathrm{C}^2}$ par D, et les cosinus des angles qu'elle fait avec les axes des x, des y et des z ont pour valeurs

$$\frac{\mathrm{A}}{\mathrm{D}},\quad \frac{\mathrm{B}}{\mathrm{D}},\quad \frac{\mathrm{C}}{\mathrm{D}},$$

qui sont précisément celles des cosinus des angles que fait avec les mêmes axes la normale au plan directeur que l'on obtiendrait en considérant l'action des mêmes circuits sur un élément situé en A. Or, cet élément serait porté par l'action du système dans une direction comprise dans le plan directeur ; d'où l'on tire cette conséquence remarquable, que lorsqu'un système quelconque de circuits fermés agit alternativement sur un solénoïde indéfini et sur un élément situé à l'extrémité de ce solénoïde, les directions suivant lesquelles sont portés respectivement l'élément et l'extrémité du solénoïde sont perpendiculaires entre elles. Si l'on suppose l'élément situé dans le plan directeur lui-même, l'action que le système exerce sur lui est à son maximum et a pour valeur

$$\frac{ii'\mathrm{D}\,ds'}{2}.$$

Celle que le même système exerce sur le solénoïde vient d'être trouvée égale à

$$\frac{\lambda ii'\mathrm{D}}{2g}:$$

ces deux forces sont donc toujours entre elles dans le rapport constant pour un même élément et un même solénoïde

$$ds' : \frac{\lambda}{g};$$

c'est-à-dire, comme la longueur de l'élément est à l'aire de la courbe fermée que décrit un des courants du solénoïde, divisée par la distance de deux courants consécutifs; ce rapport est indépendant de la forme et de la grandeur des courants du système qui agit sur l'élément et sur le solénoïde.

Lorsque le système de circuits fermés que nous venons de considérer est lui-même un solénoïde indéfini, la normale au plan directeur passant par le point A est, comme nous venons de le voir, la droite qui joint ce point A à l'extrémité du solénoïde; il suit de là que l'action mutuelle de deux solénoïdes indéfinis a lieu suivant la droite qui joint l'extrémité de l'un à l'extrémité de l'autre; pour en trouver la valeur, nous désignerons par λ' l'aire des circuits formés par les courants de ce nouveau solénoïde, g' la distance entre les plans de deux de ces circuits qui se suivent immédiatement, l la distance des extrémités de deux solénoïdes indéfinis, et nous aurons $\mathrm{D} = -\frac{\lambda'}{g'l^2}$, ce qui donne, pour leur action mutuelle,

$$\frac{\lambda ii'\mathrm{D}}{2g} = -\frac{\lambda\lambda' ii'}{2gg'l^2},$$

qui est en raison inverse du carré de la distance l. Quand l'un des solénoïdes est défini, on peut le remplacer par deux solénoïdes indéfinis, et l'action se trouve composée de deux forces, l'une attractive et l'autre répulsive, dirigées suivant les droites qui joignent les deux extrémités du premier à l'extrémité du second. Enfin, dans le cas où deux solénoïdes définis $L'L''$, L_1L_2 (*fig.* 33)

Fig. 33.

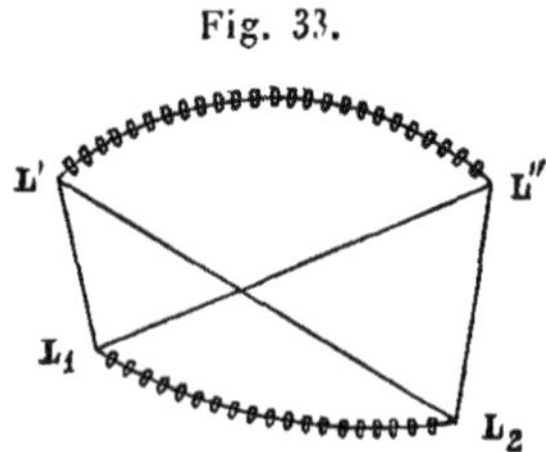

agissent l'un sur l'autre, il y a quatre forces dirigées respectivement suivant les droites $L'L_1$, $L'L_2$, $L''L_1$, $L''L_2$ qui joignent leurs extrémités deux à deux; et si, par exemple, il y a répulsion suivant $L'L_1$, il y aura attraction suivant $L'L_2$ et $L''L_1$ et répulsion suivant $L''L_2$.

Pour justifier la manière dont j'ai conçu les phénomènes que présentent les aimants, en les considérant comme des assemblages de courants électriques formant de très petits circuits autour de leurs particules, il fallait démontrer, en partant de la formule par laquelle j'ai représenté l'action mutuelle de deux éléments de courants électriques, qu'il résulte de certains assemblages de ces petits circuits des forces qui ne dépendent que de la situation de deux points déterminés de ce système, et qui jouissent, relativement à ces deux points, de toutes les propriétés des forces qu'on attribue à ce qu'on appelle des *molécules de fluide austral et de fluide boréal,* lorsqu'on explique, par ces deux fluides, les phénomènes que présentent les aimants, soit dans leur action mutuelle, soit dans celles qu'ils exercent sur un fil conducteur : or on sait que les physiciens qui préfèrent les explications où l'on suppose l'existence de ces molécules à celles que j'ai déduites des propriétés des courants électriques admettent qu'à chaque molécule de fluide austral répond toujours, dans chaque particule du corps aimanté, une molécule du fluide boréal de même intensité, et qu'en nommant élément magnétique l'ensemble de ces deux molécules qu'on peut considérer comme les deux pôles de cet élément, il faut, pour expliquer les phénomènes que présentent les deux genres d'action dont il est ici question : 1° que l'action mutuelle de deux éléments magnétiques se compose de quatre forces, deux attractives et deux répulsives, dirigées suivant les droites qui joignent les deux molécules d'un de ces éléments aux deux molécules de l'autre, et dont l'intensité soit en raison inverse des carrés de ces droites; 2° que quand un de ces éléments agit sur une portion infiniment petite de fil conducteur, il en résulte deux forces perpendiculaires aux plans passant par les deux molécules de l'élément et par la direction de la petite portion du fil, et qui soient proportionnelles aux sinus des angles que cette direction forme avec les droites qui en mesurent les distances aux deux molécules, et en raison inverse des carrés de ces distances. Tant qu'on n'admet pas la manière dont je conçois l'action des aimants, et tant qu'on attribue ces deux espèces de forces à des molécules d'un fluide austral et d'un fluide boréal, il est impossible de les ramener à un seul principe; mais, dès qu'on adopte ma manière de voir sur la constitution des aimants, on voit, par les calculs précédents, que ces deux sortes d'actions et les valeurs des forces qui en résultent se déduisent immédiatement de ma formule, et qu'il suffit pour trouver ces valeurs de substituer à l'assemblage de deux molécules, l'une de fluide austral, l'autre de fluide boréal, un solénoïde dont les extrémités, qui sont les deux points déterminés dont dépendent les forces dont il s'agit, soient situées précisément aux mêmes points où l'on supposerait placées les molécules des deux fluides.

Dès lors, deux systèmes de très petits solénoïdes agiront l'un sur l'autre, d'après ma formule, comme deux aimants composés d'autant d'éléments magnétiques que l'on supposerait de solénoïdes dans ces deux systèmes; un de ces mêmes systèmes agira aussi sur un élément de courant électrique, comme le fait un aimant; et par conséquent tous les calculs, toutes les explications, fondés tant sur la considération des forces attractives et répulsives de ces molécules en raison inverse des carrés des distances, que sur celle de forces révolutives entre une de ces molécules et un élément de courant électrique, dont je viens de rappeler la loi telle que l'admettent les physiciens qui n'adoptent pas ma théorie, sont nécessairement les mêmes, soit qu'on explique comme moi par des courants électriques les phénomènes que produisent les aimants dans ces deux cas, ou qu'on préfère l'hypothèse de deux fluides. Ce n'est donc point dans ces calculs ou dans ces explications qu'on peut chercher ni les objections contre ma théorie, ni les preuves en sa faveur. Les preuves sur lesquelles je l'appuie résultent surtout de ce qu'elle ramène à un principe unique trois sortes d'actions que l'ensemble des phénomènes prouve être dues à une cause commune, et qui ne peuvent y être ramenées autrement. En Suède, en Allemagne, en Angleterre, on a cru pouvoir les expliquer par le seul fait de l'action mutuelle de deux aimants, tel que Coulomb l'avait déterminé; les expériences qui nous offrent des mouvements de rotation continue sont en contradiction manifeste avec cette idée. En France, ceux qui n'ont pas adopté ma théorie sont obligés de regarder les trois genres d'action que j'ai ramenés à une loi commune comme trois sortes de phénomènes absolument indépendants les uns des autres. Il est à remarquer, cependant, qu'on pourrait déduire de la loi proposée par M. Biot pour l'action mutuelle d'un élément de fil conducteur et de ce qu'il appelle une molécule magnétique, celle qu'a établie Coulomb relativement à l'action de deux aimants, si l'on admettait qu'un de ces aimants est composé de petits courants électriques, tels que ceux que j'y conçois; mais, alors, comment pourrait-on ne pas admettre que l'autre est composé de même, et adopter, par conséquent, toute ma manière de voir?

D'ailleurs, quoique M. Biot ait nommé force élémentaire (1) celle dont il a déterminé la valeur et la direction dans le cas où un élément de fil conducteur agit sur chacune des particules d'un aimant, il est clair qu'on ne peut regarder comme vraiment élémentaire, ni une force qui se manifeste dans l'action de deux éléments qui ne sont pas de même nature, ni une force qui n'agit pas suivant la droite qui joint les deux points entre lesquels elle s'exerce. Cependant, dans le Mémoire que cet habile physicien a communiqué à l'Académie, les 30 octobre et 18 décembre 1820 (2), il regarde comme élémentaire la force qu'exerce un élément de fil conducteur sur une molécule de fluide austral ou de fluide boréal,

(1) *Précis élémentaire de Physique*, t. II, p. 122, de la seconde édition. (A.)

(2) Ce dernier Mémoire n'ayant pas été publié à part, je ne connais la formule qui y est donnée, pour exprimer cette force, que par le passage suivant de la se-

c'est-à-dire sur le pôle d'un élément magnétique, et il y considère comme un phénomène composé l'action mutuelle de deux éléments

---

conde édition du *Précis élémentaire de Physique*, t. II, p. 122 et 123. (*Voir* t. II, art. VI, p. 113, 114 :

« En divisant, par la pensée, toute la longueur du fil conjonctif Z'C' (*fig.* 34)

Fig. 34.

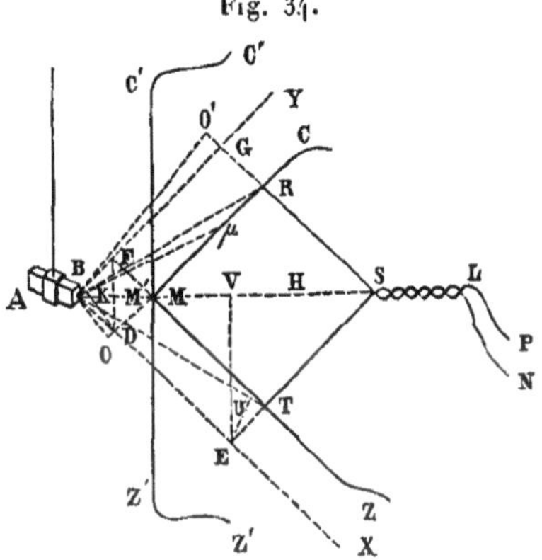

en une infinité de tranches d'une très petite hauteur, on voit que chaque tranche doit agir sur l'aiguille avec une énergie différente, selon sa distance et sa direction. Or ces forces élémentaires sont précisément le résultat simple qu'il importe surtout de connaître; car la force totale exercée par le fil entier n'est que la somme de leurs actions. Mais le calcul suffit pour remonter de cette résultante à l'action simple. C'est ce qu'a fait M. Laplace. Il a déduit de nos observations, que la loi individuelle des forces élémentaires exercées par chaque tranche du fil conjonctif était la raison inverse du carré de la distance, c'est-à-dire précisément la même que l'on sait exister dans les actions magnétiques ordinaires. Cette analyse montrait que, pour compléter la connaissance de la force, il restait encore à déterminer si l'action de chaque tranche du fil était la même dans toutes les directions à distance égale ou si elle était plus énergique dans certains sens que dans d'autres. Pour décider cette question, j'ai tendu dans un plan vertical un long fil de cuivre ZMC (*fig.* 34), en le pliant en M, de manière que les deux branches ZM, MC fissent avec l'horizontale MH des angles égaux. Devant ce fil, j'en ai tendu un autre Z'M'C' de même matière, de même diamètre, pris dans le même tirage; mais j'ai disposé celui-ci verticalement, de manière qu'il ne fût séparé du premier en MM' que par une bande de papier très mince. J'ai ensuite suspendu notre aiguille aimantée AB devant ce système, à la hauteur des points M, M', et j'ai observé ces oscillations pour diverses distances, en faisant successivement passer le courant voltaïque par le fil plié et par le fil droit. J'ai trouvé ainsi que, pour l'un comme pour l'autre, l'action était réciproque à la distance aux points M, M'; mais l'intensité absolue était plus faible pour le fil oblique que pour le fil droit, dans la proportion de l'angle ZMH à l'unité. Ce résultat, analysé par le calcul, m'a paru indiquer que l'action de chaque élément μ du fil oblique sur chaque molécule m de magnétisme austral ou boréal est réciproque au carré de

de conducteurs voltaïques (¹). Or on conçoit aisément que s'il existe, en effet, des molécules magnétiques, leur action mutuelle peut être considérée comme la force élémentaire : c'était le point de vue des physiciens de la Suède et de l'Allemagne, qui n'a pu supporter l'épreuve de l'expérience, puisque cette force, étant proportionnelle à une fonction de la distance, ne peut jamais donner lieu au mouvement toujours accéléré dans le même sens, du moins

---

sa distance μm à cette molécule, et proportionnelle au sinus de l'angle $m\mu M$ formé par la distance μm avec la longueur du fil. »

Il est assez remarquable que cette loi, qui est une conséquence rigoureuse de la formule par laquelle j'ai exprimé l'action mutuelle de deux éléments de fils conducteurs, quand on remplace, conformément à ma théorie, chaque élément magnétique par un très petit solénoïde électrodynamique, a d'abord été trouvée par une erreur de calcul; en effet, pour qu'elle soit vraie, il faut que l'*intensité absolue* de la force soit proportionnelle, non pas à l'angle ZHM, mais à la tangente de la moitié de cet angle, ainsi que l'a démontré M. Savary, dans le Mémoire qu'il a lu à l'Académie le 3 février 1823, qui a été publié dans le temps et se trouve aussi dans le *Journal de Physique*, t. XCVI, p. 1-25 et suiv. (*). Il paraît, au reste, que M. Biot a reconnu cette erreur, car, dans la troisième édition du même Ouvrage qui vient de paraître, il donne, à la vérité sans citer le Mémoire où elle avait été corrigée, de nouvelles expériences où l'intensité de la force totale est, conformément au calcul de M. Savary, proportionnelle à la tangente de la moitié de l'angle ZMH, et il en conclut de nouveau, avec plus de raison qu'il ne l'avait fait de ses premières expériences, que la force qu'il appelle *élémentaire* est, à distances égales, proportionnelle au sinus de l'angle compris entre la direction de l'élément du fil conducteur et celle de la droite qui en joint le milieu à la molécule magnétique (*Précis élémentaire de Physique expérimentale*, 3ᵉ édit., t. II, p. 740-745). (A.)

(¹) Toute cette discussion, jusqu'à la page 104, forme la Note B du *Précis*. Nous reproduisons le début de cette Note, supprimé ici : « Dans l'état actuel de la Physique, on ne connaît pas de cause des phénomènes dont nous sommes témoins qu'on puisse regarder avec certitude comme vraiment primitive; et, de même que l'on considère, en Chimie, comme un corps simple ou élément toute substance qu'on ne peut décomposer en d'autres, on doit, en Physique, admettre comme force élémentaire toute force qu'on ne peut point ramener à d'autres. Il est évident que la force qui se manifeste dans l'action mutuelle de deux fils conducteurs ou dans celle de l'un de ces fils et d'un aimant ne peut être ramenée à des attractions ou des répulsions simplement fonctions des distances des particules entre lesquelles elles s'exercent, puisqu'on obtient, par l'une comme par l'autre, des mouvements de rotation accélérés toujours dans le même sens. Il faut donc chercher la force élémentaire, soit dans l'action de deux éléments de fils conducteurs, comme je l'ai fait dès mes premières recherches sur ce sujet, soit dans celle qu'un élément exerce sur les deux pôles d'une particule d'aimant, pôles qu'on désigne sous le nom de *molécules magnétiques*, quand on admet l'hypothèse des deux fluides, ainsi que l'a fait M. Biot dans les Mémoires communiqués à l'Académie les 30 octobre et 18 décembre 1820 : il y regarde comme élémentaire....... » (J.)

(*) *Voir* la note de la p. 116 du t. II. (J.)

tant que, comme ils le supposaient, les molécules magnétiques sont considérées comme fixées à des points déterminés des fils conducteurs qu'ils regardaient comme des assemblages de petits aimants, et alors les deux autres genres d'action étaient des phénomènes composés, puisque l'élément voltaïque l'était. On conçoit également que ce soit l'action mutuelle de deux éléments de fils conducteurs qui offre la force élémentaire : alors l'action mutuelle de deux éléments magnétiques, et celle qu'un de ces éléments exerce sur une portion infiniment petite de conducteur voltaïque, sont des actions composées, puisque l'élément magnétique doit, dans ce cas, être considéré comme composé. Mais comment concevoir que la force élémentaire soit celle qui se manifeste entre un élément magnétique et une portion infiniment petite de conducteur voltaïque, c'est-à-dire entre deux corps, à la vérité d'un très petit volume, mais dont l'un est nécessairement composé, quelle que soit celle des deux manières d'interpréter les phénomènes dont nous venons de parler?

La circonstance que présente la force exercée par un élément de fil conducteur sur un pôle d'un élément magnétique, d'agir dans une direction perpendiculaire à la droite qui joint les deux points entre lesquels se développe cette force, tandis que l'action mutuelle de deux éléments de conducteur a lieu suivant la ligne qui les joint, n'est pas une preuve moins démonstrative de ce que la première de ces deux forces est un phénomène composé. Toutes les fois que deux points matériels agissent l'un sur l'autre, soit en vertu d'une force qui leur soit inhérente ou d'une force qui y naisse par une cause quelconque, telle qu'un phénomène chimique, une décomposition ou une recomposition du fluide neutre résultant de la réunion des deux électricités, on ne peut pas concevoir cette force autrement que comme une tendance de ces deux points à se rapprocher ou à s'éloigner l'un de l'autre, suivant la droite qui les joint, avec des vitesses réciproquement proportionnelles à leurs masses, et cela lors même que cette force ne se transmettrait d'une des particules matérielles à l'autre que par un fluide interposé, comme la masse du boulet n'est portée en avant avec une certaine vitesse, par le ressort de l'air dégagé de la poudre, qu'autant que la masse du canon est portée en arrière suivant la même droite, passant par les centres d'inertie du boulet et du canon, avec une vitesse qui est à celle du boulet comme la masse de celui-ci est à la masse du canon.

C'est là un résultat nécessaire de l'inertie de la matière, que Newton signalait comme un des principaux fondements de la théorie physique de l'univers, dans le dernier des trois axiomes qu'il a placés au commencement des *Philosophiæ naturalis principia mathematica,* en disant que l'action est toujours égale et opposée à la réaction ; car deux forces qui donnent à deux masses des vitesses inverses de ces masses sont des forces qui les feraient produire des pressions égales sur des obstacles qui s'opposeraient invinciblement à ce qu'elles se missent en mouvement, c'est-à-dire des forces égales. Pour que ce principe soit applicable dans le cas de l'action mutuelle de deux particules matérielles traversées par le courant électrique, lorsqu'on suppose cette action transmise par le fluide éminemment élastique qui remplit l'espace et dont les vibrations constituent la lumière ([1]), il faut admettre que ce fluide n'a aucune inertie appréciable, comme l'air à l'égard du boulet et du canon; mais c'est ce dont on ne peut douter, puisqu'il n'oppose aucune résistance au mouvement des planètes. Le phénomène de la rotation du moulinet électrique avait porté plusieurs physiciens à admettre une inertie appréciable dans les deux fluides électriques et, par conséquent, dans celui qui résulte de leur combinaison; mais cette supposition est en opposition avec tout ce que nous savons d'ailleurs de ces fluides, et avec le fait que les mouvements planétaires n'éprouvent aucune résistance de la part de l'éther; il n'y a plus d'ailleurs aucun motif de l'admettre, depuis que j'ai montré que la rotation du moulinet électrique est due à une répulsion électrodynamique produite entre la pointe du moulinet et les particules de l'air ambiant, par le courant électrique qui s'échappe de cette pointe ([2]).

Lorsque M. Œrsted eut découvert l'action que le fil conduc-

([1]) Ce fluide ne peut être que celui qui résulte de la combinaison des deux électricités. Afin d'éviter de répéter toujours la même phrase pour le désigner, je crois qu'on doit employer, comme Euler, le nom d'*éther*, en entendant toujours par ce mot le fluide ainsi défini. (A.)

([2]) Voir la Note que je lus à l'Académie, le 24 juin 1822, et qui est insérée dans les *Annales de Chimie,* t. XX, p. 419-421, et dans mon *Recueil d'observations électrodynamiques,* p. 316-318. (A.)

Voir t. II, p. 288 et 291.

teur exerce sur un aimant, on devait, à la vérité, être porté à soupçonner qu'il pouvait y avoir une action mutuelle entre deux fils conducteurs; mais ce n'était point une conséquence nécessaire de la découverte de ce célèbre physicien, puisqu'un barreau de fer doux agit aussi sur une aiguille aimantée, et qu'il n'y a cependant aucune action mutuelle entre deux barreaux de fer doux. Tant qu'on ne connaissait que le fait de la déviation de l'aiguille aimantée par le fil conducteur, ne pouvait-on pas supposer que le courant électrique communiquait seulement à ce fil la propriété d'être influencé par l'aiguille, d'une manière analogue à celle dont l'est le fer doux par cette même aiguille, ce qui suffisait pour qu'il agît sur elle, sans que pour cela il dût en résulter aucune action entre deux fils conducteurs lorsqu'ils se trouveraient hors de l'influence de tout corps aimanté? L'expérience pouvait seule décider la question : je la fis au mois de septembre 1820, et l'action mutuelle des conducteurs voltaïques fut démontrée.

A l'égard de l'action de notre globe sur un fil conducteur, l'analogie entre la terre et un aimant suffisait, sans doute, pour rendre cette action extrêmement probable, et je ne vois pas trop pourquoi plusieurs des plus habiles physiciens de l'Europe pensaient qu'elle n'existait pas; non seulement comme M. Erman, avant que j'eusse fait l'expérience qui la constatait ([1]), mais après que cette expérience eut été communiquée à l'Académie des Sciences, dans sa séance du 30 octobre 1820, et répétée plusieurs fois dans le courant de novembre de la même année, en présence de plusieurs de ses membres et d'un grand nombre d'autres physiciens, qui m'ont autorisé, dans le temps, à les citer comme ayant été témoins des mouvements produits par l'action de la terre sur les parties mobiles des appareils décrits et figurés dans les *Annales de Chimie et de Physique*, t. XV, p. 191-196 (*Pl. II*, *fig.* 5, et *Pl. III*, *fig.* 71), ainsi que dans mon *Recueil d'observations électro-dynamiques* (p. 43-48), puisque, près d'un an après, les physiciens anglais élevaient encore des doutes sur les résultats d'expériences si complètes et faites devant un si grand nombre de

---

([1]) Dans un Mémoire très remarquable, imprimé en 1820, ce célèbre physicien dit que le fil conducteur aura cet avantage sur l'aiguille aimantée, dont on se sert pour des expériences délicates, que le mouvement qu'il prendra dans ces expériences ne sera point influencé par l'action de la terre. (A.)

témoins [1]. On ne peut nier l'importance de ces expériences, ni se refuser à convenir que la découverte de l'action de la terre sur les fils conducteurs m'appartient aussi complètement que celle de l'action mutuelle de deux conducteurs. Mais c'était peu d'avoir découvert ces deux genres d'actions et de les avoir constatés par l'expérience, il fallait encore :

1° Trouver la formule qui exprime l'action mutuelle de deux éléments de courants électriques ;

2° Montrer que d'après la loi, exprimée par cette formule, de l'attraction entre les courants qui vont dans le même sens, et de la répulsion entre ceux qui vont en sens contraire, soit que ces courants soient parallèles ou forment un angle quelconque [2], l'action de la terre sur les fils conducteurs est identique, dans toutes les circonstances qu'elle présente, à celle qu'exercerait sur ces mêmes fils un faisceau de courants électriques dirigés de l'est à l'ouest et situés au midi de l'Europe, où les expériences qui constatent cette action ont été faites ;

3° Calculer d'abord, en partant de ma formule et de la manière dont j'ai expliqué les phénomènes magnétiques par des courants électriques formant de très petits circuits fermés autour des particules des corps aimantés, l'action que doivent exercer l'une sur l'autre deux particules d'aimants considérées comme deux petits solénoïdes équivalant chacun à deux molécules magnétiques, l'une de fluide austral, l'autre de fluide boréal, et celle qu'une de ces

---

(1) *Voir* le Mémoire de M. Faraday, publié le 11 septembre 1821. La traduction de ce Mémoire se trouve dans les *Annales de Chimie et de Physique*, t. XVIII, p. 337-370, et dans mon *Recueil d'observations électro-dynamiques*, p. 125-158. C'est par une faute d'impression qu'elle porte la date du 4 septembre 1821, au lieu de celle du 11 septembre 1821. (A.)

Voir le t. II, p. 158.

(2) Les expériences qui mettent en évidence l'action mutuelle de deux courants rectilignes dans ces deux cas furent communiquées à l'Académie dans la séance du 9 octobre 1820. Les appareils que j'avais employés sont décrits et figurés dans le t. XV des *Annales de Chimie et de Physique*, savoir : 1° celui pour l'action mutuelle de deux courants parallèles, p. 72 (*Pl. I, fig.* 1), et, avec plus de détail, dans mon *Recueil d'observations électro-dynamiques*, p. 16-18 ; 2° celui pour l'action mutuelle de deux courants formant un angle quelconque, p. 171 du même t. XV des *Annales de Chimie et de Physique* (*Pl. II, fig.* 2) et dans mon *Recueil*, p. 23. Les figures portent dans mon *Recueil* les mêmes numéros que dans les *Annales*. (A.)

Voir t. II, art. II.

particules doit exercer sur un élément de fil conducteur; s'assurer ensuite que ces calculs donnent précisément pour ces deux sortes d'actions, dans le premier cas, la loi établie par Coulomb pour l'action de deux aimants, et, dans le second, celle que M. Biot a proposée, relativement aux forces qui se développent entre un aimant et un fil conducteur [1]. C'est ainsi que j'ai ramené à un prin-

---

[1] Ici s'arrête l'emprunt fait à la Note B du *Précis*. Voici la fin de cette Note, dont quelques passages seront repris plus loin dans le texte :

« A l'égard de la manière dont j'ai établi ma formule, on doit consulter la Note publiée dans le *Journal de Physique*, septembre 1820, et le Mémoire qui l'a été dans les *Annales de Chimie et de Physique*, t. XX, p. 398-341. L'identité de l'action de la Terre et de celle du faisceau de courants dont je viens de parler est mise en évidence dans les mêmes *Annales*, t. XXI, p. 39-46. Ces divers morceaux se trouvent dans mon *Recueil d'observations électro-dynamiques*, p. 227-235, 293-318 et 277-284. (*Voir* t. II, p. 261-269, 270-289 et 321-327.) Enfin, tout ce qui est relatif à l'identité entre les conséquences de mon opinion sur la constitution des aimants, et les lois de l'action qu'ils exercent, soit les uns sur les autres, soit sur des fils conducteurs, telles qu'elles ont été établies par Coulomb et M. Biot, se trouve complètement démontré dans ce *Précis*. C'est ainsi que la nouvelle branche de Physique relative aux phénomènes électro-dynamiques est arrivée au degré de perfection où elle se trouve maintenant.

» Il résulte immédiatement du fait de la rotation continue, que l'action élémentaire à laquelle sont dus ces phénomènes n'est pas, comme les autres forces précédemment reconnues dans la nature, une simple fonction de la distance des deux particules matérielles entre lesquelles elle s'exerce : c'est aussi une conséquence de la valeur même de cette force déduite de l'expérience, et qui représente exactement toutes les circonstances des phénomènes.

» Plusieurs physiciens ont cru devoir rejeter l'existence d'une pareille force, quoiqu'elle fût établie sur le même genre de preuves que les forces simplement fonction des distances admises jusqu'à présent : c'est ainsi que les Cartésiens se refusaient, du temps de Newton, à admettre une autre force que l'impulsion, parce que c'était la seule qu'on eût considérée jusqu'alors; ils cherchaient encore aussi opiniâtrement qu'inutilement à y ramener tous les faits, lorsque déjà l'existence d'une force entre toutes les particules matérielles en raison inverse des carrés des distances était démontrée. On se rendit enfin à la force des preuves; mais alors on ne voulut admettre d'attractions dans la nature que suivant ce rapport inverse des carrés des distances; on mit presque autant de résistance à admettre une attraction suivant une autre loi, que les Cartésiens en avaient mis à admettre l'attraction newtonienne; mais les phénomènes de la cohésion, des tubes capillaires, etc., étaient en contradiction avec ce qui devait résulter de l'hypothèse qui voulait soumettre toutes les forces attractives à la raison inverse du carré de la distance. On a fini par faire céder la prévention qui accompagne toujours les hypothèses exclusives à l'autorité de l'expérience éclairée par le calcul, et les attractions moléculaires, variant comme une fonction de la distance qui décroît, à mesure que la distance augmente, bien plus rapidement que l'attraction universelle, ont été généralement admises.

» Qui croirait qu'après ces deux défaites de l'esprit de prévention qui porte à

cipe unique ces deux sortes d'actions et celle que j'ai découverte entre deux fils conducteurs. Il était sans doute facile, d'après l'ensemble des faits, de conjecturer que ces trois sortes d'actions dépendaient d'une cause unique. Mais c'est par le calcul seul qu'on

---

repousser tout ce qui n'est pas immédiatement dans les hypothèses avec lesquelles on s'est familiarisé, il vint encore s'opposer à ce qu'on reconnût l'existence d'une troisième espèce de force qui, d'après les expériences les plus précises et les calculs les plus rigoureux, n'est plus, comme les deux précédentes, fonction de la simple distance, qui ne se développe entre deux particules matérielles que quand il arrive à la fois, dans ces deux particules, soit une séparation, soit une combinaison des deux fluides électriques, comme si elle émanait de ce que M. Œrsted a nommé *conflit électrique,* et qui dépend des deux directions suivant lesquelles ce conflit a lieu, en même temps que de la distance des deux particules. Cette force ne dure que pendant l'instant où se fait la séparation ou la combinaison; mais comme celles-ci se renouvellent sans cesse à tous les points des fils conducteurs, tant qu'ils sont en communication avec les deux extrémités de la pile, les effets produits sont les mêmes que s'ils étaient dus à une force permanente, dépendant à la fois de la distance et des directions des deux éléments de courant électrique entre lesquels elle s'exerce, directions qui sont évidemment celles que suivent les deux fluides électriques en se séparant ou en se portant l'un vers l'autre pour se combiner. Les forces qui émanent du conflit électrique sont d'une nature toute différente des attractions et répulsions inhérentes aux molécules des deux fluides électriques dont les effets se manifestent lorsque ces fluides sont inégalement répartis dans les corps : le fait du mouvement de rotation continue et la forme de l'expression analytique de l'action électro-dynamique le démontrent complètement. Quelques physiciens en ont conclu que les phénomènes absolument différents produits, les uns par l'électricité ordinaire et les autres par l'électricité dynamique, ne devaient pas être attribués aux mêmes fluides électriques, en repos dans le premier cas et en mouvement dans le second : c'est précisément comme si l'on concluait de ce que la suspension du mercure dans le baromètre est un phénomène entièrement différent de celui du son, qu'on ne doit pas les attribuer au même fluide atmosphérique, en repos dans le premier cas, et en mouvement dans le second; mais qu'il faut admettre, pour deux faits aussi différents, deux fluides, dont l'un agisse seulement pour presser la surface libre du mercure, et dont l'autre transmette les mouvements vibratoires qui produisent le son.

» C'est cette manie de multiplier, comme on dit, les êtres sans nécessité qui a fait, pendant quelque temps, admettre en Physique un fluide lumineux distinct de celui auquel on attribuait les phénomènes de la chaleur : c'est elle qui porte encore aujourd'hui à supposer deux fluides magnétiques différents des deux fluides électriques, quoiqu'il soit démontré que l'électricité, en se mouvant autour des particules des corps aimantés, précisément comme elle se meut dans le conducteur voltaïque, et y exerçant, par conséquent, la même action, doit nécessairement produire des effets complètement identiques à ceux qu'on attribue à ce qu'on appelle *des molécules de fluide austral et de fluide boréal.*

» Au reste, il ne faut pas perdre de vue, dans l'examen de ma théorie, ce fondement de toute physique déduite de l'expérience, sur lequel cette Science repose depuis Newton, et auquel elle doit tous les progrès que lui ont fait faire ses successeurs, en suivant avec tant de succès la route qu'il leur a tracée, savoir :

pouvait justifier cette conjecture, et c'est ce que j'ai fait, sans rien préjuger sur la nature de la force que deux éléments de fils conducteurs exercent l'un sur l'autre : j'ai cherché, d'après les seules données de l'expérience, l'expression analytique de cette force; et, en la prenant pour point de départ, j'ai démontré qu'on en déduisait par un calcul purement mathématique les valeurs

---

que c'est des seuls résultats des expériences, réduits en lois générales analogues à celles de Kepler, qu'on doit conclure les formules sur lesquelles repose l'application des Mathématiques à la Physique, et non de quelques hypothèses qu'on s'est accoutumé à regarder comme devant servir exclusivement à l'explication des phénomènes, telle que l'hypothèse de Descartes, sur ce que tout devait être expliqué par l'impulsion, et celle des physiciens qui veulent que toute force attractive ou répulsive entre deux particules soit nécessairement proportionnelle à une fraction de leur distance, quelles que soient d'ailleurs les circonstances qui donnent naissance à cette force. Rien de plus simple cependant que de concevoir qu'une force qui n'existe entre deux particules que pendant que les deux fluides électriques s'y séparent ou s'y combinent ensemble, et doit être considérée comme émanant du fait de leur séparation ou de leur réunion en fluide neutre, dépende des directions suivant lesquelles il a lieu dans chacune de ces particules.

» C'est parce que je suis intimement convaincu que c'est de l'expérience seule qu'on doit déduire les lois des phénomènes et les valeurs analytiques des forces qui les produisent, que je n'ai mêlé aucune considération théorique à la marche purement expérimentale que j'ai suivie dans la détermination de ma formule. J'ai suffisamment indiqué, dans le Mémoire que je lus à l'Académie le 6 novembre 1820, la manière dont je concevais que les attractions et répulsions électro-dynamiques étaient dues aux mouvements communiqués à l'éther par les courants électriques des deux fils entre lesquels on observe ces forces; mais, soit que cette opinion soit fondée ou qu'elle ne le soit pas, c'est uniquement des résultats des expériences qu'on doit tirer la formule qui les représente, en suivant la marche qui m'y a conduit et qui est exposée dans le Mémoire que j'ai lu à l'Académie le 10 juin 1822.

» La dynamique des fluides, en tenant compte de toutes les circonstances physiques qui en accompagnent les mouvements, est bien loin encore du degré de perfection où il faudrait qu'elle fût pour que l'on pût calculer la valeur de la force qui doit résulter, entre deux éléments de courant électrique, des mouvements que ces courants impriment à l'éther : si l'on y parvient un jour, on ne peut guère douter qu'on n'en déduise précisément ma formule, comme M. Cauchy a tiré la formule de M. Fourier, relative à la propagation de la chaleur dans les corps, de la considération des mouvements vibratoires de leurs particules quand on suppose qu'elles sont dépourvues d'élasticité. Déjà la loi de l'égalité d'action entre un élément de courant électrique et la somme des actions de ses trois projections, loi qui sert de base à ma formule, est une suite nécessaire de l'hypothèse dont je parle; mais quand on aurait ainsi obtenu ma formule, par des considérations purement théoriques, elle n'en serait pas plus certaine, puisque la manière purement expérimentale dont je l'ai établie et l'accord des conséquences que j'en ai déduites avec les faits suffisent pour la démontrer complètement. » (J.)

des deux autres forces telles qu'elles sont données par l'expérience, l'une entre un élément de conducteur et ce qu'on appelle une molécule magnétique, l'autre entre deux de ces molécules, en remplaçant, dans l'un et l'autre cas, comme on doit le faire d'après ma manière de concevoir la constitution des aimants, chaque molécule magnétique par une des deux extrémités d'un solénoïde électro-dynamique. Dès lors, tout ce qu'on peut déduire des valeurs de ces dernières forces subsiste nécessairement dans ma manière de considérer les effets qu'elles produisent, et devient une suite nécessaire de ma formule, et cela seul suffirait pour démontrer que l'action mutuelle de deux éléments de fils conducteurs est réellement le cas le plus simple et celui dont il faut partir pour expliquer tous les autres; les considérations suivantes me semblent propres à confirmer, de la manière la plus complète, ce résultat général de mon travail; elles se déduisent facilement des notions les plus simples sur la composition des forces, et sont relatives à l'action mutuelle de deux systèmes, composés tous deux de points infiniment rapprochés les uns des autres, dans les divers cas qui peuvent se présenter suivant que ces systèmes ne contiennent que des points de même espèce, c'est-à-dire qui tous attirent ou repoussent les mêmes points de l'autre système, ou qu'il ait, soit dans un de ces systèmes, soit dans tous les deux, des points de deux espèces opposées, dont les uns attirent ce que les autres repoussent et repoussent ce qu'ils attirent.

Supposons d'abord (¹) que chacun des deux systèmes soit composé de molécules de même espèce, c'est-à-dire que celles de l'un

Fig. 35.

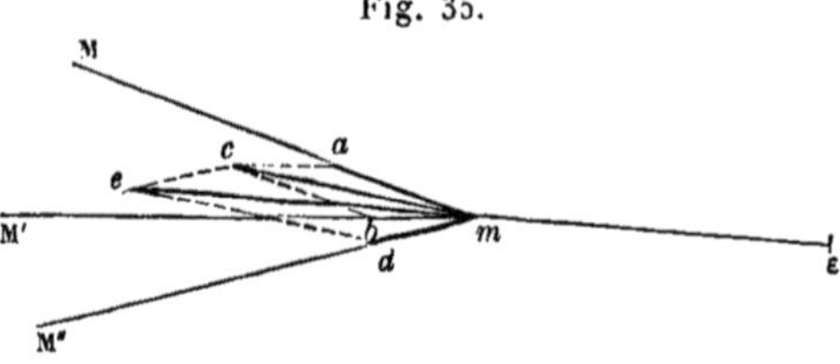

agissent toutes par attraction ou toutes par répulsion sur celles de l'autre, avec des forces proportionnelles à leurs masses; soient M, M', M'', ... (*fig.* 35) les molécules qui composent le pre-

(¹) Note C du *Précis de la théorie*, etc. (J.)

mier, et m une quelconque de celles du second : en composant successivement toutes les actions ma, mb, md, ..., exercées par M, M′, M″, ..., on obtiendra les résultantes mc, me, ..., dont la dernière sera l'action du système MM′M″ sur le point m, et passera à peu près par le centre d'inertie de ce système. En raisonnant de même relativement aux autres molécules du second système, on trouvera que les résultantes correspondantes passeront aussi toutes très près du centre d'inertie du premier système, et auront une résultante générale qui passera aussi à peu près par le centre d'inertie du second : nous nommerons *centres d'action* les deux points extrêmement voisins des centres respectifs d'inertie des deux systèmes par lesquels passe cette résultante générale; il est évident qu'elle ne tendra, à cause des petites distances où ils sont des centres d'inertie, à imprimer à chaque système qu'un mouvement de translation.

Supposons, en second lieu, que les molécules du second système restant toutes de même espèce, celles du premier soient les unes attractives et les autres répulsives à l'égard de ces molécules du second système, les premières donneront une résultante of (*fig.* 36), passant par leur centre d'action N, et par le centre d'ac-

Fig. 36.

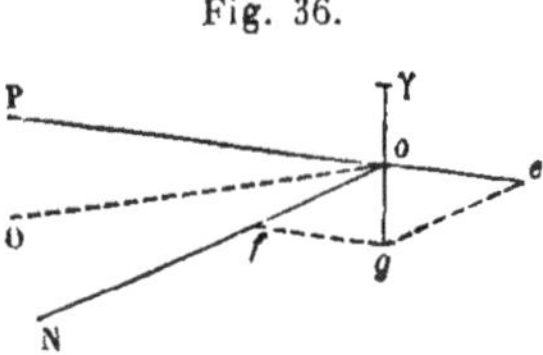

tion o de l'autre système : de même, les particules répulsives donneront une résultante oe, passant par leur centre d'action P et par le même point o : la résultante générale sera donc la diagonale og; et comme elle passe à peu près par le centre d'inertie du second système, elle ne tendra encore à lui imprimer qu'un mouvement de translation. Cette résultante est d'ailleurs dans le plan mené par les trois centres d'action o, N, P; et quand les molécules attractives sont en même nombre que les répulsives, et agissent avec la même intensité, sa direction est, en outre, perpendiculaire à la droite oO qui divise l'angle PoN en deux parties égales.

Considérons enfin le cas où les deux systèmes seraient composés l'un et l'autre de molécules d'espèces différentes. Soient N et P (*fig.* 37) les centres d'action respectifs des molécules attrac-

Fig. 37.

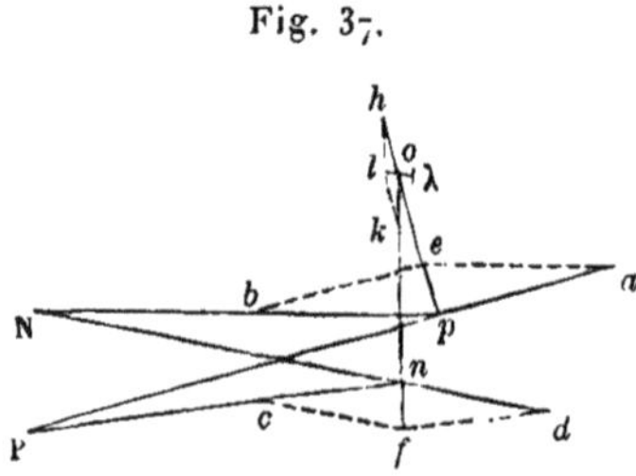

tives et répulsives du premier, soient n et p les centres correspondants du second, de sorte qu'il y ait attraction entre N et p, ainsi qu'entre n et P, et qu'il y ait répulsion entre N et n, de même qu'entre P et p. Les actions combinées de N et P sur p donneront une résultante dirigée suivant la diagonale pe : semblablement, les actions de N et P sur n donneront une résultante nf. Pour avoir la résultante générale, on prolongera ces deux lignes jusqu'à leur rencontre en o, en prenant $oh = pe$ et $ok = nf$, la diagonale ol sera la résultante cherchée qui donnera l'action exercée par le système PN sur le système pn. Mais comme le point o ne fait pas partie du système pn, il faudra concevoir qu'il est lié à ce système d'une manière invariable, sans l'être au premier système PN ; et la force ol tendra généralement, en vertu de cette liaison, à opérer sur pn un mouvement de translation et un mouvement de rotation autour de son centre d'inertie.

Examinons maintenant la réaction exercée par le second système sur le premier : d'après l'axiome fondamental de la Mécanique, que l'action et la réaction de deux particules l'une sur l'autre sont égales et directement opposées, il faudra, pour l'obtenir, composer successivement des forces égales et directement opposées à celles que les particules du premier système exercent sur les particules du second, et il est évident que la réaction totale ainsi trouvée sera toujours égale et directement opposée à l'action totale.

Dans le premier cas, la réaction sera donc représentée par la ligne $m\varepsilon$ (*fig.* 35), égale et opposée à la résultante me, et que l'on pourra supposer appliquée au centre d'action du premier système qui se trouve sur sa direction; d'où il suit qu'en négligeant toujours la petite différence de situation du centre d'action et du centre d'inertie, on n'aura encore ici qu'un mouvement de translation.

Dans le second cas, la réaction sera de même représentée par la ligne $o\gamma$ (*fig.* 36), égale et opposée à og. Mais comme le point o n'appartient pas au premier système et que, généralement, celui-ci ne sera pas traversé par la direction $o\gamma$, il faudra concevoir que ce point o soit lié invariablement au premier système sans l'être au second; et, par cette liaison, la force $o\gamma$ tendra généralement à opérer sur le système PN un double mouvement de translation et de rotation. Au reste, cette force $o\gamma$ est dans le plan PoN; et lorsque les molécules attractives sont en même nombre que les répulsives et agissent avec la même intensité, sa direction est, comme celle de og, perpendiculaire à oO.

Enfin, dans le troisième cas, la réaction sera représentée par la ligne $o\lambda$ (*fig.* 37), égale et opposée à la résultante ol, et appliquée comme elle au point o. Pour avoir l'action de ol sur pn, nous avons conçu tout à l'heure que ce point o était lié à ce second système pn sans l'être au premier PN. Pour avoir maintenant la réaction exercée sur celui-ci, nous concevrons la force $o\lambda$ appliquée en un point situé en o et lié au premier système PN sans l'être au second. Cette force tendra encore, généralement, à opérer sur PN un double mouvement de translation et de rotation.

Si l'on compare ces résultats avec les indications de l'expérience, relativement aux directions des forces qui s'exercent dans les trois genres d'actions que nous avons distingués plus haut, on verra aisément que les trois cas que nous venons d'examiner leur correspondent exactement. Lorsque deux éléments de conducteurs voltaïques agissent l'un sur l'autre, l'action et la réaction sont, comme dans le premier cas, dirigées suivant la droite qui joint ces deux éléments; quand il s'agit de la force qui a lieu entre un élément de fil conducteur et une particule d'aimant contenant deux pôles d'espèces opposées, qui agissent en sens contraires avec des intensités égales, l'action et la réaction sont, comme dans le second cas, dirigées perpendiculairement à la droite qui joint la particule à l'élément; et deux particules d'un barreau aimanté, qui ne sont elles-mêmes que deux très petits aimants, exercent l'une sur l'autre une action plus compliquée, semblable à celle que présente le troisième cas, et dont on ne peut de même rendre raison qu'en la considérant comme le résultat de quatre forces, deux attractives et deux répulsives : il est aisé d'en conclure qu'il n'y a que l'élément de fil conducteur dont on puisse supposer que tous les points exercent la même espèce d'action, et de juger quelle est, des trois sortes de forces dont il est ici question, celle qu'on doit regarder comme la plus simple ([1]).

Mais, de ce que la force qui a lieu entre deux éléments de fils conducteurs est la plus simple, et de ce que celles qui se développent, l'une entre un de ces éléments et une particule d'aimant où se trouvent toujours deux pôles de même intensité, l'autre entre deux de ces particules, en sont des résultats plus ou moins compliqués, en faut-il conclure que la première de ces forces doive être considérée comme vraiment élémentaire? C'est ce que j'ai toujours été si loin de penser que, dans les *Notes sur l'exposé sommaire des nouvelles expériences électro-magnétiques,* publiées en 1822 ([2]), je cherchais à en rendre raison par la réaction du fluide répandu dans l'espace, et dont les vibrations produisent les phénomènes de la lumière : j'ai seulement dit qu'on devait la considérer comme *élémentaire,* dans le sens où les chimistes rangent dans la classe des corps simples tous ceux qu'ils n'ont encore pu décomposer, quelles que soient d'ailleurs les présomptions fondées sur l'analogie qui pourraient porter à croire qu'ils sont réellement composés, et parce qu'après qu'on en a déduit la valeur des expériences et des calculs exposés dans ce Mémoire, c'était en partant de cette seule valeur qu'il fallait calculer celles de toutes les forces qui se manifestent dans les cas les plus compliqués.

Mais, quand même elle serait due, soit à la réaction d'un fluide dont la rareté ne permet pas de supposer qu'il réagisse en vertu de sa masse, soit à une combinaison des forces propres aux deux fluides électriques, il ne s'ensuivrait pas moins que l'action serait toujours opposée à la réaction suivant une même droite; car,

---

([1]) Fin de la Note C du *Précis.* (J.)

([2]) *Recueil d'observations électrodynamiques,* p. 215 (t. II, p. 250). (A.)

ainsi qu'on l'a vu dans les considérations qu'on vient de lire, cette circonstance se rencontre nécessairement dans toute action complexe, quand elle a lieu pour les forces vraiment élémentaires dont se compose l'action complexe. En appliquant le même principe à la force qui s'exerce entre ce qu'on appelle une molécule magnétique et un élément de fil conducteur, on voit que si cette force, considérée comme agissant sur l'élément, passe par son milieu, la réaction de l'élément sur la molécule doit aussi être dirigée de manière à passer par ce milieu et non par la molécule. Cette conséquence d'un principe qu'avaient jusqu'à présent admis tous les physiciens ne paraît pas au reste facile à démontrer par l'expérience, lorsqu'il s'agit de la force dont nous parlons, parce que dans toutes les expériences où l'on fait agir sur un aimant une portion du fil conducteur formant un circuit fermé, le résultat qu'on obtient pour l'action totale est le même, soit qu'on suppose que cette force passe par l'élément de fil conducteur ou par la molécule magnétique, ainsi qu'on l'a vu dans cè Mémoire; c'est ce qui a porté plusieurs physiciens à supposer que l'action exercée par l'élément de fil conducteur passait seule par cet élément, et que la réaction lui étant opposée et parallèle n'était pas dirigée suivant la même droite, qu'elle passait par la molécule et formait avec la première force ce qu'ils ont appelé un couple primitif.

Les calculs qui vont suivre me fourniront bientôt l'occasion d'examiner en détail cette singulière hypothèse. On verra, par cet examen, qu'elle n'est pas seulement opposée à l'un des principes fondamentaux de la Mécanique, mais qu'elle est en outre absolument inutile pour l'explication des faits observés, et qu'une fausse interprétation de ces faits a pu seule porter à l'adopter les physiciens qui n'admettent pas que les aimants doivent réellement leurs propriétés à l'action des courants électriques qui entourent leurs particules.

Les phénomènes produits par les deux fluides électriques en mouvement dans les conducteurs voltaïques paraissent si différents de ceux qui en manifestent la présence quand ils sont en repos dans des corps électrisés à la manière ordinaire, qu'on a aussi prétendu que les premiers ne devaient pas être attribués aux mêmes fluides que les seconds. C'est précisément comme si l'on concluait de ce que la suspension du mercure dans le baromètre est un phénomène entièrement différent de celui du son, qu'on ne doit pas les attribuer au même fluide atmosphérique, en repos dans le premier cas et en mouvement dans le second ; mais qu'il faut admettre, pour deux faits aussi différents, deux fluides dont l'un agisse seulement pour presser la surface libre du mercure, et dont l'autre transmette les mouvements vibratoires qui produisent le son.

Rien ne prouve, d'ailleurs, que la force exprimée par ma formule ne puisse pas résulter des attractions et répulsions des molécules des deux fluides électriques, en raison inverse des carrés des distances de ces molécules. Le fait d'un mouvement de rotation s'accélérant continuellement, jusqu'à ce que les frottements et la résistance du liquide dans lequel plonge l'aimant ou le conducteur voltaïque qui présente cette sorte de mouvement en rendent la vitesse constante, paraît d'abord absolument opposé à ce genre d'explication des phénomènes électro-dynamiques. En effet, du principe de la conservation des forces vives, qui est une conséquence nécessaire des lois mêmes du mouvement, il suit nécessairement que quand les forces élémentaires, qui seraient ici des attractions et des répulsions en raison inverse des carrés des distances, sont exprimées par de simples fonctions des distances mutuelles des points entre lesquels elles s'exercent, et qu'une partie de ces points sont invariablement liés entre eux et ne se meuvent qu'en vertu de ces forces, les autres restant fixes, les premiers ne peuvent revenir à la même situation, par rapport aux seconds, avec des vitesses plus grandes que celles qu'ils avaient quand ils sont partis de cette même situation. Or, dans le mouvement de rotation continue imprimé à un conducteur mobile par l'action du conducteur fixe, tous les points du premier reviennent à la même situation, avec des vitesses de plus en plus grandes à chaque révolution, jusqu'à ce que les frottements et la résistance de l'eau acidulée où plonge la couronne du conducteur mettent un terme à l'augmentation de la vitesse de rotation de ce conducteur : elle devient alors constante, malgré ces frottements et cette résistance.

Il est donc complètement démontré qu'on ne saurait rendre raison des phénomènes produits par l'action de deux conducteurs voltaïques, en supposant que des molécules électriques, agissant en raison inverse du carré de la distance, fussent distribuées sur les fils conducteurs, de manière à y demeurer fixées et à pouvoir, par conséquent, être regardées comme invariablement liées entre elles. On doit en conclure que ces phénomènes sont dus à ce que les deux fluides électriques parcourent ([1]) continuellement les fils conducteurs, d'un mouvement extrêmement rapide, en se réunissant et se séparant alternativement dans les intervalles des particules de ces fils. C'est parce que les phénomènes dont il est ici question ne peuvent être produits que par l'électricité en mouvement, que j'ai cru devoir les désigner sous la dénomination de *phénomènes électro-dynamiques;* celle de *phénomènes électro-magnétiques,* qu'on leur avait donnée jusqu'alors, convenait bien tant qu'il ne s'agissait que de l'action découverte par M. Œrsted entre un *aimant* et un *courant électrique;* mais elle ne pouvait plus présenter qu'une idée fausse depuis que j'avais trouvé qu'on

---

([1]) Lors des premiers travaux des physiciens sur les phénomènes électro-dynamiques, plusieurs savants crurent pouvoir les expliquer par des distributions de molécules, soit électriques, soit magnétiques, en repos dans les conducteurs voltaïques. Dès que la découverte du premier mouvement de rotation continue faite par M. Faraday eut été publiée, je vis aussitôt qu'elle renversait complètement cette hypothèse; et voici en quels termes j'énonçai cette observation, dont ce que je dis ici n'est que le développement, dans l'*Exposé sommaire des nouvelles expériences électro-magnétiques* faites par différents physiciens depuis le mois de mars 1821, que je lus dans la séance publique de l'Académie royale des Sciences, le 8 avril 1822.

« Tels sont les nouveaux progrès que vient de faire une branche de la Physique, dont nous ne soupçonnions pas même l'existence, il y a seulement deux années, et qui déjà nous a fait connaître des faits plus étonnants peut-être que tout ce que la Science nous avait jusqu'à présent offert de phénomènes merveilleux. Un mouvement qui se continue toujours dans le même sens, malgré les frottements, malgré la résistance des milieux, et ce mouvement produit par l'action mutuelle de deux corps qui demeurent constamment dans le même état, est un fait sans exemple dans tout ce que nous savions des propriétés que peut offrir la matière inorganique; il prouve que l'action qui émane des conducteurs voltaïques ne peut être due à une distribution particulière de certains fluides en repos dans ces conducteurs, comme le sont les attractions et les répulsions électriques ordinaires. On ne peut attribuer cette action qu'à des fluides en mouvement dans le conducteur qu'ils parcourent, en se portant rapidement d'une des extrémités de la pile à l'autre extrémité ». (Voir le *Journal de Physique,* où cet exposé a été inséré dans le temps, t. XCIV, p. 65, et mon *Recueil d'observations électro-dynamiques,* p. 205. (A.)

Voir t. II, art. XVIII, p. 238.

produisait des phénomènes du même genre sans *aimant* et par la seule action mutuelle de deux *courants électriques*.

C'est seulement dans le cas où l'on suppose les molécules électriques en repos dans les corps où elles manifestent leur présence par les attractions ou répulsions produites par elles entre ces corps, qu'on démontre qu'un mouvement indéfiniment accéléré ne peut résulter de ce que les forces qu'exercent les molécules électriques dans cet état de repos ne dépendent que de leurs distances mutuelles. Quand l'on suppose au contraire que, mises en mouvement dans les fils conducteurs par l'action de la pile, elles y changent continuellement de lieu, s'y réunissent à chaque instant en fluide neutre, se séparent de nouveau et vont aussitôt se réunir à d'autres molécules du fluide de nature opposée, il n'est plus contradictoire d'admettre que des actions en raison inverse des carrés des distances qu'exerce chaque molécule, il puisse résulter entre deux éléments de fils conducteurs une force qui dépende non seulement de leur distance, mais encore des directions des deux éléments suivant lesquelles les molécules électriques se meuvent, se réunissent à des molécules de l'espèce opposée et s'en séparent l'instant suivant pour aller s'unir à d'autres. Or, c'est précisément et uniquement de cette distance et de ces directions que dépend la force qui se développe alors, et dont les expériences et les calculs exposés dans ce Mémoire m'ont donné la valeur. Pour se faire une idée nette de ce qui se passe dans le fil conducteur, il faut faire attention qu'entre les molécules métalliques dont il est composé est répandu un fluide composé de fluide positif et de fluide négatif, non pas dans les proportions qui constituent le fluide neutre, mais avec un excès de celui de ces deux fluides qui est de nature opposée à l'électricité propre des molécules du métal, et qui dissimule cette électricité, comme je l'ai expliqué dans la lettre que j'écrivis à M. Van Beek, au commencement de 1822 (1) : c'est dans ce fluide électrique intermoléculaire que se passent tous les mouvements, toutes les décompositions et recompositions qui constituent le courant électrique.

---

(1) *Journal de Physique*, t. XCIII, p. 450-453, et *Recueil d'observations électro-dynamiques*, p. 174-177. (A.)

Tome II, art. XVII, p. 217-219.

Comme le liquide interposé entre les plaques de la pile est, sans comparaison, moins bon conducteur que le fil métallique qui en joint les extrémités, il se passe un temps, très court à la vérité, mais cependant appréciable, pendant lequel l'électricité intermoléculaire, supposée d'abord en équilibre, se décompose dans chacun des intervalles compris entre deux molécules de ce fil. Cette décomposition augmente graduellement jusqu'à ce que l'électricité positive d'un intervalle se réunisse à l'électricité négative de l'intervalle qui le suit immédiatement dans le sens du courant, et son électricité négative à l'électricité positive de l'intervalle précédent. Cette réunion ne peut être qu'instantanée comme la décharge d'une bouteille de Leyde; et l'action entre les fils conducteurs, qui se développe, pendant qu'elle a lieu, en sens contraire de celle qu'ils exerçaient lors de la décomposition, ne peut, par conséquent, diminuer l'effet de celle-ci, car l'effet produit par une force est en raison composée de son intensité et du temps pendant lequel elle agit; or ici l'intensité doit être la même, soit que les deux fluides électriques se séparent ou se réunissent : mais le temps pendant lequel s'opère leur séparation est sans comparaison plus grand que celui qu'exige leur réunion.

L'action variant avec les distances entre les molécules des deux fluides électriques pendant que se fait cette séparation, il faudrait intégrer, par rapport au temps et pour toute la durée de la séparation, la valeur de la force qui aurait lieu à chaque instant, et diviser ensuite, par cette durée, l'intégrale ainsi obtenue. Sans faire ce calcul, pour lequel il faudrait avoir des données, qui nous manquent encore, sur la manière dont les distances des molécules électriques varient, avec le temps, dans chaque intervalle intermoléculaire du fil conducteur, il est aisé de voir que les forces produites de cette manière, entre deux éléments de ce fil, doivent dépendre des directions du courant électrique dans chacun de ces éléments.

S'il était possible, en partant de cette considération, de trouver que l'action mutuelle de deux éléments est en effet proportionnelle à la formule par laquelle je l'ai représentée, cette explication du fait fondamental de toute la théorie des phénomènes électrodynamiques devrait évidemment être préférée à toute autre; mais elle exigerait des recherches dont je n'ai point eu le temps de m'occuper, non plus que des recherches plus difficiles encore auxquelles il faudrait se livrer pour voir si l'explication contraire, où l'on attribue les phénomènes électro-dynamiques aux mouvements imprimés à l'éther par les courants électriques, peut conduire à la même formule. Quoi qu'il en soit de ces hypothèses et des autres suppositions qu'on peut faire pour expliquer ces phénomènes, ils seront toujours représentés par la formule que j'ai déduite des résultats de l'expérience, interprétés par le calcul; et il restera mathématiquement démontré, qu'en considérant les aimants comme des assemblages de courants électriques disposés autour de leurs particules ainsi que je l'ai dit, les valeurs des forces qui sont, dans chaque cas, données par l'expérience, et toutes les circonstances des trois sortes d'actions qui ont lieu, l'une entre deux aimants, une autre entre un fil conducteur et un aimant, et la troisième entre deux fils conducteurs, se déduisent d'une force unique, agissant entre deux éléments de courants électriques suivant la droite qui en joint les milieux.

Quant à l'expression même de cette force, elle est une des plus simples parmi celles qui ne dépendent pas seulement de la distance, mais encore des directions des deux éléments; car ces directions n'y entrent qu'en ce qu'elle contient la seconde différentielle de la racine carrée de la distance des deux éléments, prise en faisant varier alternativement les deux arcs de courants électriques dont cette distance est une fonction, différentielle qui dépend elle-même des directions des deux éléments, et qui entre d'ailleurs dans la valeur donnée par ma formule d'une manière très simple, puisqu'on a pour cette valeur la seconde différentielle ainsi définie, multipliée par un coefficient constant et divisée par la racine carrée de la distance, en observant que la force est répulsive quand la seconde différentielle est positive, et attractive quand elle est négative. C'est ce qu'exprime le signe — qui se trouve au devant de l'expression générale

$$-\frac{2ii'}{\sqrt{r}}\frac{d^2\sqrt{r}}{ds\,ds'}ds\,ds'$$

de cette force, d'après l'usage où l'on est de regarder les attractions comme des forces positives, et les répulsions comme des forces négatives.

Les époques [1] où l'on a ramené à un principe unique des phénomènes considérés auparavant comme dus à des causes absolument différentes ont été presque toujours accompagnées de la découverte d'un grand nombre de nouveaux faits, parce qu'une nouvelle manière de concevoir les causes suggère une multitude d'expériences à tenter, d'explications à vérifier; c'est ainsi que la démonstration donnée par Volta de l'identité du galvanisme et de l'électricité a été accompagnée de la construction de la pile, et suivie de toutes les découvertes qu'a enfantées cet admirable instrument. A en juger par les résultats si importants des travaux de M. Becquerel, sur l'influence de l'électricité dans les combinaisons chimiques, et de ceux de MM. Prévost et Dumas sur les causes des contractions musculaires, on peut espérer que tant de faits nouveaux découverts depuis quatre ans, et leur réduction à un principe unique, aux lois des forces attractives et répulsives observées entre les conducteurs des courants électriques, seront aussi suivis d'une foule d'autres résultats qui établiront entre la Physique d'une part, la Chimie et même la Physiologie de l'autre, la liaison dont on sentait le besoin sans pouvoir se flatter de parvenir de longtemps à la réaliser.

Il nous reste maintenant à nous occuper des actions qu'un circuit fermé, quelles que soient sa forme, sa grandeur et sa position, exerce, soit sur un solénoïde, soit sur un autre circuit d'une forme, d'une grandeur et d'une position quelconques [2]; le principal résultat de ces recherches consiste dans l'analogie qui existe entre les forces produites par ce circuit, soit qu'il agisse sur un autre circuit fermé ou sur un solénoïde, et les forces qu'exerceraient des points dont l'action serait précisément celle qu'on attribue aux molécules de ce qu'on appelle fluide austral et fluide boréal; ces points étant distribués de la manière que je vais expliquer sur des surfaces terminées par les circuits, et les extrémités du solénoïde étant remplacées par deux molécules magnétiques d'espèces

---

[1] Ce paragraphe forme le paragraphe final du *Précis de la théorie des phénomènes électro-dynamiques*. (J.)

[2] Les résultats qui suivent ont été présentés à l'Académie dans la séance du 28 novembre 1825. On trouvera sous le n° XXXI l'extrait lu à l'Académie, et sous le n° XXXII le résumé publié dans la *Correspondance mathématique et physique des Pays-Bas*. (J.)

opposées. Cette analogie paraît d'abord si complète, que tous les phénomènes électro-dynamiques semblent être ainsi ramenés à la théorie où l'on admet ces deux fluides; mais on reconnaît bientôt qu'elle n'a lieu qu'à l'égard des conducteurs voltaïques qui forment des circuits solides et fermés, qu'il n'y a que ceux de ces phénomènes qui sont produits par des conducteurs formant de tels circuits dont on puisse rendre raison de cette manière, et qu'enfin les forces qu'exprime ma formule peuvent seules s'accorder avec l'ensemble des faits. C'est, d'ailleurs, de cette même analogie que je déduirai la démonstration d'un théorème important qu'on peut énoncer ainsi : l'action mutuelle de deux circuits solides et fermés, ou celle d'un circuit solide et fermé et d'un aimant, ne peut jamais produire de mouvement continu avec une vitesse qui s'accélère indéfiniment jusqu'à ce que les résistances et les frottements des appareils rendent cette vitesse constante.

Afin de ne rien laisser à désirer sur ce sujet, je commencerai par donner aux formules relatives à l'action mutuelle de deux fils conducteurs une forme plus générale et plus symétrique. Soient pour cela s et s' deux courbes quelconques qu'on suppose parcourues par des courants électriques dont nous continuerons à désigner les intensités par i et i'. Soient $ds = Mm$ (*fig.* 38) un élé-

Fig. 38.

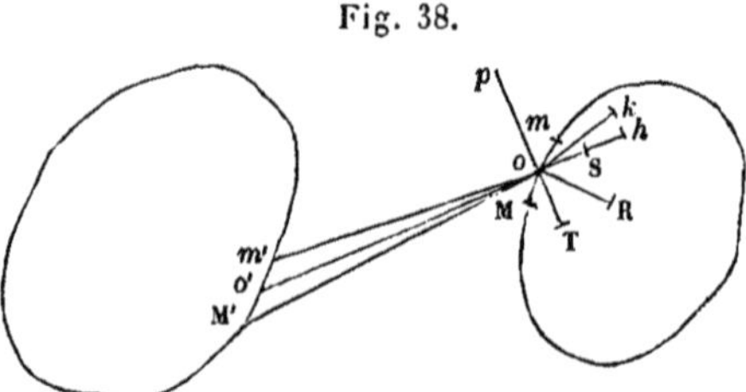

ment de la première courbe, $ds' = M'm'$ un élément de la seconde; x, y, z et x', y', z' les coordonnées de leurs milieux o, o', et r la droite oo' qui les joint, laquelle doit être considérée comme une fonction des deux variables indépendantes s et s' qui représentent les arcs des deux courbes comptés à partir de deux points fixes pris sur elles. L'action mutuelle des deux éléments ds, ds' est, comme nous l'avons vu plus haut, une force dirigée suivant la droite r, et ayant pour valeur

$$-ii'\,\mathrm{d}s\,\mathrm{d}s'\,r^k\,\frac{\mathrm{d}\left(r^k\,\dfrac{\mathrm{d}r}{\mathrm{d}s}\right)}{\mathrm{d}s'}.$$

On peut l'écrire plus simplement de cette manière :

$$-ii'\,r^k\,\mathrm{d}'(r^k\,\mathrm{d}r),$$

en distinguant par les caractéristiques d et d' les différentielles relatives à la variation des seules coordonnées x, y, z de l'élément ds, de celles qu'on obtient en faisant varier seulement les coordonnées x', y', z' de l'élément ds'; distinction dont nous nous servirons toutes les fois que nous aurons à considérer des différentielles prises les unes d'une de ces deux manières, et les autres de l'autre.

Cette force étant attractive, il faut, pour avoir celle de ses composantes qui est parallèle à l'axe des x, en multiplier la valeur par $\frac{x-x'}{r}$ ou par $-\frac{x-x'}{r}$, suivant qu'on la considère comme agissant sur l'élément ds' ou sur l'élément ds; dans ce dernier cas, la composante est donc égale à

$$ii'\,r^{k-1}(x-x')\,\mathrm{d}'(r^k\,\mathrm{d}r).$$

On peut mettre cette expression sous une autre forme en faisant usage de la valeur qu'on obtient pour $u\,\mathrm{d}v$, u et v représentant des quantités quelconques, lorsqu'on ajoute, membre à membre, les deux équations identiques

$$u\,\mathrm{d}v + v\,\mathrm{d}u = \mathrm{d}(uv),$$
$$u\,\mathrm{d}v - v\,\mathrm{d}u = u^2\,\mathrm{d}\left(\frac{v}{u}\right);$$

cette valeur est

$$u\,\mathrm{d}v = \frac{1}{2}\,\mathrm{d}(uv) + \frac{1}{2}\,u^2\,\mathrm{d}\,\frac{v}{u},$$

et, en faisant

$$u = r^{k-1}(x-x'), \qquad v = r^k\,\mathrm{d}r,$$

on en conclut

$$r^{k-1}(x-x')\,\mathrm{d}'(r^k\,\mathrm{d}r) = \frac{1}{2}\,\mathrm{d}'[r^{2k-1}(x-x')\,\mathrm{d}r] + \frac{1}{2}\,r^{2k-2}(x-x')^2\,\mathrm{d}'\,\frac{r\,\mathrm{d}r}{x-x'}$$
$$= \frac{1}{2}\,\mathrm{d}'\,\frac{(x-x')\,\mathrm{d}r}{r^n} + \frac{1}{2}\,\frac{(x-x')^2}{r^{n+1}}\,\mathrm{d}'\,\frac{r\,\mathrm{d}r}{x-x'},$$

puisque $2k + n = 1$, ce qui donne

$$2k - 1 = -n, \qquad 2k - 2 = -n - 1.$$

Mais

$$r^2 = (x - x')^2 + (y - y')^2 + (z - z')^2,$$

et par conséquent

$$\frac{r\,\mathrm{d}r}{x - x'} = \mathrm{d}x + \frac{y - y'}{x - x'}\,\mathrm{d}y + \frac{z - z'}{x - x'}\,\mathrm{d}z,$$

d'où

$$\mathrm{d}'\frac{r\,\mathrm{d}r}{x - x'} = \frac{(z - z')\,\mathrm{d}x' - (x - x')\,\mathrm{d}z'}{(x - x')^2}\,\mathrm{d}z - \frac{(x - x')\,\mathrm{d}y' - (y - y')\,\mathrm{d}x'}{(x - x')^2}\,\mathrm{d}y.$$

La composante parallèle à l'axe des x a donc pour valeur

$$\frac{1}{2}\,ii'\,\mathrm{d}'\,\frac{(x - x')\,\mathrm{d}r}{r^n} + \frac{1}{2}\,ii'\left[\frac{(z - z')\,\mathrm{d}x' - (x - x')\,\mathrm{d}z'}{r^{n+1}}\,\mathrm{d}z - \frac{(x - x')\,\mathrm{d}y' - (y - y')\,\mathrm{d}x'}{r^{n+1}}\,\mathrm{d}y\right].$$

Les deux termes de cette expression peuvent être considérés séparément comme deux forces dont la réunion équivaut à la force cherchée. Or, il est aisé de voir que quand la courbe s' forme un circuit fermé, toutes les forces telles que celle qui a pour expression la partie $\frac{1}{2}\,ii'\,\mathrm{d}'\,\frac{(x - x')\,\mathrm{d}r}{r^n}$, provenant de l'action de tous les éléments $\mathrm{d}s'$ du circuit s' sur le même élément $\mathrm{d}s$, se détruisent mutuellement. En effet, toutes ces forces sont appliquées au même point o, milieu de l'élément $\mathrm{d}s$, suivant une même droite parallèle à l'axe des x; il faut donc, pour avoir la force produite suivant cette droite par l'action d'une portion quelconque du conducteur s', intégrer $\frac{1}{2}\,ii'\,\mathrm{d}'\,\frac{(x - x')\,\mathrm{d}r}{r^n}$ d'une des extrémités de cette portion à l'autre, et l'on trouve

$$\frac{1}{2}\,ii'\left[\frac{(x - x'_2)\,\mathrm{d}r_2}{r_2^n} - \frac{(x - x'_1)\,\mathrm{d}r_1}{r_1^n}\right];$$

en nommant x'_1, r_1, $\mathrm{d}r_1$ les quantités qui se rapportent à une extrémité, et x'_2, r_2, $\mathrm{d}r_2$ celles qui sont relatives à l'autre, cette valeur devient évidemment nulle quand, le circuit étant fermé, ses deux extrémités sont au même point.

Quand le conducteur s' forme ainsi un circuit fermé, il faut donc, pour avoir plus simplement l'action qu'il exerce sur l'élément ds parallèlement à l'axe des x, supprimer, dans l'expression de la composante parallèle à cet axe, la partie $\frac{1}{2}\, ii' \frac{d'(x-x')\,dx}{r^n}$, et n'avoir égard qu'à l'autre partie

$$\frac{1}{2}\, ii' \left[\frac{(z-z')\,dx' - (x-x')\,dz'}{r^{n+1}}\, dz - \frac{(x-x')\,dy' - (y-y')\,dx'}{r^{n+1}}\, dy\right],$$

que nous représenterons par X.

En appliquant les mêmes considérations aux deux autres composantes de la même force qui sont parallèles aux axes des y et des z, on leur substituera des forces Y, Z, ayant pour valeurs

$$\mathrm{Y} = \frac{1}{2}\, ii' \left[\frac{(x-x')\,dy' - (y-y')\,dx'}{r^{n+1}}\, dx - \frac{(y-y')\,dz' - (z-z')\,dy'}{r^{n+1}}\, dz\right],$$

$$\mathrm{Z} = \frac{1}{2}\, ii' \left[\frac{(y-y')\,dz' - (z-z')\,dy'}{r^{n+1}}\, dy - \frac{(z-z')\,dx' - (x-x')\,dz'}{r^{n+1}}\, dx\right].$$

Ainsi, lorsqu'il s'agit d'un circuit fermé, la résultante R des trois forces X, Y, Z, auxquelles sont réduites les composantes de la force $- ii' r^k d'(r^k dr)$, remplace cette force; et l'ensemble de toutes les forces R est équivalent à celui de toutes les forces exercées par chacun des éléments ds', du circuit fermé s', et représente l'action totale de ce circuit sur l'élément ds. Voyons maintenant quelles sont la valeur et la direction de cette force R.

Soient u, v, w les projections de la ligne r sur les plans des yz, des xz et des xy, faisant respectivement les angles φ, χ, ψ, avec les axes des y, des z et des x. Considérons le secteur M'om' (*fig.* 38), qui a pour base l'élément ds', et pour sommet le point o

Fig. 38.

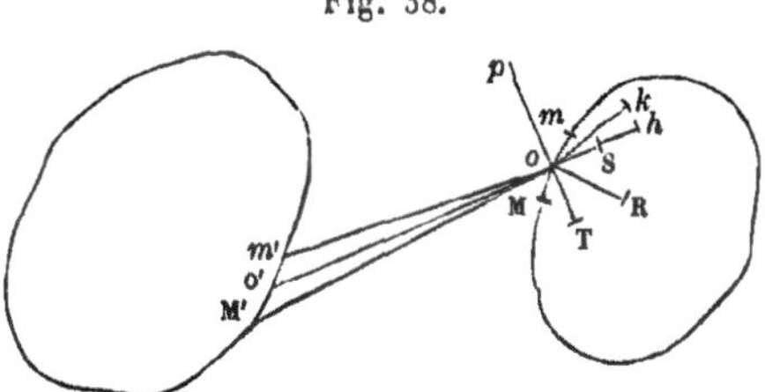

milieu de ds, dont les coordonnées sont x, y, z. Appelons λ, μ, , les angles que fait avec les axes la normale au plan de ce secteur et θ' l'angle compris entre les directions de ds' et de r. Le double de l'aire de ce secteur est $r ds' \sin\theta'$, et ses projections sur les plans des coordonnées sont

$$u^2 d'\varphi = r ds' \sin\theta' \cos\lambda = (y'-y) dz' - (z'-z) dy',$$
$$v^2 d'\chi = r ds' \sin\theta' \cos\mu = (z'-z) dx' - (x'-x) dz',$$
$$w^2 d'\psi = r ds' \sin\theta' \cos\nu = (x'-x) dy' - (y'-y) dx'.$$

On peut donc donner cette nouvelle forme aux valeurs des forces X, Y, Z,

$$X = \frac{1}{2} ii' \left(\frac{v^2 d'\chi}{r^{n+1}} dz - \frac{w^2 d'\psi}{r^{n+1}} dy \right) = \frac{1}{2} \frac{ii' ds\, ds' \sin\theta'}{r^n} \left(\frac{dz}{ds} \cos\mu - \frac{dy}{ds} \cos\nu \right),$$
$$Y = \frac{1}{2} ii' \left(\frac{w^2 d'\psi}{r^{n+1}} dx - \frac{u^2 d'\varphi}{r^{n+1}} dz \right) = \frac{1}{2} \frac{ii' ds\, ds' \sin\theta'}{r^n} \left(\frac{dx}{ds} \cos\nu - \frac{dz}{ds} \cos\lambda \right),$$
$$Z = \frac{1}{2} ii' \left(\frac{u^2 d'\varphi}{r^{n+1}} dy - \frac{v^2 d'\chi}{r^{n+1}} dx \right) = \frac{1}{2} \frac{ii' ds\, ds' \sin\theta'}{r^n} \left(\frac{dy}{ds} \cos\lambda - \frac{dx}{ds} \cos\mu \right).$$

Or ces valeurs donnent

$$X \frac{dx}{ds} + Y \frac{dy}{ds} + Z \frac{dz}{ds} = 0,$$
$$X \cos\lambda + Y \cos\mu + Z \cos\nu = 0;$$

c'est-à-dire que la direction de la force R fait avec celle de l'élément $mM = ds$, et avec la normale op au plan du secteur $M'om'$, des angles dont les cosinus sont zéro, de sorte que cette force est à la fois dans le plan du secteur et perpendiculaire à l'élément ds. Quant à son intensité, on a par les formules connues

$$R = \sqrt{X^2 + Y^2 + Z^2} = \frac{1}{2} \frac{ii' ds\, ds' \sin\theta' \sin pom}{r^n} = \frac{1}{2} \frac{ii' ds\, ds' \sin\theta' \cos mok}{r^n};$$

ok étant la projection om sur le plan du secteur $M'om'$ (1). On peut décomposer cette force dans le plan du même secteur en deux

(1) Cette formule a été reproduite par M. Reynard (*Annales de Chimie et de Physique* [4], t. XIX, p. 272; 1870), et est souvent désignée sous le nom de *formule de Reynard*. C'est, au point de vue analytique, la plus simple par laquelle on puisse représenter l'action réciproque de deux éléments de courants. En ajoutant à chacune des composantes une différentielle exacte des coordonnées x', y', z', on aura une formule qui satisfera également aux expériences, puisque les intégrales étendues au contour du circuit fermé donnent pour ces termes des valeurs nulles. Si l'on impose à la nouvelle force ainsi obtenue la condition qu'elle soit dirigée suivant la droite qui joint les deux éléments, on trouve que ce terme est celui qui a été négligé précédemment, et l'on retombe sur la formule d'Ampère : c'est donc la seule qui satisfasse à la condition imposée. (J.)

autres, l'une S dirigée suivant la ligne $oo' = r$, l'autre T perpendiculaire à cette ligne. Celle-ci est

$$T = R \cos T o R = R \cos hok = \frac{1}{2} \frac{ii' ds ds' \sin\theta' \cos mok \cos hok}{r^n};$$

et comme l'angle trièdre formé par les directions de om, ok et oh donne

$$\cos mok \cos hok = \cos moh = \cos\theta,$$

il vient

$$T = \frac{1}{2} \frac{ii' ds ds' \sin\theta' \cos\theta}{r^n}.$$

La force S suivant oh est

$$S = R \sin hok = T \operatorname{tang} hok.$$

Mais en désignant par ω l'inclinaison du plan moh sur le plan hok, qui est celui du secteur $M'om'$, on a

$$\operatorname{tang} hok = \operatorname{tang}\theta \cos\omega;$$

ainsi

$$S = \frac{1}{2} \frac{ii' ds ds' \sin\theta \sin\theta' \cos\omega}{r^n}.$$

Si l'on intègre les expressions de X, Y, Z pour toute l'étendue du circuit fermé s', on aura les trois composantes de l'action exercée par tout ce circuit sur l'élément ds; en remplaçant n par sa valeur 2, celles des trois composantes deviennent

$$\frac{1}{2} ii' \left(dz \int \frac{v^2 d'\chi}{r^3} - dy \int \frac{w^2 d'\psi}{r^3} \right),$$
$$\frac{1}{2} ii' \left(dx \int \frac{w^2 d'\psi}{r^3} - dz \int \frac{u^2 d'\varphi}{r^3} \right),$$
$$\frac{1}{2} ii' \left(dy \int \frac{u^2 d'\varphi}{r^3} - dx \int \frac{v^2 d'\chi}{r^3} \right).$$

Des forces semblables appliquées à tous les éléments ds de la courbe s donneront l'action totale exercée par le circuit s' sur le circuit s. On les obtiendra en intégrant de nouveau les expressions précédentes dans toute l'étendue de ce dernier circuit.

Concevons maintenant deux surfaces prises à volonté σ, σ', terminées par les deux contours s, s', dont tous les points soient liés invariablement entre eux et avec tous ceux de la surface correspondante, et sur ces surfaces des couches infiniment minces d'un même fluide magnétique qui y soit retenu par une force coercitive suffisante pour qu'il ne puisse point s'y déplacer. En considérant sur ces deux surfaces deux portions infiniment petites du second ordre que nous représenterons par $d^2\sigma$, $d^2\sigma'$, dont les positions soient déterminées par les coordonnées x, y, z pour la première, x', y', z' pour la seconde, et dont la distance soit r, leur action mutuelle sera une force répulsive dirigée suivant la ligne r et représentée par $-\frac{\mu\varepsilon\varepsilon' d^2\sigma d^2\sigma'}{r^2}$ que nous considérerons comme agissant sur l'élément ds (¹) ; ε, ε' désignent ici ce qu'on appelle l'*épaisseur de la couche magnétique sur chaque surface;* μ est un coefficient constant, tel que $\mu\varepsilon\varepsilon'$ représente l'action répulsive qui aurait lieu, si l'on réunissait en deux points situés à une distance égale à l'unité, d'une part tout le fluide répandu sur une aire égale à l'unité de surface, où l'épaisseur serait constante et égale à ε, de l'autre tout le fluide répandu sur une autre aire égale à l'unité de surface, où l'épaisseur serait aussi constante et égale à ε'.

En décomposant cette force parallèlement aux trois axes, on a les trois composantes

$$\frac{\mu\varepsilon\varepsilon' d^2\sigma d^2\sigma'(x-x')}{r^3}, \quad \frac{\mu\varepsilon\varepsilon' d^2\sigma d^2\sigma'(y-y')}{r^3}, \quad \frac{\mu\varepsilon\varepsilon' d^2\sigma d^2\sigma'(z-z')}{r^3}.$$

Concevons maintenant une nouvelle surface terminée par le même contour s qui limite la surface σ, et telle que toutes les portions de normales de la surface σ comprises entre elle et la nouvelle surface soient très petites. Supposons que sur cette dernière surface soit distribué le fluide magnétique de l'espèce contraire à celui de la surface σ, de manière qu'il y en ait sur la portion de la nouvelle surface circonscrite par les normales menées par tous les points du contour de l'élément de surface $d^2\sigma$ une quantité égale à celle du fluide répandu sur $d^2\sigma$ (²). En nommant h la longueur de la petite portion de la normale à la surface σ, menée par le point dont les coordonnées sont x, y, z, et comprise

(¹) Ce dernier membre de phrase, qui n'existe pas dans le texte original, est rétabli ici d'après les indications de l'*Errata*. Il faut évidemment lire $d^2\sigma$ au lieu de ds. (J.)

(²) Le nom de *feuillet magnétique* (magnetic shell) est aujourd'hui employé pour désigner la distribution magnétique imaginée par Ampère. (J.)

entre les deux surfaces, laquelle mesure dans toute l'étendue de l'aire infiniment petite $d^2\sigma$ la distance de ses points aux points correspondants de l'autre surface, et en désignant par ξ, η, ζ les angles que cette normale fait avec les axes, les trois composantes de l'action mutuelle entre l'élément $d^2\sigma'$ et la petite portion de la nouvelle surface circonscrite comme nous venons de le dire, qui est toujours égale à $d^2\sigma$ tant que h est très petit et qu'on néglige dans les calculs, comme nous le faisons ici, les puissances de h supérieures à la première, s'obtiendront en remplaçant, dans l'expression que nous venons de trouver, x, y, z par $x+h\cos\xi$, $y+h\cos\eta$, $z+h\cos\zeta$. Et comme les deux fluides répandus sur les deux aires égales à $d^2\sigma$ sont de nature contraire, il faudra retrancher les nouvelles valeurs de ces composantes des valeurs trouvées précédemment; ce qui se réduira, puisqu'on néglige les puissances de h supérieures à la première, à différentier ces valeurs, à remplacer dans le résultat les différentielles de x, y, z par $h\cos\xi$, $h\cos\eta$, $h\cos\zeta$, et à en changer le signe. Ces différentielles étant prises en passant de la première surface σ à l'autre, nous les désignerons par δ, suivant la notation du calcul des variations; nous aurons ainsi pour la composante parallèle aux x ce que devient $-\mu\varepsilon\varepsilon' d^2\sigma d^2\sigma' \delta \dfrac{x-x'}{r^3}$, quand on y remplace δx par $h\cos\xi$, c'est-à-dire

$$\mu\varepsilon\varepsilon' d^2\sigma d^2\sigma' h\cos\xi \left[\frac{3(x-x')\dfrac{\delta r}{\delta x}}{r^4} - \frac{1}{r^3} \right].$$

Nous allons maintenant déterminer la forme et la position de l'élément $d^2\sigma$.

Désignons, comme précédemment, par u, v, w les projections de la ligne r sur les plans des yz, des zx et des xy, et par φ, χ, ψ les angles que ces projections font avec les axes des y, des z et des x respectivement. Décomposons la première surface σ en une infinité de zones infiniment étroites, telles que $abcd$ (*fig.* 42), par une suite de plans perpendiculaires au plan des yz menés par la coordonnée $m'p'=x'$ du point m'. Chaque zone se terminant aux deux bords du contour s de la surface σ aura pour projection sur le plan des yz une aire décomposable elle-même en éléments quadrangulaires infiniment petits, auxquels répondront autant d'éléments de la surface σ sur la zone dont il s'agit. Ce sont ces éléments qu'on doit considérer comme les valeurs de $d^2\sigma$. Celui dont la position, à l'égard de l'élément $d^2\sigma'$, est déterminée par les coordonnées polaires r, u, φ, est égal à sa projection $u\,du\,d\varphi$ sur le plan des yz divisée par le cosinus de l'angle ξ com-

Fig. 42.

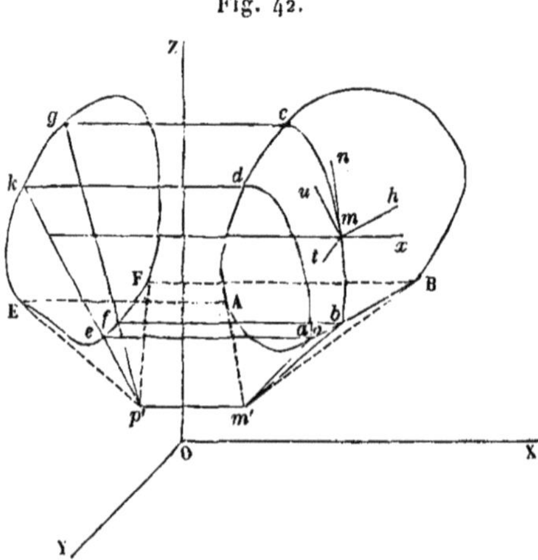

pris entre ce plan et le plan tangent à la surface σ avec lequel coïncide l'élément $d^2\sigma$. Il faudra donc remplacer $d^2\sigma$ par $\frac{u\,du\,d\varphi}{\cos\xi}$ dans la formule précédente, et l'on aura

$$\mu h \varepsilon\varepsilon' d^2\sigma' u\,du\,d\varphi \left[\frac{3(x-x')\frac{\delta r}{\delta x}}{r^4} - \frac{1}{r^3} \right].$$

Pour calculer la valeur de $(x-x')\frac{\delta r}{\delta x}$, soient mx le prolongement de la coordonnée $mp = x$ du point m où est situé l'élément $d^2\sigma$, mu une parallèle au plan des yz menée dans le plan $pmm'p'$, et mt perpendiculaire à ce dernier plan au point m. Il est aisé de voir que la droite mn, suivant laquelle $pmm'p'$ coupe le plan tangent en m, à la surface σ, fait avec les trois lignes mx, mu, mt, qui sont perpendiculaires entre elles, des angles dont les cosinus sont respectivement

$$\frac{dx}{\sqrt{dx^2+du^2}}, \quad \frac{du}{\sqrt{dx^2+du^2}} \quad \text{et} \quad 0,$$

et que la normale mh fait avec les mêmes directions des angles dont les cosinus sont

$$-\frac{\delta x}{\sqrt{\delta x^2+\delta u^2+\delta t^2}}, \quad \frac{\delta u}{\sqrt{\delta x^2+\delta u^2+\delta t^2}}, \quad \frac{\delta t}{\sqrt{\delta x^2+\delta u^2+\delta t^2}},$$

δt tenant lieu de la projection de mh sur mt. On a donc

$$\frac{\mathrm{d}x\,\delta x+du\,\delta u}{\sqrt{\mathrm{d}x^2+\mathrm{d}u^2}\sqrt{\delta x^2+\delta u^2+\delta t^2}}$$

pour le cosinus de l'angle compris entre la droite mn et la normale mh, et puisque cet angle est droit, $\mathrm{d}x\,\delta x+\mathrm{d}u\,\delta u=0$, d'où $\frac{\mathrm{d}x}{\mathrm{d}u}=-\frac{\delta u}{\delta x}$. Mais l'équation

$$r^2=(x-x')^2+u^2$$

donne

$$r\,\delta r=(x-x')\delta x+u\,\delta u$$

et

$$r\,\mathrm{d}r=u\,\mathrm{d}u+(x-x')\mathrm{d}x,$$

d'où l'on déduit

$$\frac{\delta r}{\delta x}=\frac{x-x'}{r}+\frac{u}{r}\frac{\delta u}{\delta x}$$

et

$$\frac{\mathrm{d}r}{\mathrm{d}u}=\frac{u}{r}+\frac{x-x'}{r}\frac{\mathrm{d}x}{\mathrm{d}u}=\frac{u}{r}-\frac{x-x'}{r}\frac{\delta u}{\delta x};$$

en éliminant $\frac{\delta u}{\delta x}$ entre ces deux équations, il vient

$$(x-x')\frac{\delta r}{\delta x}+u\frac{\mathrm{d}r}{\mathrm{d}u}=\frac{(x-x')^2}{r}+\frac{u^2}{r}=r.$$

Si nous tirons maintenant de cette équation la valeur de $(x-x')\frac{\delta r}{\delta x}$ pour la substituer dans celle de la force parallèle à l'axe des x, nous aurons

$$\mu h\varepsilon\varepsilon' u\,\mathrm{d}u\,\mathrm{d}\varphi\left(\frac{3r-3u\frac{\mathrm{d}r}{\mathrm{d}u}}{r^4}-\frac{1}{r^3}\right)$$
$$=\mu h\varepsilon\varepsilon'\mathrm{d}\varphi\left(\frac{2u\,\mathrm{d}u}{r^3}-\frac{3u^2\mathrm{d}r}{r^4}\right)=\mu h\varepsilon\varepsilon'\mathrm{d}\varphi\,\mathrm{d}\frac{u^2}{r^3}.$$

La hauteur h et l'épaisseur ε de la couche de fluide infiniment mince répandue sur la surface σ peuvent varier d'un point de cette surface à un autre; et pour atteindre le but que nous nous proposons de représenter à l'aide des fluides magnétiques, les actions qu'exercent les conducteurs voltaïques, il faut supposer que ces deux quantités ε, h varient en raison inverse l'une de l'autre, de manière que leur produit $h\varepsilon$ conserve la même valeur dans toute l'étendue de la surface σ (¹). En appelant g la valeur constante de ce produit, l'expression précédente devient

$$\mu g \varepsilon' \mathrm{d}^2 \sigma' \mathrm{d}\varphi \,\mathrm{d}\,\frac{u^2}{r^3}$$

et s'intègre immédiatement. Son intégrale $\mu g \varepsilon' d^2 \sigma' \mathrm{d}\varphi \left(\frac{u^2}{r^3} - \mathrm{C}\right)$ exprime la somme des forces parallèles à l'axe des x qui agissent sur les éléments $d^2\sigma$ de la zone de la surface σ renfermée entre les deux plans menés par $m'p'$ qui comprennent l'angle $\mathrm{d}\varphi$. La surface σ étant terminée par le contour fermé s, il faut prendre cette intégrale entre les limites déterminées par les deux éléments ab, cd de ce contour qui sont compris dans l'angle $d\varphi$ des deux plans dont nous venons de parler, en sorte qu'en nommant u_1, r_1, et u_2, r_2 les valeurs de u et de r relatives à ces deux éléments, on a

$$\mu g \varepsilon' \mathrm{d}^2 \sigma' \mathrm{d}\varphi \left(\frac{u_2^2}{r_2^3} - \frac{u_1^2}{r_1^3}\right)$$

pour la somme de toutes les forces exercées par l'élément $d^2\sigma'$ sur la zone parallèlement à l'axe des x.

Si la surface σ, au lieu d'être terminée par un contour, renfermait de tous côtés un espace de figure quelconque, la zone de cette surface comprise dans l'angle dièdre φ serait fermée, et l'on aurait $u_2 = u_1$, $r_2 = r_1$; en sorte que l'action exercée sur cette zone parallèlement à l'axe des x serait nulle, et par conséquent aussi celle que l'élément $d^2\sigma'$ exercerait sur toute la surface σ composée alors de semblables zones. Et comme la même chose aurait lieu relativement aux forces parallèles aux axes des y et des z, on voit que l'assemblage de deux surfaces très rapprochées l'une de l'autre, renfermant de tous côtés un espace de forme quelconque, et couvertes, de la manière que nous venons de le

(¹) Ce produit est généralement appelé aujourd'hui la *puissance magnétique du feuillet*. (J.)

dire, l'une de fluide austral, l'autre de fluide boréal, est sans action sur une molécule magnétique, en quelque endroit qu'elle soit placée, et par conséquent sur un corps aimanté de quelque manière que ce soit. Reprenons l'expression précédente

$$\mu g \varepsilon' d^2\sigma' \left(\frac{u_2^2 \, d\varphi}{r_2^3} - \frac{u_1^2 \, d\varphi_1}{r_1^3}\right),$$

et il nous sera aisé de voir que, pour avoir la somme totale des forces parallèles à l'axe des x que l'élément $d^2\sigma'$ exerce sur la surface entière σ, il faut intégrer, par rapport à φ, les deux parties dont se compose cette expression, respectivement dans les deux portions $AabB$, $BcdA$ du contour s, déterminées par les deux plans tangents $p'm'A$, $p'm'B$, menés par la ligne $m'p'$. Mais il revient au même d'intégrer $\mu g \varepsilon' d^2\sigma' \frac{u^2 \, d\varphi_1}{r^3}$ dans toute l'étendue du circuit s; car si l'on met pour u et φ leurs valeurs en fonctions de r déduites des équations de la courbe s, on voit qu'en passant de la partie $AabB$ à la partie $BcdA$, $d\varphi$ change de signe, et que par conséquent les éléments de l'une de ces parties sont d'un signe contraire à ceux de l'autre.

D'après cela, si nous désignons par X la somme des forces parallèles aux x qu'exerce l'élément $d^2\sigma'$ sur l'assemblage des deux surfaces terminées par le même contour s, nous aurons

$$X = \mu g \varepsilon' d^2\sigma' \int \frac{u^2 \, d\varphi}{r^3},$$

ou, ce qui est la même chose,

$$X = \mu g \varepsilon' d^2\sigma' \int \frac{(y-y')\,dz - (z-z')\,dy}{r^3},$$

les x, y, z n'étant relatifs qu'au contour s.

On aura de même, en désignant par Y et Z les sommes des forces parallèles aux y et aux z qui agissent sur le même assemblage de surfaces,

$$Y = \mu g \varepsilon' d^2\sigma' \int \frac{v^2 \, d\chi}{r^3} = g \mu \varepsilon' d^2\sigma' \int \frac{(z-z')\,dx - (x-x')\,dz}{r^3},$$

$$Z = \mu g \varepsilon' d^2\sigma' \int \frac{w^2 \, d\psi}{r^3} = g \mu \varepsilon' d^2\sigma' \int \frac{(x-x')\,dy - (y-y')\,dx}{r^3} \quad (^1).$$

---

(1) Il est inutile de remarquer que ces X, Y, Z expriment des forces toutes dif-

Comme toutes les forces élémentaires qu'exerce l'élément $d^2\sigma'$ sur ces surfaces passent par le point m' où il est situé, on voit que toutes ces forces ont une résultante unique dont la direction passe par le même point m', et dont les composantes parallèles aux axes sont X, Y, Z. Les moments de cette résultante par rapport aux mêmes axes sont donc

$$Yz' - Zy', \quad Zx' - Xz', \quad Xy' - Yx'.$$

Supposons maintenant qu'au lieu de ces forces on applique au milieu de chacun des éléments ds du contour s une force égale à $\mu g \varepsilon' d^2\sigma' \frac{ds \sin\theta}{r^3}$, et perpendiculaire au plan du secteur qui a ds pour base, le point m', pour sommet, et dont l'aire est $\frac{1}{2} r ds \sin\theta$. Les trois composantes de cette force étant respectivement égales à

$$\mu g \varepsilon' d^2\sigma' \frac{u^2 d\varphi}{r^3}, \quad \mu g \varepsilon' d^2\sigma' \frac{v^2 d\chi}{r^3}, \quad \mu g \varepsilon' d^2\sigma' \frac{w^2 d\psi}{r^3},$$

parallèles à celles qui passent par l'élément $d^2\sigma$ et dirigées dans le même sens, on aura les mêmes valeurs pour les trois forces X, Y, Z qui tendent à mouvoir le circuit s; mais les sommes des moments de rotation qui en résulteront, au lieu d'être représentées par

$$\mu g \varepsilon' d^2\sigma' \left(z' \int \frac{v^2 d\chi}{r^3} - y' \int \frac{w^2 d\psi}{r^3} \right),$$

$$\mu g \varepsilon' d^2\sigma' \left(x' \int \frac{w^2 d\psi}{r^3} - z' \int \frac{u^2 d\varphi}{r^3} \right),$$

$$\mu g \varepsilon' d^2\sigma' \left(y' \int \frac{u^2 d\varphi}{r^3} - x' \int \frac{v^2 d\chi}{r^3} \right),$$

le seront par

$$\mu g \varepsilon' d^2\sigma' \left(\int \frac{z v^2 d\chi}{r^3} - \int \frac{y w^2 d\psi}{r^3} \right),$$

$$\mu g \varepsilon' d^2\sigma' \left(\int \frac{x w^2 d\psi}{r^3} - \int \frac{z u^2 d\varphi}{r^3} \right),$$

$$\mu g \varepsilon' d^2\sigma' \left(\int \frac{y u^2 d\varphi}{r^3} - \int \frac{x v^2 d\chi}{r^3} \right).$$

Il semble d'abord que ce changement en doit apporter un à

---

férentes de celles que nous avons déjà désignées par les mêmes lettres, lorsqu'il s'agissait de l'action mutuelle de deux éléments de circuits voltaïques. (A.)

l'action exercée sur le contour s, mais il n'en est pas ainsi, pourvu que ce contour forme un circuit fermé, car, si l'on retranche la première somme de moments, relative à l'axe des x par exemple, de la quatrième qui se rapporte au même axe, en faisant attention que x', y', z' doivent être considérés comme des constantes dans ces intégrations, on aura

$$\begin{aligned}
&\mu g \varepsilon' \mathrm{d}^2\sigma' \int \frac{(z-z')v^2\,\mathrm{d}\chi - (y-y')w^2\,\mathrm{d}\psi}{r^3} \\
&= \mu g \varepsilon' \mathrm{d}^2\sigma' \int \frac{(z-z')^2\,\mathrm{d}x - (z-z')(x-x')\,\mathrm{d}z - (y-y')(x-x')\,\mathrm{d}y + (y-y')^2\,\mathrm{d}x}{r^3} \\
&= \mu g \varepsilon' \mathrm{d}^2\sigma' \int \frac{[(z-z')^2 + (y-y')^2]\,\mathrm{d}x - (x-x')[(z-z')\,\mathrm{d}z + (y-y')\,\mathrm{d}y]}{r^3} \\
&= \mu g \varepsilon' \mathrm{d}^2\sigma' \int \frac{[r^2 - (x-x')^2]\,\mathrm{d}x - (x-x')[r\,\mathrm{d}r - (x-x')\,\mathrm{d}x]}{r^3} \\
&= \mu g \varepsilon' \mathrm{d}^2\sigma' \int \left[\frac{r\,\mathrm{d}x - (x-x')\,\mathrm{d}r}{r^2}\right] = \mu g \varepsilon' \mathrm{d}^2\sigma' \left(\frac{x_2 - x'}{r_2} - \frac{x_1 - x'}{r_1}\right),
\end{aligned}$$

en nommant x_1, x_2, et r_1, r_2 les valeurs de x et de r aux deux extrémités de l'arc s pour lequel on calcule la valeur de la différence des deux moments. Quand cet arc forme un circuit fermé, il est évident que $x_2 = x_1$, $r_2 = r_1$, ce qui rend nulle l'intégrale ainsi obtenue; on a donc alors

$$\mu g \varepsilon' \mathrm{d}^2\sigma' \int \frac{z v^2\,\mathrm{d}\chi - y w^2\,\mathrm{d}\psi}{r^3} = \mu g \varepsilon' \mathrm{d}^2 s' \left(z' \int \frac{v^2\,\mathrm{d}\chi}{r^3} - y' \int \frac{w^2\,\mathrm{d}\psi}{r^3} \right).$$

On trouve par un calcul semblable que les moments relatifs aux deux autres axes sont les mêmes, pour un circuit fermé, soit qu'on suppose que les directions des forces

$$\mu g \varepsilon' \mathrm{d}^2\sigma' \frac{u^2\,\mathrm{d}\varphi}{r^3}, \quad \mu g \varepsilon' \mathrm{d}^2\sigma' \frac{v^2\,\mathrm{d}'\chi}{r^3}, \quad \mu g \mu \varepsilon' \mathrm{d}^2\sigma' \frac{w^2\,\mathrm{d}\psi}{r^3}$$

passent par l'élément $\mathrm{d}^2\sigma'$ ou par le milieu de $\mathrm{d}s$; d'où il suit que dans ces deux cas l'action qui a lieu sur le contour s est exactement la même, ce contour étant invariablement lié aux deux surfaces très voisines qu'il termine : l'action exercée sur ces deux surfaces par l'élément $\mathrm{d}^2\sigma'$ se réduira donc, pourvu que le contour s soit une courbe fermée, aux forces appliquées comme nous venons de le dire à chacun des éléments de ce contour, celle qui agit sur l'élément ds ayant pour valeur

$$\mu g \varepsilon' d^2\sigma' \frac{ds \sin\theta}{r^2}.$$

La force appliquée au milieu o de l'élément $ab = ds$, qui est proportionnelle à ds sinθ divisé par le carré de la distance r de cet élément au point m', et dont la direction est perpendiculaire au plan qui passe par l'élément ab et par le point m', est précisément celle qu'exerce, comme nous l'avons vu, sur l'élément ds l'extrémité d'un solénoïde électro-dynamique indéfini lorsqu'on place cette extrémité au point m'; c'est aussi celle qui est produite, d'après les dernières expériences de M. Biot, par l'action mutuelle de l'élément ab, et d'une molécule magnétique située en m'.

Mais en donnant à cette force la même valeur et la même direction perpendiculaire au plan $m'ab$, qu'on doit lui donner lorsqu'on la détermine, comme je l'ai fait, en remplaçant la molécule magnétique par l'extrémité d'un solénoïde indéfini, M. Biot suppose que c'est en m' que se trouve son point d'application, ou plutôt celui de la force égale et opposée que l'élément ds exerce sur le point m', car c'est à cette dernière que se rapportent les expériences qu'il a faites; au lieu que la direction de la force exercée par cet élément sur l'extrémité située en m' d'un solénoïde indéfini doit passer par le point m, comme celle que le solénoïde exerce sur l'élément, quand on conclut cette force de ma formule. Ainsi, en conservant les notations que nous employons, et en représentant, pour abréger, par ρ le coefficient constant $g\mu\varepsilon' d^2\sigma'$, les sommes des moments, d'après la manière dont M. Biot place les points d'application des forces, seraient pour les trois axes et en changeant les signes, puisqu'il s'agit des forces qui agissent sur le point m',

$$-\rho\int\frac{z'v^2 d\chi - y'w^2 d\psi}{r^3}$$

$$-\rho\int\frac{x'w^2 d\psi - z'u^2 d\varphi}{r^3},$$

$$-\rho\int\frac{y'u^2 d\varphi - x'v^2 d\chi}{r^3},$$

tandis qu'en prenant les points d'application comme je les trouve, on a pour ces sommes de moments

$$-\rho\int\frac{zv^2\,d\chi - yw^2\,d\psi}{r^3},$$

$$-\rho\int\frac{xw^2\,d\psi - zu^2\,d\varphi}{r^3},$$

$$-\rho\int\frac{yu^2\,d\varphi - xv^2\,d\chi}{r^3}.$$

Mais nous venons de voir que ces dernières valeurs sont respectivement égales aux trois précédentes, quand la portion de conducteur forme un circuit fermé; d'où il suit que, dans ce cas, l'expérience ne peut décider si le point d'application des forces est réellement au point m' ou au milieu m de l'élément ds. Et comme, dans celles qu'a faites l'habile physicien à qui l'on doit les expériences dont il est ici question, c'était en effet un circuit complètement fermé, composé de deux portions rectilignes formant un angle auquel il donnait successivement différentes valeurs, du reste du fil conducteur et de la pile, qu'il faisait agir sur un petit aimant, pour déduire le rapport des forces correspondantes aux diverses valeurs de cet angle des nombres d'oscillations du petit aimant, pendant un temps donné, qui correspondaient à ces diverses valeurs; dès lors, les résultats des expériences faites de cette manière devant être identiquement les mêmes, soit qu'on suppose le point d'application des forces en o ou en m', ne peuvent servir à décider laquelle de ces deux suppositions doit être préférée, cette question sur la situation du point d'application ne peut être résolue que par d'autres considérations; c'est pourquoi je pense qu'il est nécessaire, avant d'aller plus loin, de l'examiner avec quelques détails.

C'est dans le Mémoire que je lus à la séance du 4 décembre 1820, que je communiquai à l'Académie la formule fondamentale de toute la théorie exposée dans ce Mémoire, formule qui donne la valeur de l'action mutuelle de deux fils conducteurs exprimée ainsi :

$$\frac{ii'\,ds\,ds'(\sin\theta\sin\theta'\cos\omega + k\cos\theta\cos\theta')}{r^2} \quad (^1),$$

k étant un nombre constant, dont j'ai depuis déterminé la va-

---

(1) *Journal de Physique*, t. XCI, p. 226-230. (A.)

leur, en prouvant, par d'autres expériences, qu'il est égal à $-\frac{1}{2}$.

Quelque temps après, dans la séance du 18 du même mois, M. Biot lut un Mémoire où il décrivait les expériences qu'il avait faites sur les oscillations d'un petit aimant soumis à l'action d'un conducteur angulaire, et où il concluait de ces expériences, par l'erreur de calcul exposée plus haut, que l'action de chaque élément du conducteur sur ce qu'on appelle une molécule magnétique est représentée par une force perpendiculaire au plan mené par la molécule et par l'élément, en raison inverse du carré de leur distance, et proportionnelle au sinus de l'angle que la droite qui mesure cette distance forme avec la direction de l'élément. On voit par les calculs précédents que cette force est précisément celle que donne ma formule pour l'action mutuelle d'un élément de fil conducteur et de l'extrémité d'un solénoïde électro-dynamique, et qu'elle est aussi celle qui résulte de la loi de Coulomb, dans l'hypothèse des deux fluides magnétiques, lorsqu'on cherche l'action qui a lieu entre une molécule magnétique et les éléments du contour qui termine deux surfaces infiniment voisines, recouvertes l'une de fluide austral, l'autre de fluide boréal, en supposant les molécules de ces fluides distribués sur les deux surfaces comme je viens de l'expliquer.

Dans ces deux manières de concevoir les choses, on trouve les mêmes valeurs pour les trois composantes, parallèles à trois axes pris à volonté, de la résultante de toutes les forces exercées par les éléments du contour, et, pour chacune de ces forces, l'action est opposée à la réaction suivant les droites qui joignent deux à deux les points entre lesquels elles s'exercent; il en est de même de la résultante elle-même et de sa réaction. Mais dans le premier cas, le point O (*fig.* 36) représente l'extrémité du solénoïde auquel

Fig. 36.

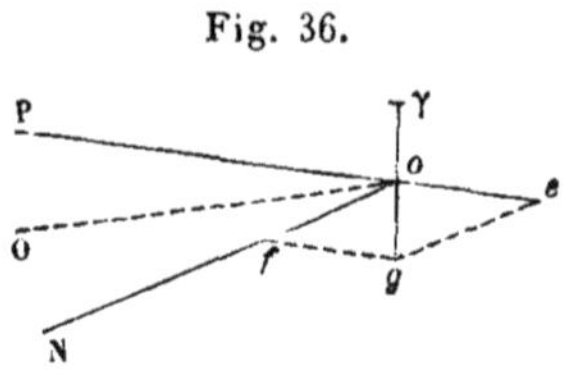

appartiennent les points P, N, et o étant celui où est situé l'élément, les deux forces égales et opposées og, $o\gamma$ passent par cet élément; dans le second cas, au contraire, c'est en O qu'il faut concevoir placé l'élément du contour des surfaces recouvertes de molécules magnétiques P, N, et en o la molécule sur laquelle agissent ces surfaces, en sorte que les deux forces égales et opposées passent par la molécule. Tant qu'on admet qu'il ne peut y avoir d'action d'un point matériel sur un autre, sans que celui-ci réagisse sur le premier avec une force égale et dirigée en sens contraire suivant une même droite, ce qui entraîne la même condition relativement à l'action et à la réaction de deux systèmes de points invariablement liés, on n'a à choisir qu'entre ces deux hypothèses. Et comme l'expérience de M. Faraday, sur la rotation d'une portion de fil conducteur autour d'un aimant, est, ainsi que je l'expliquerai tout à l'heure, en contradiction manifeste avec la première, il ne devait plus y avoir de difficulté à regarder, avec moi, comme seule admissible celle où l'on fait passer, par le milieu de l'élément, la droite suivant laquelle sont dirigées les deux forces. Mais plusieurs physiciens imaginèrent alors de supposer que, dans l'action mutuelle d'un élément AB (*fig.* 39) de fil con-

Fig. 39.

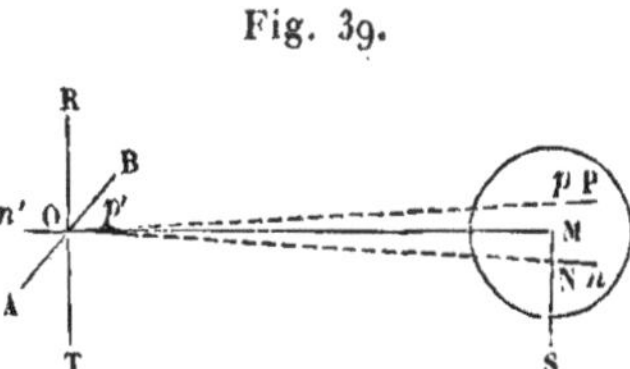

ducteur et d'une molécule magnétique M, l'action et la réaction, quoique égales et dirigées en sens contraires, ne l'étaient pas suivant une même droite, mais suivant deux droites parallèles, en sorte que, la molécule M, agissant sur l'élément AB, tendrait à le mouvoir suivant la droite OR menée par le milieu O de l'élément AB perpendiculairement au plan MAB, et que l'action qu'exercerait réciproquement cet élément sur la molécule M tendrait à la porter, avec une force égale, dans la direction MS parallèle à OR.

Il résulterait de cette singulière hypothèse, si elle était vraie, qu'il serait mathématiquement impossible de ramener jamais les phénomènes produits par l'action mutuelle d'un fil conducteur et d'un aimant à des forces agissant, comme toutes celles dont on a reconnu jusqu'à présent l'existence dans la nature, de manière que l'action et la réaction soient égales et opposées dans la direction des droites qui joignent deux à deux les points entre lesquels elles s'exercent; car, toutes les fois que cette condition est remplie pour des forces élémentaires quelconques, elle l'est évidemment, d'après le principe même de la composition des forces, pour leurs résultantes. Aussi, les physiciens qui ont adopté cette opinion sont-ils forcés d'admettre une action réellement élémentaire, consistant en deux forces égales dirigées en sens contraires suivant deux droites parallèles, et formant ainsi un couple primitif, qui ne peut être ramené à des forces pour lesquelles l'action et la réaction seraient opposées suivant une même droite. J'ai toujours regardé cette hypothèse des couples primitifs comme absolument contraire aux premières lois de la Mécanique, parmi lesquelles on doit compter, avec Newton, l'égalité de l'action et de la réaction agissant en sens contraires suivant la même droite; et j'ai ramené les phénomènes qu'on observe quand un fil conducteur et un aimant agissent l'un sur l'autre, comme tous les autres phénomènes électro-dynamiques, à une action entre deux éléments de courants électriques, d'où résultent deux forces égales et opposées, dirigées toutes deux suivant la droite qui joint les deux éléments. Ce premier caractère des autres forces observées dans la nature se trouve ainsi justifié; et quant à celui qui consiste en ce que les forces que l'on considère comme réellement élémentaires soient en outre simplement fonctions des distances des points entre lesquels elles s'exercent, rien ne s'oppose, ainsi que je l'ai déjà remarqué, à ce que la force, dont j'ai déterminé la valeur par des expériences précises, ne se ramène un jour à des forces élémentaires qui satisfassent aussi à cette seconde condition, pourvu qu'on fasse entrer dans le calcul le mouvement continuel, dans les fils conducteurs, des molécules électriques auxquelles ces dernières forces seraient inhérentes. La considération de ces mouvements introduisant nécessairement dans la valeur de la force qui en résulterait entre deux éléments, outre leur distance, les angles qui déterminent les directions suivant lesquelles se meuvent les molécules électriques, et qui dépendent des directions mêmes de ces éléments; ce sont précisément ces angles, ou, ce qui revient au même, les différentielles de la distance des deux éléments considérée comme une fonction des arcs formés par les fils conducteurs, qui entrent seuls avec cette distance dans ma formule. Il ne faut pas oublier que, dans la manière de concevoir les choses qui me paraît seule admissible, les deux forces égales et opposées OR et OT sont des résultantes d'une infinité de forces égales et opposées deux à deux; OR est celle des forces On', Op', etc., qui passent toutes par le point O, en sorte que leur résultante OR y passe aussi, mais que OT est la résultante des forces Nn, Pp, etc., exercées par l'élément AB sur des points tels que N, P, etc., invariablement liés à l'extrémité M du solénoïde électro-dynamique par laquelle je suppose remplacé ce qu'on nomme une molécule magnétique. Ces points sont très près de M quand ce solénoïde est très petit, mais ils en sont toujours distincts, et c'est pourquoi leur résultante OT ne passe pas par le point M, mais par le point O vers lequel toutes les forces Nn, Pp, etc., sont dirigées.

On voit, par tout ce que nous venons de dire, qu'en conservant aux deux forces égales qui résultent de l'action mutuelle d'un fil conducteur et d'un aimant, et qui agissent l'une sur le fil dont l'élément AB fait partie, et l'autre sur l'aimant auquel appartient le point M, la même valeur, et la même direction perpendiculaire au plan MAB, on peut faire trois hypothèses sur le point d'application de ces forces : dans la première, on suppose que les deux forces passent par le point M; dans la seconde, qui est celle qui résulte de ma formule, les deux forces passent par le milieu O de l'élément; dans la troisième, où les forces sont OR et MS, celle qui agit sur l'élément est appliquée au point O, et l'autre au point M. Ces trois hypothèses sont entièrement d'accord, 1° à l'égard de la valeur de ces forces qui sont également, dans toutes les trois, en raison inverse du carré de la distance MO, et en raison directe du sinus de l'angle MOB que la droite OM qui mesure cette distance fait avec l'élément AB; 2° à l'égard de la direction des mêmes forces, toujours perpendiculaire au plan MAB qui passe par la molécule et par la direction de l'élément : mais, à l'égard de leurs points d'application, ils sont placés différemment pour les deux forces, dans les deux premières hypothèses; et il y a identité entre la première et la troisième seulement pour les forces qui agissent sur l'aimant, et entre la seconde et la troisième seulement pour les forces qui agissent sur le conducteur.

En vertu de l'identité des valeurs et des directions des forces qui a lieu dans les trois hypothèses, les composantes de leurs résultantes, prises parallèlement à trois axes quelconques, seront les mêmes; mais les moments de rotation, qui dépendent en outre des points d'application de ces forces, ne seront, en général, les mêmes, à l'égard des forces qui tendent à mouvoir l'aimant, que pour la première et la troisième, et, à l'égard des forces qui agissent sur le fil conducteur, que pour la seconde et la troisième.

Nous venons de voir que dans le cas où il est question de l'action d'une portion de fil conducteur, formant un circuit fermé, les valeurs des moments sont les mêmes, soit qu'on prenne, pour chaque élément, le point d'application des forces en O ou en M; dans ce cas, donc, il y aura, en outre, identité pour les valeurs des moments dans les trois hypothèses.

Le mouvement d'un corps, dont toutes les parties sont invariablement liées entre elles, ne peut dépendre que des trois composantes parallèles à trois axes pris à volonté, et des trois moments autour des mêmes axes; d'où il suit qu'il y a identité complète dans les trois hypothèses pour le mouvement produit, soit dans l'aimant, soit dans le conducteur, lorsque celui-ci forme un circuit solide et fermé. C'est pourquoi l'impossibilité d'un mouvement indéfiniment accéléré, étant en général une suite nécessaire de la première hypothèse, puisque les forces élémentaires y sont simplement fonctions des distances des points entre lesquels elles s'exercent, il s'ensuit évidemment que ce mouvement est également impossible, dans les deux autres hypothèses, seulement lorsque le conducteur forme un circuit solide et fermé.

Il est aisé de voir, au reste, que la démonstration ainsi obtenue de l'impossibilité de produire un mouvement indéfiniment accéléré par l'action mutuelle d'un circuit électrique solide et fermé, et d'un aimant, n'est pas seulement une suite nécessaire de ma théorie, mais qu'elle résulte aussi, dans l'hypothèse des couples primitifs, de la seule valeur donnée par M. Biot pour la force perpendiculaire au plan MAB, ainsi que je l'ai démontré directement, avec tous les détails qu'on peut désirer, dans une lettre que j'ai écrite sur ce sujet à M. le Dr Gherardi ([1]). Si donc on avait pu produire un mouvement accéléré en faisant agir sur un aimant un conducteur formant un circuit solide et fermé, ce n'aurait pas été seulement ma formule qui aurait été en défaut, mais encore celle qu'a donnée M. Biot, que toutes les observations faites depuis ont complètement démontrée, et dont les physiciens qui admettent l'hypothèse des couples primitifs n'ont jamais constesté l'exactitude.

Lorsqu'on rend mobile une portion du circuit voltaïque, on doit distinguer trois cas : celui où elle forme un circuit presque fermé ([2]); celui, où ne pouvant que tourner autour d'un axe, elle a ses deux extrémités dans cet axe; celui où la portion mobile ne forme pas un circuit fermé, et où une de ses extrémités au moins parcourt un certain espace à mesure qu'elle se meut : ce dernier cas comprenant celui où cette portion est formée par un liquide conducteur.

Nous venons de voir que, dans le premier de ces trois cas, le mouvement que prend la portion mobile par l'action d'un aimant est identiquement le même dans les trois hypothèses et ne peut jamais s'accélérer indéfiniment, mais tend seulement à amener la portion mobile dans une position déterminée où elle s'arrête en équilibre après avoir quelque temps oscillé autour de cette position en vertu de la vitesse acquise.

Il en est de même du second, qui ne diffère du premier qu'en apparence : car, si l'on ajoutait dans l'axe un courant, qui rejoignît les deux extrémités de la portion mobile, on aurait un circuit fermé sans avoir rien changé au moment de rotation autour de cet axe, puisque les moments des forces exercées sur le courant ajouté seraient évidemment nuls; d'où il suit que le mouvement de la portion mobile serait identiquement le même que celui du circuit fermé ainsi obtenu.

Mais lorsque la portion mobile ne forme pas un circuit fermé,

---

([1]) *Voir* plus loin l'art. XXXIV. (J.)

([2]) Le circuit formé par une portion mobile du fil conducteur n'est jamais rigoureusement fermé, puisqu'il faut bien que ses deux extrémités communiquent séparément avec celles de la pile; mais il est aisé de rendre l'intervalle qui les sépare assez petit pour qu'on puisse le considérer comme s'il était exactement fermé. (A.)

et que ses deux extrémités ne sont pas dans un axe autour duquel elle serait assujettie à tourner, les moments produits par l'action, soit d'une molécule magnétique, soit de l'extrémité d'un solénoïde indéfini, ne sont plus les mêmes que dans la seconde et la troisième hypothèse, et ont une valeur différente dans la première. En prenant pour l'axe des x la droite autour de laquelle on suppose la portion mobile liée de manière à ne pouvoir que tourner autour de cette droite, et en conservant les dénominations que nous avons employées dans les calculs précédents, nous en conclurons que la valeur du moment de rotation produit par les forces qui agissent sur la portion mobile serait

$$\rho\int\frac{z'v^2\,d\chi - y'w^2\,d\psi}{r^3},$$

dans la première hypothèse, et

$$\rho\int\frac{z'v^2\,d\chi - y'w^2\,d\psi}{r^3} + \rho\left(\frac{x_2 - x'}{r_2} - \frac{x_1 - x'}{r_1}\right)$$

dans les deux autres.

C'est à cette différence dans les valeurs du moment de rotation, qu'on doit la possibilité de prouver par l'expérience que la première hypothèse est en contradiction avec les faits. Car si l'on considère un aimant comme réduit à deux molécules magnétiques d'une force comme infinie placées à ses deux pôles, et qu'après avoir mis dans une situation verticale la droite qui les joint on assujettisse une portion de fil conducteur à tourner autour de cette droite prise pour l'axe des x, alors les deux moments de rotation relatifs aux deux pôles seront exprimés par la formule précédente en y remplaçant x', y', z', par x'_1, y'_1, z'_1 pour un des pôles, et par x'_2, y'_2, z'_2 pour l'autre, en ayant soin de changer de signe l'un de ces moments, le premier, par exemple, puisque les deux pôles sont nécessairement de natures opposées, l'un austral et l'autre boréal.

Quand les deux pôles sont, comme nous le supposons ici, situés sur l'axe des x, on a $y'_1 = 0$, $y'_2 = 0$, $z'_1 = 0$, $z'_2 = 0$, et les deux moments de rotation autour de l'axe des x deviennent nuls dans la première hypothèse : ce qu'il était facile de prévoir, puisque dans cette hypothèse les directions de toutes les forces appliquées au conducteur mobile passent par un des deux pôles et y rencontrent l'axe fixe, ce qui rend nécessairement nuls les moments de ces forces.

Dans les deux autres hypothèses, au contraire, où les directions des forces passent par les milieux des éléments, les parties des moments égales à ceux de la première hypothèse sont les seules qui s'évanouissent; et lorsque, après les avoir supprimées, on réunit ce qui reste de chaque moment, on a

$$\rho\left(\frac{x_2 - x'_2}{r_{2,2}} - \frac{x_1 - x'_2}{r_{1,2}} - \frac{x_2 - x'_1}{r_{2,1}} + \frac{x_1 - x'_1}{r_{1,1}}\right),$$

en désignant par $r_{2,2}$; $r_{1,2}$; $r_{2,1}$; $r_{1,1}$ les distances des points dont les abscisses sont respectivement x_2, x'_2; x_1, x'_2; x_2, x'_1; x_1, x'_1. Il est aisé de voir que les quatre termes de la quantité qui est comprise entre les parenthèses dans cette expression sont précisément les cosinus des angles que forment avec l'axe des x les droites qui mesurent les distances $r_{2,2}$; $r_{1,2}$; $r_{2,1}$; $r_{1,1}$: ce qui rend la valeur que nous venons de trouver, pour le moment produit par l'action des deux pôles sur le conducteur mobile, identique à celle que nous avons déjà obtenue pour celui qui résulte de l'action sur le même conducteur d'un solénoïde dont les extrémités seraient situées à ces pôles, et dont les courants électriques auraient une intensité i et des distances respectives telles qu'on eût

$$\frac{\lambda i i'}{2g} = \rho,$$

i' étant l'intensité du courant du conducteur.

Le moment de rotation étant toujours nul dans la première hypothèse, la portion mobile du circuit voltaïque ne tournerait jamais par l'action d'un aimant situé, comme nous venons de le dire, autour de l'axe de cet aimant; dans les deux autres hypothèses, elle doit au contraire tourner en vertu du moment de rotation dont nous venons de calculer la valeur, toujours la même, dans ces deux hypothèses. M. Faraday, qui a le premier produit ce mouvement, conséquence nécessaire des lois que j'avais établies sur l'action mutuelle des conducteurs voltaïques, et de la manière dont j'avais considéré les aimants comme des assemblages de courants électriques, a démontré par là que la direction de l'action exercée par le pôle d'un aimant sur un élément de fil conducteur passe en effet par le milieu de l'élément, conformément à l'explication que j'ai donnée de cette action, et non par le pôle de l'aimant. Dès lors l'ensemble des phénomènes électro-dynamiques ne peut plus être expliqué par la substitution de l'action des molécules magnétiques australes et boréales, répandues de la manière que je viens de l'expliquer sur deux surfaces très voisines et terminées par les fils conducteurs du circuit voltaïque, à la place de l'action, exprimée par ma formule, qu'exercent les courants de ces fils. Cette substitution ne peut avoir lieu que quand il s'agit de l'action des circuits solides et fermés, et sa principale utilité est de démontrer l'impossibilité d'un mouvement indéfiniment accéléré, soit par l'action mutuelle de deux conducteurs solides et fermés, soit par celle d'un conducteur de ce genre et d'un aimant.

Lorsque l'aimant est mobile, il faut aussi distinguer trois cas : celui où toutes les parties du circuit voltaïque qui agit sur cet aimant sont immobiles; celui où quelques parties de ce circuit sont mobiles, mais sans liaison avec l'aimant, ces portions pouvant d'ailleurs être formées par un fil métallique, ou par un liquide conducteur; enfin celui où une partie du courant passe par l'aimant, ou par une portion de conducteur liée à l'aimant.

Dans le premier cas, le circuit total composé des conducteurs et de la pile est nécessairement fermé; et puisque toutes ses parties sont immobiles, les trois sommes des moments des forces exercées sur les points de l'aimant considérés, soit comme des molécules de fluide austral ou boréal, soit comme des extrémités de solénoïdes électro-dynamiques, sont identiques dans les trois hypothèses, ainsi que le sont les résultantes mêmes de ces forces; en sorte que les mouvements imprimés à l'aimant, et toutes les circonstances de ces mouvements, sont précisément les mêmes, quelle que soit celle de ces hypothèses qu'on adopte. C'est ce qui a lieu, par exemple, pour la durée des oscillations faites par l'aimant, sous l'influence de ce circuit fermé et immobile; et c'est pour cela que les dernières expériences de M. Biot, d'où il résulte que la force qui produit ces oscillations est proportionnelle à la tangente du quart de l'angle que forment les deux branches du conducteur qu'il emploie, s'accordent aussi bien avec cette conséquence de ma théorie que les directions des forces qui agissent sur l'aimant passent par les milieux des éléments du fil conducteur, qu'avec l'hypothèse qu'il a adoptée et dans laquelle il admet que ces directions passent par les points de l'aimant où il place les molécules magnétiques.

L'identité qui a lieu dans ce cas entre les trois hypothèses montre en même temps l'impossibilité que le mouvement de l'aimant s'accélère indéfiniment, et prouve que l'action du circuit voltaïque ne peut que tendre à l'amener dans une position déterminée d'équilibre.

Il semble, au premier coup d'œil, que la même impossibilité devrait avoir lieu dans le second cas, ce qui est contraire à l'expérience, du moins quand une partie du circuit est formée d'un liquide. Il est évident, en effet, que la mobilité d'une portion du conducteur n'empêche pas que cette portion n'agisse à chaque instant comme si elle était fixe dans la position qu'elle occupe à cet instant; et l'on ne voit pas d'abord comment cette mobilité peut changer tellement les conditions du mouvement de l'aimant, qu'il devienne susceptible d'une accélération indéfinie dont l'impossibilité est démontrée quand toutes les parties du circuit voltaïque sont immobiles.

Mais dès qu'on examine avec quelque attention ce qui doit arriver, d'après les lois de l'action mutuelle d'un corps conducteur et d'un aimant, quand le conducteur est liquide, qu'un cylindre aimanté vertical flotte dans ce liquide, et que la surface du cylindre est recouverte d'un vernis isolant afin que le courant ne puisse pas le traverser, ce qui donnerait lieu au troisième cas, on reconnaît bientôt comment il résulte de la mobilité de la portion liquide du circuit voltaïque que l'aimant flottant acquière un mouvement qui s'accélère indéfiniment : il ne faut pour cela qu'appliquer à ce cas l'explication que j'ai donnée, dans les *Annales de Chimie et de Physique* (t. XX, p. 68-70), du même mouvement, quand on suppose que, l'aimant n'étant pas verni, les courants du liquide où il flotte le traversent librement.

En effet, cette explication étant fondée sur ce que les portions de courants qui se trouvent dans l'aimant ne peuvent avoir sur lui aucune action, et que celles qui sont dans le liquide hors de l'aimant agissent toutes pour accélérer son mouvement toujours dans le même sens, il s'ensuit évidemment que tout ce qui arrive dans ce cas doit encore arriver quand la substance isolante, dont on revêt l'aimant, supprime seulement précisément ces portions de courants qui n'avaient aucune action, et qu'elle laisse subsister et agir, toujours de la même manière, celles qui, étant hors de l'aimant, tendaient toutes à accélérer son mouvement constamment dans le même sens. Pour qu'on puisse mieux juger qu'il n'y a, en effet, rien à changer à l'explication dont je viens de parler, je crois devoir la rappeler ici, en l'appliquant au cas où l'aimant est recouvert d'une substance isolante. Je supposerai, pour plus de simplicité dans cette explication, que l'on substitue à l'aimant un solénoïde électro-dynamique, dont les extrémités soient aux pôles de cet aimant, quoique, d'après ma théorie, il dût être considéré comme un faisceau de solénoïdes. Cette supposition ne change pas les effets produits, parce que, les courants du mercure agissant de la même manière et dans le même sens sur tous les solénoïdes du faisceau, ils lui impriment un mouvement semblable à celui qu'ils donneraient à un seul de ces solénoïdes, et l'on peut toujours supposer que les courants électriques de celui-ci aient assez d'intensité pour que son mouvement soit sensiblement le même que celui du faisceau.

Soit donc ETFT' (*fig.* 40) la section horizontale d'un vase de

Fig. 40.

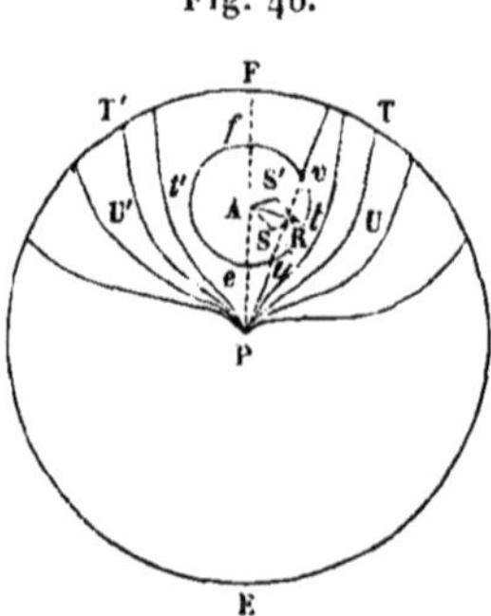

verre plein de mercure en contact avec un cercle de cuivre qui en garnit le bord intérieur et qui communique avec un des rhéophores, le rhéophore négatif par exemple, tandis que l'on y fait plonger en P le rhéophore positif; alors il se forme dans le mercure des courants qui vont du centre P du cercle ETFT' à sa circonférence.

Représentons la section horizontale du solénoïde par le petit cercle *etft'*, dont le centre est en A et dont la circonférence *etft'* est un des courants électriques dont il est composé : en supposant que ce courant se meuve dans le sens *etft'*, il sera attiré par les courants du mercure tels que PUT, qui se trouvent, dans la figure, à droite de *etft'*, parce que la demi-circonférence *etf*, où le courant va dans le même sens, en est plus rapprochée que *ft'e* où il va en sens contraire. Soit AS cette attraction égale à la différence des forces exercées par les courants PUT sur les deux demi-circonférences, et qui passe nécessairement par leur centre A, puisqu'elle résulte des forces que ces courants exercent sur tous les éléments de la circonférence *etft'* qui leur sont perpendiculaires, et sont, par conséquent, dirigées suivant les rayons de cette circonférence. Le même courant *etft'* du solénoïde est, au contraire, repoussé par les courants qui, comme PU'T', sont, dans la figure, à gauche de ce courant *etft'*, parce qu'ils sont en sens contraire dans la demi-circonférence *ft'e* la plus voisine de PU'T'. Soit AS' la répulsion qui résulte de la différence des actions exercées par les courants PU'T' sur les deux demi-circonférences *ft'e*, *etf*, elle sera égale à AS, et fera, avec le rayon PAF, l'angle FAS' = PAS, puisque tout est égal des deux côtés de ce rayon : la résultante AR de ces deux forces lui sera donc perpendiculaire; et comme elle passera par le centre A, ainsi que ses deux composantes AS, AS', le solénoïde n'aura aucune tendance à tourner autour de son axe, comme on l'observe en effet à l'égard de l'aimant flottant que représente ce solénoïde; mais il tendra, à chaque instant, à se mouvoir suivant la perpendiculaire AR au rayon PAF, et comme, lorsqu'on fait cette expérience avec un aimant flottant, la résistance du mercure détruit à chaque instant la vitesse acquise, on voit cet aimant décrire la courbe perpendiculaire à toutes les droites qui passent comme PAF par le point P, c'est-à-dire la circonférence ABC dont ce point est le centre.

Cette belle expérience, due à M. Faraday, a été expliquée par les physiciens qui n'admettent pas ma théorie, en attribuant le mouvement de l'aimant au rhéophore plongé en P dans le mercure, auquel on donne ordinairement une direction perpendiculaire à la surface du mercure. Il est vrai que, dans ce cas, le courant de ce rhéophore tend à porter l'aimant dans le sens où il se meut réellement; mais il est aisé de s'assurer, par des expériences comparatives, que c'est avec une force beaucoup trop faible pour vaincre la résistance du mercure, et produire, malgré cette résistance, le mouvement qu'on observe. J'étais d'abord surpris de voir que ces physiciens ne tenaient pas compte de l'action que les courants du mercure doivent exercer dans leur propre théorie; ma surprise a augmenté quand j'en ai reconnu la cause dans une erreur manifeste qui se trouve énoncée en ces termes dans l'ouvrage déjà cité (¹) : « L'action transversale de ce fil fictif » (le courant électrique qui est dans le mercure) sur le magnétisme » austral de A (*fig.* 43) tendra donc aussi constamment à pousser

Fig. 43.

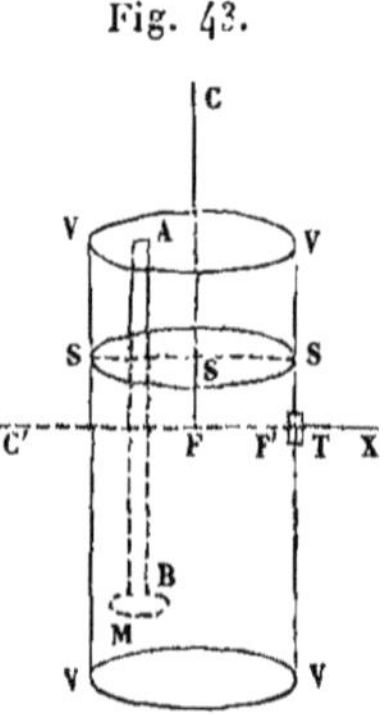

» A de la droite vers la gauche d'un observateur qui aurait la tête » en C' et les pieds en Z. Mais une tendance contraire s'exercera » sur le pôle B, et même avec une énergie égale, si la ligne hori- » zontale C'FF'Z se trouve à la hauteur précise du centre du bar- » reau; de sorte qu'en somme il n'en résultera aucun mouvement » de translation. Ce sera donc alors la seule force exercée par CF » qui déterminera la rotation du barreau AB. » Comment l'auteur n'a-t-il pas vu que les actions que *le fil fictif*, placé comme il le dit, exerce sur les deux pôles du barreau AB, tendent à le porter dans le même sens, et qu'elles s'ajoutent au lieu de se détruire, puisque, étant d'espèces contraires, ces pôles se trouvent des deux côtés opposés du fil?

(¹) *Précis élémentaire de Physique expérimentale*, 3ᵉ édit., t. II, p. 753. (A.)

Il est important de remarquer, à ce sujet, que si des portions de courants, faisant partie de ceux du mercure, pouvaient se trouver dans l'intérieur du petit cercle *etft'* et agir sur lui, elles tendraient à le faire tourner autour du point P en sens contraire, et avec une force qui, au lieu d'être la différence des actions exercées sur les deux demi-circonférences *etf*, *ft'e*, en est la somme, parce que si *uv* représente une de ces portions, il est évident qu'elle attirera l'arc *utv* et repoussera l'arc *vt'u*, d'où résultent deux forces qui conspirent à mouvoir *etft'* dans la direction AZ opposée à AR. Cette circonstance ne peut évidemment avoir lieu avec l'aimant flottant qui occupe tout l'intérieur du petit cercle *etft'*, parce qu'il en exclut les courants quand il est revêtu de matière isolante, et parce que, dans le cas contraire, les portions de courants comprises dans ce cercle, ayant lieu dans des particules de l'aimant invariablement liées à celles sur lesquelles elles agissent, l'action qu'elles produisent est détruite par une réaction égale et opposée; en sorte qu'il ne reste, dans les deux cas, que les forces exercées par les courants du mercure, qui tendent toutes à mouvoir l'aimant suivant AR. C'est uniquement pour cela qu'il tourne autour du point P dans ce sens, comme on s'en assure en remplaçant l'aimant par un conducteur mobile *xzetft'sy* (*fig.* 41), formé d'un

Fig. 41.

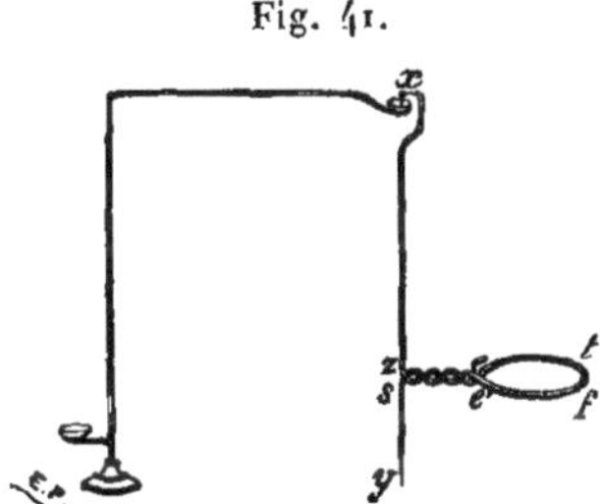

fil de cuivre assez fin, revêtu de soie, dont la partie intermédiaire *etft'* est pliée en cercle, et dont les deux portions extrêmes, tordues ensemble de *e* en *z*, vont, l'une *ezx* se rendre en *x* dans une coupe à mercure communiquant à un des rhéophores, et l'autre *t'sy* plonger en P (*fig.* 40) dans le mercure qui communique, comme nous l'avons dit, avec l'autre rhéophore : on suspend ce conducteur mobile de manière que le cercle *etft'* (*fig.* 41) soit très près de la surface du mercure, et l'on voit qu'il reste immobile, en vertu de l'équilibre qui s'établit entre les forces exercées par les portions de courants comprises dans le cercle *etft'* et celles qui le sont par les courants et portions de courants extérieurs à ce cercle. Mais, dès qu'on supprime les portions de courants comprises dans l'espace *etft'* (*fig.* 40), en enfonçant dans le mercure au-dessous du cercle *etft'* (*fig.* 41) un cylindre de matière isolante dont la base lui soit égale, pour imiter ce qui arrive à l'aimant flottant, on le voit se mouvoir, comme cet aimant, dans le sens AR. Lorsqu'on laisse le cylindre de matière isolante où était d'abord le cercle *etft'*, celui-ci ne tourne pas indéfiniment comme l'aimant, mais va s'arrêter, après quelques oscillations, dans une position d'équilibre; différence qui vient de ce que l'aimant flottant laisse, derrière lui, se remplir de mercure la place qu'il occupait d'abord, et chasse le mercure successivement des diverses places où il se trouve transporté. C'est ce changement dans la situation d'une partie du mercure qui en entraîne un dans les courants électriques, et fait que, quoique le circuit voltaïque total soit fermé, le mouvement continu de l'aimant, qui est impossible par l'action d'un circuit solide et fermé, ne laisse pas d'avoir lieu dans ce cas où le circuit fermé change de forme par le mouvement même de l'aimant. Pour produire ce mouvement en employant, au lieu de l'aimant, le conducteur mobile que nous venons de décrire, il faut, lorsqu'on a constaté qu'il ne se meut que quand on supprime, par le cylindre de matière isolante, les portions de courants intérieures au petit cercle *etft'*, et qu'en laissant ce cylindre à la même place, il s'arrête dans une position déterminée d'équilibre après avoir oscillé autour d'elle, imiter ce qui a lieu lorsqu'il s'agit d'un aimant flottant, en faisant glisser le cylindre de matière isolante sur le fond du vase, de manière qu'il soit toujours sous le cercle *etft'* (*fig.* 41) et que son centre corresponde toujours verticalement à celui de ce cercle : le conducteur mobile se met alors à tourner indéfiniment autour du point P (*fig.* 40) comme l'aimant.

C'est, en général, en substituant aux aimants des conducteurs mobiles pliés en cercle, qu'on peut se faire une idée juste des causes des divers mouvements des aimants, lorsqu'on veut analyser ces mouvements par l'expérience sans recourir au calcul, parce que cette substitution donne le moyen d'en faire varier les circonstances de différentes manières, qu'il serait le plus souvent impossible d'obtenir avec des aimants, et qui peuvent seules éclaircir les difficultés que présentent des phénomènes souvent si compliqués. C'est ainsi, par exemple, que dans ce que nous venons de dire il est impossible, avec un aimant, de vérifier ce résultat de la théorie, que si des portions des courants du mercure pouvaient traverser l'aimant, et agir malgré cela sur lui en conservant l'intensité et la direction qu'ils ont dans le mercure lorsqu'on enlève l'aimant, celui-ci ne tournerait pas autour du point P, et que la vérification en devient facile quand on lui substitue, comme nous venons de le dire, le conducteur mobile représenté ici (*fig.* 41).

L'identité d'action qu'on observe constamment entre les mouvements d'un conducteur mobile et ceux d'un aimant, toutes les fois qu'ils se trouvent dans les mêmes circonstances, ne permet pas de douter, quand on fait l'expérience précédente, que l'aimant ne restât aussi immobile, lorsqu'il est traversé par les portions de courants intérieures au cercle $etft'$, si ces portions pouvaient agir sur lui; et, comme on voit, au contraire, que quand il n'est pas revêtu d'une substance isolante, et que les courants le traversent librement, il se meut précisément comme quand il l'est et qu'aucunes portions de courants ne peuvent plus pénétrer dans l'intérieur de cet aimant, on a une preuve directe du principe sur lequel repose une partie des explications que j'ai données, savoir : que les portions de courants qui traversent l'aimant n'agissent en aucune manière sur lui, parce que les forces qui résulteraient de leur action sur les courants propres à l'aimant, ou sur ce qu'on appelle des *molécules magnétiques,* ayant lieu entre les particules d'un même corps solide, sont nécessairement détruites par une réaction égale et opposée.

J'avoue que cette épreuve expérimentale d'un principe qui n'est qu'une suite nécessaire des premières lois de la Mécanique me paraît complèment inutile, comme elle l'aurait paru à tous les physiciens qui ont considéré ce principe comme un des fondements de la science. Je n'en aurais même pas fait la remarque, si l'on n'avait pas supposé que l'action mutuelle d'un élément de fil conducteur et d'une molécule magnétique consistait en un couple primitif composé de deux forces égales et parallèles sans être directement opposées, en vertu duquel une portion de courant qui a lieu dans un aimant pourrait le mouvoir; supposition contraire au principe dont il est ici question, et qui se trouve démentie par l'expérience précédente, d'après laquelle il n'y a pas d'action exercée sur l'aimant par les portions de courants qui le traversent quand il n'est pas revêtu d'une enveloppe isolante, puisque le mouvement qui a lieu dans ce cas reste le même lorsqu'on empêche les courants de traverser l'aimant, en le renfermant dans cette enveloppe.

C'est de ce principe qu'il faut partir pour voir quels sont les phénomènes que doit présenter un aimant mobile sous l'influence du courant voltaïque, dans le troisième cas qui nous reste à considérer, celui où une portion du courant passe par l'aimant, ou par une portion de fil conducteur invariablement liée avec lui. Nous venons de voir que, lorsqu'il s'agit du mouvement de révolution d'un aimant autour d'un fil conducteur, le mouvement doit être le même, et l'est en effet, soit que le courant traverse ou ne traverse pas l'aimant. Mais il n'en est pas ainsi quand il est question du mouvement de rotation continue d'un aimant autour de la droite qui en joint les deux pôles.

J'ai démontré et par la théorie et par les expériences variées de diverses manières dont les résultats ont toujours confirmé ceux de la théorie, que la possibilité ou l'impossibilité de ce mouvement tient uniquement à ce qu'une portion du circuit voltaïque total soit dans tous ses points séparée de l'aimant, ou à ce qu'il passe, soit dans cet aimant, soit dans une portion de conducteur liée invariablement avec lui. En effet, dans le premier cas, l'ensemble de la pile et des fils conducteurs forme un circuit toujours fermé, et dont toutes les parties agissent de même sur l'aimant, soit qu'elles soient fixes ou mobiles; dans ce dernier cas, elles exercent, à chaque instant, précisément les mêmes forces que si elles étaient fixes dans la position où elles se trouvent à cet instant. Or nous avons démontré, d'abord synthétiquement à l'aide des considérations que nous ont fournies les *fig.* 30 et 31, ensuite en calculant directement les moments de rotation, qu'un circuit fermé ne peut imprimer à un aimant un mouvement continu autour de la droite qui joint ses deux pôles, soit qu'on les considère, conformément à ma théorie, comme les deux extrémités d'un solénoïde équivalant à l'aimant, ou comme deux molécules magnétiques dont l'intensité soit assez grande pour que les actions exercées restent les mêmes quand on les substitue à toutes celles dont on regarde l'aimant comme composé dans l'hypothèse des deux fluides. L'impossibilité du mouvement de rotation de l'aimant autour de son axe, tant que le circuit total fermé en est partout séparé, se trouve ainsi complètement démontrée, non seulement en appliquant ma formule aux courants du solénoïde substitué à l'aimant, mais aussi en partant de la considération d'une force qui aurait lieu entre un élément de fil conducteur et une molécule magnétique perpendiculairement au plan qui passe par cette molécule et par la direction de l'élément, en raison inverse du carré de la distance, et qui serait proportionnelle au sinus de l'angle compris entre la droite qui mesure cette distance et la direction de l'élément. Mais lorsqu'on suppose, dans ce dernier cas, que la force passe par le milieu de l'élément, soit qu'elle agisse sur lui ou réagisse sur la molécule magnétique, ainsi que cela a lieu, d'après ma théorie, à l'égard du solénoïde, le même mouvement devient possible dès qu'une portion du courant passe par l'aimant, ou par une portion de conducteur invariablement liée avec lui; parce que toutes les actions exercées par cette portion sur les particules étant détruites par les réactions égales et opposées qu'exercent sur elles ces mêmes particules, il ne reste que les actions exercées par le reste du circuit total qui n'est plus fermé, et peut par conséquent faire tourner l'aimant.

Pour bien concevoir tout ce qui se rapporte à cette sorte de mouvement, concevons que la tige TVUS (*fig.* 13), qui sup-

Fig. 13.

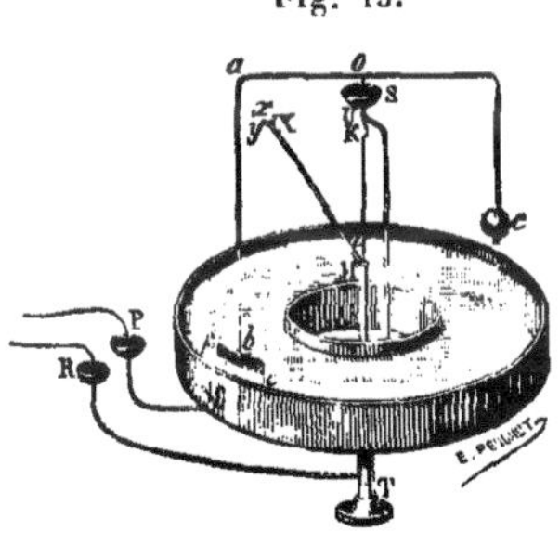

porte la petite coupe S dans laquelle plonge la pointe *o* du conducteur mobile *oab*, soit pliée en V et U comme on le voit dans la figure, de manière à laisser libre la portion VU de la droite TS prise pour axe de rotation, afin qu'on puisse suspendre l'aimant cylindrique GH, par un fil très fin ZK, au crochet K attaché en U à cette tige, et que le conducteur mobile *oab* maintenu dans la situation où on le voit dans la figure par le contrepoids *c* soit terminé en *b* par une lame de cuivre *bef*, qui plonge dans l'eau acidulée dont on remplit le vase MN, afin que ce conducteur communique avec le rhéophore *p*P plongé dans le mercure de la coupe P, tandis que l'autre rhéophore *r*R est en communication avec la tige TVUS par le mercure qu'on met dans la coupe R, et que la pile *pr* ferme le circuit total.

A l'instant où l'on établit le courant dans cet appareil, on voit le conducteur mobile tourner autour de la droite TS; mais l'aimant est seulement amené à une position déterminée autour de laquelle il oscille quelque temps, et où il reste ensuite immobile. En vertu du principe de l'égalité de l'action et de la réaction, qui a lieu à l'égard des moments de rotation autour d'un même axe comme à l'égard des forces, si l'on représente par M le moment de rotation imprimé, par l'action de l'aimant, au conducteur mobile *oab*, la réaction de celui-ci tendra nécessairement à faire tourner l'aimant autour de son axe avec le moment — M, égal à M, mais agissant en sens contraire.

L'immobilité de l'aimant vient évidemment de ce que, si le conducteur mobile *oab* agit sur lui, le reste *b*MP*pr*RTS du circuit total ne peut manquer de le faire également; le moment de l'action qu'il exerce sur l'aimant, réuni à celui de *oab*, donne le moment du circuit fermé *oab*MP*pr*RTS, qui est nul; d'où il suit que le moment de *b*MP*pr*RTS est M, égal et opposé à — M.

Mais si l'on vient à lier l'aimant GH au conducteur mobile *oab*, il en résulte un système de forme invariable, dans lequel l'action et la réaction qu'ils exercent l'un sur l'autre se détruisent mutuellement; et ce système resterait évidemment immobile, si la partie *b*MP*pr*RTS n'agissait pas comme auparavant sur l'aimant pour le faire tourner en lui imprimant le moment de rotation M. C'est en vertu de ce moment que l'aimant et le conducteur mobile, réunis en un système de forme invariable, tournent autour de la droite TS; et comme ce moment est, comme on vient de le voir, et de même valeur et de même signe que celui qu'imprimait l'aimant au conducteur *oab* quand ce conducteur en était séparé et tournait seul, on voit que ces deux mouvements auront nécessairement lieu dans le même sens, mais avec des vitesses réciproquement proportionnelles au moment d'inertie du conducteur et à la somme de ce moment d'inertie et de celui de l'aimant.

J'ai fait abstraction, dans les considérations précédentes, de l'action exercée par la portion *b*MP*pr*RTS du circuit total sur le conducteur mobile *oab*, soit dans le cas où ce conducteur est séparé de l'aimant, soit dans le cas où il lui est uni, non seulement parce qu'elle est très petite relativement à celle qu'exerce l'aimant, mais parce qu'elle tend uniquement à porter le conducteur mobile dans la situation déterminée par la répulsion mutuelle des éléments de ces deux portions du circuit total, et ne contribue, par conséquent, dans les deux cas, aux mouvements de rotation de *oab*, que pour en faire un peu varier la vitesse, qui sans cela serait constante.

Pour pouvoir facilement unir et séparer alternativement l'aimant et le conducteur mobile, sans interrompre les expériences, il convient de fixer au crochet Z par lequel l'aimant est suspendu au fil ZK un morceau de fil de cuivre ZX terminé en X par une fourchette dont les deux branches Xx, Yy embrassent le conducteur mobile *oab*, qui se trouve serré entre elles, quand on plie convenablement la tige ZX; en la pliant en sens contraire, on lui donne la position où elle est représentée dans la figure, et le conducteur redevient libre.

J'ai expliqué en détail cette expérience, parce qu'elle semble, plus qu'aucune autre, appuyer l'hypothèse du couple primitif, quand on ne l'analyse pas comme je viens de le faire. En effet, on admet comme moi, dans cette hypothèse, que les forces exercées par l'aimant GH, sur les éléments du conducteur mobile *oab*, passent par ces éléments, et qu'en les supposant tous dans le plan vertical TS*ab*, mené par la droite TS, les forces sont normales à ce plan : elles tendent donc à faire tourner *oab* toujours dans le même sens autour de TS : ces forces sont, d'après la loi proposée par M. Biot, précisément les mêmes, en grandeur, en direction et relativement à leurs points d'application, que les forces données par ma formule; elles produisent donc le même moment de rotation M en vertu duquel s'exécute le mouvement du conducteur *oab* lorsqu'il est libre. Mais, suivant les physiciens qui admettent l'hypothèse dont il est ici question, les forces dues à la réaction des éléments du conducteur sur l'aimant ne sont plus les mêmes qu'en grandeur et en ce qu'elles sont perpendiculaires au plan TS*ab*; ils pensent que ces forces sont appliquées aux molécules magnétiques, ou, ce qui revient au même, aux deux pôles de l'aimant GH qui sont sur la droite TS; dès lors leurs moments de rotation sont nuls relativement à cettte droite. C'est à cette cause qu'ils attribuent l'immobilité de l'aimant quand il n'est lié à aucune portion du circuit voltaïque; mais, pour expliquer le mouvement de rotation de l'aimant dans le cas où on l'unit au conducteur mobile *oab*, à l'aide de la tige ZX, ils supposent que la réunion de ces deux corps en un système de forme invariable n'empêche pas l'aimant d'agir toujours pour imprimer au conducteur mobile le même moment de rotation M, sans que ce conducteur réagisse sur l'aimant de manière à mettre obtacle au mouvement du système, qui doit tourner par conséquent dans le même sens que tournait le conducteur mobile avant d'être lié invariablement à l'aimant, mais avec une vitesse moindre dans la raison réciproque des moments d'inertie du conducteur seul et du conducteur réuni à l'aimant.

C'est ainsi qu'on trouve dans cette hypothèse les mêmes résultats que quand on suppose l'action opposée à la réaction suivant la même droite, et qu'on tient compte de l'action exercée sur l'aimant par le reste *b*MP*pr*RTS du circuit voltaïque. Il résulte de tout ce qui a été démontré dans ce Mémoire que cette identité des effets produits et des valeurs des forces que nous venons de trouver, dans le cas que nous avons examiné, entre la manière dont j'ai expliqué les phénomènes et l'hypothèse du couple primitif, est une suite nécessaire de ce que le circuit voltaïque qu'on fait agir sur l'aimant est toujours fermé, et que dès qu'il s'agit d'un circuit fermé, non seulement les trois forces parallèles à trois axes qui résultent de l'action qu'un tel circuit exerce sur un aimant, mais encore les trois moments de rotation autour de ces trois axes, sont les mêmes dans les deux manières de concevoir les choses, ainsi que le mouvement de l'aimant, qui ne peut dépendre que de ces six quantités.

La même identité se retrouvera, par conséquent, dans toutes

les expériences du même genre, et ce n'est, ni par ces expériences, ni par la mesure des forces qui se développent entre les fils conducteurs et les aimants, qu'une telle question peut être décidée; elle doit l'être :

1° Par la nécessité du principe, que l'action mutuelle des diverses parties d'un système de forme invariable ne peut, dans aucun cas, imprimer à ce système un mouvement quelconque; principe qui n'est qu'une conséquence de l'idée même que nous avons des forces et de l'inertie de la matière;

2° Par cette circonstance, que l'hypothèse du couple primitif n'a été imaginée, par ceux qui l'ont proposée, que parce qu'ils ont cru que les phénomènes dont ils sont partis ne pouvaient être expliqués autrement, faute d'avoir tenu compte de l'action qu'exerce sur l'aimant la totalité du circuit voltaïque; parce qu'ils n'ont pas fait attention que ce circuit est toujours fermé, et qu'ils n'ont pas déduit, comme je l'ai fait, de la loi proposée par M. Biot, cette conséquence rigoureuse que, pour un circuit fermé, les forces et les moments sont identiquement les mêmes, soit qu'on suppose que les directions des forces exercées sur l'aimant passent par les molécules magnétiques ou par les milieux des éléments des fils conducteurs.

3° Sur ce, quand on admet que les phénomènes dont nous nous occupons peuvent être produits, en dernière analyse, par les forces exprimées en fonctions des distances qu'exercent les molécules des deux fluides électriques, et qu'on attribue aussi aux deux fluides magnétiques quand on les regarde comme la cause des phénomènes, purement électriques selon moi, que présentent les aimants, on peut bien concevoir que si ces molécules sont en mouvement dans les fils conducteurs, il en résulte entre leurs éléments des forces qui ne dépendent pas seulement des distances de ces éléments, mais encore des directions suivant lesquelles a lieu le mouvement des molécules électriques qui les parcourent, telles précisément que les forces que donne ma formule, pourvu que ces forces satisfassent à la condition que l'action et la réaction soient dirigées suivant la même droite, tandis qu'il est contradictoire de supposer que des forces, quelles que soient d'ailleurs leurs valeurs en fonctions des distances, dirigées suivant les droites qui joignent les molécules entre lesquelles elles s'exercent, puissent produire, par quelque combinaison que ce soit, lors même que ces molécules sont en mouvement, des forces pour lesquelles l'action et la réaction ne soient pas dirigées suivant la même droite, mais suivant deux droites parallèles, comme dans l'hypothèse du couple primitif.

On sait, en effet, que quand même des molécules électriques ou magnétiques sont en mouvement, elles agissent à chaque instant comme si elles étaient en repos dans la situation où elles se trouvent à cet instant. Si donc on considère deux systèmes de molécules, telles que chaque molécule de l'un exerce sur chaque molécule de l'autre une force égale et opposée, suivant la droite qui les joint, à la force exercée par la seconde molécule sur la première, et qu'arrêtant toutes ces molécules dans la situation où elles se trouvent à un instant donné on suppose qu'elles soient toutes liées invariablement ensemble dans cette situation, il y aura nécessairement équilibre dans le système de forme invariable, composé des deux autres, qui résultera de cette supposition, puisqu'il y aura équilibre entre les forces élémentaires prises deux à deux. La résultante de toutes les forces exercées par le premier système sur le second sera donc égale et opposée, suivant la même droite, à celle de toutes les forces exercées par le second sur le premier; et ces deux résultantes ne pourront jamais produire un couple capable de faire tourner le système total, quand toutes ses parties sont invariablement liées entre elles, comme le supposent ceux qui, tout en adoptant l'hypothèse d'un couple dans l'action mutuelle d'une molécule magnétique et d'un élément de fil conducteur, prétendent cependant que cette action résulte de ce que l'élément n'agit sur la molécule que parce qu'il est lui-même un assemblage de molécules magnétiques, dont les actions sur celle que l'on considère sont telles que Coulomb les a établies, c'est-à-dire dirigées suivant les droites qui les joignent à cette dernière, et en raison inverse des carrés des distances.

Il suffit de lire avec quelque attention ce qu'a écrit M. Biot sur les phénomènes dont nous nous occupons, dans le Livre IX de la 3e édition de son *Traité élémentaire de Physique expérimentale,* pour voir qu'après avoir considéré constamment les forces que les éléments des fils conducteurs exercent sur les aimants, comme appliquées aux molécules magnétiques perpendiculairement aux plans passant par chaque élément et chaque molécule, il suppose ensuite, quand il parle du mouvement des fils conducteurs autour des aimants, que les forces exercées par les molécules magnétiques sur les éléments des fils passent par ces éléments dans des directions parallèles à celles des forces exercées sur l'aimant, et forment, par conséquent, des couples avec les premières, au lieu de leur être opposées suivant les mêmes droites; qu'il explique en particulier, à la page 754, tome II de cet Ouvrage, le mouvement de rotation d'un aimant autour de son axe, quand une portion de courant le traverse, en supposant que l'aimant tourne par l'action que cette portion même exerce sur le reste de l'aimant, qui forme cependant avec elle un système de forme invariable dont toutes les parties sont invariablement liées entre elles ([1]) : ce qui suppose évidemment que l'action et la réaction de cette portion de courant et du reste de l'aimant forment un couple. Comment dès lors concevoir que le physicien qui admet

---

([1]) Je ne sais s'il est nécessaire de rappeler à ce sujet ce que j'ai déjà fait remarquer ailleurs, savoir que les fluides électriques, d'après l'ensemble des faits, surtout d'après la nullité d'action sur les corps les plus légers de l'électricité qui se meut dans le vide, doivent être considérés comme incapables d'agir en vertu de leur masse qu'on peut dire infiniment petite à l'égard de celle des corps pondérables, et qu'ainsi toute attraction ou répulsion exercée entre ces corps et les fluides électriques peut bien mettre ceux-ci en mouvement, mais non les corps pondérables. Pour que ces derniers se meuvent, il faut, lorsqu'il s'agit des attractions et répulsions électriques ordinaires, que l'électricité soit retenue sur leur surface, afin que la force qui surmonte l'inertie de l'un s'appuie, si l'on peut s'exprimer ainsi, sur l'inertie de l'autre. Il faut de même, pour que l'action mutuelle de deux fils conducteurs mette ces fils en mouvement, que les décompositions et recompositions du fluide neutre qui ont lieu à chaque instant dans tous les éléments des longueurs des deux fils déterminent entre leurs particules pondérables les forces capables de vaincre l'inertie de ces particules en imprimant aux deux fils des vitesses réciproquement proportionnelles à leurs masses. Quand on parle de l'action mutuelle de deux courants électriques, on n'a jamais entendu, et il est évident qu'on ne peut entendre que celle des conducteurs qu'ils parcourent : les physiciens qui admettent des molécules magnétiques agissant sur les éléments d'un fil conducteur, conformément à la loi proposée par M. Biot, admettent, sans doute aussi, que cette action ne meut le fil que parce que la molécule magnétique est retenue par les particules pondérables de l'aimant qui constituent l'élément magnétique dont elle fait partie; et il est dès lors évident qu'en supposant que l'aimant se meut par l'action de la portion de courant électrique qui le traverse, on suppose nécessairement que son mouvement résulte de l'action mutuelle qui a lieu entre chacune de celles de ses particules que traverse le courant et toutes les autres particules du même corps. (A.)

une pareille supposition, puisse s'exprimer en ces termes à la page 769 du même livre : « Si l'on calcule l'action qu'exercerait à » distance une aiguille aimantée d'une longueur infiniment petite » et presque moléculaire, on verra aisément que l'on peut former » des assemblages de telles aiguilles, qui exerceraient des forces » transversales. La difficulté unique, mais très grande sans doute, » c'est de combiner de tels systèmes, de manière qu'il en résulte, » pour les tranches d'un fil conjonctif de dimension sensible, les » lois précises d'actions transversales que l'expérience fait recon- » naître, et que nous avons exposées plus haut. » Sans doute que de l'action de deux systèmes de petits aimants, dont les molécules australes et boréales s'attirent ou se repoussent en raison inverse des carrés de leurs distances, suivant les droites qui les joignent deux à deux, il peut résulter des *actions transversales,* mais non pas des *actions qui ne soient pas égales et opposées à des réactions dirigées suivant les mêmes droites,* comme celles que suppose M. Biot.

En un mot, la valeur de l'action de deux éléments de fils conducteurs, que j'ai déduite uniquement de l'expérience, dépend des angles qui déterminent la direction respective des deux éléments : d'après la loi proposée par M. Biot, la force qui se développe entre un élément de fil conducteur et une molécule magnétique dépend aussi de l'angle qui détermine la direction de l'élément. Si j'ai appelé *élémentaire* la force dont j'ai déterminé la valeur, parce qu'elle s'exerce entre deux éléments de fils conducteurs et parce qu'elle n'a pas encore été ramenée à des forces plus simples, il a aussi appelé *élémentaire* la force qu'il admet entre une molécule magnétique et un élément de fil conducteur. Jusque-là tout est semblable à l'égard de ces deux sortes de forces; mais, pour celle que j'ai admise, l'action et la réaction sont opposées suivant la même droite, et rien n'empêche de concevoir qu'elle résulte des attractions et des répulsions inhérentes aux molécules des deux fluides électriques, pourvu qu'on suppose ces molécules en mouvement dans les fils conducteurs, pour rendre raison de l'influence de la direction des éléments de ces fils sur la valeur de la force; tandis que M. Biot, en admettant une force pour laquelle l'action et la réaction ne sont pas dirigées en sens contraire sur une même droite, mais sur des droites parallèles et formant un couple, se met dans l'impossibilité absolue de ramener cette force à des attractions et répulsions dirigées suivant les droites qui joignent deux à deux les molécules magnétiques, telles que les admettent tous les physiciens qui s'en sont servis pour expliquer l'action mutuelle de deux aimants. N'est-il pas évident que c'est de cette hypothèse de M. Biot, sur des forces révolutives pour lesquelles l'action et la réaction ne sont pas opposées suivant une même droite, qu'on devrait dire ce qu'il dit (p. 771) au sujet de l'action mutuelle de deux éléments de fils conducteurs, telle que je l'ai déterminée par mes expériences et les calculs que j'en ai déduits, savoir : qu'une pareille supposition *est d'abord en elle-même complètement hors des analogies que nous présentent toutes les autres lois d'attraction?* Y a-t-il une hypothèse plus contraire à ces analogies, que d'imaginer des forces telles que l'action mutuelle des diverses parties d'un système de forme invariable puisse mettre ce système en mouvement?

Ce n'est point en m'éloignant ainsi d'une des lois que Newton a regardées comme les fondements de la théorie physique de l'univers, qu'après avoir découvert un grand nombre de faits que nul n'avait observés avant moi, j'ai déterminé, par la seule expérience et en suivant la marche tracée par ce grand homme, d'abord les lois de l'action électro-dynamique, ensuite l'expression analytique de la force qui se développe entre deux éléments de fils conducteurs, et qu'enfin j'ai déduit de cette expression toutes les conséquences exposées dans ce Mémoire. M. Biot, en citant les noms d'une partie des physiciens qui ont observé de nouveaux faits ou inventé des instruments qui ont été utiles à la Science, n'a parlé ni du moyen par lequel je suis parvenu à rendre mobiles des portions de fils conducteurs, en les suspendant sur des pointes d'acier dans des coupes pleines de mercure, moyen sans lequel on ne saurait rien des actions exercées sur ces fils, soit par d'autres conducteurs, soit par le globe terrestre ou par des aimants; ni des appareils que j'ai construits pour mettre en évidence toutes les circonstances que présentent ces actions, et déterminer avec précision les cas d'équilibre d'où j'ai conclu les lois auxquelles elles sont assujetties; ni de ces lois elles-mêmes déterminées par mes expériences; ni de la formule que j'en ai conclue; ni des applications que j'ai faites de cette formule. Et à l'égard des faits que j'ai observés le premier, il n'en cite qu'un seul, celui de l'attraction mutuelle de deux fils conducteurs; et s'il le cite, c'est pour en donner l'explication qui avait été d'abord proposée par quelques physiciens étrangers, à une époque où l'on n'avait pas fait les expériences qui ont démontré depuis longtemps qu'elle était complètement inadmissible. Cette explication consiste, comme on sait, à supposer que deux fils conducteurs agissent l'un sur l'autre, comme ils le feraient en vertu de l'action mutuelle d'aiguilles aimantées infiniment petites, tangentes aux sections circulaires qu'on peut faire dans toute la longueur des fils supposés cylindriques; l'ensemble des petites aiguilles d'une même section formant ainsi un anneau aimanté, semblable à celui dont MM. Gay-Lussac et Welter se sont servis pour faire, en 1820, une expérience décisive au sujet de l'explication dont il est ici question. Cette expérience a prouvé, comme on sait, qu'un pareil anneau n'exerce absolument aucune action, tant qu'il forme ainsi une circonférence entière, quoiqu'il soit tellement aimanté qu'en le formant d'un acier propre à conserver, quand on le rompt, tout son magnétisme, on trouve, en le brisant, que toutes ses portions sont très fortement aimantées.

Sir H. Davy et M. Erman ont obtenu le même résultat à l'égard d'un anneau d'acier d'une forme quelconque. Il est, au reste, une suite nécessaire de la théorie des deux fluides magnétiques comme de la mienne, ainsi qu'il est aisé de s'en assurer par un calcul tout semblable à celui par lequel j'ai démontré, dans ce Mémoire, la nullité d'action d'un solénoïde formant une courbe fermée, conformément à ce que M. Savary a trouvé, le premier, par un calcul qui ne diffère pas essentiellement du mien, et qu'on peut voir, soit dans l'addition qui se trouve à la suite du Mémoire sur l'application du calcul aux phénomènes électro-dynamiques, qu'il a publié en 1823, soit dans le *Journal de Physique,* t. XCVI, p. 295 et suiv. (¹). En donnant de nouveau cette explication, M. Biot montre qu'il ne connaissait ni l'expérience de MM. Gay-Lussac et Welter, ni le calcul de M. Savary.

Il y a plus, les petites aiguilles tangentes aux circonférences des sections des fils conducteurs sont considérées par M. Biot comme

(¹) *Voir* l'art. XXVI, t. II, p. 338. (J.)

les particules mêmes de la surface du fil conducteur aimantées par le courant électrique qui séparerait dans ces particules le fluide austral du fluide boréal, en les portant en sens contraire, sans que les molécules de ces fluides puissent sortir des particules du fil où elles se trouvaient d'abord réunies en fluide neutre. Dès lors, quand le courant est établi depuis quelque temps dans le fluide et se continue indéfiniment, la distribution des molécules magnétiques dans les fils conducteurs ne peut plus changer; c'est donc comme s'il y avait dans ces fils une multitude de points déterminés qui ne changeraient pas de situation tant que le courant continuerait avec la même intensité, et dont il émanerait des forces attractives et répulsives dues aux molécules magnétiques, et par conséquent réciproquement proportionnelles aux carrés des distances.

Ainsi deux fils conducteurs n'agiraient l'un sur l'autre qu'en vertu de forces exprimées par une fonction des distances entre des points fixes dans l'un des fils et d'autres points également fixes dans l'autre fil; mais alors un de ces fils, supposé immobile, ne pourrait qu'amener l'autre dans la situation d'équilibre où l'intégrale des forces vives, qui s'obtient toujours en fonction des coordonnées des points du fil mobile quand les forces sont fonctions des distances, atteindrait sa valeur maximum. Jamais de telles forces ne pourraient produire un mouvement de rotation dont la vitesse allât toujours en augmentant dans le même sens, jusqu'à ce que cette vitesse devînt constante, à cause des frottements, ou de la résistance du liquide dans lequel il faut que plongent les conducteurs mobiles pour maintenir les communications. Or, j'ai obtenu ce mouvement de rotation en faisant agir un conducteur spiral, formant à peu près un cercle, sur un fil conducteur rectiligne, tournant autour d'une de ses extrémités située au centre du cercle, tandis que son autre extrémité se trouvait assez près du conducteur spiral.

Cette expérience, où le mouvement est très rapide et peut durer plusieurs heures, quand on emploie une pile assez forte, est en contradiction manifeste avec la manière de voir de M. Biot; et si elle ne l'est pas avec l'opinion que l'action de deux fils conducteurs résulte des forces attractives et répulsives inhérentes aux molécules des deux fluides électriques, c'est que ces molécules ne restent pas circonscrites, comme celles dont on suppose composés les deux fluides magnétiques, dans des espaces très petits où leur distribution est déterminée par une cause permanente, mais qu'au contraire elles parcourent toute la longueur de chaque fil par une suite de compositions et de décompositions, qui se succèdent à de très courts intervalles : d'où il peut résulter, comme je l'ai déjà observé, des mouvements toujours continus dans le même sens, incompatibles avec la supposition que les points d'où émanent les forces attractives et répulsives ne changent point de lieu dans les fils.

Enfin, M. Biot répète dans la troisième édition de son *Traité élémentaire de Physique* (t. II, p. 773) ce qu'il avait déjà dit dans la Note qu'il publia, dans les *Annales de Chimie et de Physique*, sur les premières expériences relatives au sujet dont nous nous occupons, qu'il a faites avec M. Savart, savoir : que quand un élément de fil conjonctif très fin et indéfini agit sur une molécule magnétique, « la nature de son action est la même que celle d'une » aiguille aimantée qui serait placée sur le contour du fil dans un » sens déterminé et toujours constant par rapport à la direction du » courant voltaïque ». Cependant l'action de cette aiguille sur une molécule magnétique est dirigée suivant la même droite que la réaction de la molécule sur l'aiguille, et il est d'ailleurs aisé de voir que la force qui en résulte est en raison inverse du cube, et non pas du carré de la distance, comme M. Biot a trouvé lui-même qu'est celle de l'élément du fil.

Il me reste maintenant à étendre à l'action mutuelle de deux circuits fermés, de grandeurs et de formes quelconques, les considérations relatives aux surfaces terminées par ces circuits et dont les points agissent comme ce qu'on appelle des molécules de fluide austral et de fluide boréal, que j'ai précédemment appliquées à l'action mutuelle d'un circuit fermé quelconque et d'un élément de fil conducteur. J'ai trouvé que l'action de l'élément $d^2\sigma'$ sur les deux surfaces terminées par le contour s était exprimée par les trois forces

$$\mu g \varepsilon' d^2\sigma' \frac{u^2 d\varphi}{r^3}, \quad \mu g \varepsilon' d^2\sigma' \frac{v^2 d\chi}{r^3}, \quad \mu g \varepsilon' d^2\sigma' \frac{w^2 d\psi}{r^3},$$

appliquées à chacun des éléments ds de ce contour; je vais maintenant faire à l'égard du circuit s' ce que j'ai fait alors à l'égard du circuit s. Concevons pour cela une nouvelle surface terminée de tous côtés, comme la surface σ', par la courbe fermée s', et qui soit telle que les portions des normales de la surface σ' comprises entre elle et cette nouvelle surface soient partout très petites. Supposons, sur la nouvelle surface, du fluide de l'espèce contraire à celui de la surface σ', de manière qu'il y ait les mêmes quantités des deux fluides dans les parties correspondantes des deux surfaces. En désignant par ξ', η', ζ' les angles que la normale au point m', dont les coordonnées sont x', y', z', forme avec les trois axes, et par h' la petite portion de cette normale qui est comprise entre les deux surfaces, nous pourrons, comme nous l'avons fait pour l'élément $d^2\sigma'$, ramener l'action de l'élément de la nouvelle surface, qui est représenté par $d^2\sigma'$, sur l'ensemble des deux surfaces terminées par le contour s, à des forces appliquées, comme on l'a vu, page 131, aux divers éléments de ce contour; celle qui est relative à l'élément ds et parallèle aux x s'obtiendra en substituant dans l'expression que nous avons trouvée pour cette force

$$\mu g\varepsilon' d^2\sigma' \frac{u^2 d\varphi}{r^3},$$

ou

$$-\mu g\varepsilon' d^2\sigma' \frac{(y'-y)dz-(z'-z)dy}{r^3},$$

les nouvelles coordonnées $x'+h'\cos\xi'$, $y'+h'\cos\eta'$, $z'+h'\cos\zeta'$ à la place de x', y', z'. Comme les forces ainsi obtenues agissent en sens contraire des premières, il faut les en retrancher, ce qui se réduit, lorsqu'on néglige dans le calcul les puissances de h' supérieures à la première, à différentier

$$-\mu g\varepsilon' d^2\sigma' \frac{(y'-y)dz-(z'-z)dy}{r^3},$$

en faisant varier x', y', z', remplaçant $\delta x'$, $\delta y'$, $\delta z'$ par $h'\cos\xi'$, $h'\cos\eta'$, $h'\cos\zeta'$, et changeant le signe du résultat, tandis que x, y, z, et dx, dy, dz, doivent être considérées comme des constantes puisqu'elles appartiennent à l'élément ds.

La formule dans laquelle on doit substituer $h'\cos\xi'$, $h'\cos\eta'$, $h'\cos\zeta'$ à $\delta x'$, $\delta y'$, $\delta z'$ est donc

$$\mu g\varepsilon'\left(dz\, d^2\sigma'\delta'\frac{y'-y}{r^3}-dy\, d^2\sigma'\delta'\frac{z'-z}{r^3}\right),$$

qu'il faut intégrer après cette substitution dans toute l'étendue de la surface σ' pour avoir l'action totale de cette surface et de celle qui lui est jointe sur l'assemblage des deux surfaces terminées par le contour s. On peut faire cette double intégration séparément sur chacun des deux termes dont cette expression se compose. Exécutons d'abord celle qui est relative au premier terme

$$\mu g \varepsilon' dz d^2\sigma' \delta' \frac{y'-y}{r^3}.$$

Pour cela, décomposons la surface σ' en une infinité de zones infiniment étroites par une suite de plans perpendiculaires au plan des xz menés par la coordonnée y du milieu o de l'élément ds. Nous prendrons, sur une de ces zones, pour $d^2\sigma'$ l'élément de la surface σ' qui a pour expression

$$\frac{v d'v d'\chi}{\cos\eta'},$$

et nous aurons alors à intégrer la quantité

$$\mu g \varepsilon' dz \frac{v d'v d'\chi}{\cos\eta'} \delta' \frac{y'-y}{r^3},$$

qui se changera, par une transformation toute semblable à celle que nous avons employée plus haut relativement à

$$d^2\sigma = \frac{u du d\varphi}{\cos\xi},$$

en celle-ci

$$-\mu g dz h' \varepsilon' d'\chi d' \frac{v^2}{r^3}.$$

En supposant, comme nous l'avons fait pour la surface σ, que les quantités h', ε' varient ensemble de manière que leur produit conserve une valeur constante g', on intégrera cette dernière expression, en supposant l'angle χ constant, dans toute la longueur de la zone renfermée sur la surface σ' entre les deux plans qui comprennent l'angle $d'\chi$ depuis l'un des bords du contour s' jusqu'à l'autre. Cette première intégration s'effectue immédiatement et donne

$$-\mu g g' dz d'\chi \left(\frac{v_2^2}{r_2^3} - \frac{v_1^2}{r_1^3}\right),$$

r_1, v_1 et r_2, v_2 représentant les valeurs de r et de v pour les deux bords du contour s'. Les deux parties de cette expression doivent maintenant être intégrées par rapport à χ respectivement dans les deux portions du contour s' déterminées par les deux plans tangents à ce contour menés par l'ordonnée y de l'élément ds; et d'après la remarque que nous avons faite, page 130, à l'égard de la valeur de la force parallèle aux x dans le calcul relatif aux deux surfaces terminées par le contour s, il est aisé de voir qu'on a ici

$$-\mu g g' dz \int \frac{v^2 d'\chi}{r^3},$$

en prenant cette intégrale dans toute l'étendue du contour fermé s'; les variables r, v et χ n'étant plus relatives qu'à ce contour.

On exécutera de la même manière la double intégration de l'autre terme qui est égal à

$$-\mu g \varepsilon' dy\, d^2\sigma' \delta' \frac{z'-z}{r^3}$$

dans toute l'étendue de la surface σ'. Il faudra, pour cela, diviser cette surface en une infinité de zones, par des plans menés par la coordonnée z du milieu de l'élément ds, et prendre, sur l'une de ces zones, pour $d^2\sigma'$ l'aire infiniment petite qui a pour expression $\frac{w\, d'w\, d'\psi}{\cos\zeta'}$. La formule, après avoir été transformée comme la précédente, s'intégrera d'abord dans toute la longueur de la zone; l'intégrale ne renfermera alors que des quantités relatives au contour s'. Ensuite la seconde intégration faite par rapport à ψ dans l'étendue du contour fermé s' donnera

$$\mu g g' dy \int \frac{w^2 d'\psi}{r^3}.$$

Rassemblant enfin les deux résultats obtenus par ces doubles intégrations, on aura

$$\mu g g' \left(dy \int \frac{w^2 d'\psi}{r^3} - dz \int \frac{v^2 d'\chi}{r^3} \right)$$

pour la valeur de la force parallèle aux x, dont la direction passe par le milieu de l'élément ds, et qui provient de l'action des deux surfaces terminées par le contour s' sur les deux surfaces terminées par le contour s.

On aura de même, parallèlement aux deux autres axes, les forces

$$\mu g g'\left(dz\int\frac{u^2 d'\varphi}{r^3} - dx\int\frac{w^2 d'\psi}{r^3}\right),$$
$$\mu g g'\left(dx\int\frac{v^2 d'\chi}{r^3} - dy\int\frac{u^2 d'\varphi}{r^3}\right).$$

Ainsi, en supposant appliquées à chaque élément ds du contour s les forces que nous venons de déterminer, on aura l'action qui résulte des attractions et répulsions des deux fluides magnétiques, répandus et fixés sur les deux assemblages de surfaces terminées par les deux contours s, s'.

Mais ces forces appliquées aux éléments ds ne diffèrent que par le signe de celles que nous avons obtenues (p. 124) pour l'action des deux circuits s, s', en les supposant parcourus par des courants électriques, pourvu qu'on ait $\mu g g' = \frac{1}{2} i i'$. Cette différence vient de ce que, dans le calcul qui nous les a données, les différentielles $d'\varphi$, $d'\chi$, $d'\psi$ ont été supposées de même signe que les différentielles $d\varphi$, $d\chi$, $d\psi$, tandis qu'elles doivent être prises avec des signes contraires quand les deux courants se meuvent dans le même sens; alors les forces produites par l'action mutuelle de ces courants sont précisément les mêmes que celles qui résultent de l'action des deux surfaces σ' sur les deux surfaces σ, et il est ainsi complètement démontré que l'action mutuelle de deux circuits solides et fermés, parcourus par des courants électriques, peut être remplacée par celle de deux assemblages composés chacun de surfaces ayant pour contours ces deux circuits, et sur lesquelles seraient fixées des molécules de fluide austral et de fluide boréal, s'attirant et se repoussant suivant les droites qui les joignent, en raison inverse des carrés des distances. En combinant ce résultat avec cette conséquence rigoureuse du principe général de la conservation des forces vives, déjà rappelée plusieurs fois dans ce Mémoire, que toute action réductible à des forces, fonctions des distances, agissant entre des points matériels formant deux systèmes solides, l'un fixe, l'autre mobile, ne peut jamais donner lieu à un mouvement qui soit indéfiniment continu, malgré les résistances et les frottements qu'éprouve le système mobile, nous en conclurons, comme nous l'avons fait quand il s'agissait d'un aimant et d'un circuit voltaïque solide et fermé, que cette sorte de mouvement ne peut jamais résulter de l'*action mutuelle de deux circuits solides et fermés.*

Au lieu de substituer à chaque circuit deux surfaces très voisines recouvertes l'une de fluide austral et l'autre de fluide boréal, ces fluides étant distribués comme il a été dit plus haut, on pourrait remplacer chaque circuit par une seule surface sur laquelle seraient uniformément distribués des éléments magnétiques tels que les a définis M. Poisson, dans le Mémoire lu à l'Académie des Sciences le 2 février 1824.

L'auteur de ce Mémoire, en calculant les formules par lesquelles il a fait rentrer dans le domaine de l'analyse toutes les questions relatives à l'aimantation des corps, quelle que soit la cause qu'on lui assigne, a donné (¹) les valeurs des trois forces exercées par un élement magnétique sur une molécule de fluide austral ou boréal; ces valeurs sont identiques à celles que j'ai déduites de ma formule, pour les trois quantités A, B, C, dans le cas d'un très petit circuit fermé et plan, lorsqu'on suppose que les coefficients constants sont les mêmes, et il est aisé d'en conclure un théorème d'après lequel on voit immédiatement :

1° Que l'action d'un solénoïde électro-dynamique, calculée d'après ma formule, est, dans tous les cas, la même que celle d'une série d'éléments magnétiques de même intensité, distribués uniformément le long de la ligne droite ou courbe qu'entourent tous les petits circuits du solénoïde, en donnant, à chacun de ses points, aux axes des éléments, la direction même de cette ligne;

2° Que l'action d'un circuit voltaïque solide et fermé, calculée de même d'après ma formule, est précisément celle qu'exerceraient des éléments magnétiques de même intensité, distribués uniformément sur une surface quelconque terminée par ce circuit, lorsque les axes des éléments magnétiques sont partout normaux à cette surface.

Le même théorème conduit encore à cette conséquence, que si l'on conçoit une surface renfermant de tous côtés un très petit espace; qu'on suppose, d'une part, des molécules de fluide austral et de fluide boréal en quantités égales distribuées sur cette petite surface, comme elles doivent l'être pour qu'elles constituent l'élé-

---

(¹) *Mémoire sur la théorie du magnétisme*, par M. Poisson, p. 22. (A).

ment magnétique tel que l'a considéré M. Poisson, et, d'autre part, la même surface recouverte de courants électriques, formant sur cette surface de petits circuits fermés dans des plans parallèles et équidistants, et qu'on calcule l'action de ces courants d'après ma formule, les forces exercées, dans les deux cas, soit sur un élément de fil conducteur, soit sur une molécule magnétique, sont précisément les mêmes, indépendantes de la forme de la petite surface, et proportionnelles au volume qu'elle renferme, les axes des éléments magnétiques étant représentés par la droite perpendiculaire aux plans des circuits.

L'identité de ces forces une fois démontrée, on pourrait considérer comme n'en étant que de simples corollaires tous les résultats que j'ai donnés dans ce Mémoire, sur la possibilité de substituer aux aimants, sans changer les effets produits, des assemblages de courants électriques formant des circuits fermés autour de leurs particules. Je pense qu'il sera facile aux lecteurs de déduire cette conséquence, et le théorème sur lequel elle repose, des calculs précédents ; je l'ai d'ailleurs développée dans un autre Mémoire où j'ai discuté en même temps, sous ce nouveau point de vue, tout ce qui est relatif à l'action mutuelle d'un aimant et d'un conducteur voltaïque [1].

Pendant que je rédigeais celui-ci, M. Arago a découvert un nouveau genre d'action exercée sur les aimants. Cette découverte, aussi importante qu'inattendue, consiste dans l'action mutuelle qui se développe entre un aimant et un disque ou anneau d'une substance quelconque, dont la situation relative change continuellement. M. Arago ayant eu l'idée qu'on devait pouvoir, dans cette expérience, substituer un conducteur plié en hélice au barreau aimanté, m'engagea à vérifier cette conjecture par une expérience dont le succès ne pouvait guère être douteux. Les défauts de l'appareil avec lequel j'essayai de constater l'existence de cette action dans les expériences que je fis avec M. Arago nous empêchèrent d'obtenir un résultat décisif ; mais M. Colladon ayant bien voulu se charger de disposer plus convenablement l'appareil dont nous nous étions servis, j'ai vérifié avec lui de la manière la plus complète, aujourd'hui 30 août 1826, l'idée de M. Arago, en fai-

---

[1] Ce Mémoire est celui qui est reproduit plus loin sous le n° XXXIII. (J.)

sant usage d'une double hélice très courte, dont les spires avaient environ deux pouces de diamètre.

Cette expérience complète l'identité des effets produits, soit par des aimants, soit par des assemblages de circuits voltaïques solides et fermés (¹); elle achève de démontrer que la série de dé-

(¹) Il semble d'abord que cette identité ne devrait avoir lieu qu'à l'égard des circuits voltaïques fermés d'un très petit diamètre; mais il est aisé de voir qu'elle a lieu aussi pour les circuits d'une grandeur quelconque, puisque nous avons vu que ceux-ci peuvent être remplacés par des éléments magnétiques distribués uniformément sur des surfaces terminées par ces circuits, et qu'on peut multiplier à volonté le nombre des surfaces que circonscrit un même circuit. L'ensemble de ces surfaces peut être considéré comme un faisceau d'aimants équivalents au circuit. La même considération prouve que sans rien changer aux forces qui en résultent, il est toujours possible de remplacer les très petits courants électriques qui entourent les particules d'un barreau aimanté par des courants électriques d'une grandeur finie, ces courants formant des circuits fermés autour de l'axe du barreau quand ceux des particules sont distribués symétriquement autour de cet axe. Il suffit pour cela de concevoir dans ce barreau des surfaces, terminées à celle de l'aimant, qui coupent partout à angles droits les lignes d'aimantation, et qui passent par les éléments magnétiques qu'on peut toujours supposer situés aux points où ces lignes sont rencontrées par les surfaces. Alors, si tous les éléments d'une même surface se trouvaient égaux en intensité sur des aires égales, ils devraient être remplacés par un seul courant électrique parcourant la courbe formée par l'intersection de cette surface et de celle de l'aimant; s'ils variaient en augmentant d'intensité de la surface à l'axe de l'aimant, il faudrait leur substituer d'abord un courant dans cette intersection tel qu'il devrait être d'après l'intensité *minimum* des courants particulaires de la surface normale aux lignes d'aimantation que l'on considère, puis, à chaque ligne circonscrivant les portions de cette surface où les petits courants deviendraient plus intenses, on concevrait un nouveau courant concentrique au précédent, et tel que l'exigerait la différence d'intensité des courants adjacents, les uns en dehors, les autres en dedans de cette ligne; si l'intensité des courants particuliers allait en diminuant de la surface à l'axe du barreau, il faudrait concevoir, sur la ligne de séparation, un courant concentrique au précédent, mais allant en sens contraire; enfin, une augmentation d'intensité qui succéderait à cette diminution exigerait un nouveau courant concentrique dirigé comme le premier.

Je ne fais, au reste, ici cette remarque que pour ne pas omettre une conséquence remarquable des résultats obtenus dans ce Mémoire, et non pour en déduire quelques probabilités en faveur de la supposition que les courants électriques des aimants forment des circuits fermés autour de leurs axes. Après avoir d'abord hésité entre cette supposition et l'autre manière de concevoir ces courants, en les considérant comme entourant les particules des aimants, j'ai reconnu, depuis longtemps, que cette dernière était la plus conforme à l'ensemble des faits, et je n'ai point changé d'opinion à cet égard.

Cette conséquence est d'ailleurs utile en ce qu'elle rend la similitude des actions produites, d'une part par une hélice électrodynamique, de l'autre par un aimant, aussi complète, sous le point de vue de la théorie, qu'on la trouve quand

compositions et de recompositions du fluide neutre, qui constitue le courant électrique suffit pour produire, dans ce cas comme dans tous les autres, les effets qu'on explique ordinairement par l'action de deux fluides différents de l'électricité, et qu'on désigne sous les noms de *fluide austral* et de *fluide boréal*.

Après avoir longtemps réfléchi sur tous ces phénomènes et sur l'ingénieuse explication que M. Poisson a donnée dernièrement du nouveau genre d'action découvert par M. Arago, il me semble que ce qu'on peut admettre de plus probable dans l'état actuel de la Science se compose des propositions suivantes :

1° Sans qu'on soit autorisé à rejeter les explications fondées sur la réaction de l'éther mis en mouvement par les courants électriques, rien n'oblige jusqu'à présent d'y avoir recours.

2° Les molécules des deux fluides électriques, distribuées sur la surface des corps conducteurs, sur la surface ou dans l'intérieur des corps qui ne le sont pas, et restant aux points de ces corps où elles se trouvent, soit en équilibre dans le premier cas, soit parce qu'elles y sont retenues dans le second par la force coercitive des corps non conducteurs, produisent, par leurs attractions et répulsions réciproquement proportionnelles aux carrés des distances, tous les phénomènes de l'électricité ordinaire.

3° Quand les mêmes molécules sont en mouvement dans les fils conducteurs, qu'elles s'y réunissent en fluide neutre et s'y séparent à chaque instant, il résulte de leur action mutuelle des forces qui dépendent d'abord de la durée des périodes extrêmement courtes comprises entre deux réunions ou deux séparations consécutives, ensuite des directions suivant lesquelles s'opèrent ces compositions et décompositions alternatives du fluide neutre. Les forces ainsi produites sont constantes dès que cet état dynamique des fluides électriques dans les fils conducteurs est devenu permanent; ce sont elles qui produisent tous les phénomènes d'attraction et de répulsion que j'ai découverts entre deux de ces fils.

---

on consulte l'expérience, et en ce qu'elle justifie les explications où l'on substitue, comme je l'ai fait dans celle que j'ai donnée plus haut du mouvement de révolution d'un aimant flottant, un seul circuit fermé à l'aimant que l'on considère. (A.)

4° L'action, dont j'ai reconnu l'existence, entre la terre et les conducteurs voltaïques, ne permet guère de douter qu'il existe des courants, semblables à ceux des fils conducteurs, dans l'intérieur de notre globe. On peut présumer que ces courants sont la cause de la chaleur qui lui est propre; qu'ils ont lieu principalement là où la couche oxydée qui l'entoure de toute part repose sur un noyau métallique, conformément à l'explication que sir H. Davy a donnée des volcans, et que ce sont eux qui aimantent les minerais magnétiques et les corps exposés dans des circonstances convenables à l'action électro-dynamique de la terre. Il n'existe cependant et ne peut exister, d'après l'identité d'effets expliquée dans la note précédente, aucune preuve sans réplique que les courants terrestres ne sont pas seulement établis autour des particules du globe.

5° Le même état électro-dynamique permanent consistant dans une série de décompositions et de recompositions du fluide neutre qui a lieu dans les fils conducteurs existe autour des particules des corps aimantés, et y produit des actions semblables à celles qu'exercent ces fils.

6° En calculant ces actions d'après la formule qui représente celle de deux éléments de courants voltaïques, on trouve précisément, pour les forces qui en résultent, soit quand un aimant agit sur un fil conducteur, soit lorsque deux aimants agissent l'un sur l'autre, les valeurs que donnent les dernières expériences de M. Biot dans le premier cas, et celles de Coulomb dans le second.

7° Cette identité, purement mathématique, confirme de la manière la plus complète l'opinion, fondée d'ailleurs sur l'ensemble de tous les faits, que les propriétés des aimants sont réellement dues au mouvement continuel des deux fluides électriques autour de leurs particules.

8° Quand l'action d'un aimant, ou celle d'un fil conducteur, établit ce mouvement autour des particules d'un corps, les molécules d'électricité positive et d'électricité négative, qui doivent se constituer dans l'état électro-dynamique permanent d'où résultent les actions qu'il exerce alors, soit sur un fil conducteur, soit sur un corps aimanté, ne peuvent arriver à cet état qu'après un temps toujours très court, mais qui n'est jamais nul, et dont la durée dépend en général de la résistance que le corps oppose au déplacement des fluides électriques qu'il renferme. Pendant ce déplacement, soit avant d'arriver à un état de mouvement permanent, soit quand cet état cesse, elles doivent exercer des forces qui produisent probablement les singuliers effets que M. Arago a découverts. Cette explication n'est, au reste, que celle de M. Poisson, appliquée à ma théorie, car un courant électrique formant un très petit circuit fermé agissant précisément comme deux molécules, l'une de fluide austral, l'autre de fluide boréal, situées sur son axe, de part et d'autre du plan du petit courant, à des distances de ces plans égales entre elles, et d'autant plus grandes que le courant électrique a plus d'intensité, on doit nécessairement trouver les mêmes valeurs pour les forces qui se développent, soit lorsqu'on suppose que le courant s'établit ou cesse d'exister graduellement, soit quand on conçoit que les molécules magnétiques, d'abord réunies en fluide neutre, se séparent, en s'éloignant successivement à des distances de plus en plus grandes, et se rapprochent ensuite pour se réunir de nouveau.

Je crois devoir observer, en finissant ce Mémoire, que je n'ai pas encore eu le temps de faire construire les instruments représentés dans la *fig.* 4 de la *Pl. I* et dans la *fig.* 20 de la *Pl. II* (¹). Les expériences auxquelles ils sont destinés n'ont donc pas encore été faites; mais, comme ces expériences ont seulement pour objet de vérifier des résultats obtenus autrement, et qu'il serait d'ailleurs utile de les faire comme une contre-épreuve de celles qui ont fourni ces résultats, je n'ai pas cru devoir en supprimer la description (²).

(¹) Figures des pages 21 et 57. (J.)

(²) Ampère avait fait faire un tirage à part du présent Mémoire. Le texte du Mémoire proprement dit est le même, à la pagination près, dans le tome VI des *Mémoires de l'Académie* et dans le tirage à part. Il n'y a de différence que dans les Notes qui suivent, lesquelles sont un peu plus étendues dans le tirage à part. Nous reproduisons ici le texte du tirage à part. (J.)

NOTES

contenant quelques nouveaux développements sur des objets traités dans le Mémoire précédent.

I. — Sur la manière de démontrer, par les quatre cas d'équilibre exposés au commencement de ce Mémoire, que la valeur de l'action mutuelle de deux éléments de fils conducteurs est

$$-\frac{2ii'}{\sqrt{r}}\frac{ds\,ds'}{d^2r}\,ds\,ds'.$$

En suivant l'ordre des transformations que j'ai successivement fait subir à cette valeur, on trouve d'abord, en vertu des deux premiers cas d'équilibre, qu'elle est

$$\frac{ii'(\sin\theta\sin\theta'\cos\omega+k\cos\theta\cos\theta')\,ds\,ds'}{r^n};$$

on déduit du troisième, entre n et k, la relation $n+2k=1$, et du quatrième $n=2$, d'où $k=-\frac{1}{2}$; ce quatrième cas d'équilibre est alors celui qu'on emploie en dernier lieu à la détermination de la valeur de la force qui se développe entre deux éléments de fils conducteurs : mais on peut suivre une autre marche en partant d'une considération dont s'est servi M. de Laplace, quand il a conclu des premières expériences de M. Biot, sur l'action mutuelle d'un aimant et d'un conducteur rectiligne indéfini, que celle qu'un élément de ce fil exerce sur un des pôles de l'aimant est en raison inverse du carré de leur distance, lorsque cette distance change seule de valeur et que l'angle compris entre la droite qui la mesure et la direction de l'élément reste le même. En appliquant cette considération à l'action mutuelle de deux éléments de fils conducteurs, il est aisé de voir, indépendamment de toute recherche préliminaire sur la valeur de la force qui en résulte, que cette force est aussi réciproquement proportionnelle au carré de la distance quand elle varie seule et que les angles qui déterminent la situation respective des deux éléments n'éprouvent aucun changement. En effet, d'après les considérations développées au commencement de ce Mémoire, la force dont il est ici question est nécessairement dirigée suivant la droite r, et a pour valeur

$$ii'f(r,\theta,\theta',\omega)\,ds\,ds';$$

d'où il suit qu'en nommant α, β, γ les angles que cette droite forme avec les trois axes, ses trois composantes seront exprimées par

$$ii'f(r,\theta,\theta',\omega)\cos\alpha\,ds\,ds',\quad ii'f(r,\theta,\theta',\omega)\cos\beta\,ds\,ds',$$
$$ii'f(r,\theta,\theta',\omega)\cos\gamma\,ds\,ds',$$

et les trois forces parallèles aux trois axes qui en résultent entre deux circuits par les doubles intégrales de ces expressions, i et i' étant des constantes.

Or il suit du quatrième cas d'équilibre, en remplaçant les trois cercles par des courbes semblables quelconques dont les dimensions homologues soient en progression géométrique continue, que ces trois forces ont des valeurs égales dans deux systèmes semblables; il faut donc que les intégrales qui les expriment soient de dimension nulle relativement à toutes les lignes qui y entrent, d'après la remarque de M. de Laplace que je viens de rappeler, et qu'il en soit par conséquent de même des différentielles dont elles se composent, en comprenant ds et ds' parmi les lignes qui y entrent, parce que le nombre de ces différentielles, quoique infini du second ordre, doit être considéré comme le même dans les deux systèmes.

Or le produit $ds\,ds'$ est de deux dimensions : il faut donc que

$$f(r,\theta,\theta',\omega)\cos\alpha,\quad f(r,\theta,\theta',\omega)\cos\beta,\quad f(r,\theta,\theta',\omega)\cos\alpha$$

soient de la dimension -2; et comme les angles θ, θ', ω, α, β, γ sont exprimés par des nombres qui n'entrent pour rien dans les dimensions des valeurs des différentielles, et que $f(r,\theta,\theta',\omega)$ ne contient que la seule ligne r, il faut nécessairement que cette fonction soit proportionnelle à $\frac{1}{r^2}$, en sorte que la force qu'exercent l'un sur l'autre deux éléments de fils conducteurs est exprimée par

$$\frac{ii'\varphi(\theta,\theta',\omega)}{r^2}\,ds\,ds'.$$

Les deux premiers cas d'équilibre déterminent ensuite la fonction φ, où k seul reste inconnu, et l'on a

$$\frac{ii'(\sin\theta\sin\theta'\cos\omega + k\cos\theta\cos\theta')}{r^2}\,ds\,ds',$$

pour la valeur de la force cherchée : c'est, comme on sait, sous cette forme que je l'ai donnée dans le Mémoire que j'ai lu à l'Académie le 4 décembre 1820. En remplaçant alors $\sin\theta\sin\theta'\cos\omega$, et $\cos\theta\cos\theta'$ par leurs valeurs

$$-\frac{r\,d^2r}{ds\,ds'}\,ds\,ds',\qquad -\frac{dr}{ds}\,\frac{dr}{ds'},$$

il vient

$$\begin{aligned}
&-\frac{ii'}{r^2}\left(\frac{d^2r}{ds\,ds'}+k\,\frac{dr}{ds}\,\frac{dr}{ds'}\right)ds\,ds'\\
&=-\frac{ii'(r\,dd'r+k\,dr\,d'r)}{r^2}=-\frac{ii'r^k\,dd'r+kr^{k-1}\,dr\,d'r}{r^{k+1}}\\
&=-\frac{ii'd(r^k d'r)}{r^{k+1}}=-\frac{ii'dd'(r^{k+1})}{(k+1)r^{k+1}},
\end{aligned}$$

et en faisant, pour abréger, $k+1=m$, on a pour la force cherchée cette expression très simple

$$-\frac{ii'\,dd'(r^m)}{mr^m},$$

où il ne reste plus qu'à prouver que $r^m = \sqrt{r}$, c'est-à-dire que le nombre constant m est égal à $\frac{1}{2}$.

L'expérience décrite p. 22-25 [17-20], dont je me suis servi dans cet Ouvrage pour déterminer la valeur de k, et par conséquent celle de $m = k + 1$, est peu susceptible de précision à cause du frottement de l'arc AA' (*fig.* 3) sur le mercure contenu dans les deux augets M, M', et de la difficulté qu'on éprouve à empêcher que la répulsion qui s'établit entre l'arc et le mercure, lorsque le courant électrique les traverse, ne les écarte assez l'un de l'autre pour interrompre la communication. J'avais d'abord déduit la valeur de k, d'une autre expérience (1) qui ne présentait pas les mêmes inconvénients, parce que la portion mobile du circuit voltaïque ayant ses deux extrémités dans l'axe vertical autour duquel elle était assujettie à tourner, le frottement du mercure n'avait lieu que contre la surface de deux pointes tournant sur elles-mêmes, ce qui le rendait sensiblement nul, et que d'ailleurs les pointes ne pouvaient se séparer du mercure dans lequel elles étaient plongées; cette expérience a en outre l'avantage de ne pas exiger un appareil particulier, mais seulement celui qui sert à faire toutes les autres expériences électro-dynamiques, et qui est décrit et figuré dans l'ouvrage que j'ai publié en 1825, chez Bachelier, libraire, quai des Augustins, n° 55, sous ce titre : *Description d'un appareil électro-dynamique*, 2e édition. On peut voir dans cette description, p. 19 et 20, comment se fait l'expérience dont il est ici question; elle a pour but de constater qu'une portion mobile de fil conducteur dont les deux extrémités sont dans l'axe vertical autour duquel elle tourne librement ne peut se mouvoir continûment autour de cet axe par l'action d'un conducteur circulaire horizontal dont le centre est dans le même axe. J'avais ensuite abandonné cette manière de déterminer la valeur de k, parce que le calcul dont je m'étais servi pour l'en déduire supposait établi relativement à chacun des éléments du conducteur circulaire ce que l'expérience démontrait seulement pour la totalité de ce conducteur (2). Mais j'ai reconnu depuis qu'en partant de la nullité d'action du conducteur circulaire sur un conducteur rectangulaire dont deux côtés sont verticaux, ce qui est la forme la plus commode pour l'expérience, on peut, au moyen d'une transformation, qui sera le sujet de la Note suivante, déterminer directement la valeur de m, et par conséquent celle de $k = m - 1$; ce qui dispense d'avoir recours à l'instrument réprésenté dans la *fig.* 3, et à l'expérience peu susceptible d'exactitude à laquelle il était destiné (3).

---

(1) *Voir* t. II, art. XIX, p. 270. (J.)

(2) *Voir* la note de la p. 17. (J.)

(3) A la place de ce dernier paragraphe, on trouve le suivant dans les *Mémoires de l'Académie* :

« Il ne reste plus alors qu'à déterminer m d'après le cas d'équilibre qui démontre

II. — Sur une transformation propre à simplifier le calcul de l'action mutuelle de deux conducteurs rectilignes.

Quand les deux conducteurs sont rectilignes, l'angle formé par les directions des deux éléments est constant et égal à celui des directions mêmes des deux conducteurs; il est donc censé connu, et, en le désignant par ε, on a (p. 30)

$$r\frac{d^2r}{ds\,ds'}+\frac{dr}{ds}\frac{dr}{ds'}=-\frac{dx}{ds}\frac{dx'}{ds'}-\frac{dy}{ds}\frac{dy'}{ds'}-\frac{dz}{ds}\frac{dz'}{ds'}=-\cos\varepsilon;$$

d'où il suit que

$$\frac{dd'(r^m)}{mr^m}=\frac{(m-1)dr\,dr'+r\,dd'r}{r^2}=\frac{(m-2)dr\,dr'-\cos\varepsilon\,ds\,ds'}{r^2}.$$

---

que la somme des composantes des forces qu'exerce un fil conducteur sur un élément, prises dans la direction de cet élément, est toujours nulle quand le fil conducteur forme un circuit fermé. Ce cas d'équilibre, que j'ai considéré dans ce Mémoire comme le troisième, doit l'être alors comme le quatrième, puisqu'il est le dernier qu'on emploie dans la détermination complète de la force cherchée. En remplaçant $d'r$ par $-\cos\theta' ds$ dans la valeur

$$-\frac{ii'd(r^{m-1}d'r)}{r^m}$$

de la force que les deux éléments exercent l'un sur l'autre, on a, pour sa composante, dans la direction de l'élément ds',

$$\frac{ii'ds'\cos\theta' d(r^{m-1}\cos\theta')}{r^m}=\frac{1}{2}\frac{ii'ds'd(r^{2m-2}\cos^2\theta')}{r^{2m-1}},$$

dont il faut que l'intégrale relative aux différentielles qui dépendent de ds soit nulle toutes les fois que la courbe s est fermée; mais il est aisé de voir, en intégrant par parties, qu'elle est égale à

$$\frac{1}{2}ii'ds'\left[\frac{\cos^2\theta'_2}{r^2}-\frac{\cos^2\theta'_1}{r_1}+(2m-1)\int\frac{\cos^2\theta' dr}{r^2}\right].$$

La première partie de cette valeur s'évanouit quand la courbe s est fermée, parce qu'alors $r_2=r_1$, $\cos\theta'_2=\cos\theta'_1$; à l'égard de la seconde on démontre facilement, comme nous l'avons fait (p. 31), que $\int\frac{\cos^2\theta' dr}{r^2}$ ne peut s'évanouir, quelle que soit la forme de la courbe fermée s; il faut donc qu'on ait $2m-1=0$, $m=\frac{1}{2}$, et que la valeur de la force due à l'action mutuelle des deux éléments ds, ds' soit

$$-\frac{ii'dd'(r^m)}{m\varepsilon^m}=-\frac{2ii'dd'\sqrt{r}}{\sqrt{r}}.\text{ »}\qquad\text{(J.)}$$

En désignant par p un autre exposant quelconque, on a de même

$$\frac{\mathrm{d}\mathrm{d}'(r^p)}{pr^p} = \frac{(p-2)\,\mathrm{d}r\,\mathrm{d}'r - \cos\varepsilon\,\mathrm{d}s\,\mathrm{d}s'}{r^2},$$

et en éliminant $\frac{\mathrm{d}r\,\mathrm{d}r'}{r^2}$ entre ces deux équations, on obtient

$$\frac{(p-2)\,\mathrm{d}\mathrm{d}'(r^m)}{mr^m} - \frac{(m-2)\,\mathrm{d}\mathrm{d}'(r^p)}{pr^p} = \frac{(m-p)\cos\varepsilon\,\mathrm{d}s\,\mathrm{d}s'}{r^2},$$

d'où

$$\frac{\mathrm{d}\mathrm{d}'(r^m)}{mr^m} = \frac{m-2}{p-2}\,\frac{\mathrm{d}\mathrm{d}'(r^p)}{pr^p} + \frac{m-p}{p-2}\,\frac{\cos\varepsilon\,\mathrm{d}s\,\mathrm{d}s'}{r^2}.$$

En multipliant les deux membres de cette équation par $-ii'$, on a une expression de l'action mutuelle de deux éléments de conducteurs voltaïques où l'on peut assigner la valeur que l'on veut à la constante indéterminée p; cette expression est

$$-ii'\,\frac{\mathrm{d}\mathrm{d}'(r^m)}{mr^m} = -ii'\left[\frac{m-2}{p-2}\,\frac{\mathrm{d}\mathrm{d}'(r^p)}{pr^p} + \frac{m-p}{p-2}\,\frac{\cos\varepsilon\,\mathrm{d}s\,\mathrm{d}s'}{r^2}\right].$$

III. — Application de cette transformation à la détermination de la constante m qui entre dans la formule par lequelle est exprimée la force que deux éléments de fils conducteurs exercent l'un sur l'autre, et à celle de la valeur de cette force qu'il convient d'employer lorsqu'on veut calculer les effets produits par l'action mutuelle de deux conducteurs rectilignes.

Il s'agit d'abord d'appliquer la formule que nous venons de trouver à la détermination de la valeur de m, en partant de l'expérience qui prouve qu'un conducteur mobile rectangulaire dont deux côtés sont verticaux ne prend aucun mouvement lorsqu'il est soumis à l'action d'un conducteur circulaire horizontal et qu'il est assujetti à ne pouvoir que tourner autour de l'axe du cercle dont ce dernier conducteur forme la circonférence. Pour cela, en exécutant une des deux différentiations indiquées dans la valeur que nous venons de trouver pour la force exercée sur l'élément $\mathrm{d}s'$ du conducteur circulaire, par l'élément $\mathrm{d}s$ du conducteur mobile, on la mettra sous cette forme

$$-ii'\left[\frac{m-2}{p-2}\,\frac{\mathrm{d}(r^{p-1}\,\mathrm{d}r')}{r^p} + \frac{m-p}{p-2}\,\frac{\cos\varepsilon\,\mathrm{d}s\,\mathrm{d}s'}{r^2}\right];$$

on prendra ensuite sa composante suivant la tangente au conducteur circulaire en la multipliant par $\cos\theta'$, et l'on remplacera $\mathrm{d}r'$ par sa valeur $-\mathrm{d}s'\cos\theta'$, ce qui donnera, pour l'expression de cette composante,

$$ii'\,\mathrm{d}s'\left[\frac{m-2}{p-2}\,r^{-p}\cos\theta'\,\mathrm{d}(r^{p-1}\cos\theta') - \frac{m-p}{p-2}\,\frac{\cos\theta'\cos\varepsilon\,\mathrm{d}s}{r^2}\right],$$

où p peut avoir la valeur que l'on veut.

En multipliant l'expression de la composante par le rayon, que je nommerai a, de la circonférence suivant laquelle est plié le conducteur fixe, on aurait celle du moment de l'action que l'élément ds exercerait pour faire tourner ds' autour de l'axe, si ce dernier élément était mobile, d'où il suit qu'en changeant le signe du produit, on obtiendra la valeur du moment qui résulte de l'action de ds' pour faire tourner ds autour du même axe. Comme on peut prendre p à volonté, on rendra cette valeur plus simple en faisant $-p = p - 1$, ou $p = \frac{1}{2}$; on a alors

$$r^{-p}\cos\theta' d(r^{p-1}\cos\theta') = \frac{\cos\theta'}{\sqrt{r}}\, d\,\frac{\cos\theta'}{\sqrt{r}} = \frac{1}{2}\, d\,\frac{\cos^2\theta'}{r},$$

et l'expression du moment devient

$$aii' ds'\left(\frac{m-2}{3}\, d\,\frac{\cos^2\theta'}{r} - \frac{2m-1}{3}\,\frac{\cos\theta'\cos\varepsilon\, ds}{r^2}\right).$$

En l'intégrant par rapport aux différentielles désignées par le signe d, qui sont relatives à la portion mobile du fil conducteur, et en nommant r_1, r_2, $\cos\theta'_1$, $\cos\theta'_2$ les valeurs de r et $\cos\theta'$ qui ont lieu aux deux extrémités de cette portion, il vient, pour celle du moment en vertu duquel elle tend à tourner autour de l'axe par l'action de l'élément ds',

$$aii' ds'\left[\frac{m-2}{3}\left(\frac{\cos^2\theta'_2}{r} - \frac{\cos^2\theta'_1}{r_1}\right) - \frac{2m-1}{3}\int\frac{\cos\theta'\cos\varepsilon\, ds}{r^2}\right].$$

Comme les droites menées de tous les points de l'axe au milieu de l'élément ds' du conducteur circulaire sont perpendiculaires à la direction de cet élément, il est évident qu'on a, quand les deux extrémités du conducteur mobile sont dans l'axe, $\cos\theta'_1 = 0$, $\cos\theta'_2 = 0$, et qu'ainsi la valeur précédente se réduit à

$$-\frac{(2m-1)aii' ds'}{3}\int\frac{\cos\theta'\cos\varepsilon\, ds}{r^2} = \frac{(2m-1)aii' ds'}{3}\int\frac{dr}{ds'}\,\frac{\cos\varepsilon\, ds}{r^2} \quad (^1).$$

L'intégrale qui entre dans cette expression doit être prise pour tout le contour du rectangle formé par le conducteur mobile, c'est-à-dire pour les quatre portions de ce conducteur qui sont les quatre côtés du rectangle; mais d'abord, pour les deux portions verticales, l'angle ε compris entre les directions de l'élément horizontal ds' et des éléments dont elles se composent est évidemment un angle droit : le facteur $\cos\varepsilon$ est donc nul, ce qui rend aussi nulle l'intégrale elle-même dans ces deux portions, et il

---

(1) La même réduction a lieu quand le conducteur mobile forme un circuit fermé, parce qu'alors $r_2 = r_1$, et $\theta'_2 = \theta'_1$, ce qui donne

$$\frac{\cos^2\theta_2}{r_2} - \frac{\cos^2\theta_1}{r_1} = 0. \qquad \text{(A.)}$$

ne reste, par conséquent, à calculer que les parties de l'intégrale relatives aux deux portions horizontales.

Supposons que la circonférence L'M'L"M" (*fig.* 23) représente le conducteur horizontal, que l'axe soit élevé au centre O de ce cercle perpendiculairement au plan de la figure, que les deux portions horizontales du conducteur mobile soient projetées de b en c sur le rayon OL, et que P soit la projection des milieux, situés dans une même verticale, de deux éléments égaux de chacune de ces portions, représentés tous deux par ds et situés à une distance OP $= s$ du centre O, en prenant dans les deux portions l'origine des s aux points où leurs directions sont rencontrées par celle de l'axe. Au lieu de calculer l'intégrale

$$\frac{2m-1}{3} aii' \mathrm{d}s' \int \frac{dr}{ds'} \frac{\cos\varepsilon \, \mathrm{d}s}{r^2}$$

séparément pour chacune de ces deux portions et de réunir les deux résultats, il vaut mieux ne prendre qu'une fois, depuis $s = 0$, $b = s_1$ jusqu'à $s = 0$, $c = s_2$, l'intégrale de la somme des deux moments des forces exercées par l'élément ds' sur les deux éléments représentés par ds. En nommant γ l'angle L'OM', on a $s = a\gamma + C$, $\mathrm{d}s' = a\,\mathrm{d}\gamma$; et puisque le rayon OM est perpendiculaire à l'élément ds', et que les deux portions horizontales du conducteur mobile sont parcourues en sens contraires par le courant électrique, il est évident que pour celle où il est dirigé vers l'axe, on doit faire $\varepsilon = \frac{\pi}{2} - \gamma$, et pour l'autre $\varepsilon = \frac{\pi}{2} + \gamma$.

Si nous désignons par r et r' les distances de l'élément ds' aux deux éléments de ces portions représentés par ds, nous obtiendrons, pour le moment résultant de l'action de ds' sur celui de la première portion où $\cos\varepsilon = \sin\gamma$,

$$\frac{(2m-1)a^2 ii' \mathrm{d}\gamma}{3} \frac{dr}{\mathrm{d}s'} \frac{\sin\gamma \, \mathrm{d}s}{r^2},$$

et pour le moment imprimé, par la même action, à l'élément de la seconde où $\cos\varepsilon = -\sin\gamma$,

$$-\frac{(2m-1)a^2 ii' \mathrm{d}\gamma}{3} \frac{\mathrm{d}r'}{\mathrm{d}s'} \frac{\sin\gamma \, \mathrm{d}s}{r'^2}.$$

Soient h et h' les distances au plan du conducteur circulaire des deux portions horizontales du conducteur mobile, il viendra

$$r^2 = h^2 + a^2 + s^2 - 2as\cos\gamma, \qquad r'^2 = h'^2 + a^2 + s^2 - 2as\cos\gamma;$$

ainsi

$$r \frac{\mathrm{d}r}{\mathrm{d}s'} \mathrm{d}s' = r' \frac{\mathrm{d}r'}{\mathrm{d}s'} \mathrm{d}s' = as \sin\gamma \, \mathrm{d}\gamma :$$

et, comme $\mathrm{d}s' = a\,\mathrm{d}\gamma$, on a

$$\frac{\mathrm{d}r}{\mathrm{d}s'} = \frac{s\sin\gamma}{r}, \qquad \frac{\mathrm{d}r'}{\mathrm{d}s'} = \frac{s\sin\gamma}{r'}.$$

En substituant ces valeurs dans celles que nous venons d'obtenir pour les deux moments, on trouve que leur somme est égale à

$$\frac{(2m-1)a^2 ii'}{3}\left(\frac{\sin^2\gamma}{r^3}-\frac{\sin^2\gamma}{r'^3}\right)s\,ds\,d\gamma.$$

Le moment total résultant de l'action du conducteur mobile sur le conducteur circulaire est égal à la double intégrale de cette expression prise depuis $\gamma = 0$ jusqu'à $\gamma = 2\pi$, et depuis $s = s_1$ jusqu'à $s = s_2$, l'ordre dans lequel se font ces deux intégrations étant d'ailleurs arbitraire, ce moment est donc exprimé par

$$\frac{(2m-1)a^2 ii'}{3}\int_{s_1}^{s_2} s\,ds\int_0^{2\pi}\left(\frac{\sin^2\gamma}{r^3}-\frac{\sin^2\gamma}{r'^3}\right)d\gamma;$$

et comme l'expérience prouve qu'il est nul, il faut nécessairement que la double intégrale

$$\int_{s_1}^{s_2} s\,ds\int_0^{2\pi}\left(\frac{\sin^2\gamma}{r^3}-\frac{\sin^2\gamma}{r'^3}\right)d\gamma = 0,$$

ou que $2m-1=0$, ce qui donne pour m la valeur $\frac{1}{2}$ que nous nous proposions de démontrer être en effet celle de la constante m.

Il ne s'agit donc plus que de faire voir que cette double intégrale ne peut jamais être nulle, ce dont il est bien aisé de s'assurer, car d'abord les deux termes $\frac{\sin^2\gamma}{r^3}$ et $\frac{\sin^2\gamma}{r'^3}$ ne sont point susceptibles de changer de signes quelle que soit la valeur qu'on donne à γ, parce que les deux distances r, r' doivent toujours être prises positivement; ensuite, comme ces deux distances sont celles d'un même élément ds' du conducteur circulaire à deux éléments égaux à ds qui se trouvent dans une même verticale sur chacune des portions horizontales du conducteur mobile, il est évident que si l'on suppose, pour fixer les idées, que r se rapporte à l'élément ds de celle de ces deux portions qui est à une moindre distance du plan du conducteur circulaire, et r' à l'autre, on aura toujours $r < r'$, et par conséquent

$$\left(\frac{\sin^2\gamma}{r^3}-\frac{\sin^2\gamma}{r'^3}\right)d\gamma$$

positif.

Tous les éléments de la première intégrale étant positifs, cette intégrale prise depuis $\gamma = 0$ jusqu'à $\gamma = 2\pi$ le sera aussi, son produit par $s\,ds$ sera du même signe que ds tant que s sera positif, c'est-à-dire tant que le rectangle formé par le conducteur mobile sera tout entier du même côté de l'axe, comme nous le supposons ici. Quant au signe de ds, il est déterminé par le sens du courant dans les deux portions horizontales de ce conducteur, et comme nous avons attribué des signes différents à $\cos\varepsilon$ dans chaque portion, ds a nécessairement le même signe dans l'une et dans l'autre : ainsi tous les éléments dont se compose la seconde intégrale depuis $s = s_1$ jusqu'à $s = s_2$ ont aussi le même signe, et cette intégrale ne peut par conséquent jamais être nulle; il faut donc, d'après ce que nous venons de voir, qu'on ait $m = \frac{1}{2}$, que l'action mutuelle de deux éléments de courants électriques ait pour valeur

$$-\frac{2ii'}{\sqrt{r}}\frac{d^2\sqrt{r}}{ds\,ds'}ds\,ds',$$

et que le moment dû à l'action d'un conducteur circulaire sur un conducteur mobile autour de l'axe du cercle formé par le premier soit toujours nul quand le conducteur mobile a ses deux extrémités dans cet axe ou forme un circuit fermé, ce qui est, comme on sait, confirmé par l'expérience, quelle que soit la forme du contour suivant lequel il est plié (¹).

Maintenant que la valeur de m est déterminée, on peut substituer cette valeur $\frac{1}{2}$ au lieu de m dans la transformée trouvée (p. 207) et y supposer de nouveau p arbitraire; on a ainsi, pour l'action mutuelle des deux éléments ds et ds', l'expression

$$-\frac{2ii\,dd'\sqrt{r}}{\sqrt{r}} = \frac{\frac{3}{2}ii'}{p-2}\frac{dd'(r^p)}{pr^p} - \frac{(\frac{1}{2}-p)ii'}{p-2}\frac{\cos\varepsilon\,ds\,ds'}{r^2},$$

et l'on peut, dans cette formule, assigner à p la valeur que l'on veut. Celle qui donne un résultat plus commode pour le calcul est $p = -1$; en l'adoptant, il vient

$$-\frac{2ii'dd'\sqrt{r}}{\sqrt{r}} = \frac{1}{2}ii'r\,dd'\frac{1}{r} + \frac{1}{2}\frac{ii'\cos\varepsilon\,ds\,ds'}{r^2}$$

$$= \frac{1}{2}ii'ds\,ds'\left(\frac{\cos\varepsilon}{r^2} + r\frac{d^2\frac{1}{r}}{ds\,ds'}\right).$$

J'ai déjà obtenu d'une autre manière (p. 73) cette expression de la force qu'exercent l'un sur l'autre deux éléments de fils conducteurs; on ne peut l'employer, pour simplifier les calculs, que quand les conducteurs sont rectilignes, parce que ce n'est qu'alors que l'angle ε est constant et connu; mais, dans ce cas, c'est elle qui donne de la manière la plus simple les valeurs des forces et des moments de rotation qui résultent de l'action mutuelle de deux conducteurs de ce genre. Si j'ai employé dans cet ouvrage d'autres moyens d'en calculer les valeurs, c'est qu'à l'époque où je l'ai écrit je ne connaissais pas encore la transformation de ma formule que je viens d'expliquer.

(¹) Toute la partie qui précède de la Note III ne se trouve que dans le tirage à part. Le paragraphe qui suit forme la fin de la Note II dans le texte des *Mémoires de l'Académie;* les numéros des Notes suivantes se trouvent diminués d'une unité dans ce dernier texte. (J.)

IV. — Sur la situation de la droite que j'ai désignée sous le nom de *directrice de l'action électro-dynamique à un point donné* lorsque cette action est celle d'un circuit fermé et plan dont toutes les dimensions sont très petites.

La droite que j'ai nommée *directrice de l'action électro-dynamique à un point donné* est celle qui forme avec les trois axes des angles dont les cosinus sont respectivement proportionnels aux trois quantités A, B, C; les valeurs de ces trois quantités, trouvées à la page 227, deviennent

$$A = \lambda\left(\frac{\cos\xi}{r^3} - \frac{3qx}{r^5}\right),$$
$$B = \lambda\left(\frac{\cos\eta}{r^3} - \frac{3qy}{r^5}\right),$$
$$C = \lambda\left(\frac{\cos\zeta}{r^3} - \frac{3qz}{r^5}\right),$$

quand on substitue à n le nombre 2 auquel n est égal; si donc on suppose le petit circuit d'une forme quelconque situé comme il l'est (*fig.* 14),

Fig. 14.

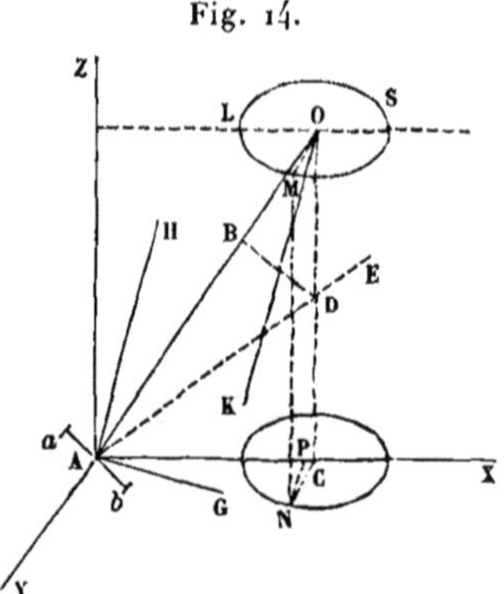

c'est-à-dire qu'après avoir placé l'origine A des coordonnées au point donné, on prenne pour l'axe des z la perpendiculaire AZ abaissée du point A sur le plan du petit circuit, et pour le plan des xz celui qui passe par cette perpendiculaire et par le centre d'inertie O de l'aire LMS auquel se rapportent les x, y, z qui entrent dans les valeurs de A, B, C, il est évident qu'on aura $y = 0$, $q = z$, $\xi = \eta = \frac{\pi}{2}$, $\zeta = 0$, et que ces valeurs se réduiront par conséquent à

$$A = -\frac{3\lambda xz}{r^5}, \qquad B = 0, \qquad C = \lambda\left(\frac{1}{r^3} - \frac{3z^2}{r^5}\right) = \frac{\lambda(x^2 - 2z^2)}{r^5},$$

parce que $r^2 = x^2 + z^2$. B étant nul, la directrice AE est nécessairement dans le plan des xz déterminé comme nous venons de le dire; elle y forme avec l'axe des x un angle EAX dont la tangente est égale à $\frac{C}{A}$, c'est-à-dire à $\frac{2z^2-x^2}{3xz}$; et comme celle de l'angle OAX l'est à $\frac{z}{x}$, on trouvera pour la valeur de la tangente de OAE

$$\operatorname{tang} OAE = \frac{\frac{z}{x} - \frac{2z^2-x^2}{3xz}}{1+\frac{2z^2-x^2}{3x^2}} = \frac{(z^2+x^2)x}{(2x^2+2z^2)z} = \frac{1}{2}\frac{x}{z} = \frac{1}{2}\operatorname{tang} COA,$$

d'où il suit que, si l'on prend $OB = \frac{1}{3}OA$, et qu'on élève sur OA au point B un plan perpendiculaire à OA qui rencontre en D la normale OC au plan du petit circuit, la droite ADE menée par les points A, D sera la directrice de l'action exercée au point A par le courant électrique qui le parcourt, puisqu'on aura

$$AB = 2\,OB, \qquad \operatorname{tang} BDA = 2\operatorname{tang} BDO$$

et

$$\operatorname{tang} OAE = \cot BDA = \tfrac{1}{2}\cot BDO = \tfrac{1}{2}\operatorname{tang} COA.$$

Cette construction donne de la manière la plus simple la direction de la droite AE suivant laquelle nous avons vu, p. 104, que le pôle d'un aimant placé en A est porté par l'action de ce courant (¹). Il est à remarquer qu'elle est située à l'égard du plan LMS du petit circuit qu'il décrit, de même que la direction de l'aiguille d'inclinaison l'est en général à l'égard de l'équateur magnétique; car le point O étant considéré comme le centre de la Terre, les plans LMS, OAC comme ceux de l'équateur et du méridien magnétiques, et la droite AE comme la direction de l'aiguille d'inclinaison, il est évident que l'angle OAE compris entre le rayon terrestre OA et la direction AE de l'aiguille aimantée est le complément de l'inclinaison, et que l'angle COA est le complément de la latitude magnétique LOA; l'équation précédente devient ainsi

$$\cot \text{incl.} = \tfrac{1}{2}\cot \text{lat.},$$

ou

$$\operatorname{tang} \text{incl.} = 2\operatorname{tang} \text{lat.}$$

(¹) Si l'on remplace le petit circuit fermé par le petit aimant équivalent, cette construction est celle qui a été donnée plus tard par Gauss pour déterminer l'action d'un aimant sur un pôle situé à une grande distance, et qu'on désigne ordinairement sous le nom de *théorème de Gauss*. (Gauss, *Resultate der Beobachtungen des magnet. Vereins,* 1837, p. 23.) (J.)

V. — Sur la valeur de la force qu'un conducteur angulaire indéfini exerce sur le pôle d'un petit aimant, et sur celle qu'imprime à ce pôle un conducteur de forme parallélogrammique situé dans le même plan.

Soit que l'on considère le pôle B (*fig.* 34) du petit aimant AB comme l'extrémité d'un solénoïde électro-dynamique ou comme une molécule

Fig. 34.

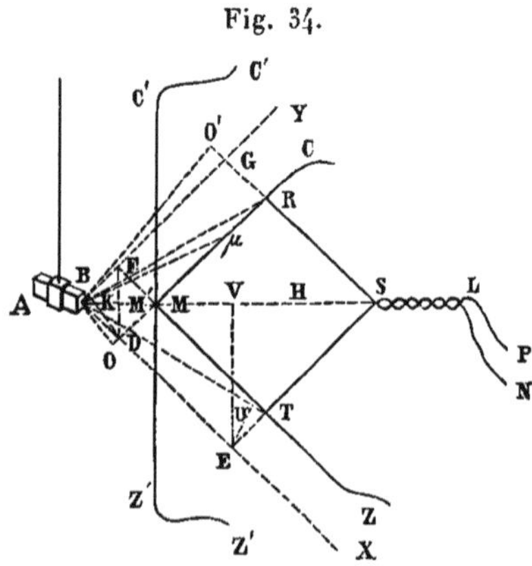

magnétique, on est d'accord, dans les deux manières de voir, à l'égard de l'expression de la force exercée sur ce pôle par chaque élément du conducteur angulaire CMZ : on convient généralement qu'en abaissant du point B sur une de ses branches CμM prolongée vers O la perpendiculaire BO $= b$, en faisant O$\mu = s$, BM $= a$, B$\mu = r$, l'angle BμM $= \theta$, l'angle CMH $=$ BMO $= \varepsilon$, et en désignant par ρ un coefficient constant, la force qu'exerce sur le pôle B l'élément ds situé en μ est égale à

$$\frac{\rho \sin\theta\, ds}{r^2},$$

qu'il s'agit d'intégrer depuis $s = \text{OM} = a\cos\varepsilon$ jusqu'à $s = \infty$, ou, ce qui revient au même, depuis $\theta = \varepsilon$ jusqu'à $\theta = 0$: mais, dans le triangle BOμ, dont le côté OB $= b = a\sin\varepsilon$, on a

$$r = \frac{a\sin\varepsilon}{\sin\theta}, \qquad s = a\sin\varepsilon\cot\theta, \qquad ds = -\frac{a\sin\varepsilon\, d\theta}{\sin^2\theta}, \qquad \frac{ds}{r^2} = -\frac{d\theta}{a\sin\varepsilon};$$

ainsi

$$\frac{\rho\sin\theta\, ds}{r^2} = -\frac{\rho\sin\theta\, d\theta}{a\sin\varepsilon},$$

dont l'intégrale est

$$\frac{\rho}{a\sin\varepsilon}(\cos\theta + C),$$

ou, en la prenant entre les limites déterminées ci-dessus,

$$\frac{\rho(1-\cos\varepsilon)}{a\sin\varepsilon}=\frac{\rho}{a}\tang\frac{1}{2}\varepsilon,$$

valeur qu'il suffit de doubler pour avoir la force exercée sur le pôle B par le conducteur angulaire indéfini CMZ; cette force, en raison inverse de BM $= a$, est donc, pour une même valeur de a, proportionnelle à la tangente de la moitié de l'angle CMH, et non à cet angle lui-même, quoiqu'on prétende (1) que la valeur

$$\frac{\rho\sin\theta\,ds}{r^2}$$

de la force exercée par l'élément ds sur le pôle B ait été trouvée en *analysant par le calcul* la supposition que la force produite par le fil conducteur CMZ était proportionnelle à l'angle CMH. On ne peut douter qu'il n'y eût quelque erreur dans ce calcul; mais il serait d'autant plus curieux de le connaître, qu'il avait pour but de déterminer la valeur d'une différentielle par celle de l'intégrale définie qui en résulte entre des limites données, ce qu'aucun mathématicien ne me paraît, jusqu'à présent, avoir cru possible.

Comme on ne peut pas, dans la pratique, rendre les branches MC, MZ du conducteur angulaire réellement infinies, ni éloigner les prolongements du fil dont il est formé qui mettent ces branches en communication avec les extrémités de la pile, à une assez grande distance du petit aimant AB pour qu'ils n'aient sur lui absolument aucune action, on ne doit, à la rigueur, regarder la valeur que nous venons d'obtenir que comme une approximation. Afin d'avoir à vérifier par l'expérience une valeur exacte, il faut calculer celle de la force qu'exerce sur le pôle B du petit aimant un fil conducteur PSRMTSN, dont les portions SP, SN, qui communiquent aux deux extrémités de la pile, sont revêtues de soie et tordues ensemble, comme on le voit en SL, jusque auprès de la pile, en sorte que les actions qu'elles exercent se détruisent mutuellement, et dont le reste forme un losange SRMT situé de manière que la direction de la diagonale SM de ce losange passe par le point B. Mais d'abord, en conservant les dénominations précédentes et faisant de plus l'angle BRM $= \theta_1$, l'angle BRO$' = \theta'_1$, la distance BS $= a'$ et la perpendiculaire BO$' = b' = -a'\sin\varepsilon$, parce que l'angle BSO$' = -\varepsilon$, on voit aisément que l'action de la portion RS du fil conducteur sur le pôle B est égale à

$$-\frac{\rho(\cos\varepsilon-\cos\theta'_1)}{b'},$$

comme, à cause de $b = a\sin\varepsilon$, on aurait trouvé

$$\frac{\rho(\cos\theta_1-\cos\varepsilon)}{b},$$

(1) *Voir* t. II, la note de la p. 111. (J.)

pour celle qu'exerce la portion MR sur le même pôle B, en prenant l'intégrale précédente depuis $\theta = \varepsilon$ jusqu'à $\theta = \theta_1$; et ensuite, qu'il suffit de réunir ces deux expressions et d'en doubler la somme, pour avoir l'action de tout le contour du losange MRST, ce qui donne

$$2\rho\left(\frac{\cos\theta_1}{b} - \frac{\cos\varepsilon}{b} + \frac{\cos\theta'_1}{b'} - \frac{\cos\varepsilon}{b'}\right).$$

Cette valeur est susceptible d'une autre forme qu'on obtient en rapportant la position des quatre angles du losange à deux axes BX, BY menés par le point B parallèlement à ses côtés et qui les rencontrent aux points D, E, F, G; si l'on fait $BD = BF = g$, $BE = BG = h$, on aura

$$b = BO = g\sin 2\varepsilon, \qquad b' = BO' = h\sin 2\varepsilon,$$
$$\cos\theta_1 = \frac{OR}{BR} = \frac{h + g\cos 2\varepsilon}{\sqrt{g^2 + h^2 + 2gh\cos 2\varepsilon}},$$
$$\cos\theta'_1 = \frac{O'R}{BR} = \frac{g + h\cos 2\varepsilon}{\sqrt{g^2 + h^2 + 2gh\cos 2\varepsilon}},$$

expressions à l'aide desquelles on trouve, pour celle de la force exercée sur le pôle B,

$$2\rho\left(\frac{h + g\cos 2\varepsilon}{g\sin 2\varepsilon\sqrt{g^2 + h^2 + 2gh\cos 2\varepsilon}} + \frac{g + h\cos 2\varepsilon}{h\sin 2\varepsilon\sqrt{g^2 + h^2 + 2gh\cos 2\varepsilon}} - \frac{\cos\varepsilon}{g\sin 2\varepsilon} - \frac{\cos\varepsilon}{h\sin 2\varepsilon}\right)$$
$$= \left(\frac{2\sqrt{g^2 + h^2 + 2gh\cos 2\varepsilon}}{gh\sin 2\varepsilon} - \frac{1}{g\sin\varepsilon} - \frac{1}{h\sin\varepsilon}\right),$$

en réduisant les deux premiers termes au même dénominateur, en remplaçant dans les deux autres $\sin 2\varepsilon$ par sa valeur $2\sin\varepsilon\cos\varepsilon$.

Abaissons maintenant du point D les perpendiculaires DI, DK sur les droites BM, BR : la première sera évidemment égale à $g\sin\varepsilon$, et la seconde s'obtiendra en faisant attention que, en la multipliant par

$$BR = \sqrt{g^2 + h^2 + 2gh\cos 2\varepsilon},$$

on a un produit égal au double de la surface du triangle BDR, c'est-à-dire à $gh\sin 2\varepsilon$, en sorte qu'en nommant $p_{1,1}$ et $p_{1,2}$ ces perpendiculaires, il vient

$$\frac{1}{p_{1,1}} = \frac{1}{g\sin\varepsilon}, \qquad \frac{1}{p_{1,2}} = \frac{\sqrt{g^2 + h^2 + 2gh\cos 2\varepsilon}}{gh\sin 2\varepsilon};$$

en abaissant du point E les deux perpendiculaires EU, EV sur les droites BT, BS, et en les représentant par $p_{2,1}$ et $p_{2,2}$, la première sera égale à DK à cause de l'égalité des triangles BDR, BET, et la seconde aura pour valeur $h\sin\varepsilon$, en sorte que l'expression de la force exercée par le contour du losange MRST sur le pôle B pourra s'écrire ainsi :

$$\rho\left(\frac{1}{p_{1,2}}+\frac{1}{p_{2,1}}-\frac{1}{p_{1,1}}-\frac{1}{p_{2,2}}\right).$$

Sous cette forme elle s'applique non seulement à un losange dont une diagonale est dirigée de manière à passer par le point B, mais à un parallélogramme quelconque NRST (*fig.* 44) dont le périmètre est parcouru par un courant électrique qui agit sur le pôle d'un aimant situé dans le plan de ce parallélogramme. Il résulte, en effet, de ce qui a été dit (p. 49) qu'en calculant les quantités désignées par A, B, C et $D=\sqrt{A^2+B^2+C^2}$, relativement à un circuit voltaïque fermé et plan, tel que celui que forme

Fig. 44.

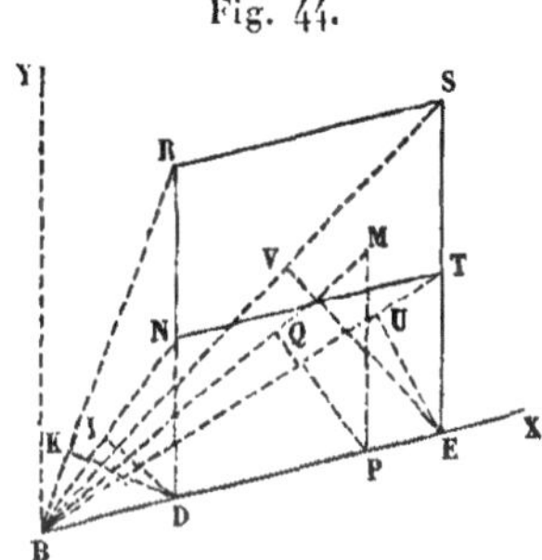

le périmètre du parallélogramme NRST, et à un point B situé dans le même plan, on a

$$A=0,\qquad B=0,\qquad C=D=\iint\frac{d^2\lambda}{r^3},$$

lorsqu'on représente par $d^2\lambda$ un élément de l'aire de ce circuit et qu'on remplace l'exposant constant n par sa valeur 2. A et B étant nuls, la directrice de l'action électro-dynamique exercée au point B par le courant que nous considérons est la perpendiculaire élevée à ce point sur le plan du parallélogramme, d'où il suit :

1° Que la force qu'il imprime à un élément ds' de courant électrique, dont le milieu se trouverait en B, est, dans ce plan, perpendiculaire à la direction de l'élément, et a pour valeur (p. 38)

$$\frac{1}{2}\,D\,ii'\,ds'\sin\varepsilon=\frac{1}{2}\,ii'\,ds'\cos\omega\iint\frac{d^2\lambda}{r^3},$$

en nommant ω l'inclinaison de l'élément ds' sur le plan BRST, inclinaison qui est le complément de l'angle ε formé par la direction de cet élément et celle de la directrice;

2° Que, d'après ce qui a été dit (p. 93), si l'on plaçait au point B l'extrémité d'un solénoïde indéfini, la force exercée sur cette extrémité par le même courant électrique serait perpendiculaire au plan BRST et aurait pour valeur

$$\frac{\lambda' ii'\mathrm{D}}{2g} = \frac{\lambda' ii'}{2g}\iint \frac{d^2\lambda}{r^3},$$

en nommant λ' l'aire des petits circuits dont se compose le solénoïde, et g la distance des plans de deux circuits consécutifs;

3° Que le pôle d'un aimant situé en B éprouverait de la part du circuit NRST une action dirigée suivant la même perpendiculaire et exprimée par

$$\rho\iint \frac{d^2\lambda}{r^3},$$

ρ étant un coefficient constant.

Pour trouver la valeur de $\iint \frac{d^2\lambda}{r^3}$, relativement au circuit voltaïque représenté par le périmètre du parallélogramme NRST, on rapportera tous les points, tels que M, de son aire à deux axes BX, BY menés par le point B parallèlement à ses côtés, et en nommant x, y les coordonnées BP, PM, on aura

$$d^2\lambda = dx\,dy \sin 2\varepsilon \qquad \text{et} \qquad r = \sqrt{x^2 + y^2 + 2xy\cos 2\varepsilon};$$

la force totale, imprimée au pôle B du petit aimant AB, sera donc

$$\rho \sin 2\varepsilon \iint \frac{dx\,dy}{(x^2 + y^2 + 2xy\cos 2\varepsilon)^{\frac{3}{2}}}.$$

Or nous avons vu (p. 84) que l'intégrale indéfinie de

$$\frac{ds\,ds'}{(a^2 + s^2 + s'^2 - 2ss'\cos\varepsilon)^{\frac{3}{2}}}$$

est

$$\frac{1}{a\sin\varepsilon}\operatorname{arc\,tang}\frac{ss'\sin^2\varepsilon + a^2\cos\varepsilon}{a\sin\varepsilon\sqrt{a^2 + s^2 + s'^2 - 2ss'\cos\varepsilon}},$$

ou

$$-\frac{1}{a\sin\varepsilon}\operatorname{arc\,tang}\frac{a\sin\varepsilon\sqrt{a^2 + s^2 + s'^2 - 2ss'\cos\varepsilon}}{ss'\sin^2\varepsilon + a^2\cos\varepsilon},$$

en supprimant la constante $\frac{\pi}{2}$. Quand $a = 0$, cette quantité se présente sous la forme $\frac{0}{0}$; mais, comme l'arc doit être alors remplacé par sa tangente, le facteur nul $a \sin\varepsilon$ disparaît, et l'on a

$$\iint \frac{ds\,ds'}{(s + s'^2 - 2ss'\cos\varepsilon)^{\frac{3}{2}}} = -\frac{\sqrt{s^2 + s'^2 - 2ss'\cos\varepsilon}}{ss'\sin^2\varepsilon},$$

qu'il est aisé de vérifier par la différentiation. On en conclut immédiatement que l'expression de la force que nous calculons, considérée comme une intégrale indéfinie, est

$$-\frac{\rho\sqrt{x^2+y^2+2xy\cos 2\varepsilon}}{xy\sin 2\varepsilon}=-\frac{\rho}{p},$$

en nommant p la perpendiculaire PQ abaissée du point P sur BM, parce que le double de l'aire du triangle BPM est à la fois égal à $p\sqrt{x^2+y^2+2xy\cos 2\varepsilon}$ et à $xy\sin 2\varepsilon$, ce qui donne

$$\frac{1}{p}=\frac{\sqrt{x^2+y^2+2xy\cos 2\varepsilon}}{xy\sin 2\varepsilon}.$$

Il ne reste plus maintenant qu'à calculer les valeurs que prend cette intégrale indéfinie aux quatre sommets N, R, T, S du parallélogramme, et à les ajouter avec des signes convenables; en continuant de désigner respectivement par $p_{1,1}$, $p_{1,2}$, $p_{2,1}$, $p_{2,2}$ les perpendiculaires DI, DK, EU, EV, il est évident qu'on obtient ainsi pour la valeur de la force cherchée

$$\rho\left(\frac{1}{p_{1,2}}+\frac{1}{p_{2,1}}-\frac{1}{p_{1,1}}-\frac{1}{p_{2,2}}\right).$$

Si l'on remplace, dans cette expression, la constante ρ par $\frac{1}{2}ii'ds''\cos\omega$, on aura la valeur de la force qui résulte de l'action que le courant électrique NRST exerce sur l'élément ds', et dont la direction comprise dans le plan BRST est perpendiculaire à celle de l'élément; cette valeur est

$$\frac{1}{2}ii'ds'\left(\frac{1}{p_{1,2}}+\frac{1}{p_{2,1}}-\frac{1}{p_{1,1}}-\frac{1}{p_{2,2}}\right)\cos\omega.$$

Lorsque l'élément situé en B est dans le plan du parallélogramme, on a $\omega=0$, $\cos\omega=1$, et la valeur de la force que nous venons de calculer se réduit à

$$\frac{1}{2}ii'ds'\left(\frac{1}{p_{1,2}}+\frac{1}{p_{2,1}}-\frac{1}{p_{1,1}}-\frac{1}{p_{2,2}}\right).$$

TABLE DES MATIÈRES

CONTENUES DANS CE VOLUME (¹).

Pages

Exposition de la marche à suivre dans la recherche des lois des phénomènes naturels et des forces qui les produisent 1

Description des expériences par lesquelles on constate quatre cas d'équilibre qui donnent autant de lois de l'action à laquelle sont dus les phénomènes électro-dynamiques 10

Recherche de la formule qui exprime l'action mutuelle de deux éléments de conducteurs voltaïques 22

Relation donnée par le troisième cas d'équilibre entre les deux constantes inconnues qui entrent dans cette formule 30

Formules générales qui représentent l'action d'un circuit voltaïque fermé ou d'un système de circuits fermés sur un élément de courant électrique 34

Expérience par laquelle on vérifie une conséquence de ces formules 39

Application des formules précédentes à un circuit circulaire 44

Simplification de ces formules quand le diamètre du circuit circulaire est très petit 46

Application à un circuit plan formant une courbe fermée quelconque, d'abord dans le cas où toutes ses dimensions sont très petites, et ensuite quelle qu'en soit la grandeur 46

Action mutuelle de deux circuits fermés situés dans un même plan, d'abord en supposant que toutes les dimensions en sont très petites, et ensuite dans le cas où ces deux circuits sont d'une forme et d'une grandeur quelconques. 51

Détermination des deux constantes inconnues qui entrent dans la formule fondamentale 52

(¹) Cette Table se trouve seulement dans le tirage à part du Mémoire. (J.)

Pages.

Action d'un fil conducteur formant un secteur de cercle sur un conducteur rectiligne passant par le centre du secteur... 54

Description d'un instrument destiné à vérifier sur des conducteurs de cette forme les résultats de la théorie.................................... 57

Action mutuelle de deux conducteurs rectilignes.......................... 59

Action exercée sur un élément de fil conducteur par l'assemblage de circuits fermés de dimensions très petites, qui a été désigné sous le nom de *solénoïde électro-dynamique*.. 84

Action qu'exerce sur un solénoïde un élément ou une portion finie de fil conducteur, un circuit fermé ou un système de circuits fermés........... 89

Action mutuelle de deux solénoïdes.. 94

Identité des solénoïdes et des aimants, quant à l'action exercée sur eux soit par des fils conducteurs, soit par d'autres solénoïdes ou d'autres aimants. Discussion sur les conséquences qu'on peut tirer de cette identité, relativement à la nature des aimants et à celle de l'action qu'on observe entre le globe terrestre et un aimant ou un fil conducteur.................... 96

Identité des actions exercées, soit sur le pôle d'un aimant, soit sur l'extrémité d'un solénoïde, par un circuit voltaïque fermé et par un assemblage de deux surfaces très voisines que termine ce circuit, et sur lesquelles sont répandus et fixés deux fluides tels qu'on suppose les deux fluides magnétiques, austral et boréal, de manière que l'intensité magnétique soit partout la même.. 118

Examen des trois hypothèses qu'on a faites sur la nature de l'action mutuelle d'un élément de fil conducteur et de ce qu'on appelle *une molécule magnétique*............. 135

Impossibilité de produire un mouvement indéfiniment accéléré par l'action mutuelle d'un circuit solide et fermé et d'un aimant ou d'un solénoïde électro-dynamique.. 139

Examen des différents cas où un mouvement indéfiniment accéléré peut résulter de l'action qu'un circuit voltaïque, dont une partie est mobile séparément du reste de ce circuit, exerce sur un aimant ou un solénoïde électro-dynamique....................... 140

Identité de l'action mutuelle de deux circuits voltaïques fermés et de celle de deux assemblages composés chacun de deux surfaces très voisines terminées par le circuit correspondant à chaque assemblage, et sur lesquelles sont répandus et fixés les deux fluides magnétiques, austral et boréal, de manière que l'intensité magnétique soit partout la même............... 163

Impossibilité de produire un mouvement indéfiniment accéléré par l'action mutuelle de deux circuits voltaïques solides et fermés, et, par conséquent, par celle de deux assemblages quelconques de circuits de cette sorte..... 167

Expérience qui achève de confirmer la théorie où l'on attribue à des courants électriques les propriétés des aimants, en prouvant qu'un fil conduc-

Pages.

teur plié en spirale ou en hélice et parcouru par le courant voltaïque, éprouve de la part d'un disque métallique en mouvement une action semblable en tout à celle que M. Arago a découverte entre ce disque et un aimant. 169

Conséquences générales des expériences et des calculs relatifs aux phénomènes électro-dynamiques. 171

Notes sur différents objets traités dans cet Ouvrage.

I. — Sur la manière de démontrer, par les quatre cas d'équilibre exposés au commencement de ce Mémoire, que la valeur de l'action mutuelle de deux éléments de fils conducteurs est

$$-\frac{2ii'}{\sqrt{r}}\frac{d^2\sqrt{r}}{ds\,ds'}\,ds\,ds' \text{........}\quad 176$$

II. — Sur une transformation propre à simplifier le calcul de l'action mutuelle de deux conducteurs rectilignes. 177

III. — Application de cette transformation à la détermination de la constante m qui entre dans la formule par laquelle est exprimée la force que deux éléments de fils conducteurs exercent l'un sur l'autre, et à celle de la valeur de cette force qu'il convient d'employer lorsqu'on veut calculer les effets produits par l'action mutuelle de deux conducteurs rectilignes. 178

IV. — Sur la situation de la droite que j'ai désignée sous le nom de *directrice de l'action électro-dynamique à un point donné,* lorsque cette action est celle d'un circuit fermé et plan dont toutes les dimensions sont très petites. 183

— Sur la valeur de la force qu'un conducteur angulaire indéfini exerce sur le pôle d'un petit aimant, et sur celle qu'imprime à ce pôle un conducteur de forme parallélogrammique situé dans le même plan. 185

XXXI.

MÉMOIRE COMMUNIQUÉ A L'ACADÉMIE ROYALE DES SCIENCES DANS SA SÉANCE DU 21 NOVEMBRE 1825, FAISANT SUITE AU MÉMOIRE LU DANS LA SÉANCE DU 12 SEPTEMBRE;

PAR M.-A. AMPÈRE (¹).

Depuis le dernier Mémoire que j'ai eu l'honneur de communiquer à l'Académie, dans sa séance du 12 septembre dernier, j'ai été conduit à de nouvelles conséquences de ma formule que je me proposais d'exposer dans un second Mémoire; mais, d'autres occupations ne me permettant pas de le rédiger, j'ai cru devoir, quant à présent, me borner au simple énoncé de ces conséquences.

J'ai trouvé, quel que soit l'exposant n de la puissance de la distance et de cet élément à laquelle leur action mutuelle est réciproquement proportionnelle quand cette distance varie seule :

1° Que, quand les dimensions d'un circuit plan et fermé sont assez petites pour devoir être négligées relativement à la distance où se trouve le circuit du point sur lequel il agit, l'action qu'il exerce est indépendante de sa forme et ne dépend que de sa situation par rapport à ce point et de l'aire qu'il circonscrit, aire à laquelle l'action qu'il produit est toujours proportionnelle.

Il suit de là que tout ce que M. Savary a démontré, le premier, sur la manière d'agir d'un assemblage de courants électriques décrivant de très petites circonférences de cercles de même diamètre, situées dans des plans équidistants et perpendiculaires à la ligne droite ou courbe qui passe par les centres de toutes ces circonférences, y compris la détermination qu'il a donnée de la valeur du nombre n, est également vrai à l'égard d'un assemblage de très petits circuits fermés, de même surface et situés dans des plans

(¹) Inédit. Publié d'après le manuscrit autographe des Archives de l'Académie des Sciences. D'après les procès-verbaux, la lecture a été faite en réalité dans la séance du 28 novembre. (J.)

équidistants perpendiculaires à une ligne droite ou courbe entourée par tous ces circuits.

L'action de cet assemblage sur un conducteur voltaïque quelconque est donc, comme celle de l'assemblage considéré par M. Savary, identique à l'action qu'exercerait sur les mêmes corps une particule de barreau aimanté; et il n'est plus nécessaire, dans l'explication de cette dernière action par de très petits courants électriques, de les supposer de forme circulaire.

Ce résultat de ma formule est le seul de ceux qui sont indiqués dans cette Note dont j'ai eu le temps de rédiger la démonstration. On la trouvera à la fin du Mémoire dont j'ai parlé plus haut et que je publie en ce moment ([1]).

2° La droite que j'ai nommée normale au plan directeur de l'action dynamique exercée par un circuit fermé à un point quelconque sur un élément d'un conducteur voltaïque se trouve, quand ce circuit est plan et très petit, dans le plan mené par le milieu de l'élément perpendiculairement à celui du circuit; et, lorsqu'on fait $n = 2$, la direction de cette droite est telle qu'elle forme avec la droite menée de l'élément au circuit un angle dont la cotangente est double de la tangente de l'angle compris entre la même droite et le plan du circuit, c'est-à-dire qu'elle est située, relativement à une perpendiculaire élevée sur ce plan, comme l'est, en général, la direction de l'aiguille d'inclinaison relativement à l'axe magnétique de la terre.

3° Quand l'élément sur lequel agit le petit circuit est dans le même plan que ce circuit, la force développée est aussi dans ce plan et proportionnelle à l'aire du circuit divisée par le cube de sa distance à l'élément. Cette force est, comme on sait, toujours perpendiculaire à la direction de ce dernier.

4° Quelles que soient la forme et la grandeur d'un circuit tracé sur un plan dans lequel se trouve aussi l'élément sur lequel il agit, la force qu'il exerce, et qui est encore perpendiculaire à la direction de cet élément, est proportionnelle au volume compris entre l'aire du circuit, la surface du cylindre droit qui a cette aire pour base et la surface courbe dont les ordonnées verticales sont réciproquement proportionnelles aux cubes des distances de leurs

---

([1]) *Voir* la note de la p. 46 (J.)

pieds au milieu de l'élément, ce qui donne un moyen très simple de calculer cette action. En l'appliquant à celle qu'exerce sur un conducteur rectiligne le circuit fermé composé d'un très petit arc de cercle dont le centre est au milieu de ce conducteur et des rayons menés de ce centre aux deux extrémités du petit arc, on trouve sur-le-champ que cette action est proportionnelle à la différence des distances du milieu de l'arc aux deux extrémités du conducteur rectiligne divisées par le carré du sinus de l'angle que forme celle-ci avec le rayon qui passe par le milieu, résultat que j'ai obtenu d'une manière moins simple dans le Mémoire lu à l'Académie le 12 septembre dernier (1), et qui m'a conduit à un moyen de vérifier ma formule par l'observation du nombre d'oscillations que fait, dans un temps donné, un conducteur formant un demi-cercle par l'action de divers conducteurs en forme de secteurs dont les rayons se coupent sous différents angles.

5° L'action mutuelle de deux circuits plans et fermés, dont les dimensions sont telles qu'ils puissent être considérés comme infiniment petits, et qui sont situés dans un même plan, est dirigée suivant la droite qui les joint; elle ne dépend que des aires qu'ils circonscrivent et de la longueur de cette droite et elle est proportionnelle au produit des deux aires divisé par la puissance $n+2$ de leur distance.

6° Quelles que soient la forme et la grandeur de deux circuits fermés compris dans un même plan, leur action mutuelle est précisément la même qui aurait lieu entre leurs aires respectives, si toutes les parties de ces aires, supposées partout de même densité, s'attiraient ou se repoussaient, suivant que le courant électrique les parcourt en sens contraire ou dans le même sens, en raison inverse de la puissance $n+2$ de leurs distances.

7° Si l'on suppose que toutes les dimensions des deux circuits augmentent ou diminuent dans le même rapport, ainsi que les distances mutuelles des points qui se correspondent avant et après ce changement, leur action mutuelle augmentera ou diminuera comme la puissance $2-n$ de ce rapport, et devra, par conséquent, rester la même si, comme l'indique l'ensemble des faits, le nombre n est égal à 2.

---

(1) *Voir* art. XXX, p. 54. (J.)

8° Si l'on a dans un même plan trois circuits semblables disposés de manière que tous leurs points correspondants soient situés sur les mêmes droites divisées dans le même rapport, que toutes les dimensions de celui qui est entre les deux autres soient des moyennes proportionnelles géométriques entre les dimensions homologues des deux circuits extrêmes, qu'on rende l'intermédiaire mobile dans le plan et qu'on fasse passer un même courant électrique par les trois circuits, de manière qu'il les parcoure alternativement en sens contraires, le circuit mobile sera porté vers le plus grand si $n > 2$, vers le plus petit si $n < 2$, et restera immobile dans cette situation si $n = 2$. Ce résultat, qui est d'ailleurs indépendant, comme il est aisé de le voir, de la manière dont les trois angles qui déterminent la situation respective de deux éléments de conducteurs voltaïques entrent dans l'expression de la force qu'ils exercent l'un sur l'autre, fournit un moyen bien simple de démontrer que l'on a en effet $n = 2$, par des expériences faites directement sur des conducteurs et sans se servir d'aimants, comme on a été jusqu'à présent obligé de le faire dans les expériences dont on a conclu la valeur de n. Je décrirai ailleurs [1] un instrument destiné à faire cette expérience avec la plus grande précision.

9° Une fois qu'on aura établi rigoureusement par ce moyen que $n = 2$ dans l'action qu'exercent réellement les conducteurs voltaïques, il faudra remplacer n par 2 dans toutes les conséquences de la formule qui représente cette action. Celle de deux circuits fermés, situés dans un même plan, dont nous venons de parler, sera, par exemple, la même que si toutes les parties des aires qu'ils circonscrivent, supposées de même densité, s'attiraient ou se repoussaient en raison inverse de la quatrième puissance de leurs distances. On sait que cette loi d'attraction ou de répulsion a lieu entre deux très petits aimants, lorsque leurs axes sont perpendiculaires à un même plan passant par les milieux de leurs longueurs, suivant que leurs pôles, de noms différents, sont du même côté de ce plan ou de côtés opposés; il est aisé d'en conclure que deux circuits fermés, situés dans un même plan, agissent l'un sur l'autre comme le feraient une infinité de très petits barreaux per-

[1] *Voir* l'art. XXX, p. 21. (J.)

pendiculaires à ce plan et situés de manière que leurs milieux y fussent situés, qu'ils remplissent toute l'aire de chacun des deux circuits, et qu'ils fussent aimantés au même degré dans le sens où chaque circuit tendrait à rendre magnétique ceux de ces courants qu'il entourerait.

Ce résultat était facile à prévoir en considérant que, d'après l'identité d'action entre des circuits plans infiniment petits entourant des aires égales, quelle que soit la forme de ces courants et d'après la manière dont j'ai considéré les aimants, un circuit plan infiniment petit peut toujours être remplacé par un très petit aimant dont les deux pôles se trouvent sur une normale à un plan et à égale distance de ce plan, l'un d'un côté et l'autre de l'autre, quel que soit d'ailleurs le point de l'aire qu'entoure le circuit où l'on suppose que la normale est élevée, point qu'on peut, pour fixer les idées, prendre au centre de gravité de la petite courbe formée par ce circuit.

Soit une surface quelconque terminée par une courbe fermée donnée de grandeur et de position dans l'espace, si l'on suppose qu'à des points infiniment rapprochés dans toute l'étendue de cette surface on place de très petits aimants dont la longueur soit la même pour tous et du même ordre que leurs distances mutuelles, qui aient la même intensité et soient également espacés, de manière que tous les pôles de même nom de ces aimants soient d'un même côté à la surface et que les droites qui joignent les pôles de chaque aimant aient leurs milieux dans cette surface et soient dirigés suivant les normales, il résulte des calculs que j'ai l'honneur de présenter à l'Académie : 1° Que l'action exercée par cet assemblage d'aimants sur un pôle austral ou boréal d'un autre aimant, placé comme on le voudra relativement aux contours de la surface, est indépendante de la forme de cette surface et ne dépend que de son contour;

2° Que cette action est précisément la même que celle qui résulte de la formule par laquelle j'ai exprimé l'action mutuelle de deux éléments de conducteurs voltaïques, entre un courant électrique qui parcourrait le contour de la surface et l'extrémité d'un solénoïde électrodynamique situé au point où l'on suppose le pôle sur lequel agissent tous les aimants infiniment petits normaux à la surface.

Je vais d'abord démontrer ces deux théorèmes en partant uniquement de la loi des attractions et des répulsions des pôles de deux aimants infiniment petits, en raison inverse du carré des distances de ces pôles; j'exposerai ensuite quelques autres conséquences des calculs qui m'y ont conduit.

Prenons pour origine des coordonnées x, y, z le pôle dont je viens de parler : soient δp la portion de la normale comprise entre les deux pôles d'un des petits aimants; ξ, η, ζ les angles que cette normale forme avec les trois axes, δx, δy, δz les différences entre les coordonnées respectivement correspondantes aux deux pôles; nommons enfin r la droite menée de l'origine au point dont les coordonnées sont x, y, z, et u celle qui joint la même origine à l'ordonnée verticale z, et représentons par φ l'angle que cette dernière droite forme avec l'axe des x.

En représentant par μ l'intensité infiniment petite de la force magnétique d'un des petits aimants, $\frac{\mu z}{r^3}$ exprimera la composante suivant l'axe des z de l'action exercée à l'origine par l'un de ses pôles et $\frac{\mu(z+\delta z)}{(r+\delta r)^3}$ celle de l'autre; il faudra retrancher celle-ci de la première, puisqu'elle agit en sens contraire : on aura ainsi

$$-\delta\frac{\mu z}{r^3} = \mu\left(\frac{3z\,\delta r}{r^4} - \frac{\delta z}{r^3}\right),$$

pour la force verticale restante.

Mais on a évidemment

$$\delta z = \delta p\cos\zeta,\qquad r\,\delta r = x\,\delta x + y\,\delta y + z\,\delta z = (x\cos\xi + y\cos\eta + z\cos\zeta)\,\delta p,$$

et il est aisé de voir que $x\cos\xi + y\cos\eta + z\cos\zeta$ est la somme des projections de x, y, z sur la perpendiculaire abaissée de l'origine sur le plan tangent à la surface au point dont les coordonnées sont x, y, z; en nommant q cette perpendiculaire, on a donc

$$\delta r = \frac{q\,\delta p}{r},$$

et l'expression de la force que nous calculons devient

$$\mu\,\delta p\left(\frac{3zq}{r^5} - \frac{\cos\zeta}{r^3}\right),$$

Employons la caractéristique d pour désigner les différentielles relatives au déplacement suivant la surface du point que nous considérons; nous aurons $\frac{dx\,dy}{\cos\zeta}$ ou $\frac{u\,du\,d\varphi}{\cos\zeta}$ pour l'aire élémentaire de cette surface, et, comme les petits aimants y sont également espacés, le nombre de ceux qui se trouvent sur cette aire élémentaire, nombre par lequel il faut multiplier la valeur que nous venons de trouver pour la force verticale, pourra être représenté par

$$\frac{u\,du\,d\varphi}{\lambda\cos\zeta},$$

λ étant une constante infiniment petite du second ordre qui représente la petite portion de surface correspondante à chaque aimant. On aura donc pour cette force, en tant qu'elle résulte de l'aire élémentaire,

$$\frac{\mu\,\delta p}{\lambda}\,u\,du\,d\varphi\left(\frac{3zq}{r^5\cos\zeta}-\frac{1}{r^3}\right).$$

Mais $\frac{q}{\cos\zeta}$ est l'ordonnée verticale du plan tangent mené par l'origine, et il est aisé de voir que cette ordonnée est égale à $z-\frac{u\,dz}{du}$, puisque u et z sont les coordonnées de la section faite dans la surface par le plan vertical qui passe par l'axe des z et par la droite u; et, comme

$$dz=\frac{r\,dr-u\,du}{z},$$

on trouvera

$$\frac{q}{\cos\zeta}=z-\frac{ru\,dr-u^2\,du}{z\,du}=\frac{r^2\,du-ru\,dr}{z\,du}.$$

En substituant cette valeur dans celle de la force, elle devient

$$\frac{\mu\,\delta p}{\lambda}\,u\,d\varphi\left(\frac{3r^2\,du-3ru\,dr}{r^5}-\frac{du}{r^3}\right)=\frac{\mu\,\delta p}{\lambda}\left(\frac{2u\,du}{r^3}-\frac{3u^2\,dr}{r^4}\right)d\varphi,$$

qu'il faut intégrer dans toute l'étendue de la surface au moyen de deux intégrations successives qu'on peut exécuter dans l'ordre qu'on veut; en commençant par celle où u et r varient seuls dans les plans verticaux passant par l'axe des z pour lesquels $d\varphi=0$, on trouve que l'intégrale s'obtient indépendamment de la relation entre φ, u et r que donnerait l'équation de la surface rapportée aux trois coordonnées φ, u et $z=\sqrt{r^2-u^2}$; dès lors cette intégrale ne peut plus dépendre de la forme de la surface, mais seulement des valeurs de u et de r aux différents points de son contour qui sont donnés en fonction de φ par les deux équations entre les mêmes coordonnées qui déterminent ce contour.

On a, par cette double intégration,

$$\frac{\mu\,\delta p}{\lambda}\int d\varphi\int\left(\frac{2u\,du}{r^3}-\frac{3u^2\,dr}{r^4}\right)=\frac{\mu\,\delta p}{\lambda}\int\left(\frac{u''^2\,d\varphi}{r''^3}-\frac{u'^2\,d\varphi}{r'^3}\right),$$

en nommant u' et u'', r' et r'' les valeurs de u et de r correspondantes aux deux points où le contour fermé donné rencontre les plans verticaux menés par l'axe des z, qui sont les deux limites de la première intégration et qui sont nécessairement de manière qu'il y en ait un sur chacune des deux branches dont ce contour est composé et qui sont séparées par ses points de contact avec les deux plans verticaux menés par l'axe des z, qu'il touche et entre lesquels il est situé; $u''^2\,d\varphi$ et $u'^2\,d\varphi$ sont évidemment les projections sur le plan des zy des aires comprises entre un élément du contour et les deux rayons vecteurs qui en joignent les extrémités à l'origine; si donc on fait attention qu'en suivant l'angle φ va en diminuant le long d'une des branches dont nous venons de parler, lorsqu'il est allé en augmentant le long de l'autre, d'où il résulte que $d\varphi$ change de signe quand on passe d'une de ces branches à l'autre, on reconnaîtra aisément que

$$\int\left(\frac{u''^2\,d\varphi}{r''^3}-\frac{u'^2\,d\varphi}{r'^3}\right)$$

est la somme de ces projections sur le plan des xy, divisée respectivement par les cubes des distances, somme qu'on peut écrire ainsi

$$\int\frac{x\,dy-y\,dx}{r^3},$$

et que j'ai nommée C dans le *Précis de la théorie des phénomènes électro-dynamiques* (¹). En faisant les mêmes calculs relativement aux composantes de la même force suivant l'axe des x et celui des y, et en continuant de désigner par B et A les quantités $\int\frac{z\,dx-x\,dz}{r^3}$, $\int\frac{y\,dz-z\,dy}{r^3}$, les quantités A, B, C étant aussi les

(¹) *Voir* page 36. (J.)

mêmes que j'ai désignées par ces lettres dans mon *Précis de la théorie des phénomènes électro-dynamiques,* on trouve que les composantes suivant les trois axes des x, des y et des z, sont respectivement

$$\frac{\mu\,\delta p}{\lambda}\,\mathrm{A},\quad \frac{\mu\,\delta p}{\lambda}\,\mathrm{B},\quad \frac{\mu\,\delta p}{\lambda}\,\mathrm{C},$$

d'où il suit que le pôle de l'aimant qui est situé à l'origine est porté par l'action de la surface dans la direction de la droite qui forme avec les trois axes des angles dont les cosinus sont $\frac{\mathrm{A}}{\mathrm{D}}$, $\frac{\mathrm{B}}{\mathrm{D}}$, $\frac{\mathrm{C}}{\mathrm{D}}$, en faisant toujours, pour abréger, $\mathrm{D}=\sqrt{\mathrm{A}^2+\mathrm{B}^2+\mathrm{C}^2}$, avec une force égale à $\frac{\mu\,\delta p}{\lambda}\,\mathrm{D}$, c'est-à-dire que l'action exercée sur ce pôle est précisément celle que, d'après ma formule, un circuit voltaïque parcourant le contour de la surface doit produire sur l'extrémité d'un solénoïde, telle que je l'ai déterminé pages 25 et 30 de mon *Précis de la théorie des phénomènes électro-dynamiques,* excepté que le coefficient constant $\frac{\mu\,\delta p}{\lambda}$ y est remplacé par cette autre constante $\frac{\pi m^2 ii'}{2g}$, ce qui n'établit aucune différence réelle entre ces deux cas, puisque l'on peut toujours supposer que les intensités des forces magnétiques des petits aimants, d'une part, et celle des courants électriques de l'autre, sont telles que ces constantes soient égales. On sait qu'il n'est pas nécessaire, pour arriver à ce résultat, que la longueur δp d'un petit aimant, l'intensité μ de sa force magnétique et la petite portion λ qu'il occupe sur la surface soient toutes trois constantes dans toute l'étendue de cette surface : il suffit que les petits aimants y soient distribués de manière que le rapport $\frac{\mu\,\delta p}{\lambda}$ y ait partout la même valeur.

XXXII.

PRÉCIS D'UN MÉMOIRE LU A L'ACADÉMIE ROYALE DES SCIENCES DANS SA SÉANCE DU 21 NOVEMBRE 1825;

PAR M.-A. AMPÈRE (1).

Le Mémoire que j'ai l'honneur de présenter à l'Académie est divisé en trois paragraphes. Dans le premier, j'ai considéré comme indéterminé l'exposant n de la puissance de la distance de deux éléments de conducteurs voltaïques, à laquelle leur action est réciproquement proportionnelle, quand on suppose que cette distance varie sans que les angles qui déterminent la situation relative des deux éléments éprouvent aucun changement. Cette première partie se termine par un nouveau moyen de démontrer que l'action dont nous parlons est dans ce cas réciproquement proportionnelle au carré de la distance, et je parviens aux résultats suivants :

1° L'action produite par un circuit plan et infiniment petit est indépendante de la forme de la courbe fermée qu'il décrit, et dépend seulement de sa position et de l'aire de cette courbe, à laquelle la force produite est proportionnelle (2).

(1) *Correspondance mathématique et physique des Pays-Bas.* Le tirage à part de cette Note porte le titre suivant, que nous n'avons pas reproduit textuellement à cause de sa longueur : *Précis d'un Mémoire sur l'action exercée par un circuit électro-dynamique formant une courbe plane dont les dimensions sont considérées comme infiniment petites; sur la manière d'y ramener celle d'un circuit fermé, quelles qu'en soient la forme et la grandeur; sur deux nouveaux instruments destinés à des expériences propres à rendre plus directe et à vérifier la détermination de la valeur de l'action mutuelle de deux éléments de conducteurs; sur l'identité des forces produites par des circuits infiniment petits, et par des particules d'aimant; enfin sur un nouveau théorème relatif à l'action de ces particules,* lu à l'Académie royale des Sciences dans sa séance du 21 novembre 1825, par M. AMPÈRE. (J.)

(2) J'ai déjà donné la démonstration de ce théorème à la fin du Mémoire sur une nouvelle expérience électro-dynamique, sur son application à la formule qui représente l'action de deux éléments de conducteurs voltaïques, et sur de nouvelles

2° Dans le cas où le circuit infiniment petit est dans le même plan que l'élément sur lequel il agit, la force dont la direction est, comme on sait, perpendiculaire à l'élément, se trouve aussi dans ce plan, et sa valeur est simplement en raison inverse de la puissance $n+1$ de sa distance à un point déterminé de l'aire du circuit. On peut supposer, pour fixer les idées, que ce point est au centre de gravité du contour de cette aire.

3° La force qui résulte de l'action de deux circuits infiniment petits, situés dans un même plan, est dirigée suivant la droite qui en joint deux points déterminés, tels que leurs centres de gravité.

4° Cette force est réciproquement proportionnelle à la puissance $n+2$ de la distance de ces deux points.

5° Si l'on divise une aire quelconque en aires élémentaires dont toutes les dimensions soient infiniment petites, et qui la remplissent entièrement, et qu'on suppose des courants électriques de même intensité qui en parcourent dans le même sens tous les contours, les actions réunies de ces courants équivaudront à un seul courant également intense, et décrivant seulement le contour de l'aire totale, puisque celui-ci se compose des seules parties des contours des aires élémentaires qui, n'appartenant pas à deux de ces aires, ne sont pas, comme les autres, parcourues en sens contraires par deux courants de même intensité dont il ne peut résulter aucune action, d'après la première loi des phénomènes électro-dynamiques.

6° Pour avoir l'action qu'un circuit fermé et plan, quelles que soient sa forme et sa grandeur, exerce sur un élément de conducteur voltaïque situé dans le même plan, il faut élever, à tous les points de l'aire du circuit, des perpendiculaires réciproquement proportionnelles aux puissances $n+1$ des distances de ces points au milieu de l'élément, calculer le volume compris entre cette aire, la surface du cylindre droit dont elle est la base, et celle qui passe par les sommets de toutes les perpendiculaires; c'est à ce volume que la force est proportionnelle : cette force est d'ailleurs

---

conséquences déduites de cette formule, que je viens de publier chez Crochard, libraire, rue du Cloître-Saint-Benoît, n° 16, et chez Bachelier, libraire, quai des Augustins, n° 55. (*Voir* la note de la page 1). (A.)

dans le plan du circuit, et dirigée suivant la droite qui y est menée par le milieu de l'élément, perpendiculairement à sa direction.

7° Deux circuits fermés quelconques, compris dans un même plan, s'attirent ou se repoussent suivant qu'ils sont parcourus en sens contraires ou dans le même sens, par un courant électrique; précisément comme si tous les points des aires qu'ils circonscrivent, supposées partout de même densité, s'attiraient ou se repoussaient en raison inverse de la puissance $n+2$ de la distance.

8° Dans le cas où toutes les dimensions et les distances respectives des points homologues de ces deux circuits deviennent plus grands dans un même rapport, leur action mutuelle augmente quand on suppose $n<2$, reste la même si $n=2$, et diminue lorsque $n>2$.

On a deux déterminations de la valeur de n, l'une déduite des expériences de M. Biot, d'après le nombre d'oscillations que fait un petit aimant par l'action d'un conducteur rectiligne indéfini à différentes distances du conducteur; l'autre repose sur l'expérience, due à MM. Gay-Lussac et Velter, qui constate la nullité d'action d'un anneau d'acier dont tous les points sont aimantés au même degré. Mais l'une et l'autre de ces deux déterminations, résultant d'expériences où l'on emploie des aimants, ne peuvent être étendues, rigoureusement parlant, à l'action mutuelle de deux conducteurs. Il était important de trouver un moyen pour déterminer la valeur de n, en partant d'observations faites directement sur des fils conducteurs. C'est à quoi l'on parvient d'une manière très simple, en partant du dernier résultat que nous venons d'obtenir. Il suffit pour cela de construire un instrument composé de trois circuits semblables, circulaires par exemple, dont les dimensions homologues forment une proportion continue, et disposés dans un même plan, de manière qu'ils puissent se trouver compris entre les côtés d'un angle qui soient à la fois tangents à leurs trois circonférences. En rendant mobile celui du milieu et en les faisant parcourir tous trois par un même courant électrique dont la direction soit telle qu'il y ait toujours répulsion entre les branches les plus voisines de trois conducteurs, afin que l'équilibre soit stable, on devra voir le circuit mobile s'arrêter dans la situation que nous venons d'indiquer, si $n=2$, s'éloigner davantage du plus grand des deux circuits fixes, si $n < 2$, et du plus petit, si $n > 2$.

D'après les déterminations que je viens de rappeler, et l'ensemble des faits relatifs à l'analogie qu'on retrouve partout entre l'action des conducteurs et celle des aimants, sous le point de vue sous lequel je les ai rapprochés, on ne peut douter que ce ne soit le premier de ces trois cas que l'expérience vérifie. Mais, pour que les lois de l'action électrodynamique fussent démontrées par les

Fig. 1.

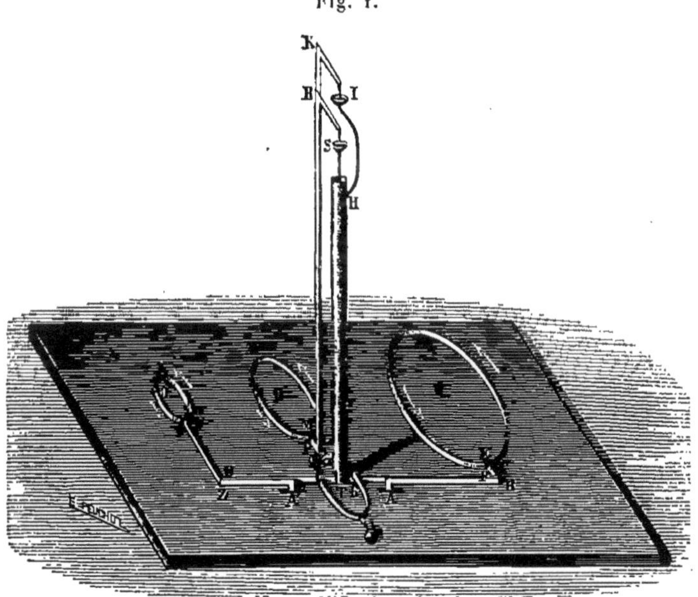

faits seuls et d'une manière absolument indépendante de toute hypothèse, il serait bien à désirer que cette expérience fût faite avec un instrument susceptible de toute la précision qu'on peut désirer : tel est celui que je vais décrire (*fig.* 1).

Aux deux points A et A′ de la table *mn* sont deux cavités remplies de mercure : dans la première, plonge un conducteur ABCDEFG dont la partie CDE est circulaire et dont les deux autres parties ABC et EFG sont recouvertes de soie pour être isolées l'une de l'autre.

En G ce conducteur communique avec un tube en cuivre HG, surmonté d'un arc HI, terminé par une coupe I remplie de mercure. Dans cette courbe plonge un conducteur IKLMNPQRS dont la partie MNP est circulaire, et le reste enveloppé de soie. Il est mobile autour de la verticale qui passe par les deux points I et S, et le cercle MNP est maintenu horizontal au moyen d'un contrepoids a. La pointe S de ce conducteur plonge dans une coupe soutenue par une tige en cuivre ST qui communique au conducteur TUVXYZA' dont la partie VXY est circulaire et le reste entouré de soie.

Les rayons des trois cercles O, O', O'', forment une proportion continue dont le rapport est arbitraire.

Cela posé, si l'on plonge le rhéophore positif en A et le rhéophore négatif en A', le courant suivra la route ABCDEFGHIJKLMNOPQRSTUVXYZA'. Le cercle O' sera donc repoussé par les deux cercles O et O'' et l'expérience fait voir qu'il reste en équilibre lorsque les distances OO', O'O'' des centres respectifs des trois cercles, sont dans le même rapport que les rayons des deux cercles consécutifs. L'instrument est construit de manière que, dans cette position, les trois centres soient en ligne droite; de sorte que le système des deux cercles O et O' est semblable au système des deux cercles O' et O''; et le rapport de toutes les lignes homologues des deux systèmes est encore le même que celui de deux rayons consécutifs.

Lorsque la valeur de n est ainsi déterminée, on doit, dans l'énoncé des théorèmes précédents relatifs à l'action d'un circuit plan sur un autre circuit situé dans le même plan, remplacer les expressions *puissance* $n+1$, *puissance* $n+2$, par celles de *troisième* et de *quatrième puissance*.

Il est à remarquer au reste que la manière que je viens d'indiquer pour déterminer la valeur de n pouvait être conclue de ce que l'action mutuelle de deux éléments de courants électriques, étant nécessairement proportionnelle au produit des longueurs de ces éléments, et représentée par ce produit multiplié par une fonction des angles qui en déterminent la position et divisé par la puissance n de leur distance, le nombre des dimensions des valeurs des doubles intégrales qui expriment les forces résultantes de l'action mutuelle de deux circuits est nécessairement $2-n$; en sorte que, quand on suppose que toutes les dimensions des deux circuits augmentent ou diminuent dans le même rapport sans que les angles changent, il faut bien que l'action soit, comme nous venons de le voir d'une autre manière, proportionnelle à la puissance $2 - n$ de ce rapport ; si l'action reste la même, il faut donc que $n = 2$.

Dans le second paragraphe de mon Mémoire, j'ai donné constamment à n cette valeur, et j'ai d'abord calculé l'action qu'exercent deux circuits fermés, formant l'un un secteur de cercle, et l'autre une demi-circonférence de même rayon que le secteur, jointe au diamètre qui en réunit les deux extrémités. Il est aisé de mesurer exactement cette action à l'aide d'un instrument où deux

Fig. 2.

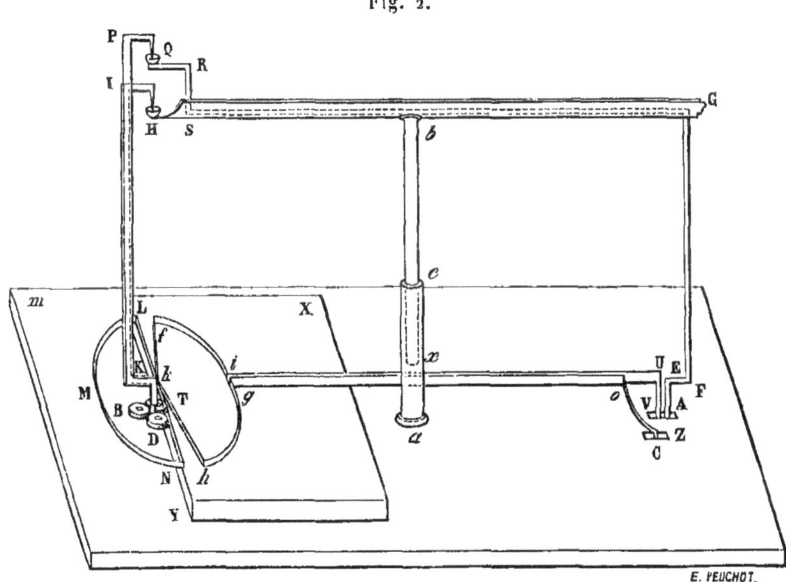

conducteurs mobiles en demi-cercle sont soumis à l'action de deux conducteurs fixes en forme de secteurs dont l'angle au sommet n'est pas le même, ainsi que je l'ai expliqué dans le Mémoire que j'ai présenté à l'Académie, le 12 septembre dernier, soit par la torsion d'un fil, soit par le nombre des oscillations que font en même temps les deux conducteurs. Voici une description abrégée de cet instrument.

Aux deux points a et a' (*fig.* 2) de la table mn, s'élèvent deux supports ab, $a'b'$ dont les parties supérieures cb, $c'b'$ sont d'une matière isolante; ils soutiennent une pièce de cuivre H*dee'd'*H' formée avec une lame pliée en gouttière suivant la droite HH', et terminée par deux coupes H et H' remplies de mercure. Aux points A, C, A', C' de la table sont quatre cavités remplies aussi de mercure. De A part un conducteur en cuivre AEFGRSQ, soutenu par HH' et terminé par une coupe Q. De A' il en part un second symétrique A'E'F'GS'R'Q'. Ils sont tous les deux entourés de soie pour être isolés l'un de l'autre et du conducteur HH'. Dans la coupe Q plonge la pointe d'un conducteur mobile QPK''LMNKIH revenant sur lui-même de K en I, et ayant dans cette partie ses deux branches entourées de soie. Il est terminé par une seconde pointe plongée dans la coupe de mercure H; NML est un demi-cercle dont NL est le diamètre et K le centre. La tige PK''*p* est verticale et terminée en *p* par une pointe retenue par trois cercles horizontaux B, D, V, qui peuvent tourner autour de leurs centres, et sont destinés à diminuer le frottement.

YT est une tablette fixe qui reçoit dans une rainure un conducteur AU*igf*Z*hgi*O*z*C, revenant sur lui-même de *g* en O, et doublé de soie dans cette partie.

La partie *f*Z*hg* est un secteur de cercle qui a pour centre le point Z; la partie *go* est rectiligne; elle traverse en *i* le support *ab* dans lequel on a pratiqué une rainure verticale. En *o* les deux lames se séparent et vont plonger respectivement dans les coupes A et C. La partie de l'instrument située à droite de FG est entièrement symétrique de celle que nous venons de décrire; les points correspondants en sont marqués dans la figure par les mêmes lettres accentuées.

Cela posé, si l'on plonge le rhéophore positif de la pile en C, et le négatif en C', le courant électrique parcourra le conducteur C*zogh*Z*fg*UAEFGRS; de là il passera dans le conducteur mobile QPK''LMNKIH, et se rendra en H'; il parcourra ensuite le conducteur mobile symétrique H'I'K'N'M'L'K'''P'Q', arrivera en Q', suivra le conducteur Q'S'R'G'F'E'A' et, arrivé en A, il suivra le conducteur A'U'*i'f'*Z'*h'g'i'o'z'*C', et de C' passera dans le rhéophore négatif, le courant allant dans la direction NL, dans le diamètre NL et de *h* en *k*, puis de *k* en *f*, dans les rayons *k*N et Z*f*; de plus le circuit fermé *f*Z*hgf* ne produisant, comme on le sait, aucune action sur le demi-cercle LMN dont le plan est perpendiculaire sur la droite fixe PK″ menée par son centre, le conducteur mobile ne pourra être mis en mouvement que par l'action du secteur $ghZfg$ sur le diamètre NL, vu que, dans toutes les autres parties de l'appareil, passent deux courants opposés dont les actions se détruisent. L'équilibre aura lieu quand le diamètre NL fera des angles égaux avec les rayons Zf et Zh; et, si on l'écarte de cette position, il oscillera par l'action seule du secteur $ghZfg$ sur le diamètre LN, et le nombre des oscillations déterminera l'intensité de cette force pour qu'on voie si elle change avec l'angle du secteur, conformément au résultat du calcul.

Je détermine ensuite, toujours dans le cas de $n=2$, l'action qu'un circuit dont toutes les dimensions sont infiniment petites exerce à un point situé hors de son plan, en supposant que ce point est celui dont les coordonnées sont x, y, z, et en prenant pour l'axe des z la perpendiculaire élevée sur le plan du petit circuit par un point déterminé de l'aire qu'il circonscrit, tel que le centre de gravité de son contour; je trouve ainsi :

1° Que la droite que j'ai désignée sous le nom de normale au plan directeur de l'action électrodynamique au point que l'on considère est dans le plan abaissé de ce point perpendiculairement sur celui du petit circuit;

2° Que cette droite est située, relativement à ce dernier plan, comme la ligne d'inclinaison de l'aiguille aimantée l'est, en général, à l'égard de l'équateur magnétique de notre globe; c'est-à-dire qu'elle forme avec la droite menée du point que l'on considère à l'origine un angle dont la tangente est la moitié de celle que la même droite fait avec l'axe des z.

Je donne ensuite les formules qui expriment les trois forces que produit l'action d'un circuit infiniment petit : 1° sur un élément de conducteur voltaïque, parallèlement à trois axes rectangulaires dont un est élevé perpendiculairement sur le plan du circuit et passe par un point déterminé de son aire, pris pour l'origine des coordonnées; 2° sur un autre circuit plan dont toutes les dimensions sont aussi infiniment petites. La difficulté qu'offraient ces calculs venait de la nécessité de ne conserver dans les formules, pour toute quantité infiniment petite, que les aires des deux circuits, puisque les forces cherchées doivent être indépendantes de leurs formes. Je suis parvenu à mettre les valeurs de ces forces sous une forme qui satisfait à cette dernière condition, par une application particulière de la méthode des variations aux questions de ce genre, application que je crois entièrement nouvelle.

Dans le troisième paragraphe, j'ai considéré les effets qui doivent résulter, non plus de l'action des courants électriques, mais de ceux qui seraient produits par des assemblages de deux sortes de points agissant les uns sur les autres, comme on admet dans la théorie des deux fluides magnétiques, qu'agissent les points qu'on désigne sous le nom de *molécules de fluide austral* et *fluide boréal,* en supposant, comme on le fait dans cette théorie, que dans un espace extrêmement petit où se trouve un de ces points, il y a toujours un autre point de l'espèce opposée, qui attire ce que l'autre repousse, et *vice versa,* avec une force dont l'intensité est la même pour les deux points, et décroît d'ailleurs en raison inverse du carré de la distance. Pour éviter les circonlocutions dans la comparaison que je me propose de faire ici entre les conséquences auxquelles on est conduit, lorsqu'on admet l'existence de ces molécules, et celles qui se déduisent de la considération des courants électriques formant des circuits plans infiniment petits, je donnerai le nom d'*élément magnétique* à l'assemblage de deux points doués des propriétés dont je viens de parler; je désignerai ces points sous celui de *pôles de l'élément magnétique,* et j'appellerai *axe* du même élément la droite qui les joint. J'ai considéré d'abord deux éléments magnétiques dans une situation quelconque : j'ai pris le milieu de l'axe d'un de ces éléments pour l'origine des coordonnées x, y, z, et ce même axe pour celui des z; j'ai calculé les forces parallèles aux trois axes qui résultent de l'action mutuelle des deux éléments magnétiques, et en comparant les valeurs de ces forces avec celles que j'avais obtenues dans le paragraphe précédent pour les trois forces produites par l'action mutuelle de deux circuits infiniment petits, après avoir fait $n = 2$ dans ces dernières, j'ai trouvé qu'en supposant les axes des deux éléments magnétiques, normaux aux plans des deux circuits, et les milieux de ces axes dans des points déterminés des aires que circonscrivent les mêmes circuits, on avait dans les deux cas des valeurs qui ne différaient qu'en ce que le coefficient constant qui entre dans ces valeurs était $\frac{1}{2} i i' \lambda \lambda'$, i et i' étant les intensités des deux courants, λ et λ' les aires qu'ils entourent, lorsqu'il s'agit de l'action mutuelle des deux circuits, tandis que quand on prend les valeurs des forces produites par l'action mutuelle des deux éléments magnétiques, le même facteur est $\mu\mu'\delta\rho\delta\rho'$, en nommant μ, μ' les intensités des forces attractives et répulsives des pôles de ces éléments, et $\delta\rho$, $\delta\rho'$ les longueurs de leurs axes.

Ce résultat établit complètement l'identité de tous ceux qu'on peut déduire des deux espèces de considérations par lesquelles on a expliqué les phénomènes électro-dynamiques, identité qu'on pourrait déjà déduire, quoique d'une manière moins directe, des calculs de M. Savary, et de ceux qu'on trouve dans mon *Précis de la théorie des phénomènes électro-dynamiques.*

Mais ce n'est pas là le seul avantage de ce résultat général : il montre non seulement comment on doit disposer des circuits électriques fermés, pour qu'ils produisent exactement les mêmes effets que les aimants considérés ainsi qu'on le fait ordinairement comme composés de molécules de fluides austral et boréal, c'est-à-dire d'éléments magnétiques, mais encore, ce qui est beaucoup plus important, comment il faut disposer des éléments magnétiques, pour qu'il en résulte précisément tous les effets des conducteurs voltaïques formant des circuits fermés de forme invariable. C'est à cette question que je me suis d'abord appliqué, et j'ai terminé mon Mémoire par quelques recherches sur la manière dont on pourrait étendre les mêmes considérations au cas où les conducteurs ne forment pas des circuits solides fermés, et où l'on observe le singulier phénomène du mouvement de rotation continue.

D'après ce qui a été dit dans le premier paragraphe au sujet de la possibilité de remplacer, sans qu'il en résulte aucun changement dans l'action que produit un circuit fermé et plan quelconque, par autant de circuits infiniment petits, de même direction et de même intensité, que l'on conçoit de parties dans l'aire du premier, on est conduit naturellement à remplacer de même un circuit fermé, mais dont toutes les parties ne sont pas dans un même plan, par des circuits infiniment petits, de même direction et de même intensité, situés sur une surface quelconque terminée de toutes parts au premier circuit. Il est bien évident que les seules parties de ces petits circuits, dont l'action n'est pas détruite par les parties des circuits voisins avec lesquelles elles coïncident, sont précisément celles dont se compose le circuit total. Or, celui-ci ne changeant pas, on peut donner à la surface dont il est le contour toutes les formes que l'on veut : l'action des circuits infiniment petits disposés sur cette surface de la manière que je viens de le dire est donc indépendante de sa forme, et on peut la faire varier sans que l'action change, pourvu que le contour de cette surface reste le même.

Il m'était alors aisé de prévoir, d'après ce que j'avais démontré dans le second paragraphe de ce Mémoire, que la même indépendance de la forme de la surface doit avoir lieu à l'égard de l'action exercée par des éléments magnétiques, normaux aux plans des petits circuits qui peuvent leur être substitués. De là résulte un théorème bien remarquable relatif à ces éléments, et que j'ai démontré directement d'après la seule considération des forces qu'on attribue dans l'hypothèse des deux fluides magnétiques aux molécules du fluide austral et à celles du fluide boréal.

Ce théorème consiste en ce qu'en partant des forces attribuées aux deux pôles des éléments magnétiques on trouve : 1° que si, à tous les points d'une surface de forme quelconque, on conçoit des éléments magnétiques dont les axes aient leurs milieux dans cette surface et soient dirigés suivant les normales, et dont les intensités multipliées par les longueurs donnent des produits égaux pour toutes les portions de la surface dont l'aire est la même, l'action exercée par ces éléments sur le pôle d'un autre élément que l'on peut considérer comme l'origine des coordonnées auxquelles on rapporte la surface est absolument indépendante de la forme de cette surface, qu'elle est toujours nulle quand celle-ci est fermée et termine de toute part l'espace qu'elle renferme, et que, dans le cas contraire, la même action dépend seulement de la forme du contour qui circonscrit la surface; 2° que les trois composantes de l'action totale suivant les trois axes sont respectivement proportionnelles aux sommes des quotients des projections des aires dont le sommet est à l'origine, et qui ont pour bases les arcs infiniment petits dont se compose le contour, divisées par les cubes des distances de ces arcs à l'origine. On sait que j'ai trouvé dans le *Précis de la théorie des phénomènes électro-dynamiques,* en partant d'une formule uniquement déduite de l'expérience, des expressions semblables pour les trois forces qui résultent, dans les mêmes directions, de l'action d'un circuit fermé sur le pôle d'un élément magnétique; et comme la même chose doit se dire de toutes les surfaces qui ont ce circuit pour contour, on peut considérer l'action qu'il exerce comme due à des éléments magnétiques, disposés dans l'espace suivant des lignes d'aimantation qui coupent partout à angles droits les surfaces dont nous venons de parler, avec cette seule condition que l'intensité des éléments magnétiques multipliés par les longueurs de leurs axes donnent des produits égaux pour des portions égales d'une même surface.

Soit qu'on suppose que chaque élément magnétique doit l'action qu'il exerce à deux molécules, l'une de fluide austral, l'autre de fluide boréal, ou que cette action résulte du courant électrique formant dans un plan perpendiculaire à l'axe de l'élément un circuit infiniment petit, le résultat purement mathématique que je viens d'énoncer subsiste, et l'on ne peut guère se dispenser d'en conclure, dans les deux manières d'expliquer les phénomènes que présentent les conducteurs voltaïques, que l'action exercée par ces conducteurs est produite par la formation, dans l'espace environnant, des éléments magnétiques dont je viens de parler; surtout si l'on se rappelle une expérience que j'ai faite à Genève, en 1822 (1), et celles par lesquelles M. Becquerel a généralisé et complété le résultat que j'avais obtenu, savoir que le courant électrique imprime en effet à tous les corps l'espèce d'aimantation dont il est ici question, aimantation qui disparaît dès que le courant est interrompu.

D'autres physiciens ont cherché à représenter l'action des fils conducteurs par des distributions d'éléments magnétiques propres à les produire; mais leurs travaux n'ont eu aucun résultat, parce qu'ils plaçaient les éléments magnétiques, les uns suivant les diamètres des fils dans deux directions perpendiculaires entre elles, hypothèse repoussée par une expérience bien connue de M. Oersted (2);

---

(1) *Voir* t. II, art. XXV, p. 332. (J.)

(2) L'expérience d'Œrsted consiste à montrer qu'un fil conducteur rectiligne mobile autour de son axe exerce la même action sur une aiguille aimantée, quelle que soit la situation qu'il prenne par rapport à cet axe. (*Annales de Chimie et de Physique*, [2], t. XXII, p. 201; 1823.) (J.)

les autres suivant les circonférences des mêmes fils, tandis que l'expérience déjà citée de MM. Gay-Lussac et Welter démontre qu'alors ils n'exerçaient aucune sorte d'action. Il fallait suivre la marche toujours appuyée sur l'expérience, dont je ne me suis point écarté dans mes recherches sur ce sujet, pour être conduit à disposer, comme je viens de le dire, des éléments magnétiques dans l'espace où se trouve le circuit voltaïque, de manière qu'ils produisent exactement les effets observés. Qui ne voit d'ailleurs que, quand même on aurait eu cette idée, on n'aurait eu aucun moyen de la vérifier, si je n'avais pas déduit de la seule observation des faits les lois de l'action électro-dynamique et les valeurs des forces qui en sont une suite nécessaire? Ces lois et ces valeurs ainsi établies, indépendamment de toute hypothèse, subsistent nécessairement, quelle que soit la théorie qu'on adopte, ou plutôt elles sont comme la pierre de touche de toutes les théories qui se trouvent appuyées sur les faits, dès qu'elles conduisent aux valeurs déterminées d'avance pour les forces, et inadmissibles quand elles en donnent d'autres.

A l'égard des phénomènes qu'on observe quand une partie du circuit voltaïque est mobile séparément, sans former elle-même un circuit presque fermé, il est aisé de voir que la répulsion mutuelle des éléments magnétiques normaux aux surfaces qui ont pour contour le circuit total, y compris la pile, doit tendre à le dilater en établissant une répulsion, apparente si l'on veut, soit entre les diverses parties d'une portion rectiligne, soit entre les deux côtés d'un angle que le courant parcourt, en allant vers le sommet de cet angle dans l'un, et en s'éloignant dans l'autre.

De là résulte le phénomène de rotation tel qu'on l'observe, et cette rotation tend toujours à s'accélérer, parce qu'à mesure que la partie mobile se déplace, il se forme de nouveaux éléments magnétiques dans l'espace environnant, en sorte que les forces attractives et répulsives qui en émanent dépendent du temps : ce qui suffit, comme on sait, pour qu'il n'y ait plus lieu au principe de la conservation des forces vives, tel qu'on le conçoit communément. Mais si l'on voulait continuer d'expliquer les phénomènes produits par les aimants et par les conducteurs voltaïques, en supposant deux fluides magnétiques différents de l'électricité et dont les molécules se disposeraient dans le cas des conducteurs de la manière que je viens d'indiquer, il resterait à dire comment le courant électrique agit sur elles et leur donne une si singulière disposition ; tandis qu'en n'admettant dans ces phénomènes que de l'électricité en mouvement agissant, comme le prouve l'expérience, conformément aux lois que j'ai établies et à la formule qui en résulte, on voit sur-le-champ que le courant électrique du fil conducteur doit imprimer aux particules de fluide neutre répandues dans l'espace un mouvement de rotation qui se propage de proche en proche suivant les surfaces dont je viens de parler, et qu'il résulte autant de courants électriques infiniment petits qu'il y a de ces particules, puisqu'elles sont chacune composées de molécules d'électricité positive et de molécules d'électricité négative. Cette manière de concevoir les effets des conducteurs voltaïques rend également raison de ceux que produisent les aimants, et donne pour ces derniers les deux lois connues de l'action mutuelle de deux aimants, et de l'action d'un aimant sur un fil conducteur. Seulement ces lois ne sont plus le résultat d'une force inhérente aux prétendues molécules du fluide austral et du fluide boréal, mais résultent des mouvements que les courants électriques impriment aux particules du fluide formé par la réunion des deux électricités, et de la manière dont ces particules réagissent en vertu de ces mouvements sur les corps où les courants sont établis. J'avais annoncé dans mon Recueil d'observations électro-dynamiques que de tels mouvements étaient la cause la plus probable des phénomènes dont il est ici question. Les nouveaux résultats contenus dans ce Mémoire tendent à confirmer cette opinion, et à nous mettre sur la voie qui doit nous conduire à la détermination complète de ces mouvements, et à l'explication de tous les effets qu'ils produisent.

XXXIII.

LETTRE DE M. AMPÈRE A M. GHERARDI, SUR DIVERS PHÉNOMÈNES ÉLECTRO-DYNAMIQUES (¹).

Monsieur,

J'ai mille remercîments à vous faire de l'exemplaire de vos observations sur l'ouvrage de M. le chevalier Leopoldo Nobili, que vous avez eu la bonté de m'envoyer.

Les réponses que vous faites à plusieurs objections proposées dans cet ouvrage contre quelques parties de ma théorie des phénomènes électro-dynamiques m'ont paru en général très justes, et je pense qu'elles ne laissent rien à désirer sur ce sujet. La plupart s'étaient présentées à mon esprit quand je lus l'ouvrage de M. Leopoldo Nobili, ouvrage où se trouvent d'ailleurs des recherches sur diverses circonstances des phénomènes électro-dynamiques qui m'ont paru pleines d'intérêt.

Vous avez très bien montré, Monsieur, que les résultats de toutes les expériences décrites dans cet ouvrage sont entièrement con-

(¹) *Annales de Chimie et de Physique*, [2], t. XXIX, p. 373.

Nobili avait décrit, dans l'*Anthologie de Florence* (août, octobre et décembre 1824), plusieurs expériences qu'il présentait comme autant d'objections à la théorie d'Ampère. Le Dr Gherardi, auteur d'une traduction du *Manuel d'Électricité dynamique* de Demonferrand, chercha à réfuter ces objections dans un Mémoire intitulé : *Osservazioni sopra alcune esperienze elettro-magnetiche del signor cavaliere Leopoldo Nobili*, del dottor Silvestro Gherardi (*Nuova collezione d'Opusculi scientifici*, quaderno I, Bologna, 1825).

Parmi ces expériences, la plus intéressante est la rotation du mercure à l'intérieur et à l'extérieur d'une hélice traversée par un courant, expérience analogue à celle que M. Bertin a publiée, en 1859, dans les *Annales de Chimie et de Physique* [3], t. LV, p. 304. Gherardi montre que les rotations sont bien de sens contraires à l'intérieur et à l'extérieur de l'hélice, comme le veut la théorie.

Les éclaircissements donnés dans la lettre actuelle n'ayant pas levé tous les doutes de son correspondant, Ampère se décida, sur de nouvelles objections, à écrire le *Mémoire sur l'action d'un courant voltaïque et d'un aimant*, qu'il adressa à Gherardi en même temps que la Lettre qui forme le supplément de ce Mémoire. (*Voir* les art. XXXIV et XXXV.) (J.)

formes à ce qu'on déduit de la manière dont j'ai expliqué les phénomènes électro-dynamiques. Je crois cependant devoir ajouter deux observations à celles que vous avez faites sur ce sujet. La première est relative à ce que, dans ma lettre à M. Faraday, en date du 18 avril 1823, j'avais dit que l'action mutuelle de deux circuits fermés ou de deux assemblages de circuits fermés ne peut produire le mouvement de rotation continue dans l'un de ces circuits ou de ces assemblages. [*Voir* mon *Recueil d'observations électro-dynamiques*, p. 366 (¹).] Vous avez raison, ainsi que M. de Nobili, de me reprocher d'avoir, dans ce passage d'une lettre écrite rapidement, énoncé d'une manière trop générale une chose qui n'est vraie que des circuits fermés, ou assemblages de circuits fermés qui sont *solides,* c'est-à-dire, de *forme invariable dans toute leur étendue.* Qu'elle soit vraie dans ce cas, c'est ce qu'il vous sera facile de vérifier, parce que, dans toutes les positions des deux circuits fermés où l'un d'eux tend à imprimer à l'autre un mouvement de rotation continue, il arrive, à mesure que ce mouvement a lieu, que le circuit fermé mobile vient s'appuyer sur l'autre, et que le mouvement ne peut continuer qu'autant que l'un des deux circuits a, dans l'endroit où ils se rencontrent, une portion liquide que l'autre puisse traverser. Mais si j'ai eu tort, dans le passage en question de ma lettre à M. Faraday, de ne pas énoncer cette restriction en disant : « Des circuits fermés solides et de forme invariable dans toute leur étendue », c'est que je pensais qu'on verrait bien, en lisant ce passage, que j'entendais parler seulement de cette sorte de circuits, puisque l'expérience même de M. Faraday, où un aimant tourne continûment autour d'un conducteur vertical, m'était connue depuis longtemps, et qu'il est évident que, d'après ma formule, le mouvement continu de rotation doit avoir lieu, dans ce cas, soit que le courant électrique traverse ou ne traverse pas l'aimant, pourvu que le mercure dans lequel il est établi puisse s'ouvrir pour laisser passer cet aimant, en un mot, pourvu que le circuit fixe soit en partie liquide. J'étais d'autant plus fondé à penser que l'on restreindrait aux circuits fermés *solides* ce que je disais relativement à l'impossibilité de produire un mouvement de rotation continue par leur action

(¹) *Voir* t. II, art. XXVIII, p. 384. (J.)

mutuelle, que cette restriction, oubliée dans ma lettre à M. Faraday, était énoncée de la manière la plus complète dans deux autres endroits de mon *Recueil d'observations électro-dynamiques.*

Voici comme je me suis exprimé à la page 235 de ce Recueil [1] : « Dès que j'eus connaissance, à la fin d'octobre 1821, du Mémoire où M. Faraday avait publié, peu de temps auparavant, son importante découverte du mouvement continu de rotation d'un conducteur voltaïque autour d'un aimant, et d'un aimant autour d'un conducteur, et où il avait annoncé qu'il n'avait pu faire tourner, par l'action de ce dernier, un aimant autour de son axe, je cherchai à produire cette sorte de mouvement en faisant agir des aimants, disposés de toutes les manières que je pus imaginer, sur les conducteurs mobiles dont je m'étais servi jusqu'alors dans toutes mes expériences, et dont les deux extrémités se trouvaient dans l'axe de rotation. Je parvins bientôt à ce résultat général, que tant que cette circonstance a lieu dans un conducteur dont toutes les parties *sont liées invariablement* entre elles, le mouvement continu de rotation est impossible, et il me fut facile d'en conclure qu'il l'est également par l'action mutuelle d'un aimant et d'un circuit fermé de *forme invariable,* puisqu'un tel circuit peut toujours être considéré comme la réunion de deux portions de conducteurs dont les extrémités sont dans un même axe de rotation pris à volonté. »

Et à la page 356 [2], en répétant qu'il est impossible de produire cette sorte de mouvement en employant seulement des aimants ou des conducteurs *solides* formant des circuits fermés, j'ai expliqué, par une note placée au bas de cette page, l'expression *conducteurs solides* en ces termes : « On entend ici, par cette expression, que toutes les parties de la portion du conducteur qui forme un circuit fermé ou presque fermé sont invariablement liées entre elles, et ne peuvent changer de situation respective. Lorsque cette portion est composée de deux ou de plusieurs pièces mobiles séparément, ou qu'elle est formée en tout ou en partie d'un liquide conducteur, le mouvement de rotation continue devient possible. »

---

(1) *Voir* t. II, art. XVIII, p. 267. (J.)

(2) *Voir* t. II, art. XXVII, p. 377. (J.)

Vous voyez, Monsieur, que la restriction qui rend exact ce que j'ai dit sur le cas où le mouvement de rotation devient impossible est exprimée de la manière la plus expresse dans cette note, qui se trouve dans mon *Recueil*, immédiatement avant ma lettre à M. Faraday, et qui y a été publiée il y a plus de deux ans.

La seconde observation se rapporte à la remarque que vous avez faite page 16 de votre Mémoire, sur ce que, d'après la valeur

$$\frac{\pi m^2 ii'}{2g}(\cos\theta' - \cos\theta'' - \cos\theta'_1 + \cos\theta''_1),$$

que j'ai donnée à la page 28 de mon *Précis de la théorie des phénomènes électro-dynamiques* (¹), pour représenter le moment de rotation produit par l'action d'un solénoïde électro-dynamique sur un conducteur, action qui peut en général être assimilée à celle qu'un aimant exercerait sur le même conducteur, vous avez trouvé qu'en supposant que les deux extrémités du conducteur et les deux pôles du solénoïde ou de l'aimant sont à la fois dans l'axe de rotation, le mouvement continu autour de cet axe devait avoir lieu quand un des pôles est entre les deux extrémités du conducteur, et l'autre pôle hors de l'intervalle compris entre ces extrémités. Ce résultat de ma formule est d'accord avec celui de l'expérience qu'on fait au moyen de l'appareil représenté ici (*fig.* 1),

Fig. 1.

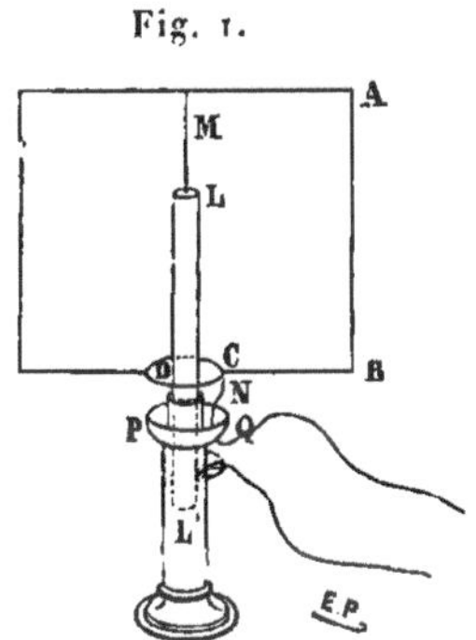

quoique, dans cet appareil, l'extrémité inférieure N du conducteur mobile MABN qui plonge dans le mercure de la coupe PQ ne se termine pas précisément à l'axe. Cela vient, d'une part, de

(¹) *Voir* t. III, art. XXX, p. 92. (J.)

ce que les cosinus des angles θ'_1 et θ''_1, relatifs à l'extrémité N, ne diffèrent que très peu des valeurs — 1 et + 1 que prendraient ces cosinus si elle était exactement dans l'axe; et d'autre part, de ce que la valeur du moment de rotation en fonction des angles θ', θ'', θ'_1, θ''_1 est applicable à ce cas parce que les divers points du conducteur sont à des distances des courants de l'aimant beaucoup plus grandes que les rayons des circonférences décrites par ces courants. Mais si l'on pouvait supposer que le conducteur pénétrant dans l'aimant vînt se terminer à un point D de l'axe situé dans l'intérieur de cet aimant, on ne peut plus dire précisément ce qui aurait lieu dans cette supposition, impossible d'ailleurs à réaliser. En effet, les points de la portion CD du conducteur mobile se trouvant comme infiniment près des courants de l'aimant, on ne pourrait plus considérer les rayons des circonférences que décrivent ces courants comme très petits relativement aux distances entre elles et les points dont nous parlons; dès lors l'expression du moment de rotation qui a été calculée en négligeant les puissances de ces rayons, supérieure à la troisième, cesserait de donner la valeur de ce moment. C'est pourquoi, lorsqu'on remplace, dans l'appareil que nous venons de décrire, l'aimant par une hélice électro-dynamique, il y a encore mouvement de rotation continue tant que l'extrémité inférieure N du conducteur mobile est en dehors de cette hélice, comme elle est en dehors de l'aimant LL' (*fig.* 1); mais si, cette hélice ayant toujours pour axe celui autour duquel le conducteur mobile est assujetti à tourner, on dispose le conducteur mobile comme on le voit (*fig.* 2), de manière que son extrémité inférieure N soit, comme la supérieure M, exactement dans l'axe, en faisant passer la portion horizontale BC de ce conducteur entre les spires de l'hélice, il n'aura plus aucune tendance à tourner autour de l'axe de ces spires, parce que pour chacune d'elles il y aura sur BC un point O tel que le moment de rotation que l'action de la spire imprime à la portion MABO pour la faire tourner dans un sens sera détruit par un moment égal et de signe contraire résultant de l'action de la même spire pour faire tourner la portion OC en sens contraire. L'opposition de ces deux actions n'a évidemment lieu que parce que la portion OC du conducteur mobile se trouve dans l'intérieur de l'hélice, tandis que la portion MABO est en dehors : or, cette circonstance ne peut avoir lieu sans qu'il y ait des points du conducteur mobile à une distance des deux spires entre lesquelles il passe moindre que celle d'une spire à l'autre, et dès lors la valeur du moment de rotation en fonction des angles θ', θ'', θ'_1, θ''_1 n'est plus applicable, puisqu'elle repose sur ces deux suppositions que la distance de deux courants circulaires consécutifs est infiniment petite, et que celle des divers points du conducteur mobile à ces courants est très grande relativement aux rayons des cercles qu'ils décrivent. Ce cas où la valeur trouvée pour le moment de rotation n'a plus lieu est au reste particulier aux hélices électro-dynamiques, et ne peut exister à l'égard des aimants, puisque le conducteur mobile ne peut passer entre les courants électriques auxquels ils

Fig. 2.

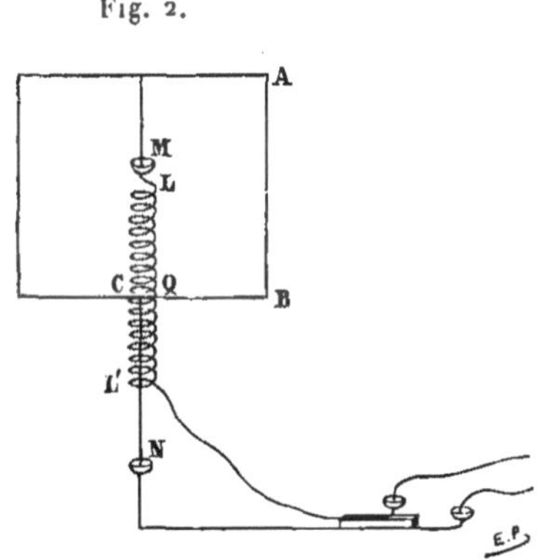

doivent leurs propriétés, et que les rayons des cercles décrits par ces courants sont d'une petitesse de l'ordre des dimensions des particules des corps.

De tout cela il ne résulte aucune dissemblance réelle entre la manière d'agir d'un aimant et celle d'un solénoïde électro-dynamique; on voit que l'hélice que nous substituons à ce dernier agit comme l'aimant, à l'exception du seul cas où une portion du conducteur mobile passe entre ses spires, et s'étend dans l'intérieur de cette hélice, ce qui ne peut avoir lieu à l'égard de l'aimant dont les courants circulaires entourent chaque particule. On voit en même temps pourquoi la valeur du moment de rotation rappelée plus haut cesse, dans le même cas, d'exprimer l'action de l'hélice, quoiqu'elle représente toujours exactement celle des aimants, et comment la rotation continue du conducteur mobile, disposé comme dans la *fig.* 1, n'est nullement contraire au cas d'équilibre dont j'ai déduit, entre les deux constantes k et n de ma formule, la relation

$$2k + n = 1,$$

et que j'ai constatée par l'expérience décrite aux pages 311 et 312 de mon *Recueil d'observations électro-dynamiques* (1). Dans cette expérience, l'équilibre a lieu entre les deux actions exercées par le conducteur circulaire horizontal; la première, dans un sens, sur la portion du conducteur mobile qui répond à l'intérieur de ce conducteur circulaire; la seconde, en sens contraire, sur la portion du conducteur mobile qui lui est extérieur : or, dans l'appareil (*fig.* 1), ce dernier est tout extérieur à l'aimant, il n'y a donc d'action que dans un sens, et le mouvement de rotation continue en est une suite nécessaire. Il est inutile d'ajouter que, si les actions exercées par le conducteur horizontal sur les deux portions du conducteur mobile dont je viens de parler tendent à le faire tourner en sens opposés, cela vient de ce que le courant de ce dernier conducteur ne peut aller, en s'approchant de celui du conducteur horizontal dans une de ces deux portions, sans aller en s'en écartant dans l'autre et réciproquement (2).

J'ai l'honneur d'être, etc.

Paris, 16 août 1825.

---

(1) *Voir* t. II, art. XIX, p. 283 et 284. (J.)

(2) Nous avons supprimé ici un dernier paragraphe, qu'Ampère avait supprimé lui-même dans le tirage à part de cette Lettre. Il annonce à Gherardi qu'il vient d'employer une nouvelle méthode (celle de l'arc mobile, t. III, p. 17) pour déterminer la relation $2k + n = 1$: la première « n'était peut-être pas assez rigoureuse parce que je n'avais vérifié que sur un courant décrivant, soit une circonférence entière, soit une demi-circonférence, ce qui aurait dû l'être sur chaque élément du courant circulaire horizontal. » (J.)

XXXIV.

MÉMOIRE SUR L'ACTION MUTUELLE D'UN CONDUCTEUR VOLTAIQUE ET D'UN AIMANT (1);

PAR M.-A. AMPÈRE.

Quoique M. Savary, dans le Mémoire qu'il a lu à l'Académie des Sciences de Paris, le 3 février 1823, ait déduit la loi, que M. Biot a proposée en 1820 pour représenter l'action qui s'exerce entre un élément de conducteur voltaïque et une molécule magnétique, de la formule par laquelle j'ai exprimé l'action de deux éléments de fils conducteurs, en substituant à cette molécule l'extrémité du solénoïde électro-dynamique à laquelle elle est identique, quand on conçoit l'aimant comme un assemblage de courants électriques disposés autour de ses particules, ainsi que j'ai montré qu'ils devaient l'être pour qu'il en résultât tous les phénomènes que présentent les aimants, et quoique ce jeune physicien ait ainsi ramené ces phénomènes aux effets produits par l'électricité en mouvement, j'ai cru qu'il était important d'examiner, en particulier, l'action mutuelle d'un conducteur voltaïque et d'un aimant, en partant de cette loi considérée comme une simple donnée de l'expérience. En effet, si elle ne résultait pas des premières expériences dont M. Biot l'avait déduite, et qu'on trouve décrites dans la seconde édition de son *Précis élémentaire de Physique*, expériences qui ne pouvaient même

(1) La plus grande partie de ce Mémoire fut d'abord, avec la lettre qui est jointe ici, adressée, au commencement de 1826, à M. le Dr Gherardi. Je l'ai revu depuis, et j'y ai ajouté divers développements propres à éclaircir toutes les difficultés qui pouvaient rester sur le sujet dont il traite. (A.)

Ce Mémoire, présenté à l'Académie royale de Bruxelles, dans la séance du 26 octobre 1836, a été publié dans le Tome IV des Mémoires de cette Société. Toute la seconde partie, à partir de la page 248, a été reproduite dans les *Annales de Chimie et de Physique*, t. XXXVII, p. 113, 1828; un tirage à part du texte des *Annales* a paru sous le titre : *Note sur l'action mutuelle d'un aimant et d'un conducteur voltaïque*, par M. AMPÈRE; Paris, Bachelier, 1828. (J.)

s'accorder avec elle, elle se trouve aujourd'hui complètement vérifiée par les nouvelles expériences dont il a consigné les résultats dans la troisième édition du même ouvrage (1); et les physiciens qui admettent ma théorie, comme ceux qui la combattent, s'accordent à regarder l'exactitude de cette loi comme incontestable. Elle consiste, comme on sait, en ce que la force qui résulte de l'action mutuelle d'un élément de conducteur voltaïque et de ce qu'on appelle une molécule magnétique est perpendiculaire au plan qui joint la molécule magnétique avec l'élément, et que sa valeur, pour un même élément et une même molécule, est en raison inverse du carré de leur distance, et en raison directe du sinus de l'angle que la droite qui mesure cette distance forme avec la direction de l'élément.

La direction et l'intensité de cette force sont ainsi complètement déterminées, mais il n'en est pas de même du point auquel on doit la considérer comme appliquée. Ce point dépend de l'hypothèse qu'on adopte sur la cause des phénomènes électro-dynamiques; on a fait sur cette cause trois hypothèses. La première consiste à admettre l'existence de deux fluides nommés austral et boréal, et à distribuer ces fluides de manière à produire la loi dont il s'agit (2).

La seconde est celle par laquelle j'ai rendu raison des phénomènes observés, en considérant un aimant comme un assemblage de courants électriques, tournant autour de ses particules et agissant, soit sur les courants électriques d'un autre aimant, soit sur ceux d'un fil conducteur, précisément comme l'expérience

---

(1) *Voir* t. II, art. VI et, en particulier, les notes des pages 80 et 116. (J.)

(2) C'est ainsi qu'un grand nombre de physiciens ont pensé qu'il était possible d'expliquer les phénomènes découverts par M. Œrsted, et ceux que j'ai observés le premier, par certaines dispositions des deux fluides magnétiques, austral et boréal. Mais il ne suffisait pas de quelques aperçus vagues et généraux, pour l'explication des faits dont se compose cette nouvelle branche de la Physique : il fallait surtout trouver une distribution des éléments magnétiques qui pût représenter exactement la loi dont nous nous occupons; c'est ce que j'ai fait dans le Mémoire que j'ai lu à l'Académie des Sciences de Paris, le 28 novembre 1825, où se trouvent les principaux résultats dont celui que je publie aujourd'hui contient le développement; on y verra quels sont les phénomènes électro-dynamiques qui peuvent être expliqués de cette manière, et ceux qui prouvent qu'elle ne peut être admise dans tous les cas. (A.)

m'a prouvé que les courants des fils conducteurs agissent les uns sur les autres.

Enfin, la troisième hypothèse est celle où l'on suppose qu'il existe entre un élément de fil conducteur et une molécule magnétique une action élémentaire primitive, tendant à faire tourner à la fois la molécule autour de l'élément, et l'élément autour de la molécule.

Cette dernière hypothèse diffère des deux autres, en ce que, au lieu de n'admettre entre les points matériels qui agissent les uns sur les autres que des forces dirigées suivant les droites qui les joignent, elle suppose entre l'élément de conducteur voltaïque et la molécule magnétique une action représentée par deux forces égales et opposées, mais toutes deux perpendiculaires au plan qui passe par l'élément et par la molécule magnétique, appliquées l'une au milieu de l'élément et l'autre à la molécule, et formant ainsi ce que M. Poinsot a nommé un couple; en sorte que, lors même que l'élément et la molécule seraient liés ensemble invariablement, l'assemblage solide qu'ils formeraient prendrait par leur seule action mutuelle un mouvement de rotation. Quoique cette dernière hypothèse semble directement contraire aux premiers principes de la Dynamique, suivant lesquels l'action mutuelle des diverses parties d'un même système solide ne peut jamais lui imprimer aucun mouvement, il m'a paru nécessaire de l'examiner spécialement, afin d'en comparer les résultats à ceux des deux précédentes, et de démontrer que, lors même qu'on l'adopte, le mouvement de rotation indéfiniment accéléré (¹) est impossible, comme dans les deux autres hypothèses, lorsque la portion de conducteur voltaïque qui agit sur l'aimant forme un circuit solide et fermé.

Ces trois hypothèses offrent d'ailleurs un exemple frappant de

---

(¹) J'appellerai toujours ainsi dans ce Mémoire le mouvement qui résulte dans certains cas de l'action mutuelle, soit de conducteurs voltaïques, soit d'un conducteur et d'un aimant, et qui présente cette circonstance singulière, que la vitesse du conducteur ou de l'aimant mobile va toujours croissant, jusqu'à ce que les frottements et la résistance des milieux mettent des bornes à son accroissement, et qu'alors elle reste constante, malgré ces frottements et ces résistances en sorte qu'il est prouvé par l'expérience qu'il y a dans ce cas une production continuelle de force vive, quelle qu'en soit la cause. (A).

la possibilité où l'on est souvent de remplacer un système de forces, agissant sur un assemblage solide de points matériels, par un autre système de forces toutes différentes, mais dont l'ensemble produit absolument les mêmes effets d'équilibre et de mouvement sur cet assemblage solide. C'est ainsi que, quand un corps est plongé dans un liquide pesant, on peut, sans rien changer aux conditions d'équilibre ou de mouvement de ce corps, substituer au système des pressions que le fluide exerce sur sa surface un système de forces verticales appliquées de bas en haut à toutes les particules de ce corps, et dont chacune est représentée par le poids d'un volume du liquide égal au volume de la particule du corps sur laquelle cette force est censée agir.

La condition nécessaire et suffisante pour que deux systèmes de forces appliquées ainsi à un assemblage solide soient équivalents consiste, comme on sait, dans six équations, dont les trois premières expriment que les sommes des composantes des forces parallèles à trois axes, pris à volonté, sont les mêmes dans les deux systèmes; et les trois autres, que les sommes des moments des mêmes forces, autour des mêmes axes, sont aussi égales dans les deux systèmes.

En représentant par $d\omega$ un élément de l'assemblage solide, par $X d\omega$, $Y d\omega$, $Z d\omega$ les forces appliquées à cet élément, et par x, y, z les coordonnées d'un point quelconque situé sur la direction de la résultante des forces X, Y, Z, lorsqu'elles en ont une, ces six équations consistent en ce que les expressions

$$\int X\,d\omega,\quad \int Y\,d\omega,\quad \int Z\,d\omega,$$

$$\int (Yz - Zy)\,d\omega,\quad \int (Zx - Xz)\,d\omega,\quad \int (Xy - Yx)\,d\omega$$

ont les mêmes valeurs dans les deux systèmes.

J'observerai à ce sujet : 1° Que $d\omega$ représente une quantité infiniment petite du premier, du deuxième ou du troisième ordre, suivant que l'assemblage dont il s'agit est une ligne, une surface ou un volume;

2° Que j'ai dit que x, y, z sont les coordonnées d'un point quelconque de la résultante des forces X, Y, Z, et non pas celles du point où se trouve l'élément $d\omega$, parce que cet énoncé général, qui comprend le cas où l'on emploierait les coordonnées de l'élément $d\omega$, conduit à des résultats infiniment plus simples, lorsque toutes les forces appliquées au système solide sont dirigées vers un même point fixe. Car alors on peut prendre pour x, y, z les coordonnées de ce point, et comme elles sont les mêmes pour tous les éléments $d\omega$, il s'ensuit que les sommes des moments peuvent s'écrire ainsi :

$$z\int Y\,d\omega - y\int Z\,d\omega,\quad x\int Z\,d\omega - z\int X\,d\omega,\quad y\int X\,d\omega - x\int Y\,d\omega,$$

de sorte que les trois premières intégrales qu'il faut calculer, pour poser les trois premières équations, donnent immédiatement les trois dernières, sans qu'il soit besoin d'aucune nouvelle intégration. Il est d'ailleurs bien évident qu'il est toujours permis de donner à x, y, z cette généralité, puisque, quand il s'agit d'un système solide, on peut toujours supposer une force transportée à tel point qu'on veut de sa direction.

Avant de soumettre au calcul les trois hypothèses dont je viens

Fig. 1.

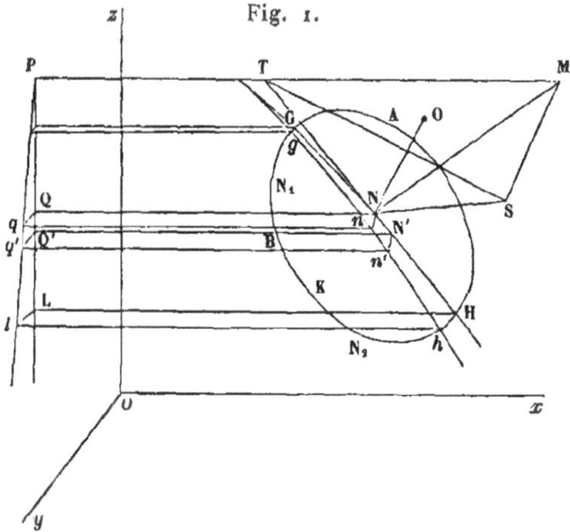

de parler, pour en comparer les résultats, je crois d'abord devoir établir un théorème à l'aide duquel ces calculs se simplifient singulièrement. Concevons d'abord une surface quelconque GHK et un point donné M, rapporté à trois axes rectangulaires OX, OY, OZ (*fig.* 1). Si l'on mène par le point M une parallèle MP, à l'un des axes, à celui des x par exemple, qu'on fasse passer par cette parallèle deux plans formant un angle infiniment petit $d\varphi$, qui coupent dans la surface une bande $Gg h H$ que nous représenterons par $d\sigma$, la surface GHK l'étant par σ, et dans le plan des yz le secteur PLl; qu'on prenne ensuite dans cette bande un élément $Nnn'N' = d^2\sigma$ dont la projection sur le plan des yz soit la portion infiniment petite $Qqq'Q'$ du secteur PLl, terminée par les parties QQ' et qq' des droites PL et Pl, et par les arcs de cercles Qq, $Q'q'$, dont le centre est en P; en nommant x, y, z les coordonnées du point M, x', y', z' celles du point N, ρ la distance MN, u sa projection PQ sur le plan des yz; a, b, c les trois angles que la normale NO au point N de la surface GHK forme avec les trois axes, i l'angle que la même normale fait avec la droite MN et enfin $d\sigma$ (¹) l'élément de surface $Nnn'N'$. On aura, comme on sait, pour la valeur du double du secteur PQq,

$$2\,PQq = u^2 d\varphi = (y - y')dz' - (z - z')dy',$$

$$\text{l'aire } Qqq'Q' = u\,du\,d\varphi,$$

$$\text{et l'aire } Nnn'N' = \frac{u\,du\,d\varphi}{\cos a}.$$

Cela posé, si l'on divise le double du secteur PQq par le cube de la distance MN, on aura la quantité $\frac{u^2 d\varphi}{r^3}$ (²) dont la différentielle, prise en regardant l'angle infiniment petit $d\varphi$ comme constant, sera égale à

$$\frac{[3(x - x')\cos i - \rho\cos a]\,d^2\sigma}{\rho^4},$$

en sorte que le théorème dont il est question consiste en ce que

$$d\,\frac{u^2 d\varphi}{\rho^3} = \frac{[3(x - x')\cos i - \rho\cos a]\,d^2\sigma}{\rho^4}.$$

Pour le démontrer, il faut d'abord remarquer que, dans la différentielle indiquée dans le premier membre, $d\varphi$ est considéré constant, puisque cet angle reste le même pour toutes les parties

(¹) Il faut évidemment lire $d^2\sigma$.

(²) Il faut évidemment lire $\frac{u^2 d\varphi}{\rho^3}$. (J.)

de la bande GHhg, ce qui donne

$$d\,\frac{u^2\,d\varphi}{\rho^3} = \left(\frac{2\,u\,du}{\rho^3} - \frac{3\,u^2\,d\rho}{\rho^4}\right)d\varphi = \frac{\left(2\rho - \dfrac{3\,u\,d\rho}{du}\right)u\,du\,d\varphi}{\rho^4}.$$

Or, si l'on conçoit le plan tangent NST à la surface σ en son point N, plan qui rencontre MP en T, et si l'on abaisse du point M la perpendiculaire MS sur ce plan, on aura, dans les deux triangles rectangles MSN, MST, ces deux valeurs de MS,

$$\text{MS} = \text{MN}\cos\text{SMN} = \text{MN}\cos\text{MNO} = \rho\cos\iota,$$
$$\text{MS} = \text{MT}\cos\text{SMT} = \text{MT}\cos a,$$

d'où

$$\text{MT} = \frac{\rho\cos\iota}{\cos a}.$$

Si l'on mène dans le plan MPQN, NR égale et parallèle à QP, qui est représentée par u, on aura

$$\text{MT} = \text{MR} + \text{RT} = x - x' + \text{RT}.$$

Mais en comparant le triangle rectangle NRT avec le triangle différentiel semblable, dont les côtés sont du, dx', on a

$$\text{RT} = \frac{u\,dx'}{du},$$

donc

$$\text{MT} = x - x' + \frac{u\,dx'}{du}.$$

Par conséquent,

$$\frac{u\,dx'}{du} = \frac{\rho\cos i}{\cos a} - (x - x').$$

Mais l'équation

$$\rho^2 = u^2 + (x - x')^2$$

donne

$$\rho\,d\rho = u\,du - (x - x')\,dx',$$

d'où

$$\frac{u\,d\rho}{du} = \frac{u^2 - (x - x')\dfrac{u\,dx'}{du}}{\rho} = \frac{u^2 - \dfrac{(x - x')\rho\cos\iota}{\cos a} + (x - x')^2}{\rho} = \rho - \frac{(x - x')\cos i}{\rho\cos a}.$$

Substituant cette valeur dans celle que nous avons trouvée pour $d\,\frac{u^2 d\varphi}{\rho^3}$, il viendra

$$d\,\frac{u^2 d\varphi}{\rho^3} = \frac{[3(x-x')\cos\iota - \rho\cos a]\,u\,du\,d\varphi}{\rho^4\cos a}$$

ou

$$d\,\frac{u^2 d\varphi}{\rho^3} = \frac{[3(x-x')\cos\iota - \rho\cos a]\,d^2\sigma}{\rho^4},$$

ce qu'il fallait démontrer.

La première application que nous ferons de ce théorème est relative à l'action mutuelle d'une molécule magnétique et d'un assemblage de très petits espaces circonscrits chacun de tous côtés, par une couche infiniment mince des deux fluides magnétiques austral et boréal en quantités égales, et formant ainsi des éléments magnétiques, tels que les conçoivent les physiciens qui n'ont pas adopté ma théorie. C'est dans le Mémoire (¹) où M. Poisson a établi les principes et déduit les conséquences qui doivent résulter de l'action qu'on attribue aux fluides magnétiques, que je prendrai l'idée précise de ce que, dans cette hypothèse des deux fluides, on doit entendre par l'action des éléments magnétiques.

D'après les formules qu'on trouve à la page 22 de ce Mémoire, l'action d'un de ces éléments sur une molécule magnétique dépend : 1° de la position de la molécule par rapport à l'élément; 2° du volume infiniment petit occupé par l'élément que l'auteur représente par h^3, d'une quantité δ qu'on peut regarder comme l'intensité de son action, et des angles qui déterminent la direction de la droite suivant laquelle cette action est à son *maximum;* ces dernières quantités restant les mêmes pour un même élément, de quelque manière qu'on fasse varier la position de la molécule.

Concevons maintenant une surface σ de forme invariable telle que GKH (*fig.* 1), sur laquelle soient répandus et fixés à des intervalles égaux des éléments magnétiques, tels que le volume h^3 et la quantité δ soient les mêmes pour chacun d'eux, ce qu'on peut exprimer en disant que le magnétisme est uniformément distribué

(¹) POISSON, *Memoires de l'Academie des Sciences,* [2], t. V, années 1821 et 1822 (1826); première Partie, p. 247-338, et deuxième Partie, p. 488-533. (J.)

sur la surface, et qu'en outre, dans chaque élément, la direction suivant laquelle l'action est la plus grande soit perpendiculaire à cette surface. Après que les fluides magnétiques y auront été ainsi répartis, nous admettrons qu'ils sont retenus sur chaque élément par une force coercitive suffisante pour qu'ils ne puissent se déplacer, ni par leur action mutuelle, ni par celle de la molécule magnétique placée hors de la surface sur laquelle nous allons considérer leur action.

En désignant par a, b, c les angles formés avec les trois axes des coordonnées par la normale NO à la surface σ menée par un point N de cette surface, pris dans l'intérieur d'un élément magnétique, par x', y', z' les coordonnées de ce point N, par x, y, z celles d'un autre point M où se trouve placée une molécule magnétique, par ρ la distance MN entre ces deux points, et par i l'angle MNO, compris entre cette droite et la normale NO au point N, on aura, d'après les formules trouvées par M. Poisson, page 22 de son premier Mémoire sur la *Théorie du Magnétisme*, pour les valeurs des trois composantes de la force attractive ou répulsive dirigée suivant la ligne r (¹), qu'exerce l'élément magnétique sur la molécule M,

$$-\frac{h^3\delta[3(x-x')\cos i-\rho\cos a]}{\rho^4},$$

$$-\frac{h^3\delta[3(y-y')\cos i-\rho\cos b]}{\rho^4},$$

$$-\frac{h^3\delta[3(z-z')\cos i-\rho\cos c]}{\rho^4}.$$

Désignons par u, v, w les projections de la ligne $r = \text{MN}$ sur les plans des yz, des zx et des xy, et par φ, χ, ψ les angles que ces projections font avec les axes des y, des z et des x respectivement. Concevons que, par la coordonnée $\text{MP} = x$ du point M, on fasse passer deux plans formant un angle infiniment petit $d\varphi$, et cherchons l'action exercée sur la molécule M par tous les éléments magnétiques qui se trouvent sur la bande infiniment étroite comprise sur la surface σ entre ces deux plans. Nous pourrons concevoir cette bande décomposée en aires élémentaires, dont

(¹) Il faut évidemment lire ρ au lieu de r. De même, quelques lignes plus loin. (J.)

les projections sur le plan des yz aient pour valeur $udud\rho$, et, ces aires élémentaires étant toujours représentées par $d^2\sigma$, nous aurons $d^2\sigma = \frac{udud\varphi}{\cos a}$.

Si nous appelons k le petit intervalle constant qui sépare les éléments magnétiques distribués uniformément, comme nous l'avons dit, sur la surface σ, $\frac{1}{k}$ sera le nombre de ces éléments placés les uns à la suite des autres sur une longueur égale à l'unité linéaire, et conséquemment $\frac{1}{k^2}$ le nombre de ceux qui sont contenus dans l'unité de surface. Il y en aura donc un nombre représenté par $\frac{d^2\sigma}{k^2}$ sur l'aire élémentaire que nous considérons. Il est clair qu'on aura leur action sur la molécule magnétique M en multipliant par cette quantité $\frac{d^2\sigma}{k^2}$ les valeurs des forces relatives à un seul élément données par M. Poisson, et que nous venons de rappeler. On aura ainsi pour l'action de tous les éléments qui occupent l'aire $d\sigma$ décomposée dans le sens des x,

$$-\frac{h^3\delta[3(x-x')\cos i - \rho\cos a]d^2\sigma}{k^2\rho^4},$$

ou, en appelant m le rapport $\frac{h}{k}$ des petites lignes h et k, rapport qui est, par hypothèse, un nombre constant pour tous les éléments magnétiques de la surface,

$$-\frac{m^2h\delta[3(x-x')\cos i - \rho\cos a]d^2\sigma}{\rho^4}.$$

D'après le théorème que nous avons établi plus haut, cette expression devient

$$m^2h\delta d\frac{u^2d\varphi}{\rho^3};$$

en l'intégrant dans toute l'étendue de la bande $\mathrm{G}gh\mathrm{H}$ et en nommant u_1 et ρ_1, u_2 et ρ_2 les valeurs de u et de u aux deux limites de cette bande, on obtient

$$m^2h\delta\left(\frac{u_2^2d\varphi}{\rho_2^3} - \frac{u_1^2d\varphi}{\rho_1^3}\right)$$

pour l'action qu'exercent sur la molécule M les éléments magnétiques renfermés dans cette portion $Gg h H$ de la surface σ comprise entre les deux plans menés par MP, qui forment l'angle $d\varphi$. En supposant la surface σ terminée par un contour fermé s, dont ces deux plans coupent les deux bords, les limites de cette intégrale déterminées par ρ_1 et u_1, ρ_2 et u_2, seront les deux petits arcs de ce contour compris entre les plans menés par MP.

Si l'on suppose maintenant que la surface σ soit fermée de toutes parts comme la surface d'une sphère ou d'un ellipsoïde, cette bande formera une zone complète rentrant sur elle-même. Dans ce cas, on reviendra à la même limite d'où l'on est parti; on aura $\rho_2 = \rho_1$, $u_2 = u_1$, et l'expression précédente sera nulle; chacune de ces zones n'ayant donc aucune action, la surface entière n'en aura pareillement aucune sur la molécule magnétique M, et par conséquent elle n'en aura pas non plus sur un assemblage quelconque de molécules, c'est-à-dire sur un aimant.

Mais si nous supposons que la surface ne soit pas dans ce cas, et qu'elle soit terminée par un contour fermé s, il faudra intégrer, par rapport à φ, les deux parties dont se compose l'expression

$$m^2 h \delta d\varphi \left(\frac{u_1^2}{\rho_1^3} - \frac{u_2^2}{\rho_2^3} \right)$$

respectivement dans les deux portions AN_1B, AN_2B, du contour s déterminées par les deux plans tangents PMA, PMB, menés par la ligne MP. Mais il revient au même d'intégrer $m^2 h \delta \frac{u^2 d\varphi}{\rho^3}$ dans toute l'étendue du contour s; car, si l'on met pour u et φ leurs valeurs en fonction de ρ, déduites des équations de la courbe s, on voit qu'en passant de la partie AN_1B à la partie BN_2A, $d\varphi$ change de signe et que par conséquent les éléments de l'une de ces parties sont d'un signe contraire à ceux de l'autre.

D'après cela, si nous désignons par X la composante parallèle aux x de l'action totale qu'exerce l'assemblage des éléments magnétiques de la surface σ sur la molécule M, nous aurons

$$X = m^2 h \delta \int \frac{u^2 d\varphi}{\rho_3},$$

les quantités r, u et φ n'étant plus relatives qu'au contour S.

De même, en désignant par X et Z les composantes parallèles

aux y et aux z, nous aurons

$$Y = m^2 h\delta \int \frac{v^2 d\chi}{\rho^3}, \qquad Z = m^2 h\delta \int \frac{w^2 d\psi}{\rho^3}.$$

D'après les expressions des forces X, Y, Z, on voit que l'action totale exercée par l'assemblage des éléments magnétiques de la surface σ sur la molécule M est précisément la même que dans le cas où chaque élément ds du contour s exercerait sur la molécule M une action représentée par une force dont les trois composantes parallèles aux axes seraient

$$m^2 h\delta \frac{u^2 d\varphi}{\rho^3}, \quad m^2 h\delta \frac{v^2 d\chi}{\rho^3}, \quad m^2 h\delta \frac{w^2 d\psi}{\rho^3}.$$

Car les sommes de ces composantes par tous les éléments ds seront

$$m^2 h\delta \int \frac{u^2 d\varphi}{\rho^3}, \quad m^2 h\delta \int \frac{v^2 d\chi}{\rho^3}, \quad m^2 h\delta \int \frac{w^2 d\psi}{\rho^3},$$

c'est-à-dire identiques avec les forces X, Y, Z, auxquelles se réduit l'action de la surface σ. On voit aussi que cette action est indépendante de la forme de cette surface σ, de sorte qu'on peut faire varier cette forme à volonté, sans que l'action change, pourvu que le contour s reste le même.

Remarquons maintenant que $u^2 d\varphi$, $v^2 d\chi$, $w^2 d\psi$ représentent

Fig. 2.

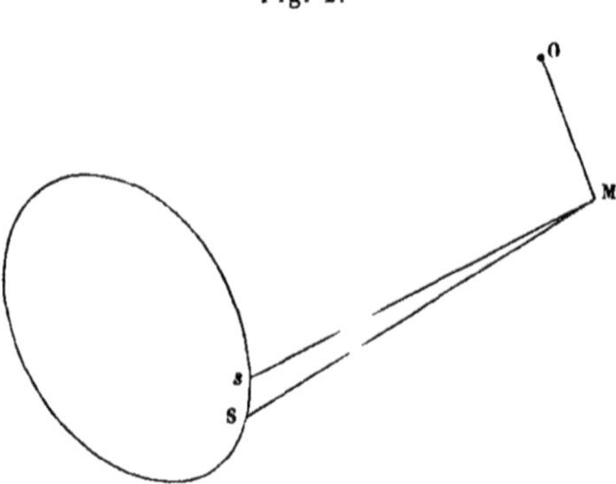

les projections sur les trois plans des coordonnées du double de l'aire du petit secteur MsS (*fig.* 2), qui a pour sommet le point M et pour base l'élément $s\mathrm{S} = ds$ du contour s. En désignant par θ l'angle que fait la direction de cet élément ds avec celle de la ligne ρ, et par λ, μ, ν les angles que fait avec les axes la perpendiculaire au plan du secteur MsS, on aura $\rho\, ds \sin\theta$ pour le double de l'aire de ce secteur, et pour ses projections

$$u^2 d\varphi = \rho\, ds \sin\theta \cos\lambda,$$
$$v^2 d\chi = \rho\, ds \sin\theta \cos\mu,$$
$$w^2 d\psi = \rho\, ds \sin\theta \cos\nu.$$

Les trois forces parallèles aux axes qu'on suppose exercées par l'élément ds sur la molécule M sont donc exprimées par

$$m^2 h\delta \frac{ds \sin\theta \cos\lambda}{\rho^2}, \quad m^2 h\delta \frac{ds \sin\theta \cos\mu}{\rho^2}, \quad m^2 h\delta \frac{ds \sin\theta \cos\nu}{\rho^2},$$

comme elles sont respectivement proportionnelles aux cosinus des angles λ, μ, ν, et elles donnent pour résultante une force ayant pour valeur $m^2 h\delta \frac{ds \sin\theta}{\rho^2}$, et dirigée suivant la perpendiculaire au plan du secteur MsS qui forme, avec les trois axes, les angles λ, μ, ν. Ainsi chaque élément sS du contour s produit sur la molécule M une force proportionnelle à la longueur de cet élément, au sinus de l'angle que sa direction fait avec celle de la droite SM, en raison inverse du carré de la distance SM, et perpendiculaire au plan du secteur MsS. Or, c'est précisément une force ainsi déterminée qui a lieu entre une molécule magnétique et un élément de fil conducteur, d'après la loi dont j'ai parlé au commencement de ce Mémoire, d'où il suit que l'action de la surface couverte d'éléments magnétiques dont il est ici question, sur une molécule magnétique, est identique à celle qu'un fil conducteur exercerait sur la même molécule, s'il était substitué au contour fermé qui circonscrit cette surface. C'est ainsi qu'on peut rendre raison de cette loi dans la première hypothèse, où tout doit être ramené à l'action mutuelle des molécules magnétiques australes et boréales.

La seconde application que nous ferons du théorème ci-dessus consiste à montrer qu'en considérant au contraire cette loi comme un fait général, indépendant de toute hypothèse, on trouve que l'action exercée par un solénoïde électro-dynamique sur une molécule magnétique est identique à celle qu'un aimant dont les pôles seraient situés aux deux extrémités du solénoïde exercerait sur la même molécule.

Pour cela, nous remarquerons d'abord qu'en conservant toutes les dénominations précédentes, et en désignant par μ un coefficient constant, la loi dont il est ici question consiste en ce que la force exercée par un élément de fil conducteur, sur une molécule magnétique, est exprimée par

$$\frac{\mu\, ds \sin\theta}{\rho^2}$$

et que ses trois composantes parallèles aux axes des x, des y et des z le sont respectivement par

$$\frac{\mu u^2 d\varphi}{\rho^3},\quad \frac{\mu v^2 d\chi}{\rho^3},\quad \frac{\mu w^2 d\psi}{\rho^3}.$$

Pour avoir celles d'un circuit fermé AGBH circonscrivant une portion d'une surface quelconque représentée par σ, il faudrait intégrer ces expressions dans toute l'étendue du circuit, ou, ce qui revient au même, en considérant par exemple la première, et concevant par la coordonnée PM les plans tangents PMA, PMB, intégrer de A en B la différence des deux valeurs de cette expression, qui sont relatives à deux éléments correspondants Gg, Hh, compris entre deux plans passant par PM, et formant entre eux l'angle $d\varphi$; en désignant par u_2, r_2 et u_1, r_1 les valeurs de u, r qui se rapportent à l'arc AHB et AGB, on a ainsi pour la composante cherchée

$$\mu\int\left(\frac{u_2^2}{\rho_2^3}-\frac{u_1^2}{\rho_1^3}\right)d\varphi=\mu\int d\varphi\int d\,\frac{u^2}{\rho^3}=\mu\int\int d\,\frac{u^2 d\varphi}{\rho^3},$$

la double intégrale qui entre dans cette expression étant prise dans toute l'étendue de la surface terminée par le contour AGBH.

En vertu de notre théorème, cette valeur devient

$$\mu\int\int\frac{[3(x-x')\cos i-\rho\cos a]\,d\delta}{\rho^4}\ (^1),$$

(¹) Dans cette formule, ainsi que dans la suivante, il faut lire $d^2\sigma$ au lieu de $d\delta$. (J.)

et si la surface est plane, et que ses dimensions soient assez petites pour qu'on n'en doive conserver dans le calcul que les premières puissances, il faudra regarder comme des quantités constantes, dans cette double intégrale, les droites x, ρ et les angles a, i; on aura ainsi

$$\frac{\mu[3(x-x')\cos i - \rho\cos a]}{\rho^4}\iint d\delta;$$

or $\iint ds$ est évidemment l'aire même de cette surface, en sorte que, en la représentant par λ, on a

$$\frac{\mu\lambda[\rho\cos a - 3(x-x')\cos i]}{\rho^4} \quad (^1)$$

pour la composante parallèle à l'axe des x de l'action exercée sur la molécule magnétique par le petit circuit qui circonscrit cette aire.

Le solénoïde étant un assemblage de tels circuits situés sur une ligne donnée dans des plans équidistants et perpendiculaires à cette ligne, que l'on nomme g la distance de deux plans consécutifs, et ds une portion infiniment petite de la ligne donnée, il faudra multiplier l'expression précédente par $\frac{ds}{\cos g}$ [2]; mais il est aisé de voir que $ds\cos i = d\rho$ et que $ds\cos a = dx$, en sorte que l'action de la portion du solénoïde correspondante à ds sera

$$-\frac{\mu\lambda}{g}\,\frac{\rho\,dx - 3(x-x')\rho\,d\rho}{\rho^4},$$

dont l'intégrale est

$$\frac{\mu\lambda}{g}\left(C - \frac{x-x'}{\rho^3}\right),$$

c'est-à-dire

$$\frac{\mu\lambda}{g}\left(\frac{x_1-x'}{\rho_1^3} - \frac{x_2-x'}{\rho_2^3}\right),$$

---

(1) Cette expression devrait être précédée du signe —. (J.)

(2) Le texte porte encore ici plusieurs fautes d'impression évidentes; il faut lire $\frac{ds}{g}$ au lieu de $\frac{ds}{\cos g}$; dans la formule qui suit, il faut supprimer le facteur ρ au second terme du numérateur. (J.)

en représentant par x_1 et x_2 les abscisses des deux extrémités du solénoïde.

On trouvera de même pour les composantes parallèles aux axes des y et des z

$$\frac{\mu\lambda}{g}\left(\frac{y_1-y'}{\rho_1^3}-\frac{y^2-y'}{\rho_2^3}\right),$$

$$\frac{\mu\lambda}{g}\left(\frac{z_1-z'}{\rho_1^3}-\frac{z_2-z'}{\rho_2^3}\right).$$

Ces trois forces passent par la molécule magnétique, quelque hypothèse qu'on admette relativement au point d'application des forces élémentaires, puisque les courants du solénoïde forment des circuits fermés, et que nous démontrerons bientôt (p. 242-243) que dans ce cas les trois hypothèses conduisent identiquement aux mêmes résultats; il est évident d'ailleurs qu'on peut les remplacer par six forces, savoir :

$$\frac{\mu\lambda}{g}\frac{x_1-x'}{\rho_1^3},\quad \frac{\mu\lambda}{g}\frac{y_1-y'}{\rho_1^3},\quad \frac{\mu\lambda}{g}\frac{z_1-z'}{\rho_1^3},$$

$$-\frac{\mu\lambda}{g}\frac{x_2-x'}{\rho_2^3},\quad -\frac{\mu\lambda}{g}\frac{y_2-y'}{\rho_2^3},\quad -\frac{\mu\lambda}{g}\frac{z_2-z'}{\rho_2^3}.$$

Les trois premières ont une résultante égale à $\frac{\mu\lambda}{g\rho_1^2}$, parce que $\sqrt{(x_1-x')^2+(y_1-y')^2+(z_1-z')^2}=\rho_1$, et qui est dirigée suivant la droite qui joint la molécule magnétique à l'extrémité du solénoïde dont les coordonnées sont x_1, y_1, z_1, puisque les cosinus des angles, que sa direction forme avec les trois axes, sont proportionnels à x_1-x', y_1-y', z_1-z', et sont, par conséquent, égaux à

$$\frac{x_1-x'}{\rho_1},\quad \frac{y_1-y'}{\rho_1},\quad \frac{z_1-z'}{\rho_1};$$

on trouve de même, pour la résultante des trois autres, une force égale à $\frac{\mu\lambda}{g\rho_2^2}$, dont les angles avec les trois axes sont

$$-\frac{x_2-x'}{\rho_2},\quad -\frac{y_2-y'}{\rho_2},\quad -\frac{z_2-z'}{\rho_2},$$

et qui est dirigée suivant la droite menée de la molécule magnétique à l'autre extrémité du solénoïde, mais qui, à cause des signes contraires des cosinus, est répulsive quand la première est attractive, et réciproquement.

Ces deux forces sont évidemment celles qu'exercerait sur la molécule un aimant dont les deux pôles seraient situés aux deux extrémités du solénoïde.

Comme un barreau aimanté peut toujours être considéré comme un assemblage de petits aimants, il suit de là qu'on peut faire dépendre l'action qu'il exerce sur une molécule magnétique et, par conséquent, sur un autre barreau, à la même force élémentaire que l'action découverte par M. Œrsted, entre un fil conducteur et un aimant; mais qu'il faut, pour cela, considérer l'aimant comme un assemblage de courants électriques formant autant de solénoïdes que l'on y conçoit de petits aimants.

Revenons maintenant aux résultats par lesquels nous avons au contraire ramené l'action découverte par M. Œrsted à celle d'une surface recouverte d'éléments magnétiques, qui ne peut avoir lieu que quand les fils conducteurs forment des circuits fermés, et remarquons que l'ensemble de la pile et de tous les conducteurs forment toujours un circuit ou plutôt un assemblage de circuits de ce genre; car les fils conducteurs et surtout la pile ne peuvent point être considérés comme une simple ligne formant un circuit fermé, mais doivent être comme une multitude de circuits fermés, passant par tous les points de chaque section transversale du fil, et s'écartant les uns des autres lorsqu'ils entrent dans la pile, pour en traverser successivement les plaques de cuivre et de zinc aux différents points des surfaces de ces plaques.

Il suit de cette considération, et des calculs que nous venons de faire, que toutes les expériences où l'on fait agir sur un aimant mobile, considéré comme un assemblage de molécules magnétiques, un conducteur fixe de forme quelconque, ce conducteur formant avec la pile des circuits complètement fermés, peuvent toujours être représentées, en supposant qu'on substitue à ces circuits des surfaces couvertes d'éléments magnétiques, comme nous venons de le voir. Au reste, les conducteurs forment toujours des circuits fermés, quand ils sont fixes.

Mais, outre les actions d'un conducteur fixe sur un aimant, nous avons encore à considérer celles d'un aimant fixe sur une portion mobile de conducteur. Toutes les parties d'un aimant étant invariablement liées entre elles, il faut que l'aimant soit en masse ou fixe ou mobile. Mais, dans le conducteur, il peut y avoir des parties fixes et des parties mobiles. Nous ne supposerons jamais qu'une partie mobile, tout le reste du circuit voltaïque total étant fixe, car on dirait pour chaque partie, soit mobile, soit fixe, ce que nous allons dire d'une seule.

Il faut distinguer avec soin deux cas : le premier dans lequel la partie mobile du conducteur forme à elle seule un circuit solide fermé, ou plutôt presque fermé ; car il est impossible que la partie solide mobile le soit rigoureusement, puisqu'il faut que les deux extrémités communiquent avec le reste du circuit, et où la partie fixe forme aussi un circuit fermé ; le second celui où la partie mobile, et par conséquent le reste du circuit ne forment pas, chacun en particulier, un circuit fermé, mais où c'est seulement leur ensemble qui l'est. Ainsi dans ma *Description d'un nouvel appareil électro-dynamique,* les conducteurs des *fig.* 4, 5, 6 forment des circuits presque fermés, où il ne manque, pour qu'ils le soient complètement, que l'intervalle des deux points x et y, tandis que ceux des *fig.* 13, 14, 15 ne le sont pas.

Examen du cas où les portions du conducteur forment des circuits fermés.

Des deux portions du conducteur, l'une est toujours censée fixe et l'autre mobile. Discutons, dans chaque cas, tout ce qui doit résulter de l'action mutuelle de l'aimant et du circuit total. En concevant l'aimant fixe et une portion mobile que forme un circuit fermé, on peut, d'après ce que nous venons de voir, substituer à cette portion fermée une surface couverte d'éléments magnétiques uniformément distribués, comme nous l'avons dit. Alors l'action qu'une des molécules de l'aimant exerce sur cette portion mobile est la résultante de toutes les actions exercées sur les éléments magnétiques compris dans la surface, d'où il suit que les trois composantes X, Y, Z, parallèles aux axes, passent aussi par cette molécule. Ces trois composantes étant

$$m^2 h\delta\int\frac{u^2\,d\varphi}{\rho^3},\quad m^2 h\delta\int\frac{v^2\,d\chi}{\rho^3},\quad m^2 h\delta\int\frac{w^2\,d\varphi}{\rho^3},$$

leurs moments relatifs aux trois axes des coordonnées seront

$$\begin{aligned} Xy - Yx &= m^2 h\delta\left(y\int\frac{u^2\,d\varphi}{\rho^3} - x\int\frac{v^2\,d\chi}{\rho^3}\right) \\ &= m^2 h\delta\int\frac{yu^2\,d\varphi - xv^2\,d\chi}{\rho^3}, \\ Zx - Xz &= m^2 h\delta\int\frac{xw^2\,d\psi - zu^2\,d\varphi}{\rho^3}, \\ Yz - Zy &= m^2 h\delta\int\frac{zv^2\,d\chi - yw^2\,d\psi}{\rho^3}, \end{aligned}$$

en observant que x, y et z sont constantes dans les intégrations.

Dans le *Précis de la théorie de phénomènes électro-dynamiques* (¹), j'ai donné les trois composantes et les trois moments de l'action exercée par un circuit voltaïque fermé, sur l'extrémité d'un solénoïde indéfini, dont on suppose l'autre extrémité infiniment éloignée, et il suit des formules auxquelles je suis parvenu que les trois composantes de l'action exercée par ce circuit sur l'extrémité du solénoïde, qui sont égales et opposées à celles de l'extrémité du solénoïde sur le circuit, ont précisément les mêmes valeurs que les précédentes, excepté que le coefficient constant $m^2 h\delta$ s'y trouve remplacé par $\frac{1}{2}ii'$, moitié du produit des deux intensités i et i' du courant du circuit et de ceux du solénoïde; en sorte qu'elles deviennent égales quand on suppose, ce qui est permis, $\frac{1}{2}ii' = m^2 h\delta$.

Mais les moments ne paraissent pas les mêmes, car les forces que j'ai données pour l'action du solénoïde sur le circuit sont appliquées aux milieux des éléments de ce circuit. Cependant, nous allons démontrer que toutes les fois qu'il s'agit d'un circuit fermé, les valeurs des moments sont les mêmes, soit que les forces se trouvent appliquées aux éléments mêmes, soit qu'elles passent toutes par un point lié avec le circuit et placé à l'endroit où est la molécule magnétique ou l'extrémité du solénoïde.

En appelant x, y, z les coordonnées de l'élément ds du circuit, les sommes des moments qui tendent à faire tourner le circuit autour de l'axe des z, lorsque les forces sont appliquées aux

(¹) *Voir* art. XXX, p. 123 et 124. (J.)

éléments ds, seront

$$\frac{1}{2} ii' \int \frac{y'' u^2 d\varphi - x'' v^2 dx}{\rho^3}.$$

Mais si les mêmes forces étaient appliquées au point dont les coordonnées sont x, y, z, point qu'on suppose lié avec le conducteur sans l'être avec la molécule magnétique, la somme des moments autour de l'axe des z serait, comme nous l'avons vu, en supposant toujours $m^2 h \delta = \frac{1}{2} ii'$,

$$\frac{1}{2} ii' \int \frac{y u^2 d\varphi - x v^2 d\chi}{\rho^3}.$$

La différence entre ces deux sommes de moments, relatives aux deux hypothèses, est

$$\frac{1}{2} ii' \int \frac{(y''-y) u^2 d\varphi - (x''-x) v^2 d\chi}{\rho^3}.$$

Mais on a

$$u^2 d\varphi = (y''-y) dz'' - (z''-z) dy''$$
$$v^2 d\chi = (z''-z) dx'' - (x''-x) dz''.$$

En substituant ces valeurs dans l'expression précédente, elle devient

$$\frac{1}{2} ii' \int \frac{[(x''-x)^2 + (y''-y)^2] dz'' - (z''-z)[(x''-x) dx'' + (y''-y) dy'']}{\rho^3}$$
$$= \frac{1}{2} ii' \int \frac{[\rho^2 - (z''-z)^2] dz'' - (z''-z)[\rho d\rho - (z''-z) dz'']}{\rho^3}$$
$$= \frac{1}{2} ii' \int \frac{\rho dz'' - (z''-z) d\rho}{\rho^2}$$
$$= \frac{1}{2} ii' \left(\frac{z''-z}{\rho} + \text{const.}\right).$$

Or, si le circuit est fermé, cette intégrale s'évanouit aux limites, de sorte que la différence dans les deux sommes de moments est nulle, et que ces deux sommes sont égales; d'où il suit que la résultante des forces appliquées aux éléments ds du contour fermé s passe par la molécule magnétique, comme dans l'hypothèse des éléments magnétiques. Ainsi, dans mon hypothèse où toutes les forces sont appliquées aux éléments ds, on a les mêmes composantes et les mêmes sommes de moments que quand on considère la surface σ couverte d'éléments magnétiques, mais cette identité n'a lieu qu'autant que le circuit est fermé.

Il existe une troisième manière de concevoir l'action mutuelle d'une molécule magnétique et d'un élément : c'est de supposer que cette action mutuelle produise à la fois deux forces de même intensité, toutes deux perpendiculaires aux plans du petit secteur MsS (*fig.* 2), agissant en sens contraire, suivant deux directions parallèles, l'une passant par la molécule magnétique et l'autre par le milieu de l'élément, en sorte qu'elles forment un couple que les physiciens, qui adoptent cette manière de voir, regardent comme l'action électro-magnétique primitive. Dès lors, quand il s'agit d'un aimant mobile, si tout le circuit est fixe, on voit immédiatement que l'action de pareilles forces est identique, par la définition même, avec celle qui résulte de la considération des éléments magnétiques, tandis que, quand il s'agit d'un aimant fixe et d'une portion mobile du circuit voltaïque fermé, elle est identique avec la mienne. Ainsi, tant qu'il est question d'un circuit fermé, et que, par conséquent, les forces résultantes de la considération des éléments magnétiques, et celles que j'admets entre les éléments de fils conducteurs, sont identiques, celles qui résulteraient de l'hypothèse du couple primitif leur sont également identiques, soit que l'aimant soit fixe ou mobile, de sorte qu'il est impossible qu'aucune expérience puisse faire distinguer entre ces trois hypothèses laquelle doit être préférée, puisqu'elles donnent toutes également les mêmes forces et les mêmes moments.

Maintenant, nous pouvons démontrer que tout mouvement continu est impossible, soit pour l'aimant mobile, soit pour une portion de conducteur supposée mobile, toutes les fois que cette portion mobile du conducteur, et l'autre qui est fixe, forment, chacune en particulier, un circuit considéré comme fermé.

D'après ce qui précède, nous pouvons remplacer la partie mobile fermée par une surface σ couverte d'éléments magnétiques uniformément distribués, comme nous l'avons dit. L'action ne sera nullement altérée par cette substitution. Mais alors nous pouvons regarder les molécules de l'aimant et les éléments magnétiques de la surface σ comme deux systèmes solides de points matériels, exerçant les uns sur les autres des forces attractives et répulsives, dirigées suivant les droites qui les joignent et fonctions des distances (puisqu'elles sont en raison inverse des carrés de ces distances).

Donc, si ces forces produisent le mouvement, le principe de la onservation des forces vives aura lieu pour les deux systèmes. En vertu de ce principe, si chacun de ces systèmes n'a que la liberté de tourner autour d'un point ou d'un axe fixe auquel il soit lié, ce qui est le cas de toutes les expériences, les vitesses que prendront leurs différents points ne pourront pas croître indéfiniment. Il faut, en effet, d'après le principe, que la somme des forces vives, c'est-à-dire, la somme des produits des masses en mouvement par les carrés de leurs vitesses, soit constante, quand il n'y a ni frottements ni résistances, et qu'elle diminue sans cesse quand il y en a. D'où il suit que les vitesses ne peuvent pas croître indéfiniment, ni même finir par devenir constantes, puisque l'effet des frottements est de les diminuer sans cesse. Les deux systèmes ne peuvent donc pas prendre de mouvement qui soit indéfiniment continu, avec l'accélération nécessaire pour leur faire vaincre les résistances et les frottements qu'ils éprouvent; ils doivent donc tendre au repos et finir par s'arrêter dans une position d'équilibre déterminée, après avoir oscillé autour d'elle, position qu'on démontre être celle où la somme des forces vives est un *maximum* entre toutes les valeurs qu'elle prend aux environs de cette position, dans un mouvement quelconque.

Mais nous avons établi plus haut que l'action mutuelle de l'aimant et d'un circuit voltaïque fermé est précisément la même que celle de cet aimant et de la surface σ couverte d'éléments magnétiques, et ayant ce circuit pour contour. Donc aussi, l'impossibilité d'un mouvement continu et accéléré, soit de l'aimant, soit de la portion mobile du conducteur, est démontrée.

D'après ce que nous avons dit précédemment, cette proposition a lieu, quelle que soit l'hypothèse qu'on adopte sur le point d'application des forces élémentaires qui s'exercent entre les molécules de l'aimant et les éléments du fil conducteur.

C'est là le théorème que je m'étais spécialement proposé de démontrer dans cette lettre; et l'on voit que la démonstration consiste à ramener toute action entre un aimant et une portion fermée de conducteur à des forces qui sont simplement fonctions des distances des points entre lesquels elles s'exercent, et dirigées suivant les droites qui joignent ces points, parce qu'il est reconnu par tous les mathématiciens que de telles forces ne peuvent jamais produire de mouvement avec accélération continue, autour d'axes ou de points fixes quelconques.

Je conclurai en outre des calculs précédents qu'il n'est pas possible de distinguer par les phénomènes que présentent les circuits fermés, laquelle des trois hypothèses est la véritable, puisqu'elles donnent toutes les mêmes résultats. On ne peut espérer de décider la question qu'en passant aux cas où les deux portions, l'une fixe, l'autre mobile du courant voltaïque, ne forment pas des circuits fermés. Je vais maintenant en dire quelques mots.

L'expérience prouve alors qu'en supposant un aimant fixe, on peut obtenir un mouvement continu autour d'un axe de la partie mobile du conducteur qui ne forme pas un circuit fermé, pourvu que les deux extrémités ne soient pas dans cet axe.

Ce mouvement, découvert par M. Faraday, est décrit et expliqué dans le *Manuel d'Électricité dynamique* de M. Demonferrand.

Voyons ce qui résulte de ce phénomène, relativement aux trois hypothèses précédentes.

L'existence du mouvement dont il s'agit autour d'un axe, quand même cet axe passerait par les pôles de l'aimant considérés comme des molécules magnétiques, prouve que les forces élémentaires qu'exercent ces molécules sur les éléments du fil conducteur ne passent pas par les points où ces pôles sont situés. La première hypothèse est donc exclue par ce fait, et je n'aurai, par conséquent, plus à en parler.

Mais les deux autres subsistent et donnent des effets identiques, puisqu'il en résulte également des forces agissant sur la partie mobile du conducteur, et passant par les milieux des éléments sur lesquels elles s'exercent. Cette expérience ne prouve donc rien encore en faveur de l'une ou l'autre hypothèse.

Mais quand l'aimant est mobile, ainsi qu'une portion non fermée du conducteur, et qu'on examine le mouvement de l'aimant, il semble d'abord qu'il doit y avoir une différence entre le mouvement que doit prendre l'aimant dans l'hypothèse du couple primitif et celui qu'il doit prendre dans la mienne. Car dans celle du couple primitif, les forces qui meuvent l'aimant passent par ses molécules; dans la mienne, elles passent par les éléments. Les moments de ces deux systèmes de forces considérés dans l'action mutuelle de l'aimant et de la portion mobile non fermée diffèrent alors, puisque l'intégrale qui exprime la différence de ces moments, savoir

$$\tfrac{1}{2}ii''\left(\frac{z''-z}{\rho}+\text{const.}\right),$$

devient

$$\tfrac{1}{2}ii''\left(\frac{z''_2-z}{\rho^2}-\frac{z''_1-z}{\rho_1}\right),$$

z''_1, ρ_1 et z''_2, ρ_2 appartenant aux deux extrémités de la portion non fermée de conducteur, et que cette intégrale n'est pas nulle, si ce n'est dans le cas où les deux extrémités de cette portion se trouvent en ligne droite avec la molécule.

Mais ce n'est pas seulement la portion mobile de circuit voltaïque qui agit alors sur l'aimant, il faut aussi avoir égard à l'action qu'exerce sur lui la portion fixe de circuit dans laquelle la pile est comprise. Cette considération change entièrement les conséquences qu'on pourrait déduire de la différence des mouvements que nous venons de calculer, puisque cette différence n'a plus lieu pour le circuit entier formé de ces deux portions, et qui est nécessairement fermé. Quand on fait attention à cette circonstance, on voit que les mouvements produits doivent être les mêmes dans les deux hypothèses, et que, pour se faire une idée nette de ces mouvements, il faut encore distinguer deux cas, celui où l'aimant, dans le mouvement qu'il prend pour aller à la position où il s'arrêterait en équilibre après avoir oscillé autour d'elle, si tout le circuit voltaïque était fixe, dérange la portion mobile du conducteur, et celui où il la laisse à la place qu'elle occupait; ce dernier est identique avec celui où le conducteur entier est fixe, et ainsi il ne peut donner lieu à un mouvement continu. Mais si l'aimant dans son mouvement dérange la portion mobile du conducteur, sa propre position d'équilibre sera aussi déplacée, et il pourra arriver qu'elle s'éloigne toujours de manière que l'aimant n'y parvienne jamais; c'est là la cause des mouvements continus, ou indéfiniment accélérés qu'il peut prendre dans les divers cas où il déplace ainsi la partie mobile du circuit voltaïque par son propre mouvement. Ce déplacement peut avoir lieu de diverses manières, suivant que le courant de la partie mobile du circuit a lieu dans un fluide conducteur sur lequel flotte l'aimant, qu'il traverse l'aimant lui-même, ou qu'il est conduit par un fil de cuivre lié à cet aimant et mobile avec lui; j'ai discuté le premier de ces trois cas, dans une lettre à M. le professeur Gherardi, qu'on trouvera en forme de supplément à la suite de ce Mémoire : je me bornerai ici à examiner les deux autres, dans lesquels l'aimant et la portion mobile du circuit voltaïque forment un système

Fig. 3.

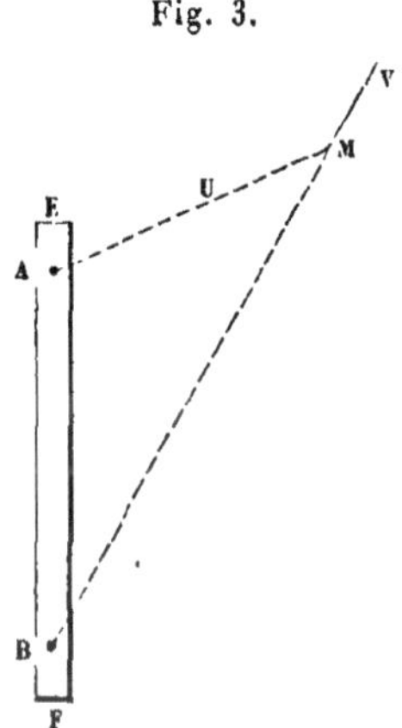

dont toutes les parties sont invariablement liées entre elles (1). Pour cela, je remarquerai d'abord que dans un barreau aimanté EF (*fig.* 3), il y a deux points A et B, tels que la résultante de toutes

---

(1) C'est ici que s'arrête la partie du Mémoire qui n'a pas été reproduite dans les *Annales de Chimie et de Physique* (*voir* la note de la p. 224). Le Mémoire des *Annales* commence ainsi :

« L'action mutuelle d'un aimant et d'une portion infiniment petite du fil conducteur s'exprime au moyen d'une formule très simple, qui a d'abord été énoncée par M. Biot, d'après des expériences qui, interprétées rigoureusement, n'y auraient cependant pas conduit, et qui depuis a été déduite, par M. Savary, d'une autre formule que j'avais donnée quelque temps avant que M. Biot fît connaître la sienne. Je ne m'occuperai point ici des expériences par lesquelles j'ai démontré l'exactitude de cette dernière, mais je conclurai de la première, qui en est une suite nécessaire et que les nouvelles expériences de M. Biot, publiées dans la troisième édition de son *Précis élémentaire de Physique*, t. II, p. 744 (*voir* t. II, art. VI, p. 80), ont vérifiée aussi complètement qu'on peut le désirer, de nouvelles conséquences dont l'accord avec les résultats de l'expérience achèvera de justifier la théorie que j'ai établie sur ces formules.

» Pour se faire une idée nette de la formule dont il s'agit, il faut remarquer que dans un barreau aimanté EF (*fig.* 3), il y a deux points A et B.... »

Les deux textes sont identiques pour tout le reste du Mémoire. (J.)

les forces exercées par les éléments magnétiques du barreau EF, sur une molécule magnétique M, est sensiblement la même que celle de deux forces appliquées en M et agissant suivant les droites MA, MB, l'une attractive et l'autre répulsive, en raison inverse du carré de ces droites, en sorte qu'en faisant AM $= r$ et BM $= r'$, si la force MU suivant MA est $\frac{\mu}{r^2}$, la force MV suivant MB sera $-\frac{\mu}{r'^2}$.

Les points A et D sont ce qu'on nomme les pôles de l'aimant EF.

La réduction de toutes les forces exercées par les éléments magnétiques sur la molécule magnétique M, à ces deux forces $\frac{\mu}{r^2}$ et $-\frac{\mu}{r'^2}$, n'est au reste qu'une approximation, mais elle suffit pour l'explication des phénomènes généraux que présentent les aimants. M. Poisson a démontré qu'on doit l'admettre rigoureusement pour chaque élément magnétique.

Les deux pôles d'un tel élément étant situés sur son axe à une distance très petite, qu'on peut prendre à volonté dans l'intérieur de l'élément, en faisant varier la constante μ en raison inverse de cette distance, pourvu que celle-ci reste toujours infiniment petite, relativement à la distance de l'élément magnétique au point sur lequel il agit.

Supposons maintenant que, au lieu d'agir sur la molécule M (*fig.* 3), l'aimant EF agisse sur une portion infiniment petite de fil conducteur mM (*fig.* 4), dont la direction soit quelconque.

Si l'on fait toujours AM $= r$, BM $= r'$, qu'on nomme ω et ω' les angles AMT, BMT, formés par ces droites avec la direction MT de la petite portion mM de fil conducteur, et ds la longueur de cette petite portion, et qu'on fasse passer par les mêmes pôles A, B du barreau EF et par Mm les plans AmM, BmM, d'après la formule dont il est ici question, la résultante de toutes les forces exercées par les éléments magnétiques du barreau EF sur mM sera la même que celle de deux forces OU, OV, appliquées à mM vers son milieu O, perpendiculaires aux plans AmM, BmM, réciproquement proportionnelles aux carrés des distances AM, BM, et en raison directe des sinus des angles AMT, BMT, et de la longueur de mM, en sorte que les valeurs de ces forces sont

$$\frac{\mu ds \sin\omega}{r^2}, \quad -\frac{\mu ds \sin\omega'}{r'^2}.$$

La réduction de toutes les forces exercées par les éléments magnétiques du barreau EF sur mM à ces deux forces

$$\frac{\mu ds \sin\omega}{r^2}, \quad -\frac{\mu ds \sin\omega'}{r'^2}$$

doit aussi être considérée comme une approximation suffisante pour l'explication des phénomènes, et qui, d'après les calculs dont il ne peut être question ici, puisque nous regardons ces forces comme déduites de l'expérience, serait rigoureusement exacte

Fig. 4.

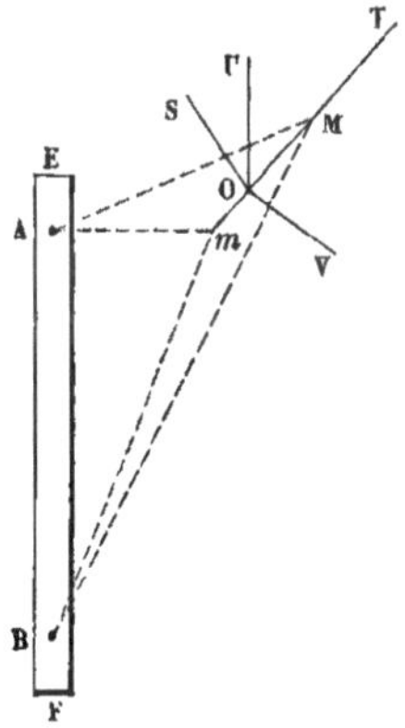

pour chaque élément magnétique, en lui assignant deux pôles, comme nous l'avons dit plus haut.

Au reste, c'est en la supposant vraie pour les deux pôles d'un assez petit aimant de forme parallélépipède, que M. Biot l'a vérifiée dans les expériences déjà citées, et qu'elle s'est trouvée aussi exacte qu'on pouvait le désirer.

Voici maintenant comment j'ai transformé les valeurs de ces forces.

Si l'on nomme dv le double de l'aire du petit secteur mAM, dont la base $mM = ds$, et dont la hauteur est évidemment $r\sin\omega$, on aura

$$dv = r\,ds \sin\omega,$$

et, comme la valeur $\frac{\mu ds \sin\omega}{r^2}$ de la force OU peut s'écrire ainsi :

$$\frac{\mu r ds \sin\omega}{r^3}, \quad \text{elle deviendra} \quad \frac{\mu dv}{r^3}.$$

La composante de cette force suivant une droite OS, qui forme avec la direction de OU un angle quelconque ε, a donc pour valeur $\frac{\mu dv \cos\varepsilon}{r^3}$, mais $dv \cos\varepsilon$ est le double de la projection de l'aire AmM sur le plan perpendiculaire à la droite OS, d'où il suit qu'en nommant du le double de cette projection, on a

$$\frac{\mu du}{r^3},$$

pour la composante suivant OS ; en nommant du' le double de la projection de l'aire BmM sur le même plan perpendiculaire à OS, on trouve de même, pour la composante de OV suivant la même droite OS,

$$-\frac{\mu du'}{r'^3},$$

d'où il suit que la force totale suivant OS est

$$\frac{\mu du}{r^3} - \frac{\mu du'}{r'^3}.$$

Cherchons maintenant le moment de rotation de la petite portion de fil conducteur mM (*fig.* 5) autour de l'axe GH du barreau EF, c'est-à-dire, de la droite qui passe par ses pôles A et B. Pour cela, faisons passer un plan par GH et par le milieu O de mM, et prenons la valeur de la composante OS perpendiculaire à ce plan; du, étant le double de la projection AnN de AMm sur ce même plan, aura pour valeur le produit du carré du rayon vecteur $AN = r$ par l'angle nAN : or, en nommant θ l'angle GAn, on a évidemment $nAN = d\theta$, et par conséquent $du = r^2 d\theta$, ce qui réduit le premier terme de $\frac{\mu du}{r^3} - \frac{\mu du'}{r'^3}$, valeur de la force OS, à $\frac{\mu d\theta}{r}$. Pour avoir le moment de rotation résultant de ce terme, il faut le multiplier par la perpendiculaire $OP = r \sin\theta$, et l'on voit que la distance r disparaît de l'expression de ce moment qui est

$$\mu d\theta \sin\theta.$$

On trouve de même qu'en nommant θ' l'angle G$\mathrm{B}n$, la valeur du second terme de la même force se réduit à $-\frac{\mu d\theta'}{r'}$, qu'il faut multiplier par $\mathrm{OP} = r' \sin\theta'$, pour avoir le moment qui en résulte, et qui est par conséquent égal à

$$-\mu d\theta' \sin\theta';$$

on a donc

$$\mu(d\theta \sin\theta - d\theta' \sin\theta'),$$

pour le moment total avec lequel l'aimant tend à faire tourner

Fig. 5.

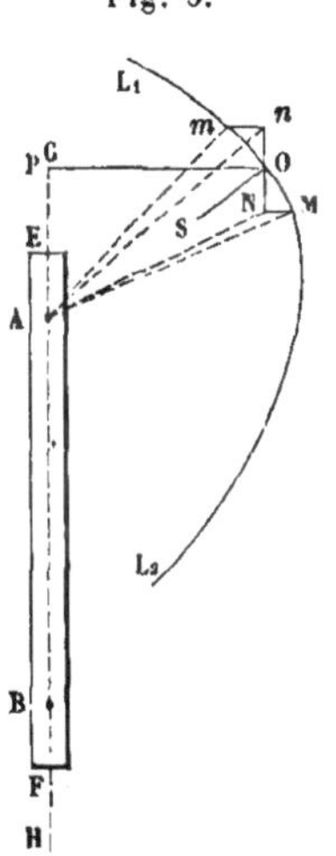

autour de son axe la petite portion mM de fil conducteur.

La force totale exercée sur mM par l'aimant EF, et qui se décompose dans les deux forces OU, OV (*fig.* 4), peut résulter, de différentes manières, de forces exercées sur mM par les différents points de l'aimant, suivant les droites qui joignent ces points à cette portion mM de fil conducteur, supposée infiniment petite, et avec la condition que celle-ci réagisse avec des forces égales sur les mêmes points et suivant les mêmes droites. Il faut seulement, pour que les forces OU, OV puissent être perpendiculaires aux plans AmM, BmM, que parmi celles qui émanent de chaque point de l'aimant et agissent sur mM, les unes soient attractives, et les autres répulsives, ce qui a lieu, comme on sait, pour toutes es forces exercées par les divers points des aimants. Cette condition de l'action égale à la réaction, suivant les mêmes droites, entre mM et tous les points de l'aimant, est une suite nécessaire de ce que les molécules des fluides impondérables ne peuvent agir que comme celles des corps pondérables et doivent, comme celles-ci, lors même qu'elles sont en mouvement, exercer à chaque instant la même action que si elles étaient en repos là où elles se trouvent à cet instant. On sait d'ailleurs que le mouvement des deux fluides électriques dans le circuit voltaïque s'opère par une série de compositions et de décompositions du fluide neutre, sans qu'il en sorte ou en entre dans le circuit, puisqu'on peut le recouvrir d'un vernis isolant, sans rien changer aux actions qu'il exerce.

Dès lors, on ne peut se refuser à cette conséquence de l'égalité entre l'action et la réaction suivant les mêmes droites, et de tout ce qu'on sait d'ailleurs des lois générales de la nature, que si l'on lie mM (*fig.* 5) avec l'aimant EF, de manière à en composer un système de forme invariable, leur action mutuelle ne pourra produire aucun mouvement dans ce système; ce sera comme si cette action n'existait pas, puisque toutes les forces dont elle résulte se trouvent égales et opposées deux à deux, appliquées à des points invariablement liés entre eux, et par conséquent en équilibre.

Supposons, comme dans les expériences faites à ce sujet, que la petite portion mM et le barreau EF ne puissent se mouvoir qu'en tournant autour d'un axe quelconque : s'ils sont liés invariablement, tout sera immobile; si on rompt la liaison qui les unit, ils tourneront en sens contraires autour de cet axe avec des moments égaux en intensité, et par conséquent, avec des vitesses réciproquement proportionnelles à leurs moments d'inertie, pris par rapport à l'axe autour duquel ils sont assujettis à tourner.

Si nous prenons pour cet axe l'axe GH de l'aimant EF, nous aurons

$$\mu(d\theta \sin\theta - d\theta' \sin\theta')$$

pour le moment de rotation de mM autour de GH, et

$$-\mu(d\theta \sin\theta - d\theta' \sin\theta')$$

pour celui de l'aimant autour de ce même axe.

Si l'on intègre ce dernier pour un arc $L_1 L_2$ de fil conducteur, en représentant par θ_1, θ_2 les valeurs de θ aux points L_1, L_2, et θ'_1, θ'_2 celles de θ' aux mêmes points, on aura pour le moment de rotation imprimé à l'aimant par l'arc L_1, L_2,

$$\mu(\cos\theta_2 - \cos\theta_1 - \cos\theta'_2 + \cos\theta'_1).$$

Fig. 6.

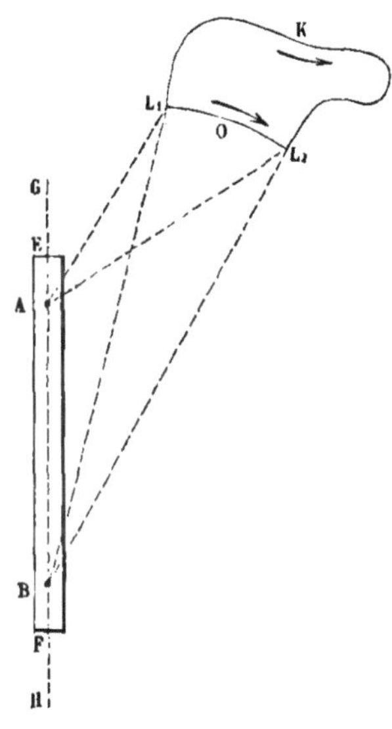

Dans la *fig.* 6,

$$\theta_1 = GAL_1,$$
$$\theta_2 = GAL_2,$$
$$\theta'_1 = GBL_1,$$
$$\theta'_2 = GBL_2.$$

Il suit de cette valeur que le moment de rotation imprimé à l'aimant autour de son axe GH, par l'arc de fil conducteur $L_1 O L_2$, est indépendant de la forme et de la grandeur de cet arc, et ne dépend que de la situation de ses extrémités L_1 et L_2 à l'égard des pôles A et B du barreau EF.

Si on substitue à $L_1 O L_2$ un autre arc $L_1 K L_2$, terminé aux mêmes points $L_1 L_2$, le moment sera exactement le même, pourvu qu'ils soient parcourus par le courant électrique dans le même sens, par exemple de L_1 en L_2, comme l'indiquent les flèches de la *fig.* 6.

Mais si l'on change le sens du courant dans L_1KL_2 en le faisant revenir de L_2 en L_1, comme il est marqué par les flèches de la *fig.* 7, l'ensemble de L_1OL_2 et de L_2KL_1, qui forme le circuit

Fig. 7.

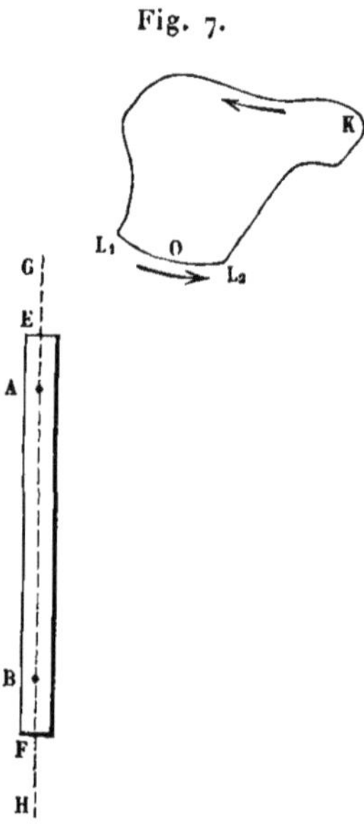

fermé $L_1OL_2KL_1$, n'aura plus aucune action pour faire tourner l'aimant autour de son axe GH, puisque les deux parties dont il se compose exerceront alors sur l'aimant deux moments de rotation égaux et de signes contraires; c'est ce qui résulte également de la valeur générale

$$\mu(\cos\theta_2 - \cos\theta_1 - \cos\theta'_2 + \cos\theta'_1),$$

puisque, pour un circuit fermé, les deux limites L_1, L_2 étant à un même point, on a

$$\cos\theta_2 = \cos\theta_1,$$
$$\cos\theta'_2 = \cos\theta'_1;$$

et cela, soit que l'aimant soit hors du circuit, ce qui donne

$$\theta_2 = \theta_1,$$
$$\theta'_2 = \theta'_1,$$

soit qu'il soit dans l'intérieur du circuit, auquel cas

$$\theta_2 = \theta_1 + 2\pi,$$
$$\theta'_2 = \theta'_1 + 2\pi.$$

C'est ce que les physiciens de Genève ont vérifié par les expériences les plus exactes et les plus multipliées : ils cherchèrent avec des appareils extrêmement mobiles et en variant, de toutes les manières possibles, la forme des circuits fermés, à faire tourner l'aimant autour de son axe par l'action de ces circuits, sans parvenir à produire ce mouvement.

Il est évident qu'en prouvant par l'expérience que, quelle que soit la forme du circuit fermé, son action est toujours nulle, on constate en même temps l'exactitude de ce résultat du calcul, que le moment de rotation imprimé par un arc quelconque ne dépend ni de sa forme, ni de sa grandeur, mais seulement de la situation de ses extrémités relativement aux pôles de l'aimant; car si les actions des deux circuits fermés $L_1OL_2KL_1$ et $L_1OL_2K'L_1$ (*fig.* 8), qui ont une partie commune L_1OL_2, sont toutes deux

Fig. 8.

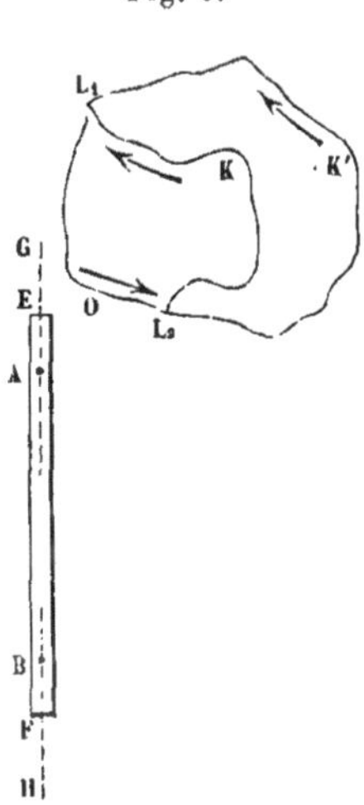

nulles, il faut bien que les actions exercées par les arcs L_2KL_1, $L_2K'L_1$ soient égales, puisqu'elles font également équilibre à l'action de L_1OL_2.

Lorsque M. Faraday eut annoncé que, d'après ses expériences, il était impossible de faire tourner un aimant autour de son axe par l'action d'un fil conducteur, je m'assurai aisément que cela venait de ce que la réunion des fils conducteurs et de la pile forme nécessairement un système de circuits fermés, dont nous venons de voir que l'action rotatoire est toujours nulle. Alors il me vint l'idée de faire passer une portion du courant par l'aimant; comme cette portion forme, dans ce cas, un système invariable avec l'aimant, elle n'exerce plus aucune action pour le mouvoir : c'est comme si elle était anéantie; d'où il suit que le reste du circuit, qui exerçait une action égale et opposée à la sienne, agit seul alors et fait tourner l'aimant, à moins que le moment

$$\mu(\cos\theta_2 - \cos\theta_1 - \cos\theta'_2 + \cos\theta'_1)$$

ne fût par hasard nul.

Les points L_1, L_2 sont dans ce cas celui où le courant entre dans l'aimant et celui où il en sort.

J'observerai à ce sujet que, quand ces points d'entrée et de

Fig. 9.

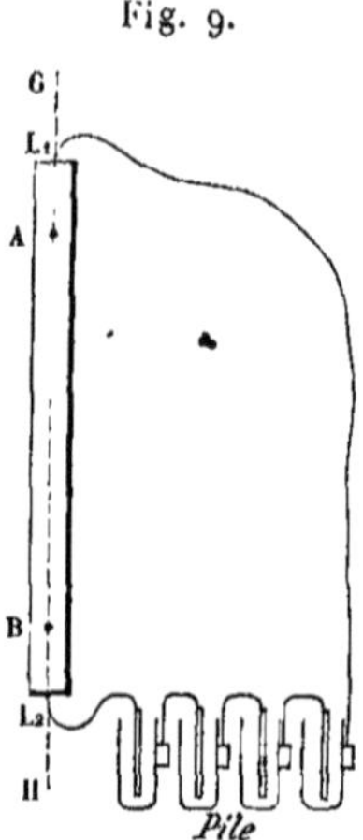

sortie L_1, L_2 (*fig.* 9) sont dans l'axe de l'aimant, il ne peut y avoir de rotation, parce qu'alors

$$\theta_1 = 0, \qquad \theta'_1 = 0, \qquad \theta_2 = \pi, \qquad \theta'_2 = \pi,$$

ce qui donne

$$\cos\theta_2 - \cos\theta_1 - \cos\theta'_2 + \cos\theta'_1 = -1 - 1 + 1 + 1 = 0.$$

Je remarquai bientôt après, dans la lettre à M. Faraday, imprimée dans les *Annales de Physique et de Chimie* (¹), qu'on explique de même le fait qu'il avait observé, savoir : qu'au lieu de faire passer une portion du courant par l'aimant, il suffit, pour obtenir la rotation du barreau autour de son axe, de faire passer le courant par une portion de conducteur métallique qui lui soit invariablement lié, et dont les deux extrémités ne soient pas dans l'axe, parce que cette portion, formant avec l'aimant un système invariable, n'agit plus sur lui, et que le reste du circuit, qui a les mêmes extrémités, le fait tourner.

Il y a longtemps que j'ai démontré, dans les Ouvrages que j'ai publiés sur ce sujet, que, d'après la valeur du moment de rotation donnée plus haut, le mouvement de l'aimant restait le même, quelque forme qu'on donnât à cette portion du circuit; dire (²) qu'il faut négliger l'action de cette partie, parce qu'elle ne varie pas quand on en change la forme, c'est comme si l'on disait qu'il faut négliger l'action calorifique d'une portion de l'enveloppe de chaleur constante, puisque cette action calorifique ne dépend pas de la forme de cette portion.

Voici quelques conséquences qui résultent immédiatement des considérations et des calculs précédents, qui ne faisaient pas d'abord partie de ce Mémoire, et que j'y ajoute pendant qu'on l'imprime, parce que ces conséquences sont en général celles que M. Pouillet a obtenues des expériences qu'il a faites sur ce sujet en 1827 (³).

Soit qu'on veuille faire tourner une portion du fil conducteur autour de l'axe d'un aimant, ou un aimant autour de son axe par l'action de la portion du circuit total qui ne lui est pas unie en

---

(¹) *Voir* t. II, art. XXVIII, p. 384. (J.)

(²) Le texte des *Annales de Chimie et de Physique* porte : « dire, comme l'auteur d'un Mémoire inédit, qu'il faut négliger....» (J.)

(³) Dans les *Annales de Chimie et de Physique*, ce paragraphe est remplacé par le suivant : « La substance de cette Note se trouve en entier dans la *Théorie des phénomènes électro-dynamiques déduite de l'expérience*, que j'ai publiée en 1826, p. 88-92, 107-115, 151-157, et les conséquences qui suivent en résultent d'une manière tellement immédiate qu'il serait presque inutile de les énoncer, si ce n'était que la parfaite conformité qu'elles présentent avec les résultats des expériences faites depuis par M. Pouillet doit être considérée comme une nouvelle vérification de ma théorie. » (J.)

un système invariable, il est commode de rendre l'axe de l'aimant vertical, et de faire arriver ces portions de fil conducteur dans une coupe O (*fig.* 10), située sur le prolongement GO de l'axe de l'aimant; cette coupe est fixe dans le premier cas, soit qu'elle soit ou ne soit pas en communication avec l'aimant, qui est aussi

Fig. 10.

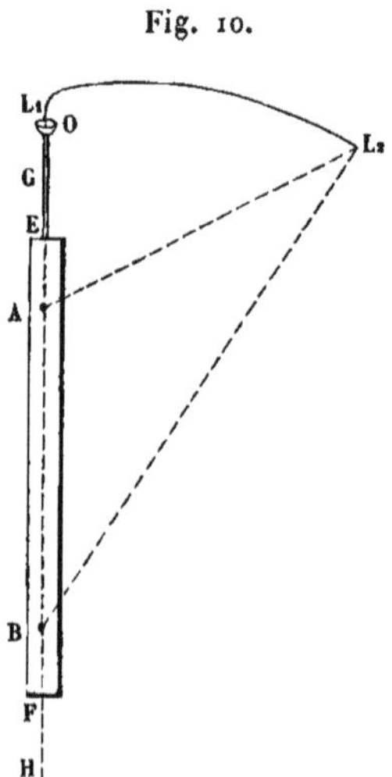

supposé fixe; mais dans le second elle doit, dans la disposition que représente la figure, être soudée à l'aimant et mobile avec lui.

Quand le point L_1 est sur le prolongement de l'axe de l'aimant, on a

$$\theta_1 = 0, \qquad \theta'_1 = 0,$$

d'où il suit que

$$\cos\theta_1 - \cos\theta'_1 = 1 - 1 = 0,$$

qu'ainsi le moment de rotation imprimé au fil L_1L_2 par l'aimant est

$$-\mu(\cos\theta_2 - \cos\theta'_2),$$

et celui qui l'est à l'aimant par toute la partie du circuit qui n'y est pas lié est

$$\mu(\cos\theta_2 - \cos\theta'_2),$$

θ_2 et θ'_2 étant les deux angles OAL_2, OBL_2.

Quand les choses sont disposées comme dans la *fig.* 10,

$\cos\theta'_2 > \cos\theta_2$, en sorte que le premier moment est

$$\mu(\cos OBL_2 - \cos OAL_2),$$

et le second

$$-\mu(\cos OBL_2 - \cos OAL_2).$$

Tant que le point L_2 est au-dessus du plan horizontal, passant par le pôle A, ces valeurs ne contiennent que la différence des deux cosinus, et deviennent très petites, quand le point L_2 est près du prolongement GO de l'axe de l'aimant, parce qu'alors ces deux cosinus diffèrent peu de l'unité.

Quand le point L_2 est dans le plan horizontal dont nous venons de parler, $\cos OAL_2 = 0$; on a donc seulement pour des valeurs des moments

$$\mu \cos OBL_2,$$

et

$$-\mu \cos OBL_2.$$

Lorsque le point L_2 tombe entre ce plan horizontal et celui qui

Fig. 11. Fig. 12.

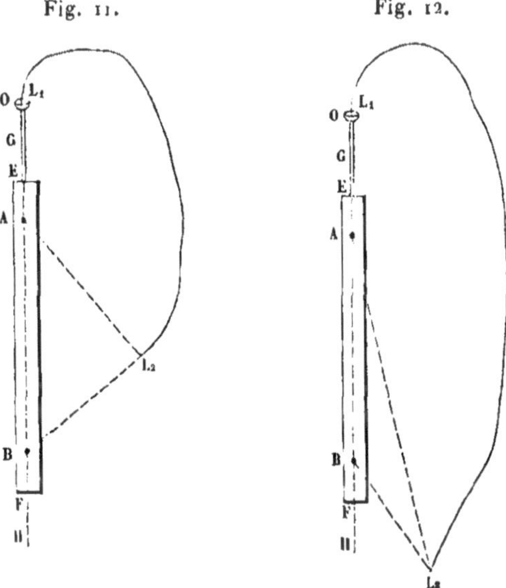

passe par l'autre pôle B, l'angle OAL_2 devient obtus, comme on le voit dans la *fig.* 11; on a alors $\cos OAL_2 = -\cos BAL_2$, et, comme on peut écrire ABL_2 au lieu de OBL_2, on a pour les moments

$$\mu(\cos ABL_2 + \cos BAL_2)$$

et

$$-\mu(\cos ABL_2 + \cos BAL_2).$$

Les valeurs de ces moments, contenant la somme au lieu de la différence des deux cosinus, sont beaucoup plus grandes que dans le premier cas.

Si l'on suppose que le point L_2, restant toujours à la même distance de l'axe de l'aimant, réponde successivement à divers points de la longueur de cet axe, il est aisé de voir à la seule inspection de ces valeurs :

1° Qu'elles atteindront leur *maximum* quand le point L_2 répondra au milieu de l'aimant; elles deviendront alors

$$2\mu \cos ABL_2$$

et

$$-2\mu \cos ABL_2;$$

2° qu'elles seront les mêmes à égales distances au-dessus et au-dessous de ce milieu : c'est ainsi que, quand le point L_2 se trouvera dans le plan horizontal, passant par le pôle B, on aura, pour ces valeurs,

$$\mu \cos BAL_2$$

et

$$-\mu \cos BAL_2,$$

qui sont les mêmes que nous avons trouvées, quand L_2 est dans le plan horizontal passant par le pôle A. Enfin, lorsque le point L_2 est situé comme dans la *fig.* 12, on a $\cos ABL_2 = -\cos HBL$, et les valeurs des deux moments deviennent

$$\mu(\cos BAL_2 - \cos HBL_2)$$

et

$$-\mu(\cos BAL_2 - \cos HBL),$$

qui sont évidemment égales à celles que nous avons trouvées, quand L_2 est situé précisément de la même manière au-dessus du plan horizontal passant par le pôle A.

Il suit de ces calculs que le sens de la rotation reste toujours le même, quelle que soit la position du point L_2, mais qu'après avoir atteint son *maximum,* quand le point L_2 est vis-à-vis du milieu de l'aimant, elle va en diminuant à mesure qu'il s'en écarte, et devient très faible et susceptible d'être arrêtée par les frottements, quand le point L_2 est près de l'axe de l'aimant, et hors de l'intervalle compris entre les deux plans horizontaux, menés par les pôles A et B.

Si nous considérons en particulier le cas où le point L_2 est dans le plan horizontal passant par le milieu K (*fig.* 13) de l'intervalle AB des deux pôles, alors les moments sont

$$2\mu \cos BAL_2$$

et

$$-2\mu \cos BAL_2,$$

valeur d'autant plus grande, pour un même aimant, que la

Fig. 13.

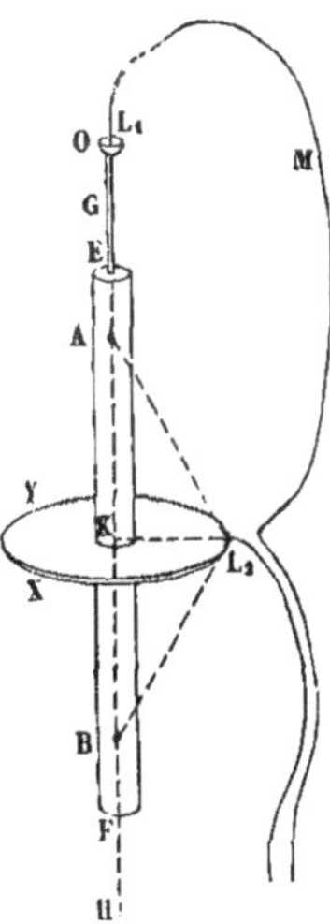

distance KL_2 est plus petite, et par conséquent aussi, l'angle BAL_2; c'est pour cela que, quand l'aimant est fixe, et que L_1ML_2 est une portion mobile de fil conducteur, celle-ci tourne d'autant plus rapidement autour de l'aimant que son extrémité L_2 est plus près de la surface de cet aimant, et que, quand c'est au contraire l'aimant qui peut tourner autour de son axe, et qu'une portion du circuit total parcourt l'aimant et une roue de métal XL_2Y qui lui est invariablement liée, depuis le point L_1 jusqu'au point L_2, le mouvement que prend le barreau par l'action du reste L_1ML_2 du circuit est d'autant plus rapide que le rayon KL_2 de cette roue est plus petit.

Il se présente ici une difficulté qu'il est bon d'éclaircir.

Lorsque le point L_2 se trouve aussi dans le prolongement de l'axe de l'aimant, soit du même côté que le point L_1, comme on le voit (*fig.* 14), soit de l'autre côté, ainsi que dans la *fig.* 15, les deux angles θ_2 et θ'_2 deviennent tous deux égaux à o ou à π, et la différence de leurs cosinus étant nulle, le moment de rotation l'est

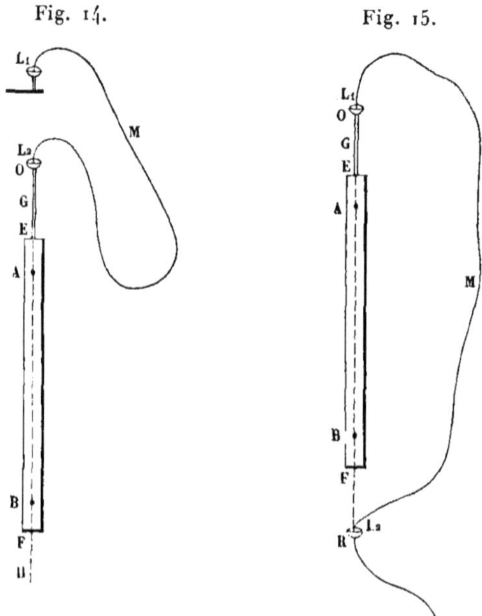

aussi ; aussi observe-t-on alors que, quand les deux extrémités de l'arc L_1ML_2 sont dans l'axe autour duquel il peut tourner librement, il reste immobile, dans le cas où cet axe coïncide avec celui de l'aimant EF ; et que si cette coïncidence n'a lieu qu'à peu près, il se meut d'autant plus lentement que les deux axes sont plus près l'un de l'autre, mais seulement pour prendre une position fixe, et non pour tourner d'un mouvement continu autour de l'axe qui passe par ses extrémités.

Considérons un aimant courbé comme on le voit (*fig.* 16), afin que le milieu de l'axe GH, qui joint ses deux pôles, se trouve en dehors du barreau, et que l'autre extrémité L_2 du fil L_1ML_2 puisse, de même que la première L_1, être placée sur la direction de cet axe, mais entre les deux pôles A et B; d'après les calculs de M. Savary, et les expériences faites, il y a quelques années, par différents physiciens sur les aimants annulaires, que la courbure de l'aimant ne fait rien à l'action qu'il exerce, et que cette action est toujours la même que celle d'un aimant rectiligne qui aurait ses pôles aux mêmes points A et B, d'où il suit que le moment de rotation

$$-\mu(\cos\theta_2 - \cos\theta'_2)$$

de L_1ML_2 autour de l'axe GH devient égal à 2μ, parce qu'on a $\cos\theta_2 = -1$ et $\cos\theta'_2 = 1$; aussi voit-on tourner, dans ce cas, la

Fig. 16.

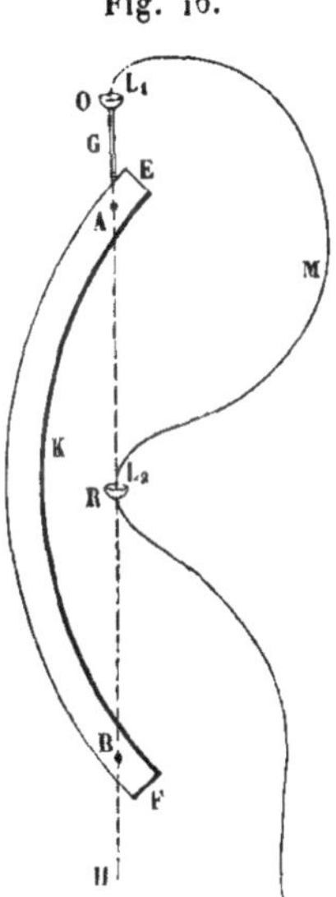

portion de fil conducteur L_1ML_2 autour de l'axe GH, jusqu'à ce qu'elle vienne s'appuyer contre l'aimant, ce qui arrive nécessairement vers un de ses points K compris entre les pôles A et B, toutes les fois que l'extrémité L_2 est sur l'axe GH entre ces pôles, ainsi qu'on le suppose ici.

Il semble d'abord que c'est cette circonstance seule qui empêche le fil L_1ML_2 de tourner indéfiniment autour de l'axe GH, car, si l'on enlève ce fil des coupes X, Y, qui le mettent en communication avec les deux extrémités de la pile, pour le replacer aussitôt dans ces mêmes coupes, de manière qu'il se trouve de l'autre côté de l'aimant, il tournera dans le même sens autour de GH, jusqu'à ce qu'il vienne de nouveau s'appuyer contre l'aimant au même point K, et en le faisant de nouveau passer de la même manière de l'autre côté de l'aimant, cette sorte de mouvement se continuera indéfiniment.

C'est sur cela qu'est fondée la difficulté qu'il s'agit d'éclaircir, et qui m'a été proposée par M. le professeur S. Gherardi.

Elle consiste en ce qu'il semble, pour me servir des expressions qu'il a employées, que ce n'est qu'un obstacle *physique* qui empêche le mouvement de rotation indéfiniment accéléré d'être produit par l'action mutuelle d'un aimant et d'un fil conducteur, dont les deux extrémités sont dans l'axe, et qu'à considérer les choses sous le point de vue purement *mathématique*, où le fil conducteur passerait à travers l'aimant, entre les éléments magnétiques qui agissent sur lui, ce mouvement indéfiniment accéléré aurait lieu, ce qui est en contradiction avec la démonstration purement mathématique de son impossibilité que j'ai donnée ailleurs (¹), en la déduisant de la formule par laquelle j'ai exprimé l'action mutuelle de deux conducteurs voltaïques, et que je donne de nouveau dans ce Mémoire, en partant de la seule loi de l'action qu'un aimant et un fil conducteur exercent l'un sur l'autre.

La réponse à cette difficulté est fondée sur ce que, comme je l'ai remarqué au commencement de ce Mémoire, la valeur de la force résultant de l'action mutuelle d'un aimant et d'une portion infiniment petite de fil conducteur, quelque approchée qu'elle soit lorsqu'il s'agit d'un aimant de dimensions finies, ne peut dans ce cas être regardée que comme une approximation, et qu'elle n'est rigoureusement exacte que pour chacun des éléments magnétiques dont l'aimant est composé.

Or, il est aisé de voir que, dans le cas où l'on supposerait que la portion L_1ML_2 de fil conducteur, venant à rencontrer l'aimant en K, le pénétrerait et passerait entre les éléments magnétiques, l'action de ceux-ci, pour la faire tourner autour de l'axe GH, changerait de signe, et que, bien loin qu'on pût regarder alors comme une approximation le moment calculé relativement aux

(¹) *Théorie mathématique des phénomènes électro-dynamiques*, art. XXX, t. III, p. 139. (J.)

deux pôles de l'aimant total, ce moment se trouverait de signe contraire à celui qui, ayant réellement lieu, résulte des actions réunies de tous les éléments magnétiques.

C'est ce que je vais expliquer en détail, sur un exemple assez simple, pour que cette explication soit facile à suivre.

Cet exemple consiste à ne considérer, au lieu de l'aimant, qu'une seule série d'éléments magnétiques de même intensité, et dont les axes sont situés dans une ligne quelconque AB (*fig.* 17) sur laquelle ils se trouvent tous à égales distances les uns des autres.

Fig. 17.

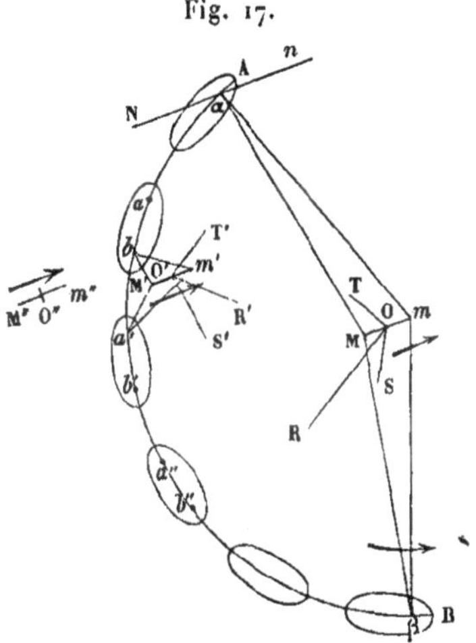

Si l'on suppose d'abord que les pôles de ces éléments soient aux points a, b, pour l'un d'eux, a', b', pour le suivant, et ainsi de suite, on pourra, sans changer l'action exercée par ces éléments sur un point O situé à une distance qu'on puisse considérer comme infinie relativement aux intervalles ab, $a'b'$, etc., imaginer que les deux pôles de chaque élément magnétique s'écartent l'un de l'autre en diminuant d'intensité en raison inverse de leur distance mutuelle, jusqu'à ce que le pôle boréal de l'élément ab se confonde avec le pôle austral de l'élément $a'b'$, et que la même chose ait lieu pour les pôles de tous les autres éléments. Ceux-ci étant supposés équidistants et de même intensité, les deux pôles d'espèces opposées, appartenant l'un à un élément et l'autre à l'élément précédent ou suivant, qui se trouveront ainsi superposés, se neutraliseront mutuellement, en sorte qu'il ne restera que l'action des deux pôles extrêmes, c'est-à-dire du pôle austral α de l'élément A et du pôle boréal β de l'élément B, précisément comme si, au lieu de tous les éléments magnétiques de la ligne AB, il n'y avait qu'un pôle austral à l'extrémité A de cette ligne, et un pôle boréal à son extrémité B.

Un aimant peut donc être remplacé par une ligne d'une forme quelconque ainsi occupée par des éléments de même intensité et équidistants, et dont les deux extrémités seraient aux deux pôles de cet aimant.

Concevons donc une pareille série d'éléments magnétiques, et voyons ce qui doit arriver à un élément d'un courant voltaïque Mm, dirigé comme l'indique la flèche de la figure, et placé à une distance suffisante pour que l'action de AB se réduise, d'après ce que nous venons de dire, à celle des deux pôles extrêmes α et β. La force relative au pôle austral α tendra à porter l'élément Mm suivant la perpendiculaire OS au plan αMm, du côté de ce plan qui est à gauche d'un observateur qui serait placé dans la parallèle Nn à Mm, menée par le point α, et qui, ayant les pieds en N et la tête en n, regarderait l'élément Mm ; par la même raison, la force relative au pôle β tendra à porter l'élément Mm suivant la perpendiculaire OT au plan βMm, à la gauche d'un observateur placé en β de la même manière. La résultante OR de ces deux forces, dirigée comme on le voit dans la figure, tendra donc à rapprocher, dans ce cas, l'élément Mm de la ligne AB qui représente un aimant, et il est aisé de voir que, si l'on place l'élément Mm dans la même direction en M$''m''$ de l'autre côté de AB, il tendra à s'en éloigner, d'où il semble résulter qu'en le supposant assujetti à tourner autour d'un axe situé convenablement, il pourrait revenir en Mm pour se rapprocher de nouveau de AB, et tourner ainsi d'un mouvement continuellement accéléré, s'il pouvait traverser cette ligne, en passant, par exemple, entre les deux éléments magnétiques ab, $a'b'$. Cela n'arrive pas dans l'expérience, parce que le fil conducteur s'appuie contre l'aimant, et l'objection consiste à prétendre qu'il y passerait sans l'obstacle *physique* que lui oppose l'aimant; en sorte que, à considérer les choses *mathématiquement,* on pourrait produire un mouvement indéfiniment accéléré par l'action d'un aimant et d'un circuit fermé, dont Mm représente l'élément qui, dans ce mouvement, rencontrerait la ligne AB. La réponse est que, même en considérant les choses sous ce point de vue, l'élément M*m* ne pourrait jamais passer entre les éléments magnétiques *ab*, *a'b'*, parce que, dès qu'il en serait assez près, comme dans la situation M'*m'*, pour qu'on ne pût plus supposer, sans changer l'action, les deux pôles *b* et *a'* superposés, il faudrait considérer, au lieu de la série d'éléments magnétiques AB, les deux séries A*b*, *a'*B, qui agiraient en vertu des forces relatives aux pôles *b* et *a'*, en sens contraire des actions relatives aux pôles de nom contraire α et β, qui existaient seules dans le cas précédent; ce qu'on voit dans la figure, par les directions de ces forces O'S', O'T' et de leur résultante O'R'. D'ailleurs, à cause de la très petite distance, ces forces deviendraient comme infinies, par rapport aux forces relatives aux pôles α, β, dès que l'élément M*m* serait sur le point de passer entre les éléments magnétiques *ab*, *a'b'*; il serait donc violemment repoussé en sens contraire du mouvement acquis; et ce mouvement, à considérer les choses même sous le point de vue purement mathématique, serait peu à peu anéanti et remplacé par un mouvement en sens contraire, en sorte qu'on n'aurait que des oscillations autour d'une position fixe, au lieu d'un mouvement indéfiniment accéléré dans le même sens, ce qui est d'ailleurs rigoureusement démontré pour le cas où le fil conducteur, dont M*m* fait partie, forme un circuit fermé, puisque, dans ce cas, l'action peut être ramenée à des forces en raison inverse du carré de la distance, qui ne peuvent jamais produire un mouvement indéfiniment accéléré.

Le même changement dans la direction de l'action exercée par la série d'éléments magnétiques AB, qui a lieu à l'égard de l'élément de fil conducteur M*m*, lorsqu'on suppose que cet élément est successivement placé hors de l'aimant et dans son intérieur entre deux éléments magnétiques dont il est composé, a également lieu à l'égard d'un autre élément magnétique, que l'on supposerait placé succcessivement dans ces deux situations. Il est évident, en effet, que, dans le cas où cet élément magnétique serait placé en M assez loin de la ligne AB, il se dirigerait de manière que son pôle austral fût en bas dans la figure du côté du pôle boréal β, et son pôle boréal en haut du côté du pôle austral α; tandis que, s'il se trouvait entre les deux éléments magnétiques *ab*, *a'b'*, il se dirigerait, au contraire, de manière que son pôle austral fût en haut le plus près possible du pôle boréal b, et son pôle boréal en bas du côté du pôle austral a'.

Je terminerai ces considérations sur les mouvements qu'un fil conducteur imprime à un aimant par le calcul des forces qui produisent le mouvement que prend l'aimant dans l'expérience de M. Œrsted; et je supposerai, pour fixer les idées, qu'il s'agisse de calculer l'action qu'un conducteur rectiligne indéfini et horizontal NM (*fig.* 18) exerce sur un aimant AB, suspendu par un

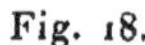

Fig. 18.

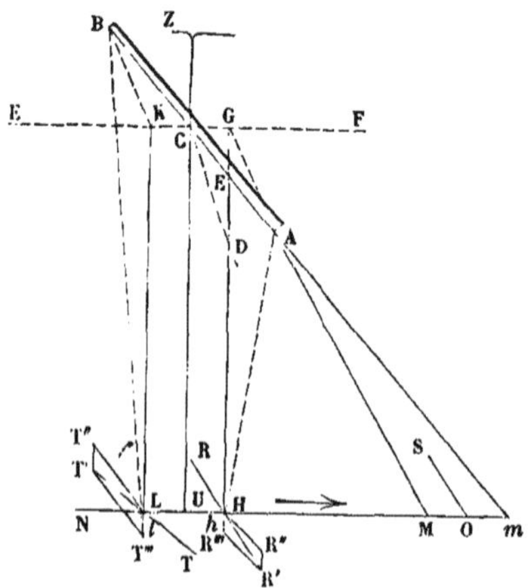

fil de soie ZC au crochet Z, et dont le milieu C est dans le plan vertical EFMN, passant par ce conducteur, l'aimant AB étant aussi horizontal et susceptible de tourner autour de ce point C [1].

Soit CD la perpendiculaire élevée au point C à ce plan, laquelle se trouve dans le même plan horizontal que l'axe BA de l'aimant; nommons ε l'angle DCA de l'oscillation, angle qu'on suppose très petit.

---

[1] Dans le texte des *Annales de Chimie et de Physique*, ce paragraphe présente une légère différence de rédaction et est remplacé par le suivant : « Je suppose maintenant qu'on veuille calculer l'action qu'un conducteur rectiligne indéfini NM (*fig.* 18), que je supposerai horizontal, exerce sur un aimant AB, dont le milieu C est dans le plan vertical EFMN passant par le conducteur, l'aimant AB étant aussi horizontal et susceptible de tourner autour de ce point C. » Le texte des *Annales* est postérieur à celui des *Mémoires de l'Académie de Bruxelles*. (J.)

Soit la perpendiculaire AH $= a$, la distance AM $= r$, l'angle HAM $= \theta$; d'après la règle énoncée d'abord par M. Biot, l'action relative au pôle austral A exercée par l'aimant sur l'élément Mm du fil conducteur, dont O est le milieu, est dirigée suivant la perpendiculaire OS au plan AMm, et égale à $\mu \frac{\mathrm{M}m \sin \mathrm{AMH}}{r^2}$, que j'ai montré pouvoir s'écrire ainsi

$$\mu \frac{2\,\mathrm{AM}m}{r^3} = \mu \frac{d\theta}{r},$$

parce que $2\,\mathrm{AM}m = r^2 d\theta$.

Or, dans le triangle rectangle AHM, on a $r = \frac{a}{\cos\theta}$: ainsi la force suivant OS est

$$\mu \frac{d\theta \cos\theta}{a},$$

dont l'intégrale, entre les limites θ_1 et θ_2, donne pour la valeur de la résultante de toutes les forces parallèles exercées sur AB

$$\frac{\mu(\sin\theta_2 - \sin\theta_1)}{a}.$$

Quand on suppose que le fil conducteur AB s'étend à l'infini dans les deux sens, on a $\theta_1 = -\frac{\pi}{2}$, $\theta_2 = \frac{\pi}{2}$, ainsi, $\sin\theta_1 = -1$, $\sin\theta_2 = 1$, et la résultante est égale à

$$\frac{2\mu}{a};$$

elle est donc en raison inverse de la distance AH $= a$, du pôle A au fil conducteur.

Cette résultante est, comme toutes ses composantes, élevée perpendiculairement au plan ANM, par un des points de la droite NM.

Dans le cas du conducteur indéfini dans les deux sens, ce point est en H, c'est-à-dire que c'est le pied de la perpendiculaire abaissée du pôle A sur NM, en sorte que la résultante est dirigée suivant l'horizontale HR perpendiculaire à NM, parce qu'à égales distances de part et d'autre de ce point H les composantes sont égales, et donnent, par conséquent, deux à deux, des résultantes partielles qui passent par H.

En abaissant du pôle boréal B la perpendiculaire BL sur NM, on trouvera une autre résultante relative à ce pôle, de toutes les forces exercées par l'aimant sur le conducteur NM. Dans le cas que nous supposons ici, où le milieu de l'aimant est dans le plan vertical ENMF, cette résultante est égale à la première et a de même pour valeur $\frac{2\mu}{a}$.

Pour avoir l'action qu'exerce réciproquement le fil conducteur NM sur l'aimant AB, il faut, suivant les premiers principes de la Statique :

1° Concevoir en H un point h sans liaison avec ce fil, mais invariablement lié avec l'aimant; on aura pour première force agissant sur l'aimant une force égale et opposée à la force $\frac{2\mu}{a}$ qui est appliquée en H et dirigée suivant HR; cette première force, appliquée au point h lié à l'aimant, aura la même valeur et sera dirigée suivant hR';

2° Concevoir en L un point l, qui soit de même sans liaison avec le fil NM, et invariablement lié avec l'aimant; à ce point l, on aura une seconde force appliquée en l, égale et opposée à LT, qui sera, par conséquent, dirigée suivant lT' et aura pour valeur $\frac{2\mu}{a}$.

Tous les mouvements que pourra prendre l'aimant résulteront de ces deux forces, et si l'on nomme φ l'angle AHG, qui est égal à BLK, on pourra décomposer chacune d'elles en deux autres forces, l'une horizontale et l'autre verticale, ce qui en donnera quatre, savoir :

1° hR'' et lT'' égales à $\frac{2\mu\cos\varphi}{a}$,

2° hR''' et lT''' égales à $\frac{2\mu\sin\varphi}{a}$;

ces deux dernières, agissant dans le même sens, étant parallèles à la verticale CU et situées à égales distances de cette verticale, se composeront en une force unique dirigée suivant CU, et qu'on pourra supposer appliquée au point C : elle sera détruite par le fil CZ, auquel l'aimant est suspendu dans l'expérience actuelle;

mais, s'il ne l'était pas, elle le porterait vers le conducteur NM. C'est précisément cette force que j'ai désignée sous le nom d'*action attractive* ou *répulsive* (¹), dans le premier Mémoire sur ce genre de phénomène, où j'ai analysé les mouvements produits dans l'expérience de M. Œrsted.

Quant aux deux forces horizontales, dirigées suivant les droites hR'', lT'', et égales à $\frac{2\mu\cos\varphi}{a}$, elles formeront évidemment un couple dont on trouvera la valeur en multipliant cette expression par la distance lh des deux forces, distance qui est égale à $2b\cos\varepsilon$, en nommant b la demi-longueur CA ou CB de l'aimant, prise d'un de ses pôles à l'autre.

Le moment cherché sera donc égal à $\frac{4\mu b\sin\varepsilon\cos\varphi}{a}$, et l'équation du mouvement sera

$$\frac{d\omega}{dt}\int r^2\,dm = \frac{4\mu b\sin\varepsilon\cos\varphi}{a},$$

ω étant la vitesse autour de CU à la distance 1. Plus l'aimant est court et plus l'angle φ est petit; on a donc sensiblement $\varphi = 0$ et

$$\frac{d\omega}{dt}\int r^2\,dm = \frac{4\mu b\sin\varepsilon}{a}.$$

$\int r^2\,dm$, dans cette équation, est le moment d'inertie de l'aimant autour de l'axe CU, qui passe par son centre d'inertie C.

On voit, à la seule inspection de la figure, que les forces dirigées suivant hR'', lT'' se réunissent pour amener l'aimant dans la direction CD perpendiculaire au plan ENMF, en le faisant tourner autour de CU; mais, s'il était d'abord dans cette direction, il y resterait en équilibre, parce qu'alors ces deux forces se trouvent opposées dans la même direction, ce qu'on voit, parce que, l'angle ε étant alors nul, on a $\sin\varepsilon = 0$, ce qui réduit à 0 la valeur que nous venons de trouver pour le couple. La force qui, en agissant à la distance b de l'axe CU sous l'angle ε, produirait le même effet que ce couple, pour faire tourner l'aimant autour de CU, est

(¹) Cette action est ici attractive, parce que l'aimant est situé de manière que son pôle austral A est à gauche du courant NM. (A.)

évidemment égale à $\frac{4\mu}{a}$, en faisant toujours $\cos\varphi$ sensiblement égal à l'unité. Cette force est, comme l'a trouvée M. Biot, en raison inverse de a.

C'est à cause que nous avons supposé l'aimant horizontal et son milieu C dans le plan vertical ENMF que les distances des deux pôles au conducteur NM, et par conséquent les forces relatives à ces pôles, se sont trouvées égales, d'où il est résulté que leurs composantes horizontales, dirigées suivant hR'' et lT'' ont formé un couple; dans ce cas, il est évident que le résultat est identiquement le même que dans l'hypothèse du couple primitif, parce qu'un couple peut être transporté, sans que les effets produits éprouvent aucun changement, dans tout plan parallèle au sien, pourvu qu'il conserve la même valeur et que les nouveaux points d'application des forces soient invariablement liés aux anciens.

Cette identité des résultats produits par les forces appliquées comme elles le sont réellement aux points h et l, et par des forces égales aux premières, qu'on supposerait appliquées aux pôles A et B, se voit immédiatement dans le cas que nous avons considéré ici, parce que les composantes horizontales de ces forces forment un couple qui peut être transporté où l'on veut. Cette sorte de démonstration n'a plus lieu quand les pôles A et B ne sont pas à la même distance du fil conducteur, parce qu'alors, les forces qui leur sont relatives n'étant plus égales entre elles, il n'y a plus de couple. Dans ce cas, la même identité dépend d'une autre condition, savoir, que le conducteur qui agit sur l'aimant forme un circuit fermé ou un système de circuits fermés; alors l'identité a toujours lieu comme je l'ai démontré dans la *Théorie des phénomènes électro-dynamiques,* que j'ai publiée en 1826, p. 102 (1). On sent bien, au reste, qu'à moins qu'une portion du courant électrique ne passe par l'aimant ou par un conducteur lié à l'aimant, cette condition est toujours remplie, ainsi que je l'ai dit dans le même ouvrage, parce que la pile, les rhéophores et toutes les portions de conducteurs qui mettent ceux-ci en communication forment réellement un circuit toujours fermé.

Quand M. Biot a fait ses expériences, c'était réellement un cir-

---

(1) *Voir* art. XXX, p. 92. (J.)

cuit fermé qui agissait sur l'aimant, et cela seul suffisait pour démontrer que les résultats devaient être identiques dans ma manière de considérer l'action d'un fil conducteur et d'un aimant, et dans l'hypothèse du couple primitif. [*Voyez* à ce sujet l'Ouvrage que je viens de citer, Note V, p. 216 et suiv. (1)].

(1) *Voir* art. XXX, p. 192 et suiv. (J.)

XXXV.

LETTRE A M. LE Dr GHERARDI.

SUPPLÉMENT

AU MÉMOIRE SUR L'ACTION MUTUELLE D'UN CONDUCTEUR VOLTAIQUE ET D'UN AIMANT (1).

Je vous remercie beaucoup de la lettre que vous m'avez fait l'honneur de m'écrire, il y a quelque temps, et où vous me faites de nouvelles objections sur ce que j'ai dit que l'action mutuelle de deux circuits électriques *solides* et *fermés,* ou de deux assemblages de circuits de cette sorte, ne peut jamais produire un mouvement continu où la vitesse aille toujours en croissant, jusqu'à ce que les frottements et les résistances des milieux où s'opère le mouvement rendent cette vitesse constante.

Il m'a semblé que ces objections sont fondées en partie sur ce que vous n'avez peut-être pas donné le même sens que moi à ce que je disais au sujet de la restriction que j'avais mise à cette proposition, en n'y parlant que de l'action mutuelle de deux circuits solides fermés, ou de deux assemblages des mêmes circuits; et sur ce que vous n'avez pas fait attention à la distinction que l'acception dans laquelle on prend généralement les mots *rotation* et *révolution* m'avait autorisé à faire entre le mouvement de *révolution* d'un aimant flottant dans le mercure autour d'un fil conducteur, découvert par M. Faraday, et le mouvement de *rotation* du même aimant autour de son axe, que j'ai obtenu le premier à une époque où l'on croyait ce dernier impossible, comme vous pouvez le voir dans le Mémoire de M. Faraday, en date du 11 septembre 1821 (2). Dès lors, vous avez dû naturellement penser que j'avais dit du premier ce que je n'avais réellement énoncé qu'à l'égard du second, savoir qu'il ne pouvait avoir lieu

(1) *Mémoires de l'Académie de Bruxelles,* t. IV, p. 71-88; 1827. On a vu par la note d'Ampère, à la page 224, que cette lettre a été envoyée à Gherardi au commencement de 1826. (J.)

(2) *Voir* t. II, art. XIII, p. 158. (J.)

que quand le courant passait par l'aimant, ou par une portion de conducteur liée invariablement à cet aimant.

Je vous prie de relire ma lettre à M. Faraday, qui est dans mon *Recueil*, pour vous assurer que je n'y parle que du mouvement de *rotation*. Vous y verrez aussi que la raison pour laquelle le mouvement de *rotation* est impossible quand le courant ne passe ni par l'aimant ni par un conducteur lié à l'aimant, c'est que cet aimant est alors soumis à l'action d'un circuit total qui est fermé en y comprenant la pile, et que les actions réunies de toutes les parties d'un tel circuit se réduisent à deux forces, qui passent, l'une par l'un des pôles de l'aimant et l'autre par l'autre, et qui ne peuvent par conséquent le faire tourner autour de l'axe mené par

Fig. 1.

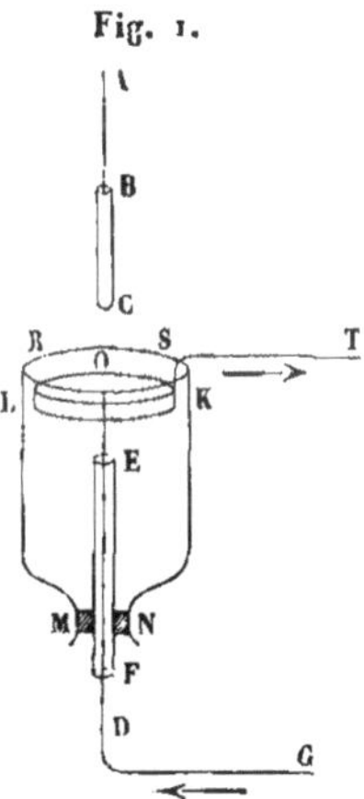

ces deux pôles. Cette raison n'a lieu que dans le cas de la *rotation* d'un aimant autour de son axe; elle rend cette *rotation* également impossible, soit que le circuit total fermé par la pile, et dont l'aimant ni une portion de conducteur lié à l'aimant ne fait alors partie, soit entièrement solide ou en partie solide et en partie liquide.

Pour vous en assurer, vous pouvez faire l'expérience suivante.

Dans un vase KLMN (*fig.* 1), dont le fond est fermé par un bouchon MN, traversé par le tube de verre EF, où est mastiqué un des rhéophores, le rhéophore positif GDO, par exemple, on met du mercure qui, s'élevant au-dessus de l'extrémité supérieure E du tube de verre, communique avec la portion EO de ce rhéophore qui s'y trouve plongée; on suspend ensuite à un point fixe A, situé dans la verticale qui passe par le point O, l'aimant BC, dont l'axe est dans cette verticale, à l'aide d'un fil de soie non tordu qui n'ait que la grosseur nécessaire pour supporter le poids de l'aimant, en lui laissant la plus grande facilité possible de tourner autour de la même verticale; le bord du vase est recouvert intérieurement d'une lame circulaire de cuivre RS, qui communique avec l'autre rhéophore STH.

Les choses étant ainsi disposées, on met la pile en action et l'on voit tourner le mercure dans le vase KLMN, mais l'aimant reste immobile.

Cet effet paraît surprenant au premier moment, car toute action étant réciproque entre les deux corps entre lesquels elle agit, il semble d'abord que l'aimant BC ne doit pas pouvoir faire tourner le mercure du vase KLMN, dans un sens, sans éprouver une réaction qui tende à le faire tourner en sens contraire; il est bien certain qu'il éprouve cette réaction, et qu'elle tend à le faire tourner dans ce sens opposé à celui du mouvement du mercure. Mais le reste du circuit STHGDO agit aussi sur l'aimant BC, et comme l'action du circuit total composé de cette partie STHGDO et des courants du mercure se réduit à deux forces, passant par les pôles de l'aimant BC, et donne, par conséquent, zéro pour la somme des moments autour de l'axe de cet aimant, il s'ensuit que l'action exercée par la portion STHGDO est exprimée par un moment de rotation égal et opposé à celui qui représente l'action des courants du mercure. Telle est la cause de l'immobilité que présente l'aimant dans cette circonstance, immobilité que vous pouvez observer toutes les fois que vous le voudrez, et qui me paraît résoudre une de vos objections fondées sur ce que, en vertu du principe de l'égalité entre l'action et la réaction, un système mobile ne peut tourner en vertu d'un système fixe, qu'autant qu'il ferait tourner avec le même mouvement de rotation ce dernier, si le premier devenait fixe et le dernier mobile : ce principe n'est vrai que quand chacun des deux systèmes n'éprouve d'action que de la part de l'autre; il cesse de l'être quand l'un des deux éprouve de la part d'un troisième système, toujours fixe, une action capable de faire équilibre à celle que l'autre exerce sur lui. Ainsi, le mercure mobile, dans l'expérience précédente, tourne par l'action de l'aimant fixe BC; rendez l'aimant mobile en le suspendant au fil AB, il ne tournera pas, parce qu'un troisième système, fixe dans les deux cas, savoir, le reste STHGDO du circuit total, exerce sur l'aimant une action qui fait équilibre à la réaction des courants du mercure, qui continue à tourner de la même manière, soit que l'aimant soit fixe ou suspendu au fil de soie AB.

Au reste, quand j'ai dit que l'action d'un circuit solide et fermé, sur un aimant, pour le faire tourner autour de son axe, était nulle, il est évident que je n'ai parlé que du moment de rotation autour de cet axe, moment qui est nul, non parce que les forces exercées par le circuit solide fermé sur l'aimant se réduiraient à zéro, ce qui certes n'est pas, mais parce que les deux résultantes de ces forces passent par les pôles; ce qui en rend les moments de rotation nuls, quelles que soient les valeurs de ces forces. Mais ces moments cessent de l'être, et les résultantes ne passent plus par les pôles de l'aimant, quand une partie du courant total passe par l'aimant ou par un conducteur lié invariablement à cet aimant, parce que cette partie du courant total, n'agissant plus sur lui, ne fait plus équilibre au moment de rotation produit par l'action que le reste du circuit exerce sur l'aimant, action qui le fait tourner comme je l'ai observé le premier et expliqué ainsi. Cette explication ne me paraît rien laisser à désirer, et il me semble que vous l'adoptez comme moi; c'est pourquoi je n'insisterai pas davantage sur ce point.

Tout ce que j'ai dit dans ma lettre à M. Faraday, étant fondé sur ce que ce moment total autour de l'axe de l'aimant est nul, ne peut s'appliquer évidemment qu'au mouvement de *rotation* autour de cet axe, et non au mouvement de *révolution* d'un aimant où d'un assemblage d'aimants autour d'un fil conducteur; c'est à ce mouvement de *révolution* qu'est relative l'expérience de M. de Nobili (¹). Vous pensez, Monsieur, que l'on pourrait l'obtenir par

(¹) L'expérience de Nobili est l'analogue de l'expérience très connue de Faraday Un cercle en fil de platine auquel sont fixées, parallèlement à son axe et aux extrémités d'un même diamètre, deux aiguilles aimantées, flotte sur le mercure. Un des pôles de la pile plonge dans le mercure au centre du cercle, l'autre est en dehors de ce cercle; le système prend un mouvement de rotation continu.

Une autre expérience, présentée par Nobili comme en contradiction avec la théorie d'Ampère, est celle qui est représentée par la *fig.* 1 de la page 220. (J.)

l'action d'un conducteur dont toutes les parties seraient invariablement liées entre elles et avec la pile; je persiste à croire cela impossible, mais c'est pour des raisons toutes différentes de celles qui se rapportent au mouvement de *rotation* d'un aimant autour de son axe. La somme des actions qu'exerce sur un aimant un conducteur de ce genre passe bien toujours par les pôles de cet aimant, comme je l'ai démontré dans mon *Précis de la théorie des phénomènes électro-dynamiques* (¹), lorsqu'on part de ma théorie, et comme le supposent également les physiciens qui ne l'adoptent pas; mais ces forces, passant par les pôles de l'aimant, pourront avoir un moment de rotation autour du fil conducteur qui ne passe pas par ces pôles. L'aimant, en effet, commence à tourner, dans beaucoup de cas, autour de la partie voisine d'un fil conducteur qui est solide d'une extrémité de la pile à l'autre; mais de quelque manière que j'aie varié l'expérience, tant que toutes les parties du conducteur sont restées immobiles, l'aimant ne s'est mis en mouvement que pour s'arrêter, dans un cas, en s'appuyant contre le fil, dans l'autre, en prenant une position où il restait en équilibre après avoir oscillé autour d'elle. Le premier cas a lieu lorsque l'aimant est disposé de manière que, dans son mouvement, il est rencontré entre les deux pôles par une portion du fil conducteur; le second, quand, dans le même mouvement, les deux pôles passent tous deux en dedans ou tous deux en dehors du circuit solide qui est fermé par la pile et qui agit tout entier sur l'aimant.

Cela n'a lieu que quand toutes les parties de ce circuit sont absolument immobiles; il suffit de changer alternativement avec la main la situation de certaines parties du conducteur pour produire le mouvement continu; mais alors le circuit n'est plus ce que j'appelle *solide,* et ce cas ne diffère de celui où l'aimant flottant dans le mercure tourne continûment, que parce que l'on change la forme du conducteur avec la main, tandis que les courants du mercure changent de place à mesure que l'aimant avance, en passant d'un côté à l'autre de cet aimant, par suite de son mouvement même.

(¹) Publié en 1824 chez Crochard, libraire, Cloître-Saint-Benoît, n° 16, et Bachelier, libraire, quai des Augustins, 55. (A.)

Ce changement de place des courants dans le mercure, par suite du mouvement de l'aimant, est ce qui établit une différence complète entre ce cas et celui d'un circuit dont toutes les parties sont immobiles; c'est, suivant moi, ce qui rend possible le mouvement de *révolution* continue de l'aimant autour du fil. Avant de rejeter mon opinion à cet égard, je vous prie, Monsieur, de suspendre votre jugement jusqu'à ce que je vous aie fait connaître les deux sortes de preuves sur lesquelles je l'appuie.

Ces preuves consistent : 1° dans les expériences mêmes dont je viens de parler; je les ai variées de toutes les manières possibles, et jamais l'aimant n'a pris un mouvement qui se soit continué indéfiniment, tant que toutes les parties du circuit voltaïque sont restées immobiles. Lorsqu'on fait passer le fil conducteur dans un aimant cylindrique creux, dont l'axe est vertical, et qui est suspendu de manière à pouvoir tourner librement sur lui-même, l'expérience montre qu'il resterait complètement immobile, s'il était aimanté d'une manière égale, tout autour de son axe; ce à quoi on ne peut parvenir dans la pratique. Les inégalités de son magnétisme sont cause, conformément à la théorie, qu'il tourne en se portant vers une position déterminée d'équilibre stable, à laquelle il s'arrête après avoir oscillé autour d'elle, parce qu'il faut nécessairement, dans ce cas, que les pôles de chaque aimant partiel, dont on doit regarder l'aimant creux comme composé, passent tous deux au dedans du circuit formé par le fil conducteur et la pile. L'expérience qui constate ce fait est bien aisée à répéter, en suspendant l'aimant cylindrique creux à un fil de soie non tordu qui, n'ayant que la force nécessaire pour en porter le poids, ne présente qu'une très petite force de torsion, et en disposant le fil conducteur comme on le voit dans la *fig.* 1. Je désire beaucoup, Monsieur, que vous fassiez vous-même cette expérience, celles que vous me proposez et toutes celles dont je parle dans cette lettre; vous vous assurerez ainsi vous-même, par l'expérience, de la vérité de tous les résultats que j'y expose.

2° Dans la démonstration complète et rigoureuse, contenue dans le Mémoire que je vous envoie avec cette lettre, de l'impossibilité de produire un mouvement avec accélération continue de vitesse, jusqu'à ce qu'il devienne uniforme à cause des résistances et des frottements, en faisant agir un circuit solide et fermé sur un aimant.

Ce n'est pas sur mes formules que j'établis cette démonstration; je l'appuie uniquement sur la loi que M. Biot a d'abord énoncée, quoiqu'elle ne s'accordât pas avec les expériences qu'il avait faites alors, mais dont il a, depuis, par de nouvelles expériences, constaté l'exactitude de manière à ne rien laisser à désirer à cet égard. Vous savez, Monsieur, que cette loi est une conséquence de ma formule, quand on conçoit les aimants comme des assemblages de courants électriques, formant autour de leurs particules des solénoïdes d'un très petit diamètre dont les extrémités agissent, d'après les calculs fondés sur cette formule et dus à M. Savary, précisément comme les molécules magnétiques que supposent, pour expliquer les phénomènes, ceux qui n'admettent pas ma théorie. Quoique je sois plus que jamais convaincu que cette supposition est dénuée de fondement, et que les phénomènes qu'offrent les aimants sont produits par les courants électriques de leurs particules, j'emploierai la dénomination de *molécules magnétiques,* pour désigner les points où, dans une manière de concevoir les choses, il y aurait effectivement des molécules de fluide austral et de fluide boréal, et où se trouvent, dans l'autre, les extrémités de petits solénoïdes formés par les courants des aimants; je ne ferai aucune autre supposition que d'admettre, avec les physiciens qui combattent ma théorie, que ces points agissent sur chaque élément d'un fil conducteur, comme tout le monde convient que les pôles d'un aimant agissent en effet sur les éléments de ce fil; et, en ne parlant ainsi que des faits, et des lois déduites des faits que reconnaissent ceux dont les opinions sont les plus opposées aux miennes, je ne vois pas ce qu'ils pourraient encore opposer à une démonstration purement mathématique et appuyée uniquement sur leurs propres principes.

Vous avez très bien montré, Monsieur, que l'expérience de M. de Nobili, bien loin d'être contraire à ma *théorie électrodynamique,* telle qu'elle est exprimée par la formule qui représente l'action mutuelle des deux éléments de conducteur voltaïques, en est au contraire une suite nécessaire; mais vous persistez à penser qu'elle est contraire au principe que j'ai énoncé sur l'impossibilité du mouvement continu, malgré les frottements et les résistances : ce principe serait alors en opposition avec ma théorie, et je serais le premier à le rejeter; mais ce n'est que quand on lui donne l'extension dans laquelle vous l'avez pris. Il est parfaitement d'accord, quand on le restreint au cas de deux circuits ou assemblage de circuits solides et fermés tous les deux, puisque, dans l'expérience de M. de Nobili, une partie du circuit, celle qui se compose des courants du mercure, n'est pas solide, et change de place en passant d'un côté de l'aimant à l'autre, à mesure que cet aimant se meut.

Avec cette restriction, le principe est vrai, puisqu'il est une conséquence mathématique et rigoureuse de la loi énoncée d'abord par M. Biot, si complètement vérifiée depuis et adoptée par tous les physiciens.

Il est évident d'ailleurs que l'explication du mouvement de *révolution* de l'aimant, flottant sur le mercure, autour d'une portion de fil conducteur située hors de cet aimant, telle que je l'ai donnée dans mon *Recueil,* et qu'elle est répétée dans le *Manuel d'Électricité dynamique* de M. De Monferrand, p. 147-149, ne dépend en aucune manière de ce que le courant électrique passe ou non dans l'aimant.

J'ai eu soin en effet, dans cette explication, de montrer que toutes les portions de courants qui sont en dehors de l'aimant dans le mercure où il flotte tendent à le faire tourner autour du point P (*fig.* 2, *Manuel d'électricité dynamique, Pl. IV,*

Fig. 2.

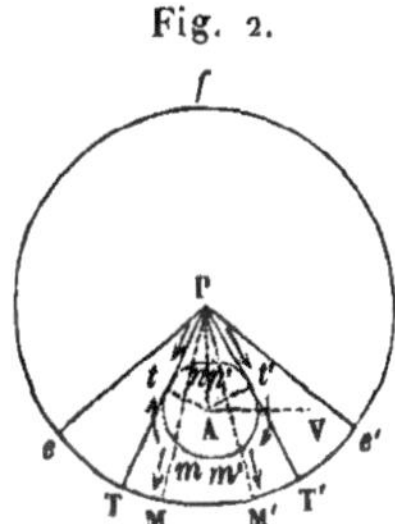

fig. 58), soit que le courant y aille en s'approchant de l'aimant, comme dans les portions Pn, Pn' ou en s'en éloignant, comme dans les portions mM, m'M', soit qu'il passe à côté comme dans les portions Pe, Pe'.

S'il était possible qu'il y eût dans l'intérieur de l'aimant des portions de courant suivant les lignes *nm*, *n'm'*, qui ne fissent pas corps avec lui, et pussent ainsi tendre à lui imprimer un mouvement en sens contraire de celui qu'il prend par l'action du reste du circuit, l'aimant s'arrêterait dans une position déterminée, après avoir oscillé autour d'elle. Car dans cette figure, où le cercle *ntmm't'n'* représente un des courants de l'aimant, ces portions repousseraient l'arc *ntm* et attireraient *m't'n'*, deux actions qui tendent à porter l'aimant dans le sens VA, tandis que celles qu'exercent tous les courants qui sont extérieurs à cet aimant tendent à la porter au contraire dans le sens AV; mais cette supposition ne peut être réalisée, puisque, lorsque l'aimant est recouvert d'une substance isolante, comme dans l'expérience de M. de Nobili, il n'y a point de courant dans l'intérieur de l'aimant, et que, lorsqu'il y en a, parce que l'électricité traverse le barreau, leur action est détruite par la réaction égale exercée sur eux par les courants de l'aimant. D'après cette considération, il y a nécessairement identité entre les effets produits dans les deux cas; le barreau tourne également autour du fil conducteur, et l'expérience de M. de Nobili comme celle de M. Faraday, bien loin d'être opposée à ce que j'ai dit dans mon *Recueil,* et une conséquence nécessaire de l'explication que j'y ai donnée de cette dernière expérience dans le passage que je viens de citer.

Quand je lus l'expérience de M. de Nobili, je ne compris point comment il y voyait une objection contre ce que j'avais dit; c'est par la lettre que vous m'avez fait l'honneur de m'écrire que j'ai vu que cela venait, d'une part, de ce que l'on avait étendu au mouvement de *révolution* de l'aimant autour du fil conducteur, ce que j'avais dit relativement à la nullité du moment des forces qui agissent sur l'aimant du mouvement de *rotation,* seulement d'un barreau aimanté autour de son axe, et d'autre part, de ce qu'on n'avait pas fait attention aux passages de mon *Recueil,* dans lesquels j'avais mis pour condition à l'impossibilité d'un mouvement qui se continuât indéfiniment malgré les résistances, la solidité des deux circuits fermés, agissant l'un sur l'autre, passages que j'ai cités dans ma dernière lettre imprimée dans les *Annales de Chimie et de Physique,* t. XXIX, p. 375 et 376 (1).

(1) *Voir* art. XXXIII, p. 217. (J.)

Mais, dira-t-on, si l'on a un fil conducteur disposé comme on le voit en PABCDEN (*fig.* 3), et qui porte en C une pointe CO, sur laquelle tourne une tige horizontale KG, comme l'aiguille d'une boussole sur son pivot, et que cette tige, maintenue dans une situation horizontale par le contrepoids L, porte à son extrémité G l'aimant GH, celui-ci tournera autour du point O, et viendra s'appuyer contre le fil CD, du côté où son pôle austral se trouve à gauche du courant qui parcourt ce fil; si alors on le passe de l'autre côté, il tournera dans le même sens, s'éloignera de ce fil et, après avoir fait un tour, reviendra s'appuyer contre le même point de CD; ne semble-t-il pas qu'on pourrait en conclure que, si ce mouvement ne peut pas se continuer indéfiniment, cela ne tient pas à la nature de la force électro-dynamique, mais à la rencontre, en quelque sorte fortuite, de l'aimant et du fil CD? Rien

Fig. 3.

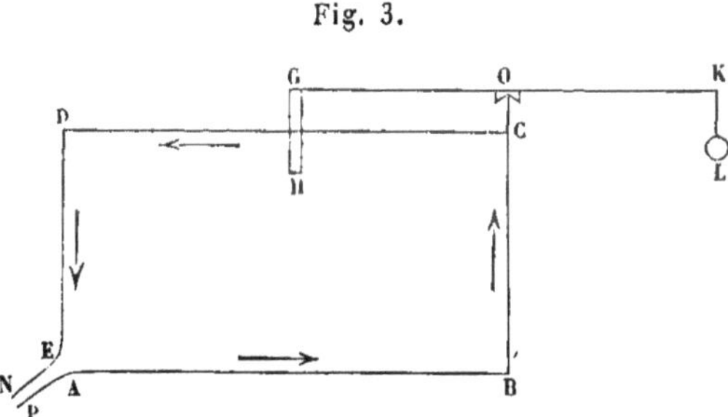

ne serait plus erroné qu'une pareille conclusion; car s'il était possible que l'aimant se laissât pénétrer par ce fil, sans pour cela contracter d'adhérence avec lui, dès qu'il y aurait une partie du fil dans l'intérieur du barreau, elle agirait en sens contraire et arrêterait l'aimant; ou du moins, si on lui avait imprimé une vitesse suffisante pour le faire passer outre, elle diminuerait la force vive due à cette vitesse, autant que celle-ci aurait augmenté par l'action du conducteur ABCD, pendant le tour qu'aurait fait l'aimant depuis l'instant où il avait quitté l'autre côté de CD jusqu'à celui où il est venu de nouveau rencontrer CD.

C'est là une conséquence du théorème dont je donne la démonstration dans le Mémoire joint à cette lettre; mais il est aisé de s'en assurer en substituant à l'aimant GH un courant circulaire, qu'on obtient en pliant un conducteur mobile MOQRS, comme on le voit (*fig.* 4); ce fil porte à une de ses extrémités une pointe M, qui plonge dans le mercure de la coupe F; cette coupe communique avec l'extrémité C de la branche BC du conducteur

Fig. 4.

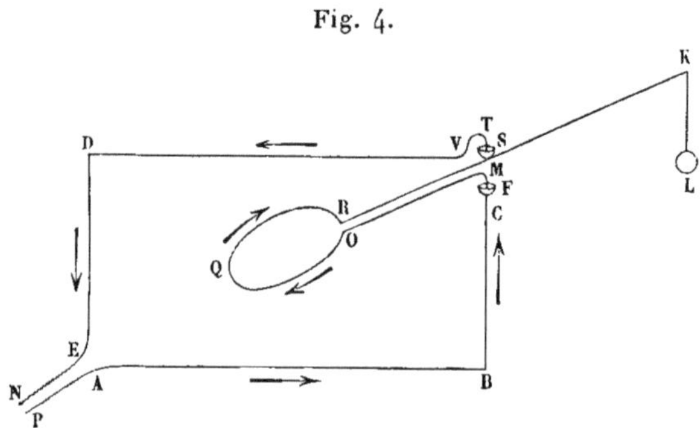

PABCTVDE, interrompu entre les points C et T, afin que le courant passe dans le conducteur mobile.

Lorsqu'on infléchit légèrement l'ensemble des deux fils MO, RS, de manière que la portion circulaire OQR vienne rencontrer VD, cette portion imitera exactement le petit aimant GH (*fig.* 3); elle sera attirée par le conducteur fixe VD, jusqu'à ce qu'elle

Fig. 5.

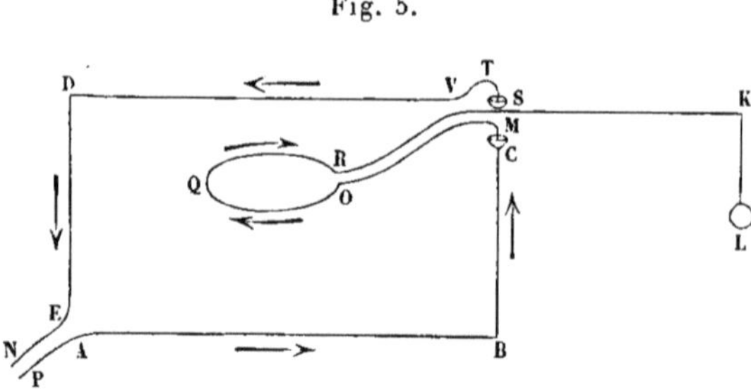

s'arrête en s'appuyant contre lui; et lorsqu'on la fera passer de l'autre côté, comme elle est dans la figure, elle s'en éloignera constamment et, après un tour entier, viendra de nouveau s'appuyer comme la première fois contre VD. Ne semblerait-il pas que ce n'est que parce qu'elle rencontre VD que son moment de révolution autour de la verticale BCT est arrêté? Il n'en est pourtant rien; et lorsque, en diminuant la petite courbure donnée aux fils

MO, RS, on fait en sorte que ce mouvement puisse avoir lieu, parce que la portion circulaire OQR ne rencontre plus VD, mais passe un peu au-dessous, on la voit s'arrêter en équilibre dans la position représentée (*fig.* 5); si l'on veut alors la faire mouvoir dans le sens où elle tourne autour de BCT, quand elle est soit en avant, soit en arrière de VD, on éprouve une forte résistance, et on la voit rétrograder vers cette position d'équilibre, parce que les forces exercées sur les deux côtés opposés de OQR se réunissent pour cette rétrogradation, tandis qu'il n'y avait que leur différence qui agissait lorsque le cercle QOR, situé en avant ou en arrière de VD, tendait à se mouvoir dans l'autre sens.

L'aimant GH (*fig.* 3) s'arrête de même, dès qu'il est disposé de manière à pouvoir passer au-dessus du conducteur fixe CD, en le rasant par son extrémité inférieure H, sans le toucher.

Après avoir éclairci le principe démontré dans le Mémoire cité tout à l'heure, et qui établit l'impossibilité de produire dans un aimant un mouvement qui se continue indéfiniment, malgré les résistances par l'action d'un fil conducteur formant un circuit fermé et solide, il faut répondre à une objection qui se présente naturellement. Si, dans ce cas, l'aimant se meut en vertu de l'action que le premier exerce sur lui, mais seulement jusqu'à une position déterminée, autour de laquelle il tendra à osciller jusqu'à ce qu'il s'y arrête à cause des frottements ou des résistances de milieu qui tendent à détruire son mouvement, pourquoi la même chose n'aurait-elle pas lieu quand, sans rien changer à la manière dont l'aimant mobile est disposé, on remplace le fil conducteur par un assemblage de deux portions formant exactement le même circuit, mais qui ne sont plus invariablement liées entre elles, et dont l'une est fixe et l'autre mobile? Cette circonstance paraît en effet ne rien changer à l'action mutuelle de l'aimant et des deux portions du circuit; mais il n'en est ainsi que quand l'aimant est placé hors de ce circuit, et qu'il peut se rendre à la position d'équilibre sans faire changer de place à la portion mobile; aussi voit-on alors, mais seulement alors, l'aimant tendre à s'arrêter en équilibre dans une position déterminée, après avoir oscillé autour d'elle, quoiqu'on rende mobile une portion du courant électrique en la faisant passer dans du mercure, précisément comme si cette portion était fixe : il en est dans ce cas comme dans celui dont je vous parlais tout à l'heure, où un aimant est suspendu par un fil très fin au-dessus du mercure, qu'il fait tourner en restant lui-même immobile.

Lors même que le mercure tourne, le courant qui y passe n'est pas déplacé, parce qu'il s'établit toujours aux mêmes points, dans de nouveau mercure qui vient remplacer celui où il passait d'abord; mais, dès que l'aimant plonge dans le mercure, à mesure qu'il se porte vers la situation où il resterait en équilibre si le courant électrique ne changeait pas de lieu, il déplace ce courant en l'interceptant là où il passait auparavant, pour le laisser passer dans un nouveau lieu que l'aimant abandonne et que vient occuper le mercure. Alors le déplacement change la position d'équilibre, et cette position peut alors fuir toujours devant l'aimant qui ne l'atteint jamais, et qui tend de cette manière à se mouvoir toujours dans le même sens avec une vitesse accélérée : c'est le mouvement de *révolution* continue. La même chose arrive, quand l'aimant est invariablement lié à une partie mobile du circuit qu'il entraîne avec lui; c'est alors le mouvement de *rotation* de l'aimant autour de son axe : l'un et l'autre ont lieu parce qu'une portion du circuit changeant de place, ce qui a été démontré d'un circuit solide fermé ne peut plus s'appliquer à ce qui arrive dans ces différents cas.

Je vous prie, Monsieur, d'excuser la longueur de cette lettre, et les répétitions dans lesquelles j'ai dû nécessairement tomber, parce que, l'ayant commencée vers l'époque où je reçus la vôtre, je n'en ai écrit les différentes parties qu'à de longs intervalles, pendant lesquels j'étais obligé de m'occuper d'idées toutes différentes, et que, toujours pressé par le temps, j'en reprenais chaque fois la rédaction sans pouvoir relire ce que j'avais déjà écrit. Si vous avez le temps d'en examiner les raisonnements, et de refaire les calculs contenus dans le Mémoire que j'y joins, je crois que nous serons du même avis, et que vous admettrez mon principe, restreint comme je le fais ici, et ne se trouvant plus par cette restriction même en contradiction ni avec ma propre théorie, ni avec l'expérience de M. de Nobili; mais étant une simple conséquence mathématique de la loi généralement admise de l'action mutuelle d'un aimant et d'un élément de fil conducteur, et d'après laquelle cette action se compose des deux forces correspondantes aux deux pôles de l'aimant, déterminées par la formule donnée au commencement du Mémoire joint à cette lettre.

A l'égard de l'impossibilité de produire un mouvement avec accélération continue, sauf le frottement, lorsqu'on fait agir l'une sur l'autre deux portions de conducteur, formant des circuits solides et fermés, elle se démontre d'une manière analogue, en partant de ma formule au lieu de partir seulement de la loi dont je viens de parler, et qui ne s'applique qu'au cas où l'on emploie un aimant; cette démonstration est trop longue pour trouver place ici, mais vous pourrez la voir dans un Mémoire (1) dont je corrige actuellement les épreuves, et où elle serait déjà publiée, si des circonstances particulières n'avaient pas retardé l'impression de ce Mémoire.

(1) Ce Mémoire est celui qui a été publié en 1827, dans les *Mémoires de l'Académie des Sciences*, [2], t. VI, et qui forme l'art. XXX du présent Volume. (J.)

XXXVI.

MESURES ÉLECTRODYNAMIQUES;

PAR WILHELM WEBER (¹).

Le *mouvement* des fluides électriques dans les corps pondérables fait naître entre les *molécules de ces corps pondérables* des actions mutuelles qui sont la cause de tous les phénomènes galvaniques et électrodynamiques. Les actions mutuelles des corps *pondérables*, déterminées par le *mouvement* des fluides électriques, peuvent être divisées en deux classes dont la distinction est essentielle au point de vue de la recherche des lois qui les régissent : 1° celles qui s'exercent de molécule à molécule à des distances infiniment petites; ces forces ne se faisant sentir qu'à l'intérieur du corps traversé par le courant, on peut les désigner sous le nom de *forces moléculaires* galvaniques ou électrodynamiques; 2° celles qui s'exercent encore de molécule à molécule, mais à des distances finies (en raison inverse du carré des distances)

(¹) *Elektrodynamische Maasbestimmungen*, Leipzig, Weidmann'sche Buchhandlung, 1846. Ce Mémoire, qui a été publié à part, fait aussi partie du Volume ayant pour titre *Abhandlungen bei Begründung der Königlich Sächsischen Gesellschaft der Wissenschaften;* in-4°, Leipzig, Hirzel, 1846; p. 209 à 378.

Sous ce titre général d'*Elektrodynamische Maasbestimmungen*, W. Weber a publié une série de Mémoires qui, à l'exception de celui que nous reproduisons ici et qui est le premier de la série, se trouvent dans la collection des Mémoires de l'Académie de Leipzig, classe des Sciences mathématiques et physiques. En voici la liste :

Elektr. Maasb., insbesondere Widerstandsmessungen, t. I, p. 199-375; 1852.

Elektr. Maasb., insbesondere über Diamagnetismus, t. I, p. 485-574; 1852.

Elektr. Maasb., insbesondere Zurückführung der Stromintensitäts-Messungen auf mechanisches Maass. (en collaboration avec R. Kohlrausch), t. III, p, 221-289; 1857.

Elektr. Maasb., insbesondere über elektrische Schwingungen, t. VI, p. 573-715; 1864.

Elektr. Maasb., insbesondere über das Princip der Erhaltung der Energie, t. X, p. 3-58; 1871. (J.)

et qu'on peut appeler *forces galvaniques* ou *électrodynamiques à distance*. Elles agissent non seulement entre les molécules d'un même corps, mais entre des molécules appartenant à deux corps différents, par exemple celles de deux fils conducteurs. Il est facile de voir que la détermination rigoureuse des lois des actions de la première classe exigerait une connaissance plus complète que celle que nous possédons actuellement, des *lois moléculaires* à l'intérieur des corps pondérables : il n'y a aucun espoir, pour le moment, que l'étude de cette classe d'actions puisse conduire à la découverte d'une loi complète et générale. Il en est tout autrement de la seconde classe d'actions galvaniques ou électrodynamiques, attendu qu'on peut étudier les lois des actions qui s'exercent entre deux corps pondérables, traversés par des courants électriques, *dans une situation relative et à une distance données*, sans qu'il soit nécessaire de rien connaître des *lois moléculaires* de ces mêmes corps.

A ces deux catégories d'actions, découvertes par Galvani et par Ampère, il y a lieu d'en ajouter une *troisième*, celle dont la découverte est due à Œrsted, l'action *électromagnétique*, qui s'exerce encore, à une distance finie, entre les molécules de deux corps pondérables, mais dont l'un seulement est parcouru par les fluides électriques et dont l'autre renferme à l'état libre les deux fluides magnétiques. Cette distinction entre les phénomènes *électromagnétiques* et *électrodynamiques* doit être maintenue, tant que les conceptions d'Ampère relatives au magnétisme n'auront pas remplacé, d'une manière complète et définitive, l'ancienne hypothèse des deux fluides magnétiques. Ampère lui-même s'exprime de la manière suivante au sujet de la différence essentielle de ces deux classes d'actions (¹) :

« Lorsque M. Œrsted, dit-il page 285 [p. 101] de son Mémoire, eut découvert l'action que le fil conducteur exerce sur un aimant,

---

(¹) *Memoire sur la théorie mathématique des phénomènes électrodynamiques uniquement déduite de l'expérience* (*Mémoires de l'Académie royale des Sciences de l'Institut de France*, année 1823). (W.)

Voir Tome III, art. XXX.

Dans le Mémoire original de Weber, les renvois sont faits au tome IV des Mémoires de l'Institut. Les numéros des pages correspondantes de la présente édition seront placés à la suite entre crochets. (J.)

on devait, à la vérité, être porté à soupçonner qu'il pouvait y avoir une action mutuelle entre deux fils conducteurs; mais ce n'était point une conséquence nécessaire de la découverte de ce célèbre physicien, puisqu'un barreau de fer doux agit aussi sur une aiguille aimantée, et qu'il n'y a cependant aucune action mutuelle entre deux barreaux de fer doux. Tant qu'on ne connaissait que le fait de la déviation de l'aiguille aimantée par le fil conducteur, ne pouvait-on pas supposer que le courant électrique communiquait seulement à ce fil la propriété d'être influencé par l'aiguille, d'une manière analogue à celle dont l'est le fer doux par cette même aiguille, ce qui suffisait pour qu'il agît sur elle, sans que pour cela il dût en résulter aucune action entre deux fils conducteurs lorsqu'ils se trouveraient hors de l'influence de tout corps aimanté? L'expérience pouvait seule décider la question : je le fis au mois de septembre 1820, et l'action mutuelle des conducteurs voltaïques fut démontrée. »

C'est la même manière de voir qui conduit Ampère à regarder comme une chose nécessaire de déduire de l'expérience, d'une manière indépendante, la loi de l'action découverte par lui et de l'action découverte par Œrsted. Après avoir parlé de la difficulté qu'on rencontre dans la mesure exacte de l'action réciproque de deux fils conducteurs, il ajoute, page 153 [p. 8], *loc. cit.* :

« Il est vrai qu'on ne rencontre pas les mêmes obstacles quand on mesure de la même manière l'action d'un fil conducteur sur un aimant; mais ce moyen ne peut plus être employé quand il s'agit de la détermination des forces que deux conducteurs voltaïques exercent l'un sur l'autre, détermination qui doit être le premier objet de nos recherches dans l'étude des nouveaux phénomènes. Il est évident, en effet, que si l'action d'un fil conducteur sur un aimant était due à une autre cause que celle qui a lieu entre deux conducteurs, les expériences faites sur la première ne pourraient rien apprendre relativement à la seconde. »

On ne peut, d'ailleurs, s'empêcher de reconnaître que, malgré les nombreux et importants travaux qui ont été produits dans ces derniers temps dans la voie ouverte par Œrsted, il n'en est aucun qui ait eu pour objet immédiat de poursuivre l'œuvre d'Ampère et de lui donner, par des recherches spéciales et appropriées, le complément qui lui fait actuellement défaut.

Du reste, le Mémoire classique d'Ampère n'est que pour une faible part consacré aux phénomènes et aux lois des actions réciproques des fils conducteurs : la plus grande partie est consacrée au développement de ses idées sur le magnétisme. Lui-même ne considère point son travail comme ayant épuisé le champ des recherches relatives à l'action réciproque de deux conducteurs, pas plus au point de vue expérimental qu'au point de vue théorique, et il a même signalé, à plus d'une reprise, dans le cours de son Mémoire, ce qui restait à faire dans ces deux sens.

Ampère expose à la page 181 [7] les deux voies que l'on peut suivre pour déduire de l'*expérience* les lois de l'action réciproque de deux conducteurs, et explique pourquoi il a seulement suivi l'une d'elles et abandonné l'autre, faute d'*instruments de mesure* à l'abri d'influences étrangères qu'il serait impossible de déterminer.

« Un autre motif, bien plus décisif encore, dit-il page 182 [8], c'est l'extrême difficulté des expériences où l'on se proposerait, par exemple, de mesurer ces forces par le nombre des oscillations d'un corps soumis à leurs actions. Cette difficulté vient de ce que, quand on fait agir un conducteur fixe sur une portion mobile du conducteur voltaïque, les parties de l'appareil nécessaire pour la mettre en communication avec la pile agissent sur cette portion mobile en même temps que le conducteur fixe, et altèrent ainsi les résultats des expériences. »

Ampère a aussi signalé, à plus d'une reprise, ce qui restait à faire au point de vue théorique. Par exemple, après avoir montré qu'il est impossible d'expliquer les actions réciproques des conducteurs par une distribution d'électricité en équilibre, il ajoute, page 219 [115] :

« Quand l'on suppose, au contraire, que les molécules électriques mises en mouvement dans les fils conducteurs par l'action de la pile y changent continuellement de lieu, s'y réunissent à chaque instant en fluide neutre, se séparent de nouveau, et vont aussitôt se réunir à d'autres molécules du fluide de nature opposée, il n'est plus *contradictoire* [1] d'admettre que, des actions en raison inverse des carrés des distances qu'exerce chaque molécule, il puisse résulter entre deux éléments de fils conducteurs une force

---

[1] Le mot est souligné par Weber et non par Ampère. (J.)

qui dépende non seulement de leur distance, mais encore des directions des deux éléments suivant lesquels les molécules électriques se meuvent, se réunissent à des molécules de l'espèce opposée et s'en séparent à l'instant suivant pour aller s'unir à d'autres. Or c'est précisément et uniquement de cette distance et de ces directions que dépend la force qui se développe alors, et dont les expériences et les calculs exposés dans ce Mémoire m'ont donné la valeur. »

» S'il était *possible,* poursuit-il page 301 [116], en partant de cette considération, de trouver que l'action mutuelle de deux éléments est en effet proportionnelle à la formule par laquelle je l'ai représentée, cette explication du fait fondamental de toute la théorie des phénomènes électrodynamiques devrait évidemment être préférée à toute autre : mais elle exigerait des recherches dont je n'ai point eu le temps de m'occuper, non plus que des recherches plus difficiles encore auxquelles il faudrait se livrer pour voir si l'explication contraire, où l'on attribue les phénomènes électrodynamiques aux mouvements imprimés à l'éther par les courants électriques, peut conduire à la même formule. »

Ampère n'a point poursuivi ces recherches, et depuis il n'a paru aucun travail expérimental ou théorique sur ce sujet; à l'exception de la découverte de Faraday sur la production du courant d'induction dans un conducteur par l'augmentation ou la diminution ou la suppression du courant dans un conducteur voisin, la Science est dans l'état où l'a laissée Ampère. Cet abandon de l'électrodynamique depuis Ampère ne tient pas à ce que sa découverte fondamentale a une importance moindre que celles de Galvani ou d'Œrsted : elle est due à l'appréhension des difficultés énormes que présentent les recherches par les procédés employés jusqu'ici, et cependant il n'est pas de phénomènes susceptibles de déterminations plus variées et plus précises que les phénomènes électrodynamiques. Le but principal que je me suis proposé dans le présent travail est d'aplanir ces difficultés pour l'avenir, en m'en tenant surtout à la considération des actions galvaniques et électrodynamiques *à distance.*

Ampère a tenu à indiquer expressément, dans le titre de son Mémoire, que sa théorie mathématique du phénomène électrodynamique est *uniquement déduite de l'expérience,* et l'on y trouve, en effet, exposée en détail, la méthode, aussi simple qu'ingénieuse, qui l'a conduit à son but. On y trouve, avec toute l'étendue et la précision désirables, l'exposé de ses expériences, les déductions qu'il en tire pour la théorie et la description des instruments qu'il emploie. Mais, dans des expériences fondamentales, comme celles dont il est question ici, il ne suffit pas d'indiquer le sens général d'une expérience, de décrire les instruments qui ont servi à l'exécuter, et de dire, d'une manière générale, qu'elle a donné le résultat qu'on en attendait; il est indispensable d'entrer dans les détails de l'expérience elle-même, de dire combien de fois elle a été répétée, comment on en a modifié les conditions et quel a été l'effet de ces modifications; en un mot, de livrer une espèce de procès-verbal de toutes les circonstances permettant au lecteur d'asseoir un jugement sur le degré de sûreté ou de certitude du résultat. Ampère ne donne point ces détails précis sur ses expériences, et la démonstration de la loi fondamentale de l'électrodynamique attend encore ce complément indispensable. Le fait de l'attraction mutuelle de deux fils conducteurs a été vérifié maintes et maintes fois et est hors de tout conteste; mais ces vérifications ont toujours été faites dans des conditions et avec des moyens tels, qu'aucune mesure *quantitative* n'était possible, et il s'en faut que ces mesures aient jamais atteint le degré de précision qui était nécessaire pour qu'on pût considérer la loi de ces phénomènes comme démontrée.

Plus d'une fois Ampère a tiré de l'*absence* de toute action électrodynamique les mêmes conséquences que d'une mesure qui lui aurait donné un résultat égal à *zéro*, et, par cet artifice, avec une grande sagacité et une habileté plus grande encore, il est parvenu à réunir les données nécessaires à l'établissement et à la démonstration de sa théorie, données qu'il ne lui était pas possible d'obtenir dans des conditions meilleures; mais ces expériences *négatives,* dont il faut se contenter en l'absence de mesures *positives* directes, ne peuvent avoir toute la valeur ni la force démonstrative de ces dernières, surtout quand elles ne sont pas obtenues avec les procédés et dans les conditions des véritables mesures, ce qu'il était, d'ailleurs, impossible de faire avec les instruments qu'employait Ampère.

Qu'on examine, par exemple, l'expérience qu'Ampère décrit

comme le troisième cas d'équilibre, page 194 [18] et dans laquelle un arc de cercle métallique repose sur deux augets pleins de mercure, l'un servant à l'entrée, l'autre à la sortie du courant : cet arc de cercle est fixé par une charnière à l'extrémité d'un levier, qui peut tourner entre deux points autour d'un axe vertical (1). Ampère remarque que cet arc de cercle traversé par un courant reste immobile quand on fait agir sur lui un courant fermé, et que le centre de l'arc est sur l'axe de rotation. Mais il est facile de voir que, pour se mettre en mouvement, l'arc de cercle a à vaincre quatre frottements : les frottements contre le mercure des deux augets en B et B′ et le frottement des deux pointes G et H, qui déterminent l'axe de rotation. On sait, d'ailleurs, qu'avec les courants les plus intenses qu'on puisse produire, les actions électrodynamiques qui peuvent être exercées sur un simple fil, tel que l'arc BB′, sont si faibles qu'il faudrait que le fil fût bien mobile pour accuser une action sensible. Il est à craindre que non seulement l'arc ne se déplace pas quand son centre coïncide avec l'axe, mais encore dans le cas où il tombe en dehors de cet axe, à cause de l'impossibilité où il se trouve de vaincre les frottements dont il vient d'être question. Ampère dit bien, à la page 196 [20] : « Lorsqu'au moyen de la charnière O on met l'arc dans une position telle que son centre soit en dehors de l'axe GH, cet arc prend un mouvement et glisse sur le mercure des augets *m*, *m′*, en vertu de l'action du courant curviligne fermé qui va de R′ en S. Si, au contraire, son centre est dans l'axe, il reste immobile. » On regrette qu'Ampère ne fasse point mention de l'obstacle apporté par ces quatre frottements (2) et ne dise point, d'une manière expresse, qu'il a vu et observé le mouvement de l'arc excentrique. Abstraction faite du doute qui peut s'élever sur ce point que le fait a été bien réellement observé, et en admettant qu'Ampère ait bien vu lui-même le mouvement de l'arc dans les conditions indiquées et se soit assuré que le mouvement était bien

(1) Weber reproduit ici en note, y compris la figure, la description donnée par Ampère de son appareil depuis ces mots : « Sur un pied TT..... », jusqu'à « dans les différentes positions qu'on peut donner à l'un et à l'autre », pages 18 à 20. Il a paru inutile de reproduire toute la citation. (J.)

(2) Weber semble ignorer la critique qu'Ampère fait lui-même de son expérience dans la première Note annexée à son Mémoire, page 176. (J.)

dû à l'action *électrodynamique,* assez énergique dans son expérience pour surmonter l'obstacle des frottements, il y aurait eu à dire quelle était l'excentricité pour laquelle le mouvement commençait et *au-dessous de laquelle il ne se produisait pas.* Sans cette indication, on ne sait quelle valeur démonstrative on doit attribuer à l'expérience. Je ne sache pas qu'aucun physicien ait répété depuis l'expérience avec succès et l'ait décrite dans tous ses détails; mais ce qu'on peut affirmer avec certitude, c'est que dans les cas les plus favorables le mouvement ne peut commencer que pour des excentricités considérables, et dès lors on ne peut plus admettre en toute sûreté que l'action électrodynamique est rigoureusement normale à l'élément.

Je n'ai eu d'autre objet, en faisant ces remarques sur l'expérience d'Ampère, que de montrer comment l'absence des détails expérimentaux rend insuffisante la démonstration de la formule, et pourquoi j'ai pensé qu'il y avait lieu de demander à des méthodes nouvelles et des instruments plus précis le complément de preuves que les instruments d'Ampère ne pouvaient donner. Alors même qu'en l'absence de preuves directes on resterait convaincu de l'exactitude de la formule d'Ampère, cette conviction reposerait sur des bases qui ne rendraient point superflue une démonstration directe. Il était donc désirable que des mesures électrodynamiques exactes vinssent apporter ce complément de démonstration.

Du reste, en présence du mouvement général qui pousse aujourd'hui à étudier les phénomènes de la nature au point de vue du nombre et de la mesure, et à fournir à la théorie d'autres bases que les jugements des sens et de simples évaluations, on ne comprendrait pas que l'électrodynamique restât en dehors de ce mouvement; or il n'a jamais été fait, à ma connaissance, une mesure précise ni même approchée de l'action mutuelle de deux conducteurs. Je crois pouvoir dire que mes recherches sont les premières de ce genre. J'espère montrer, d'ailleurs, que les mesures électrodynamiques ont une valeur et une importance qui dépassent leur objet spécial, savoir la démonstration de la formule électrodynamique, et qu'elles seront le point de départ de nouvelles recherches auxquelles elles ouvrent tout naturellement la voie, et qui, sans elles, n'auraient pas été possibles.

1.

Description d'un instrument destiné à la mesure de l'action mutuelle de deux conducteurs galvaniques.

Les instruments dont Ampère s'est servi dans ses recherches électrodynamiques ne sont point de nature à donner aux résultats qu'on en déduit la force démonstrative des mesures exactes. La cause en est dans les *frottements,* qui souvent annulent en grande partie, sinon en totalité, l'action électrodynamique qu'on a en vue et empêchent toute observation. Tout ce qu'on peut espérer d'obtenir avec ces instruments, dans les conditions les plus favorables, c'est de vaincre tout juste les résistances passives par les faibles forces électrodynamiques qui entrent en jeu, tandis que pour des mesures précises il est nécessaire que le frottement soit très petit par rapport à la force qu'on veut mesurer.

Il y a déjà une douzaine d'années que, pour éviter tous les frottements et effectuer des mesures sérieuses, j'ai eu l'idée d'employer un fil enroulé sur un noyau de bois en forme de bobine, et de soumettre cette bobine à l'action attractive ou répulsive d'un multiplicateur pendant qu'elle était traversée par un courant. Cette bobine était portée par une *suspension bifilaire* formée de deux fils fins de métal (je l'appellerai désormais la *bobine bifilaire*), l'un de ces fils servant à l'entrée, l'autre à la sortie du courant. Ce n'est que plus tard, après l'invention du magnétomètre bifilaire de Gauss, que j'ai compris toute l'importance de cette disposition, au point de vue des mesures, et que, à son exemple, je munis la bobine d'un miroir. Dans l'été de 1837 j'installai un instrument de ce genre, et je fis une série d'expériences qui me démontrèrent qu'on pouvait observer avec la plus grande précision des actions électrodynamiques dans des conditions d'intensité de courant où l'on n'aurait rien obtenu par les anciens procédés.

L'instrument que je vais décrire a été construit, en 1841, par M. l'inspecteur Meyerstein, de Göttingue; mais c'est seulement à Leipzig que j'ai pu l'installer d'une manière convenable pour une longue série de mesures.

L'instrument se compose essentiellement de deux parties : la *bobine bifilaire,* avec son miroir, et le *multiplicateur*.

La bobine bifilaire, dont une section verticale est représentée dans la *fig.* 1, est formée de deux disques minces de laiton *aa* et *a'a'*, de $66^{mm},8$ de diamètre, maintenus séparés à une distance de 30^{mm} l'un de l'autre par un axe en laiton *bb'*, de 3^{mm} de diamètre. Sur cet axe et entre les deux disques est enroulé un fil

Fig. 1.

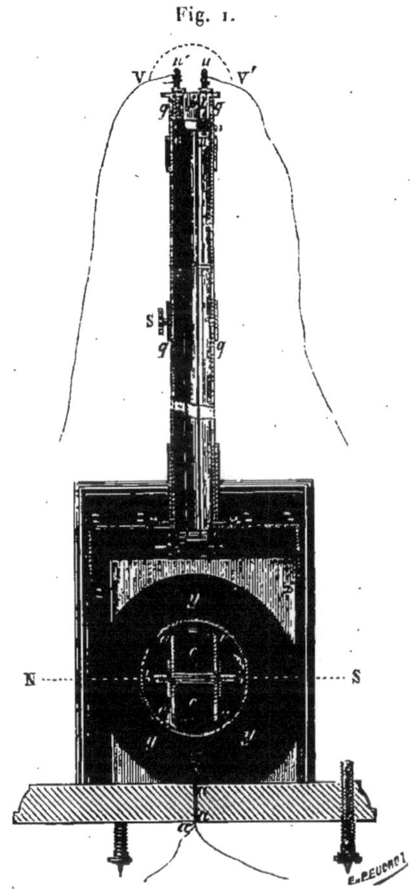

de cuivre *cc* de $0^{mm},4$ de diamètre, recouvert de soie; ce fil fait environ 5000 tours et remplit tout l'espace compris entre les deux disques. La *fig.* 2 donne une autre coupe verticale de la même bobine, par un plan perpendiculaire au premier. L'une des extrémités du fil sort dans le voisinage de l'axe par une petite ouverture, pratiquée dans le disque de laiton et garnie d'ivoire, en *e*; de *e* le fil passe en *c'*. L'autre extrémité se trouve à la périphérie du cylindre formé par l'enroulement, où elle est fixée en *d* par de la soie. La bobine porte un miroir plan *ff'*, fixé par trois vis à une petite plaque de laiton. Cette plaque de laiton se rattache à la bobine par deux rebords repliés à angle droit, dont un

Fig. 2.

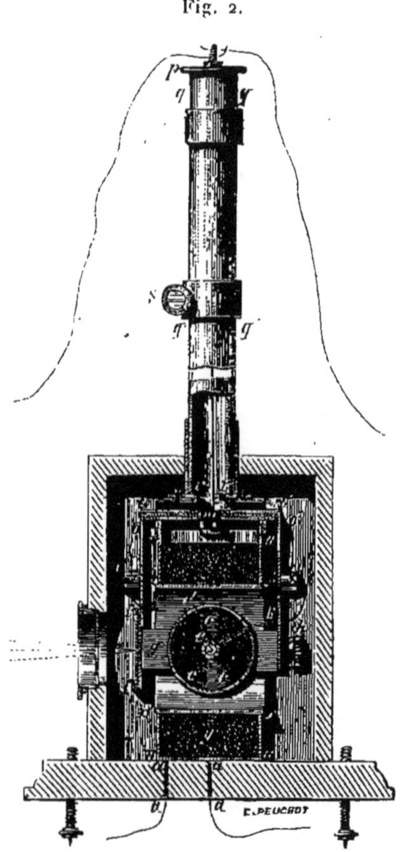

seul est visible dans la *fig*. 2. La *fig*. 3, qui représente une section de l'appareil par un plan horizontal, montre mieux comment la liaison est établie. Ces deux prolongements sont fixés par des vis aux deux disques de laiton *aa* et *a'a'*. Le miroir *ff'* a son plan parallèle à l'axe *bb'* de la bobine; il est un peu en avant de celle-ci, et une masse *h* lui fait contrepoids de l'autre côté. Le miroir plan que j'emploie est un miroir d'Oertling, de Berlin, ayant la forme d'un carré de 40^{mm} de côté.

La suspension bifilaire se compose de trois parties : d'un cadre

Fig. 3.

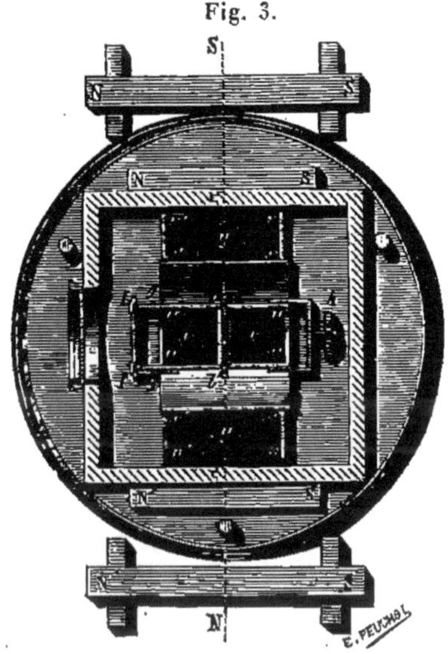

portant la bobine, de deux fils de suspension et, enfin, d'un support immobile auquel sont attachés les fils. Le portant en laiton a la forme d'une fourche ou d'un étrier ll' (*fig.* 2), formé de deux branches verticales parallèles lk et $l'k'$ de 100^{mm} de long et distantes de 100^{mm}. Les extrémités des deux branches sont fixées en k et k' aux deux plaques qui portent l'une le miroir, l'autre le contrepoids. La *fig.* 4 donne les détails de cette pièce; on voit

Fig. 4 et 5.

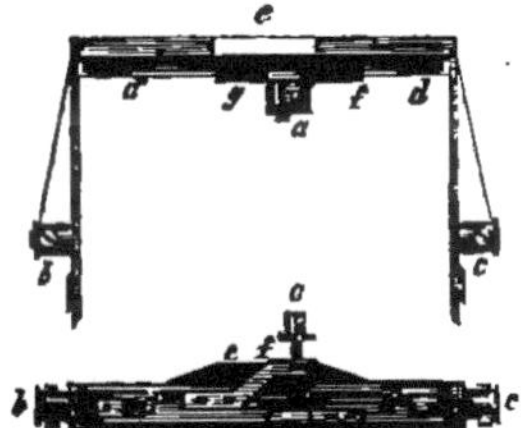

en d et d' la continuation des deux fils partis de b et de c; ils passent sous deux plaques d'ivoire, qu'on peut déplacer au moyen de la vis a, puis par deux coches pratiquées au milieu de ces plaques dans les parties en regard; ensuite ils se relèvent verticalement. La *fig.* 5 donne une vue en dessous du portant; en f et g sont les points d'attache de la vis a avec les deux plaques d'ivoire d et d'. La verticale passant par le centre de gravité de la bobine est à égale distance des deux coches. Les deux branches de l'étrier portent deux bornes c et c' (*fig.* 2) isolées par de l'ivoire et qui servent à relier les deux extrémités du fil de la bobine aux deux fils de la suspension. Les fils de suspension partant des deux bornes c et c' vont passer par deux petites ouvertures o et o' garnies d'ivoire, pratiquées dans la partie supérieure de l'étrier, de là vont aux coches dont il a été question, se relèvent verticalement et vont s'enrouler sur deux petites poulies de laiton qu'on voit en n et n' dans la *fig.* 1. Ces fils sont des fils de cuivre de 1^m de long et de $\frac{1}{6}$ de millimètre de diamètre; leur écartement, que l'on peut régler au moyen de la vis a (*fig.* 5), est ordinairement de 3^{mm} à 4^{mm}.

Le *support* auquel s'attachent les extrémités supérieures du fil se compose d'un morceau d'ivoire p (*fig.* 1), faisant couvercle à l'extrémité d'un tube de laiton de 30^{mm} de diamètre auquel il est fixé. Ce tube de laiton, qui a une longueur de 150^{mm}, s'engage à frottement doux dans un second tube également en laiton rr, sur lequel il peut tourner et être fixé au moyen d'une vis de serrage s (*fig.* 2). Les deux tubes enferment les fils de suspension dans toute leur longueur et les soustraient à l'agitation de l'air. A la partie inférieure du morceau d'ivoire sont les deux petites poulies t, t' (*fig.* 2) de 10^{mm} de diamètre portées par les vis u et u' qu'on peut fixer au moyen d'écrous à la pièce d'ivoire : sur chacune de ces poulies passe un des fils de suspension. Les extrémités libres des deux fils sont rattachées solidement l'une à l'autre avec de la soie, mais sans se toucher. Avec ce système de deux poulies et ce mode d'attache des deux extrémités, on est sûr d'avoir une même tension dans les deux fils de suspension. Enfin, à chacune des bornes u et u' qui fixent les poulies au cylindre d'ivoire, on attache les deux fils de cuivre couverts de soie, dont l'un uv (*fig.* 1) sert d'entrée et l'autre $u'v'$ de sortie au courant galvanique.

Le *multiplicateur* est formé de deux plaques carrées de laiton *ww* et *w'w'* (*fig.* 2 et 3) de 140^{mm} de côté, avec une ouverture circulaire de 76^{mm} de diamètre. Ces deux plaques sont reliées par un tube de laiton horizontal *xx'* de 76^{mm} de diamètre qui les maintient verticales et parallèles à une distance de 70^{mm}. Dans l'espace *yy* compris entre la partie extérieure du tube et les deux plaques de laiton est enroulé un fil de 0^{mm},7 de diamètre, recouvert de soie et faisant environ 3500 tours. La partie supérieure de l'appareil est fermée par un couvercle de laiton *zzz'z'* (*fig.* 1), muni d'une ouverture centrale dans laquelle se visse le tube de laiton qui renferme les fils. Deux fentes ménagées de chaque côté livrent passage aux branches de l'étrier qui soutient la bobine de suspension et laissent libres les mouvements de l'équipage mobile. L'espace réservé entre la partie supérieure des spires du multiplicateur et le couvercle est assez grand pour que la partie supérieure de l'étrier puisse circuler librement. On commence par introduire l'étrier sans la bobine, on l'attache aux fils de suspension et l'on installe alors la bobine. Les deux plaques de laiton reposent, par leur côté inférieur, sur un socle en bois portant trois vis de réglage. Le socle de bois est percé de deux trous *αα* et *α'α'* (*fig.* 2) par lesquels passent les deux extrémités du fil du multiplicateur. Tout l'instrument, à l'exception du tube de cuivre qui contient les fils, est enfermé dans une caisse d'acajou qui le préserve des courants d'air. Cette caisse n'a pas de fond ; elle repose seulement sur une tablette horizontale qui lui en tient lieu. La partie supérieure porte une ouverture qui laisse passer le tube des fils de suspension. Une seconde ouverture est pratiquée sur le côté antérieur et fermée par une glace. Cette glace est traversée deux fois par les rayons qui, émanés de l'échelle, vont se réfléchir sur le miroir et reviennent ensuite à la lunette. La caisse est partagée, dans le sens vertical, en deux compartiments qui peuvent être complètement séparés. L'installation de la lunette et de l'échelle se fait comme pour le magnétomètre.

Je désignerai, dorénavant, l'instrument que je viens de décrire sous le nom d'*électrodynamomètre* ou, plus brièvement, de *dynamomètre,* en raison de sa destination qui est de mesurer les actions électrodynamiques découvertes par Ampère.

2.

L'action électrodynamique de deux éléments d'un même circuit est proportionnelle au carré de l'intensité.

L'*intensité* d'un courant constant est la quantité d'électricité qui, dans chaque unité de temps (pendant une seconde), traverse la section du conducteur. Cette définition de l'intensité ne peut servir de base à une méthode pratique pour *la mesure des intensités de courant;* elle exigerait deux mesures, dont l'une ne peut être effectuée et dont l'autre ne pourrait l'être avec quelque précision : il est difficile, dans les conditions actuelles, de mesurer exactement une quantité d'électricité, et il est impossible de mesurer le temps qu'elle mettrait à traverser la section du conducteur. Il faut donc avoir recours à une autre méthode de mesure.

Celle qui répond le mieux aux exigences de la pratique est celle qui est fondée sur les actions magnétiques du courant. Deux courants qui, parcourant successivement le même multiplicateur, exercent la même action sur un aimant invariable placé dans des conditions identiques, ont la même intensité; si l'action est différente, les intensités sont entre elles comme les actions : celles-ci peuvent être mesurées par le galvanomètre ordinaire.

Si l'on fait passer successivement dans le même circuit des courants d'intensités 1, 2, 3, ..., les actions électrodynamiques qui s'exercent entre deux parties du même circuit, traversées, par conséquent, par le même courant, doivent être entre elles comme les carrés de ces intensités, c'est-à-dire comme 1, 4, 9, ... Nous allons commencer par démontrer expérimentalement l'exactitude de cette loi; alors même que cette démonstration paraîtrait superflue, les expériences auraient cet intérêt de donner un premier exemple de l'exactitude qu'on peut atteindre dans les mesures électrodynamiques.

Le dynamomètre décrit dans l'article précédent était placé sur l'appui en pierre d'une fenêtre, loin de tout aimant et de pièces de fer, de manière que le plan de la bobine fixe ou du multiplicateur fût parallèle au méridien magnétique, et le plan de la bobine mobile vertical et perpendiculaire au premier.

Pour installer le multiplicateur, on rend son plan vertical au moyen d'un niveau à bulle d'air placé sur le couvercle de l'instrument, et on l'oriente avec une boussole qu'on place sur le même couvercle. Quant à la bobine mobile, son plan se trouve vertical par le mode même de suspension, mais il faut une expérience spéciale pour rendre son plan perpendiculaire au méridien.

La bobine mobile est réglée, si elle reste immobile, lorsqu'on y fait passer un courant suffisamment fort, soit dans un sens, soit dans l'autre; sinon l'action du magnétisme terrestre aurait pour effet d'augmenter ou de diminuer tout écart appréciable. Ce même procédé permet de déterminer la valeur de l'écart. On a trouvé ainsi qu'il aurait fallu tourner la branche occidentale de l'étrier de 14 minutes vers le nord, pour que le plan de la bobine fût exatcement perpendiculaire au méridien magnétique. Comme l'instrument n'avait aucun moyen de réglage permettant de faire d'une manière sûre une aussi petite correction, et que, d'ailleurs, un si faible écart était sans aucune influence sur les résultats, on n'y a pas eu égard; d'autant mieux que le mode de suspension de la bobine, par l'intermédiaire d'un tube de cuivre de 1^m de long, pourrait bien, à la longue, amener une erreur de quelques minutes dans la position de la bobine. Ce n'est que dans le cas où les fils seraient fixés à un pilier isolé qu'on pourrait les considérer comme à l'abri de pareilles variations.

Le miroir étant placé verticalement à la partie ouest de la bobine, le réticule de la lunette était dans le plan vertical passant par la normale à une distance d'environ 6^m. Une échelle, semblable à celles qu'on emploie pour les magnétomètres, était fixée au support de la lunette. La distance, comptée horizontalement, du miroir à l'échelle a été trouvée égale à

$$6018,6$$

divisions de l'échelle, de telle sorte qu'une division correspond à un angle de

$$17'',136.$$

Après avoir décrit l'installation du dynamomètre destiné à la mesure de l'action mutuelle du multiplicateur et de la bobine mobile, quand ils sont traversés par le même courant, il nous reste à exposer la méthode électromagnétique employée pour la mesure des intensités.

3.

Description de la méthode électromagnétique servant à mesurer l'intensité des courants qui traversent le dynamomètre.

La mesure de l'intensité du courant galvanique qui traverse le multiplicateur aurait pu être effectuée facilement au moyen d'une boussole des sinus ou des tangentes, construite pour des mesures délicates, à la condition de le placer très loin du dynamomètre et d'y faire passer le même courant; mais on peut éviter cette complication, en plaçant simplement dans le méridien magnétique du dynamomètre un petit magnétomètre (*magnétomètre transportable*), et à une distance à laquelle la déviation puisse être mesurée très exactement. Cette distance a été prise égale à $583^{mm},5$. Il est évident qu'à une distance aussi faible on n'aurait pu employer un grand magnétomètre (avec une aiguille longue de 600^{mm}); il est, en effet, nécessaire, dans le cas actuel, que le magnétisme soit concentré dans le plus petit espace possible. Cette condition se trouve réalisée par le petit magnétomètre ou magnétomètre transportable que j'ai décrit dans les *Resultaten aus den Beobachtungen des magnetischen Vereins*, juin 1838.

Je me suis cependant servi d'un autre instrument qui remplit encore mieux ce but et que je vais décrire ici, non seulement parce que dans beaucoup de cas il peut remplacer avantageusement le magnétomètre transportable, mais que, dans d'autres circonstances, en particulier pour les mesures thermomagnétiques, il peut fournir des indications beaucoup plus précises que les instruments employés jusqu'ici. On connaît tout l'avantage que présente, au point de vue de la précision des mesures, le système d'une aiguille munie d'un miroir, d'une échelle et d'une lunette, sur les boussoles avec index et cercle divisé; seulement on hésite toujours à employer un miroir avec une petite aiguille, parce qu'on en augmente beaucoup le moment d'inertie et qu'on diminue ainsi beaucoup la force accélératrice, ce qui est toujours un inconvénient pour la précision des mesures, exactement comme si l'on se servait d'une aiguille faiblement aimantée. Cet inconvénient disparaît entièrement par l'emploi d'un *miroir aimanté* qu'on suspend comme une aiguille par un fil de cocon. J'ai un miroir de ce genre construit par Oertling, de Berlin. C'est un disque d'acier trempé *ab* (*fig.* 6) de 35^{mm} de diamètre et 6^{mm} d'épaisseur. La surface est si bien travaillée que l'image de l'échelle, observée avec une lunette grossissant 10 fois, apparaît nette et lumineuse et le cède à peine à celle que donnerait un miroir de verre. Sur le contour, et en deux points diamétralement opposés *a* et *b*, on a percé deux

Fig. 6.

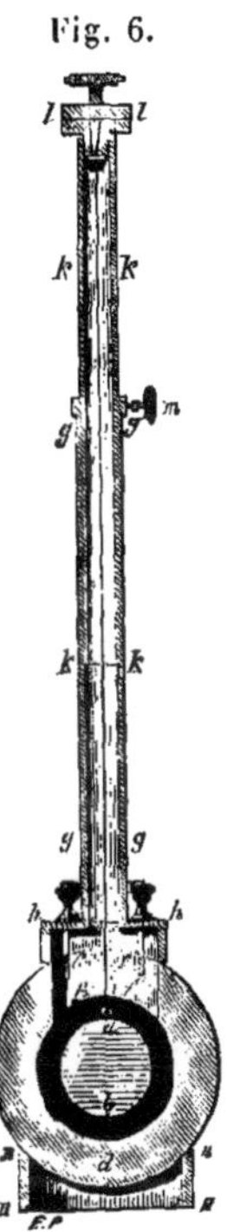

trous dans chacun desquels on peut visser un petit crochet de laiton qui sert à suspendre le miroir par un fil de cocon. Un seul de ces crochets sert à la fois, mais il faut employer tantôt l'un, tantôt l'autre, suivant que la face polie doit être tournée vers l'ouest ou vers l'est. J'ai aimanté le disque d'acier en le plaçant entre deux barreaux aimantés de 25 livres placés en ligne droite, les pôles opposés en regard; le diamètre perpendiculaire aux deux crochets était placé sur la ligne des pôles. Grâce à la puissance des aimants et la petitesse du miroir, on donnait ainsi au miroir le maximum d'aimantation dont il était susceptible.

Le miroir aimanté était suspendu par un fil de cocon *ac*, comme le montre la *fig.* 6, et mis en oscillation. L'amplitude décroissait si lentement qu'on pouvait observer les oscillations pendant plus d'un quart d'heure, sans avoir besoin de renouveler l'impulsion. Mais la durée de l'oscillation était trop petite pour qu'on pût déterminer la position d'équilibre, par les règles données pour les grands magnétomètres, au moyen des écarts maximum et minimum. Il était nécessaire, pour mesurer avec précision les déviations, d'amortir fortement les oscillations et de ramener, le plus vite possible, le miroir au repos, sans modifier, bien entendu, la position d'équilibre. J'ai atteint ce but, de la manière la plus complète, en plaçant le miroir aimanté au milieu d'une sphère de cuivre *ddd* (*fig.* 7)

Fig. 7.

de 90^{mm} de diamètre. La sphère porte d'un côté une échancrure *eeee* de 40^{mm} de diamètre et 70^{mm} de profondeur, qu'on peut fermer avec une glace. Le trou est un peu agrandi vers le fond pour laisser plus de place à l'aimant; l'échancrure s'ouvre aussi vers l'extérieur, un peu en forme d'entonnoir, pour laisser arriver plus abondamment la lumière au miroir. La *fig.* 7 montre comment le miroir *ns* est placé dans la chambre intérieure *eeee*, dont la section horizontale est rectangulaire. Cette chambre est continuée vers le haut par une fente de 8^{mm} de large et 40^{mm} de long, à travers laquelle passe le fil de cocon qui sert à suspendre le miroir. Le fil de cocon passe au milieu d'un tube de laiton *qqqq*, fixé sur la sphère de manière à recouvrir l'ouverture *ff* de la fente. A ce premier tube s'adapte un second tube à tirage, également en laiton, qui porte à sa partie supérieure un cercle de torsion *ll* et un petit crochet *c* pour le fil de cocon. Ce tube à tirage permet d'amener le miroir exactement au centre de la sphère : il est ensuite fixé au moyen de la vis de pression *m*. La sphère elle-même est posée simplement sur un anneau de laiton *nnnn* de 20^{mm} de haut, de 70^{mm} de diamètre et de 2^{mm} d'épaisseur, et posé lui-même sur un socle. Pour régler l'instrument, on place un petit niveau à bulle d'air sur le cercle de torsion, et l'on fait tourner la sphère dans l'anneau jusqu'à ce que la bulle reste au milieu, opération qui se fait très simplement et d'une manière très sûre. Le poids de la sphère la maintient si fixement sur son anneau qu'on n'a jamais observé le moindre dérangement.

L'action exercée par la sphère épaisse sur le miroir oscillant se réduit à une résistance *électromagnétique,* laquelle a pour effet de faire décroître deux amplitudes consécutives dans le rapport de 11 à 7 (le décrément logarithmique $= 0,19647$); il en résulte qu'au bout de 16 oscillations, ce qui fait environ une minute (la durée de l'oscillation amortie était de $3^s,78$), l'amplitude était réduite à $\frac{1}{1400}$ de sa valeur primitive, c'est-à-dire tout à fait insensible. Avec les courants constants, on prenait comme règle de n'observer la déviation du miroir qu'une minute après l'établissement du courant.

Dans les expériences de déviation, où, au lieu de mesures re-

Fig. 8.

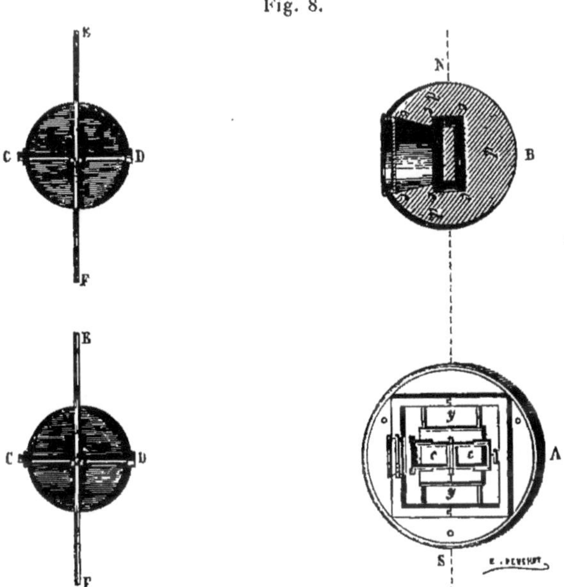

latives des déviations, on voudrait avoir des mesures absolues, on devrait, d'après les résultats obtenus par Gauss dans son Mémoire : *Intensitas vis magneticæ terrestris ad mensuram absolutam revocata,* placer le barreau ou le courant déviant à une distance d'environ trois ou quatre fois la longueur de l'aiguille, ce qui ferait, dans le cas actuel, trois ou quatre fois le diamètre du miroir, c'est-à-dire 105^{mm} à 140^{mm}; à une distance aussi faible, les moindres courants qui traversent le multiplicateur suffisent pour donner une déviation mesurable avec exactitude. Si une distance de 105^{mm} à 140^{mm} suffit pour qu'on puisse avoir les déviations en mesure absolue, ce résultat sera atteint d'une manière bien plus complète avec la distance de 583,5 qui sépare le miroir du multiplicateur. La *fig.* 8 montre la position relative des deux instruments, dynamomètre et magnétomètre à miroir; la ligne ponctuée NS représente la direction du méridien qui passe par les deux instruments; A est la section horizontale du dynamomètre; B la section horizontale du magnomètre à miroir; C, D sont les deux lunettes qui visent aux miroirs; EF les échelles correspondantes. Pour ce qui concerne l'emploi du magnétomètre à miroir pour les mesures thermomagnétiques, il y aurait encore quelques détails spéciaux à ajouter, mais je les réserve pour une autre occasion.

4.

Après cette description des dispositions adoptées pour la mesure *électromagnétique* des courants et la mesure *électrodynamique* des actions mutuelles qui s'exercent entre deux parties du circuit, nous allons, avant de passer au détail des expériences, présenter quelques remarques, qui nous seront utiles par la suite, sur les moyens employés pour obtenir le courant et pour en régler l'intensité.

On a fait usage de trois éléments de Grove, tels que les construit M. Kleinert, de Berlin; on en employait tantôt un seul, tantôt deux ou trois disposés en série. Bien que le courant eût à parcourir le long circuit formé par les fils des deux bobines et, en outre, des fils auxiliaires d'une assez grande longueur, et qu'il fût, par suite, bien affaibli par la résistance d'un pareil circuit, son intensité était encore beaucoup trop grande, et la bobine mobile était rejetée si loin de sa position d'équilibre que l'échelle sortait du champ de vision, quoiqu'elle eût 1^{m} de long. D'un autre côté, l'intensité avait dans le multiplicateur une valeur convenable, au point de vue des déviations qu'il imprimait au magnétomètre à miroir. Il fallait donc diminuer, dans un rapport constant, la déviation de la bobine mobile sans changer l'intensité dans le multiplicateur. C'est à quoi on pouvait arriver de deux manières, en augmentant la distance des deux fils dans la suspension bifilaire, ce qui diminue, en effet, dans un rapport constant, la sensibilité du dynamomètre, en en divisant le courant par une dérivation et en n'en laissant passer qu'une faible partie dans la bobine mobile. J'ai donné la préférence à cette dernière méthode, qui laissait au dynamomètre toute sa sensibilité dont j'avais besoin pour d'autres expériences.

Un fil de cuivre gros et court vv', représenté en traits ponctués dans la *fig.* 1, formait un pont entre les deux fils aboutissant aux fils de la suspension et dérivait la plus grande partie du courant. Une comparaison minutieuse de la résistance de ce fil à celle du fil de la bobine a donné le rapport

$$1:245,26$$

et, par suite, en vertu de la loi de Ohm, le rapport constant de l'intensité du courant qui parcourt la bobine mobile à celle du courant qui traverse le multiplicateur est celui de

$$1:246,26 \quad (^1);$$

de sorte que, sans diminuer l'action du multiplicateur sur le magnétomètre, on rendait la déviation du dynamomètre 246,26 fois plus petite. Cette déviation, rendue 246,21 fois plus petite, pouvait être mesurée, avec une grande précision, au moyen de l'échelle, que le courant fût celui de 3, 2 ou même 1 élément de Grove.

Voici maintenant le Tableau des observations qui ont été faites de cette manière :

---

(1) Soient a l'intensité du courant dans la partie non divisée du circuit, par exemple dans le multiplicateur, et b et c les intensités des deux courants après la division, b le courant qui parcourt la bobine mobile et c celui qui traverse le fil de dérivation vv' (*fig.* 1); on a $a = b + c$, et, en vertu des lois de Ohm, les intensités b et c sont en raison inverse des résistances des deux fils; par suite,

$$b:c = 1:245,26$$

et enfin

$$b:a = b:b+c = 1:246,26. \qquad \text{(W.)}$$

Tableau des déviations simultanées du magnétomètre à miroir et du dynamomètre sous l'action de courants de diverses intensités.

NUMÉROS des expériences.	NOMBRES des éléments de la pile.	DÉVIATION du magnétomètre. (Observations.)	DÉVIATION du dynamomètre. (Observations.)
1	3	388, 17	650, 88
2	0	279, 74	209, 79
3	3	388, 30	650, 66
4	0	279, 68	209, 47
5	3	388, 37	650, 07
6	0	280, 05	209, 70
7	3	388, 73	649, 84
8	0	279, 95	209, 55
9	3	388, 35	649, 78
10	0	279, 78	209, 53
11	3	388, 30	649, 71
Moy. des déviations.	3 — 0	108,566	440,508
12	0	279, 54	209, 25
13	2	352, 15	407, 52
14	0	280, 00	208, 99
15	2	352, 35	407, 35
16	0	280, 00	208, 82
17	2	352, 50	407, 18
18	0	280, 15	208, 87
19	2	352, 60	407, 15
20	0	280, 17	208, 92
21	2	352, 95	406, 89
22	0	280, 40	208, 80
Moy. des déviations.	2 — 0	72,438	198,305
23	0	280, 40	208, 80
24	1	316, 77	259, 68
25	0	280, 50	208, 72
26	1	316, 93	259, 55
27	0	280, 60	208, 68
28	1	316, 90	259, 50
29	0	280, 50	208, 45
30	1	316, 85	259, 38
31	0	280, 60	208, 43
32	1	316, 90	259, 35
33	0	280, 55	208, 33
Moy. des déviations.	1 — 0	36,332	50,915

Nous joindrons à ce Tableau quelques explications. 1° Pendant toute la durée des expériences, les fils conducteurs sont restés dans le même état, de sorte que les rapports d'intensité dans les différentes parties du circuit sont toujours restés les mêmes. 2° Les observations correspondantes au magnétomètre et au dynamomètre ont toujours été faites simultanément par deux observateurs. Les observateurs étaient, en dehors de moi, M. le Dr Stähelin, de Bâle, et mon assistant M. Dietzel. 3° Les nombres inscrits dans la colonne des observations du dynamomètre ne résultent pas d'une lecture unique ; chacun d'eux est la moyenne de 7 lectures. On note pendant les oscillations 7 élongations consécutives de part et d'autre de la position d'équilibre, et l'on fait les 6 moyennes de chaque nombre avec le suivant; on opère de même sur les 6 moyennes; on regarde les 5 nouvelles moyennes comme des résultats partiels, et l'on en prend la moyenne : le nombre ainsi obtenu est celui qui est inscrit dans la Table. 4° Entre deux observations de déviation, on ouvrait le circuit pour observer le zéro; on avait reconnu qu'en l'absence de toute action électrique ce zéro se déplaçait lentement et d'une quantité qui, avec le temps, finissait par être notable. L'ouverture du circuit est indiquée dans la colonne qui donne le nombre des éléments par le signe o. 5° Les moyennes qui, dans le Tableau, suivent les observations de 11 en 11, sont déduites des nombres qui précèdent, en prenant d'abord les 10 différences entre les 11 nombres consécutifs correspondant au circuit fermé et au circuit ouvert, puis les 9 moyennes de deux différences consécutives et, enfin, en prenant la moyenne générale de ces 9 moyennes considérées comme résultats partiels. 6° En ce qui concerne le magnomètre, la distance horizontale du miroir à l'échelle, dans le cours de ces expériences, était de 1251 divisions de l'échelle : cette distance a été changée plus tard. 7° Les 11 observations dont on déduit les déviations moyennes du magnétomètre et du dynamomètre donnent une preuve de la correction des mesures; on voit que les expériences faites, à cinq ou six reprises différentes, avec le circuit ouvert ou fermé, s'accordent toujours, à moins d'une fraction très petite d'une division de l'échelle, d'autant mieux qu'il est à noter que ces petites différences sont dues, pour la plus grande part, à des variations dans l'intensité du courant, et, en outre, pour le magnétomètre, aux variations de la déclinaison pendant le cours des expériences, et enfin, dans le dynamomètre, pour une part sensible, à l'insuffisance de la stabilité du support.

En prenant finalement les moyennes des résultats donnés plus haut pour le magnétomètre et le dynamomètre et correspondant à 1, 2 et 3 éléments, on a :

	Déviation moyenne	
	du magnétomètre.	du dynamomètre.
Pour 3 éléments.....	108,566	440,508
» 2 »	72,438	198,305
» 1 »	36,332	50,915

D'après les lois de la réflexion de la lumière, ces nombres sont proportionnels aux tangentes du double des angles d'écart; il faut en déduire les tangentes des angles d'écart eux-mêmes, qui donnent précisément les forces déviantes, et ajouter, en outre, une petite correction due à l'excentricité du miroir. Tout calcul fait, on trouve, pour les deux corrections, les nombres

0,14,	0,47,
0,04,	0,05,
0,00,	0,00,

qui sont à retrancher des nombres observés; on obtient donc, pour les forces déviantes

Du magnétomètre.	Du dynamomètre.
108,426	440,038
72,398	198,255
36,332	50,915

En vertu de la convention faite relativement à la mesure *électromagnétique* de l'intensité du courant, les nombres de la *première* colonne sont proportionnels aux *intensités;* les nombres de la *seconde* colonne donnent les forces *électrodynamiques* correspondantes : l'objet principal de l'expérience est de trouver la relation entre les forces électrodynamiques et les intensités. Avant de procéder à cette comparaison, nous ferons encore une remarque : on pourrait craindre que les nombres de la première colonne ne soient entachés d'une petite erreur provenant de l'action de la bobine mobile sur le magnétomètre. Ces nombres, en effet, ne donnent la mesure du courant qu'autant que le magnétomètre a toujours été soumis uniquement à l'action d'une même portion invariable du circuit. Cette portion invariable est ici le multiplicateur du dynamomètre. En fait, le multiplicateur était, par rapport au magnétomètre, dans la situation où son action était maximum, tandis que, au contraire, la bobine mobile, dans sa position d'équilibre, ne pouvait, même pour les courants les plus forts, exercer sur lui d'action déviante. Maintenant, il est évident que, dans les expériences précédentes, la bobine déviée d'une manière notable exerçait une action déviante sur le magnétomètre et qu'en toute rigueur les nombres observés doivent être corrigés de cet effet pour les ramener à ce qu'ils auraient été sous l'action seule du multiplicateur. Mais il faut remarquer que cette correction ne peut être que très faible, le courant qui passe dans la bobine mobile n'étant que la $\frac{1}{246,26}$ partie de celui qui passe dans le multiplicateur. Je me suis assuré que, dans le cas le plus défavorable, cette correction ne s'élève pas à $\frac{1}{500}$ de division de l'échelle et est, par suite, absolument négligeable.

En multipliant les racines carrées des valeurs observées pour l'action électromagnétique, c'est-à-dire $\sqrt{440,038}$, $\sqrt{198,255}$, $\sqrt{50,915}$, par le facteur constant

$$5,15534,$$

on obtient très sensiblement les nombres trouvés expérimentalement par l'action électromagnétique; on a, en effet, les nombres

$$108,144,$$
$$72,589,$$
$$36,786,$$

qui ne diffèrent des nombres observés que par les différences suivantes

$$-0,282,$$
$$+0,191,$$
$$+0,454.$$

La plus grande différence n'atteint pas une demi-division, de telle sorte qu'on peut admettre comme démontré que *l'action électrodynamique qui s'exerce entre deux parties du circuit est proportionnelle au carré de l'action électromagnétique,* autrement dit, *proportionnelle au carré de l'intensité.*

Ces expériences montrent, en outre, que la méthode employée pour les mesures électrodynamiques donne des résultats aussi sûrs et aussi précis que les procédés de mesures électromagnétiques avec le magnétomètre.

5.

Démonstration expérimentale de la formule fondamentale de l'électrodynamique.

Après avoir donné ce premier exemple de la précision qu'on peut atteindre dans les mesures électrodynamiques, avec l'instrument décrit ci-dessus, je vais passer à un système de mesures de même nature, particulièrement institué pour fournir une démonstration expérimentale complète de la formule fondamentale de l'électrodynamique.

A la page 181 [7] du Mémoire déjà cité, Ampère indique deux méthodes au moyen desquelles on pourrait déduire de l'expérience la loi de l'action mutuelle de deux conducteurs voltaïques : « L'une de ces méthodes, dit-il, consiste à mesurer d'abord, avec la plus grande exactitude, des valeurs de l'action mutuelle de deux portions de grandeur finie, en les plaçant successivement, l'une par rapport à l'autre, à différentes distances et dans différentes positions; il faut ensuite faire une hypothèse sur la valeur de l'action mutuelle de deux portions infiniment petites, en conclure celle de l'action qui doit en résulter pour les conducteurs de grandeur finie sur lesquels on a opéré et modifier l'hypothèse jusqu'à ce que les résultats du calcul s'accordent avec ceux de l'observation. » ..... « L'autre consiste à constater, par l'expérience, qu'un conducteur mobile reste exactement en équilibre entre des forces égales ou des moments de rotation égaux, ces forces et ces moments étant produits par des portions de conducteurs fixes dont les formes ou les grandeurs peuvent varier d'une manière quelconque, sous des conditions que l'expérience détermine, sans que l'équilibre soit troublé, et d'en conclure directement par le calcul quelle doit être la valeur de l'action mutuelle de deux portions infiniment petites, pour que l'équilibre soit, en effet, indépendant de tous les changements de forme ou de grandeur compatibles avec ces conditions. »

Ampère a donné la préférence à la seconde méthode pour plusieurs raisons, dont une seule suffit : c'est qu'il manquait des instruments de mesure indispensables pour l'exécution de la première. Il est évident que, dans ces conditions, la seconde méthode, qui n'exige aucune mesure précise, devait être préférée. Cependant, Ampère me semble avoir surfait la valeur de cette méthode en disant, d'une manière absolue, qu'il la préfère à la première. Deux choses sont nécessaires dans tout instrument destiné à des mesures précises : 1° une grande délicatesse et une grande sensibilité, lui permettant d'accuser, d'une façon bien nette, les actions à mesurer et de rester insensible à toute action autre que celles-là; 2° un système convenablement approprié pour la mesure de ces actions. Mais il est évident que la seconde condition est toujours facile à remplir quand la première l'est d'une manière suffisante; d'où il suit que la première condition peut être considérée comme la condition fondamentale. Mais cette condition est aussi nécessaire dans la seconde méthode que dans la première, autrement cette méthode est tout à fait illusoire. Il n'y a de différence réelle entre les deux méthodes que sous le rapport expérimental; dans l'un, on fait équilibre aux forces électrodynamiques par d'autres forces naturelles connues et mesurables; dans l'autre, on cherche les conditions pour lesquelles les forces électrodynamiques se font équilibre entre elles. Il n'est pas douteux que cette méthode ne puisse conduire à des résultats sûrs et précis; mais il n'en est pas moins vrai que, sous le rapport *expérimental,* elle est moins directe et moins simple que la première. On peut, il est vrai, alléguer en faveur de la seconde méthode qu'au point de vue théorique elle conduit plus facilement et plus directement à la formule fondamentale; mais c'est une circonstance dont il n'y a plus à tenir compte, quand la formule à démontrer est toute trouvée, ce qui est le cas où nous nous trouvons, grâce au travail d'Ampère. Nous sommes, maintenant, en état de donner un système de mesures très simples, satisfaisant à toutes les exigences.

Les deux conducteurs que nous ferons agir l'un sur l'autre ont la forme de cercles ou mieux forment un système de cercles parallèles ayant un axe commun : nous les appellerons les *bobines conductrices.* Les deux axes sont dans un même plan horizontal et se coupent à angle droit, de manière que l'axe de l'une des bobines va passer par le centre de l'autre. L'une d'elles est fixe, l'autre est mobile autour d'un axe vertical. Maintenant, c'est tantôt l'axe de la bobine fixe qui, prolongé, va passer par le centre de la bobine mobile, tantôt, au contraire, l'axe de la bobine mobile qui va passer par le centre de la bobine fixe. Dans les deux cas, les mesures se font à des distances variables des deux centres. On reconnaît facilement que ces deux dispositions correspondent précisément à celles que Gauss a employées pour les mesures magnétiques dans son Mémoire : *Intensitas vis magneticæ terrestris ad mensuram absolutam revocata* (*Commentationes Soc. regiæ Scient. Göttingensis recentiores,* vol. VIII, p. 33). Dans le cas actuel des mesures électrodynamiques, nous pouvons employer une troisième disposition, celle où les centres des deux bobines coïncident : c'est précisément la disposition réalisée dans le dynamomètre décrit plus haut. On peut pour tous ces cas calculer le résultat, à l'avance, par la formule d'Ampère et la comparer ensuite à celui que donne l'expérience.

Quand on fait agir à distance la bobine fixe sur la bobine mobile, il importe peu que les deux bobines aient des diamètres égaux ou inégaux ; mais, quand on veut faire coïncider les deux centres, comme dans le premier instrument, il faut que la bobine extérieure ait la forme d'un anneau dont le diamètre intérieur soit plus grand que le diamètre extérieur de la bobine qu'elle doit entourer. Dans le dynamomètre décrit plus haut, c'était la bobine mobile qui était la plus petite et tournait à l'intérieur de la grande. Dans les expériences actuelles, il était important qu'on n'eût pas à déplacer la bobine mobile, afin de n'apporter dans la suspension aucun dérangement qui eût empêché les observations d'être comparables : c'était donc à la bobine fixe d'être déplacée pour occuper, par rapport à la bobine mobile, les diverses positions relatives; il fallait alors que la bobine mobile fût la plus grande pour qu'on pût y faire passer la bobine fixe, sans toucher à la suspension. Telles sont les raisons qui m'ont décidé à faire construire un nouvel appareil; celui que je vais maintenant décrire est dû à M. Leyser, de Leipzig.

La bobine bifilaire *aaa* (*fig.* 9) a pour noyau un anneau mince en laiton de $100^{mm},5$ de diamètre et 30^{mm} de hauteur, muni de deux joues parallèles également en laiton, de $122^{mm},7$ de diamètre extérieur et de 100mm,5 de diamètre intérieur, et distantes de 30mm. La gorge ainsi formée est exactement remplie par un fil de cuivre de $\frac{1}{3}$ de millimètre de diamètre, recouvert de soie, et faisant environ 3000 tours. Après l'enroulement les deux joues ont été réunies par une espèce d'étrier en laiton *bb*, portant en son milieu un cercle de torsion *cc*. Le cercle de torsion se compose de deux disques horizontaux (quand la bobine est elle-même verticale) dont l'un, l'inférieur, fait corps avec la bobine, tandis que l'autre peut tourner sur le premier autour d'un axe vertical. Le premier

Fig. 9.

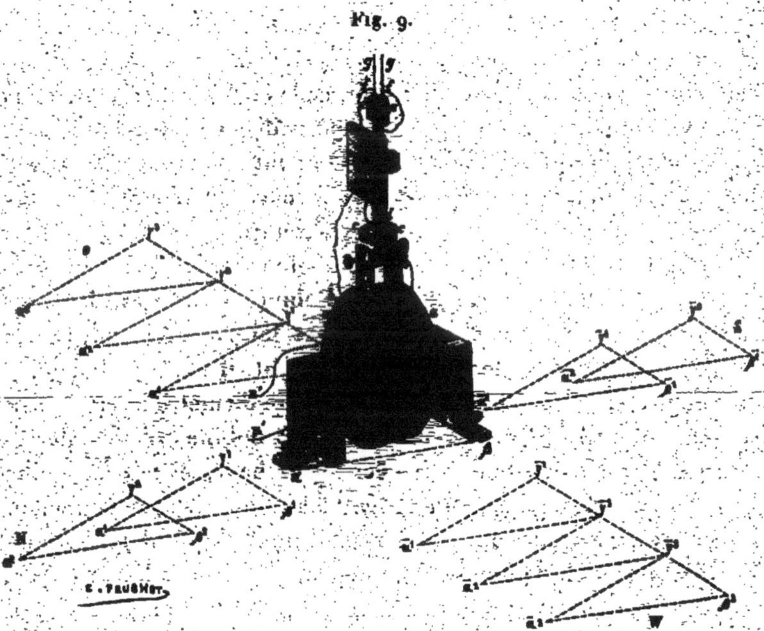

porte une division, le second un index. Au disque supérieur est fixé un cylindre de bois *d* portant à sa partie supérieure la chape *ee* d'une petite poulie très mobile de 20mm de diamètre. Dans la gorge de cette poulie passe le fil de soie *ff* dont les deux extrémités, après s'être relevées verticalement sur une longueur de quelques millimètres, viennent s'attacher aux deux fils métalliques *fg*, *fg* de la suspension. Aux deux points *f*, *f*, viennent également s'attacher les deux extrémités *hf*, *hf* du fil enroulé sur la bobine, qui se trouve ainsi en communication métallique avec les fils de la suspension.

Ces deux fils vont s'attacher à deux crochets isolés, fixés au couvercle du tube. Des deux fils extérieurs qui aboutissent à ces crochets, l'un se rend directement à la pile, l'autre à un commutateur.

Grâce au cercle de torsion, on peut donner à l'axe de la bobine la direction que l'on désire sans rien changer à la suspension bifilaire. On tourne le cercle de torsion de manière que l'axe de la bobine coïncide avec le méridien magnétique NS ; dans ces conditions, la position de la bobine reste invariable sous l'action du magnétisme terrestre, quand on y fait passer un courant.

Au cylindre de bois que porte le cercle supérieur est fixé un miroir plan vertical k, sur lequel est dirigée la lunette placée à une distance d'environ $3^{m},3$, de manière à voir l'image de l'échelle qui est placée au-dessous.

La bobine fixe lll (*fig.* 9) est formée de deux disques de laiton parallèles de $88^{mm},8$ de diamètre, maintenus à une distance de 30^{mm} par un axe de laiton de $5^{mm},5$ de diamètre. L'axe dépasse les disques de chaque côté d'environ 10^{mm}. Tout espace intermédiaire est rempli par un fil de cuivre de $\frac{1}{3}$ de millimètre de diamètre, entouré de soie et faisant environ 10000 tours. L'une des extrémités du fil sort tout près de l'axe par une ouverture m pratiquée dans le disque, dont il est séparé par une pièce d'ivoire, et va de m en n. L'autre extrémité, qui se trouve en m' sur le contour extérieur, est fixée solidement avec de la soie et va de m' en n'. L'un de ces fils nn' se rend au commutateur A (*fig.* 10) ; l'autre nn communique avec le fil du multiplicateur B (*fig.* 10) d'un galvanomètre.

La bobine fixe est portée par une espèce de trépied en bois pp (*fig.* 9), muni de deux coussinets q sur lesquels reposent les prolongements de l'axe. Trois vis calantes α, β, γ servent au réglage. L'un des pieds du support est mobile autour d'une charnière r ; il se relève quand on veut introduire la bobine fixe dans la bobine mobile et se rabat ensuite. Deux des pieds se trouvent d'un côté de la bobine mobile, le troisième de l'autre ; ils reposent sur une table solide qui se trouve au-dessous de la bobine mobile.

Sur cette table, qui est bien horizontale, on a tracé à l'avance l'emplacement des pieds du support de la bobine fixe dans les positions successives qu'elle doit occuper. Les points α, β, γ correspondent à la position concentrique de la bobine fixe ; $\alpha_1\beta_1\gamma_1$, $\alpha_2\beta_2\gamma_2$, aux positions qu'elle doit occuper au *nord* de la bobine mobile ; $\bar{\alpha}_1\bar{\beta}_1\bar{\gamma}_1$, $\bar{\alpha}_2\bar{\beta}_2\bar{\gamma}_2$, à celles qu'elle doit occuper au *sud ;* de même $\alpha^1\beta^1\gamma^1$, $\alpha^2\beta^2\gamma^2$, $\alpha^3\beta^3\gamma^3$, à celles de l'*est ;* $\alpha^{-1}\beta^{-1}\gamma^{-1}$, $\alpha^{-2}\beta^{-2}\gamma^{-2}$, $\alpha^{-3}\beta^{-3}\gamma^{-3}$, à celles de l'*ouest*. La bobine mobile est protégée contre les courants d'air par une caisse en bois munie d'une ouverture fermée par une glace ; cette caisse se compose de deux parties qui peuvent s'enlever séparément quand on veut faire passer la bobine fixe à l'intérieur de la bobine mobile.

Fig. 10.

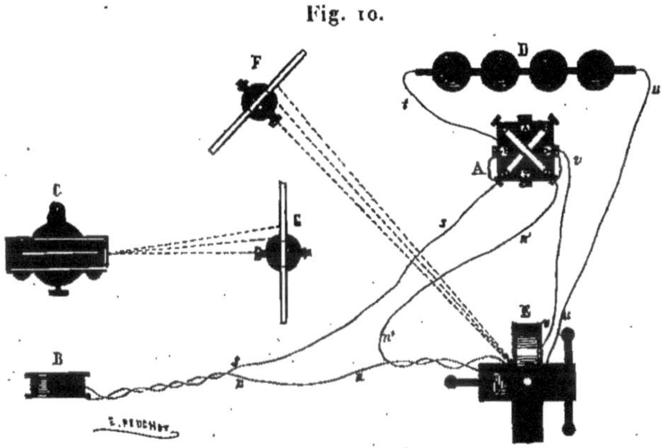

Pour que les expériences faites au moyen de cet appareil soient comparables entre elles, il est nécessaire de mesurer chaque fois l'intensité du courant que traverse les deux bobines. On ne peut ici employer la disposition décrite dans l'article 3, puisque la position de la bobine fixe change dans chaque expérience. On a employé une troisième bobine B (*fig.* 10) portant 618 spires et comprenant une surface totale de 831344^{mmq}. Cette bobine, placée à 217^{mm}, à l'ouest, d'un magnétomètre transportable, formait avec lui un galvanomètre ; elle était elle-même à une distance de 8^{m} du dynamomètre. Cette première bobine était reliée, d'une part, à l'extrémité *nn* du fil de la bobine fixe et d'autre part au commutateur A (*fig.* 10). Au commutateur aboutissait également l'un des fils *t*, *t* de la pile D.

La *fig.* 10 donne le plan d'ensemble de la disposition et des connexions des appareils. Il n'est pas inutile de faire remarquer que les fils aboutissant à la bobine fixe étaient dans toute leur longueur enroulés l'un sur l'autre de manière à n'avoir aucune action sur la bobine mobile. On voit en B le dynamomètre, en F la lunette correspondante avec son échelle; C est le magnétomètre, G sa lunette et son échelle, B la bobine multiplicatrice dont l'action sur le magnétomètre donne l'intensité du courant qui traverse l'ensemble des appareils.

La pile employée dans ces expériences se composait de 8 éléments Bunsen à cylindres de charbon. Le sens du courant était toujours le même dans la bobile mobile du dynamomètre E, et ne variait avec la position du commutateur que dans la bobine fixe du dynamomètre E et dans la troisième bobine B formant le multiplicateur du galvanomètre. Il était nécessaire que le courant eût toujours le même sens dans la bobine mobile pour éliminer l'influence du magnétisme terrestre. Il était au contraire nécessaire de le changer dans la bobine fixe pour faire dévier l'axe de la bobine mobile, tantôt vers l'est, tantôt vers l'ouest, de manière à avoir des déviations alternativement positives et négatives et obtenir de cette manière une mesure plus exacte de l'action exercée. C'est pour la même raison qu'on renversait le courant dans la troisième bobine, afin de déduire l'intensité du courant de déviations produites alternativement dans les deux sens. Ce renversement de courant était obtenu dans l'arrangement décrit à l'aide du commutateur A. Le sens du courant est évidemment toujours le même dans la pile D et dans les parties du circuit qui joignent la pile au commutateur A, autrement dit, dans le fil tt, la pile, le fil uu, la bobine mobile du dynamomètre et le fil vv; par contre, le sens du courant change avec la position du commutateur, dans toutes les parties du circuit qui sont séparées de la pile par le commutateur A, savoir, dans le fil $n'n'$, dans la bobine fixe du dynamomètre E, dans le fil nn, dans le multiplicateur B et dans le fil ss.

La durée des oscillations de la bobine sans courant était égale à 13″,3259. La distance comptée horizontalement du miroir de la bobine mobile à l'échelle était de 3306,3 divisions de l'échelle; la distance du miroir du magnétomètre à son échelle était de 1103 divisions de cette échelle. Les résultats des mesures sont donnés dans le Tableau suivant, dans l'ordre où ils ont été obtenus :

A.	Dynamomètre.			Galvanomètre.		
600 ouest.........	516,27			250,47		
	542,68	26,41		571,96	321,49	
	515,94	26,74		250,48	321,48	
	542,31	26,37	26,35	571,60	321,12	320,14
	516,07	26,24		252,19	319,41	
	542,07	26,00		569,41	317,22	
500 ouest.........	506,37			254,05		
	550,84	44,47		568,70	314,65	
	505,97	44,87		254,48	314,22	
	549,86	43,89	44,31	569,25	314,77	314,32
	505,36	44,50		254,92	314,33	
	549,20	43,84		568,55	313,63	
500 nord.........	517,27			566,80		
	537,61	20,34		254,72	312,08	
	517,18	20,43		567,70	312,98	
	537,37	20,19	20,30	254,88	312,82	312,48
	517,01	20,36		567,51	312,63	
	537,27	20,19		255,62	311,89	
500 est...........	505,06			257,92		
	548,10	43,04		566,31	308,39	
	505,01	43,09		257,33	308,98	
	547,54	42,53	42,89	565,38	308,05	308,80
	505,22	42,32		256,29	309,09	
	548,68	43,46		565,79	309,50	
500 sud..........	517,96			564,05		
	537,47	19,51		257,96	306,09	
	517,67	19,80		564,03	306,07	
	536,86	19,19	19,49	258,89	305,14	305,56
	517,07	19,79		564,36	305,47	
	536,24	19,17		259,33	305,03	
600 est...........	514,31			260,23		
	538,50	24,19		564,69	304,46	
	514,85	23,65		259,67	305,02	
	538,91	24,06	23,72	564,25	304,58	304,92
	515,19	23,72		258,89	305,36	
	539,04	23,85		564,06	305,17	
400 est...........	568,21			562,50		
	486,54	81,67		258,96	303,54	
	568,39	81,85		563,63	304,67	
	486,62	81,27	81,64	260,28	303,35	303,79
	568,19	81,57		563,60	303,32	
	486,84	81,35		259,52	304,08	

A.	DYNAMOMÈTRE.			GALVANOMÈTRE.		
400 nord	546,32			261,44		
	510,05	36,27		562,39	300,95	
	546,30	36,25		259,97	302,42	
	510,16	36,14	36,15	562,70	302,73	302,07
	546,12	35,96		261,12	301,58	
	510,00	36,12		563,81	302,69	
400 ouest	488,36			261,99		
	568,07	79,71		562,98	300,99	
	488,29	79,78		261,53	301,45	
	567,89	79,60	79,60	562,50	300,97	300,80
	488,40	79,49		261,70	300,80	
	567,80	79,40		561,53	299,83	
400 sud	510,23			561,18		
	545,57	35,34		262,23	298,95	
	510,04	35,53		561,90	299,67	
	545,49	35,45	35,43	262,50	299,40	299,30
	509,93	35,56		561,87	299,37	
	545,21	35,28		262,76	299,11	
300 sud	566,29			263,73		
	486,84	79,45		562,54	298,81	
	566,23	79,39		262,23	300,31	
	488,10	78,13	78,85	562,53	300,30	299,89
	566,74	78,64		262,23	300,30	
	488,12	78,62		561,94	299,71	
300 ouest	431,18			263,96		
	623,75	192,57		562,01	298,05	
	431,35	192,40		263,76	298,25	
	623,37	192,02	192,17	561,75	297,99	297,81
	431,41	191,96		264,45	297,30	
	623,32	191,91		561,90	297,45	
300 nord	566,96			265,93		
	488,66	78,30		563,05	297,12	
	567,03	78,37		263,92	299,13	
	489,10	77,93	78,08	563,04	299,12	298,33
	567,08	77,98		264,89	298,15	
	489,28	77,80		563,03	298,14	
300 est	433,52			266,49		
	623,78	190,26		563,18	296,69	
	433,35	190,43		265,02	298,16	
	623,58	190,23	190,08	562,00	296,98	297,30
	433,69	189,89		264,91	297,09	
	623,28	189,59		562,51	297,60	

Voici quelques explications relatives à ce Tableau. La colonne A donne en millimètres les distances des centres des deux bobines du dynamomètre et indique la situation relative de la bobine fixe par rapport à la bobine mobile. Le nord et le sud indiquent ici la direction du méridien magnétique, l'ouest et l'est la direction perpendiculaire. La seconde colonne, intitulée *Dynamomètre*, donne en divisions de l'échelle les positions d'équilibre de la bobine mobile, quand on fait passer le courant dans la bobine fixe alternativement dans les deux sens. Chacun des nombres résulte de 7 lectures : on lit, pendant les oscillations, 7 positions extrêmes consécutives de part et d'autre de la position d'équilibre, et l'on en déduit cette position comme il a été dit plus haut.

En renversant le courant, on faisait en sorte de ne pas augmenter l'amplitude des oscillations de la bobine. Le Tableau donne à la suite les unes des autres les positions d'équilibre de la bobine fixe correspondant aux deux sens alternatifs du courant dans la bobine fixe; la différence des deux nombres consécutifs donne, en divisions de l'échelle, le double de la déviation résultant pour la bobine mobile de l'action de la bobine fixe; en troisième ligne on a inscrit la moyenne des déviations doubles obtenues pour une même position de la bobine fixe. La colonne qui porte pour titre *Galvanomètre* donne les positions d'équilibre du barreau pour les deux sens dans lesquels le courant parcourt alternativement la bobine B qui sert de multiplicateur. Ces positions d'équilibre sont observées et calculées de la même manière que pour le dynamomètre; à côté sont les différences qui représentent le double des déviations, et enfin, la moyenne de ces différences. Les observations au dynamomètre et au galvanomètre ont toujours été faites simultanément par deux observateurs.

Toutes les observations réunies dans le Tableau précédent ont été faites, dans l'ordre donné, à la suite les unes des autres et en un même jour; toutes les conditions extérieures étaient les mêmes, et les résultats sont, par suite, immédiatement comparables. Il n'a pas été possible de faire le même jour l'expérience dans le cas où les deux centres des bobines coïncident, parce que l'installation de la bobine fixe demande quelques préparatifs assez longs. Cette dernière série a donc été renvoyée à un autre jour. Mais, comme on n'avait plus alors la même certitude de se retrouver dans des conditions identiques, on a recommencé, ce second jour, deux des séries qui avaient déjà été faites le premier, celles qui correspondent à la distance de 300^{mm}, à l'est et à l'ouest, de manière à pouvoir raccorder les résultats de ce jour avec ceux qu'on avait obtenus précédemment et éliminer ainsi l'influence due aux variations des conditions extérieures. Ainsi, dans cette seconde série, on s'est servi d'une autre pile et l'on a remplacé les 8 éléments Bunsen à charbon par deux éléments de Grove (zinc, platine). Ce changement était indispensable : le premier courant eût été trop fort pour le cas où les centres des deux bobines coïncident ; la déviation eût été trop grande pour être mesurée avec l'échelle. Enfin, il est à noter que le sens du courant dans la bobine mobile était inverse de ce qu'il était le premier jour ; ce qui n'avait d'ailleurs aucune influence sur le résultat final. Les nombres relatifs à cette seconde série sont réunis dans le Tableau suivant :

A.	DYNAMOMÈTRE.			GALVANOMÈTRE.		
0	48,05			359,78		
	953,74	905,69		424,29	64,51	
	48,90	904,84		359,83	64,46	
	952,90	904,00	903,97	424,30	64,47	64,45
	49,89	903,01		359,90	64,40	
	952,20	902,31		424,29	64,39	
300 est	485,70			329,30		
	513,28	27,58		454,38	125,08	
	486,10	27,18		329,39	124,99	
	513,35	27,25	27,54	454,28	124,89	125,08
	485,09	28,26		329,18	125,10	
	512,52	27,43		454,53	125,35	
300 ouest	512,37			454,50		
	486,72	25,65		329,32	125,18	
	514,49	27,77		454,61	125,29	
	487,06	27,43	27,20	329,26	125,35	125,23
	514,66	27,60		454,56	125,30	
	487,11	27,55		329,51	125,05	

Quand les centres des deux bobines étaient en coïncidence, le courant de deux éléments de Grove donnait encore une déviation trop grande pour être mesurée avec une échelle d'un mètre. Il a fallu diminuer l'intensité du courant, en intercalant dans le circuit un fil long et fin pour en augmenter la résistance; on a enlevé ce fil pour les expériences faites à 300^{mm}, parce qu'autrement les déviations du dynamomètre eussent été trop petites pour pouvoir être mesurées exactement. On voit qu'en effet les déviations du magnétomètre qui mesurent l'intensité sont deux fois plus grandes dans le dernier cas que dans le premier.

En réunissant les moyennes relatives à cette série, on a le Tableau suivant :

Distance en millimètres.	Dynamomètre.	Galvanomètre.
0	903,57	64,45
300 est	27,54	125,08
300 ouest	27,20	125,23

Ces nombres sont proportionnels aux tangentes des doubles des angles de déviation, il faut en déduire les tangentes des déviations simples qui mesurent les forces déviantes. En faisant cette réduction et tenant compte en même temps de la petite correction due à l'excentricité du miroir, on obtient

Distance en millimètres.	Dynamomètre.	Galvanomètre.
0	899,79	64,44
300 est	27,54	124,98
300 ouest	27,20	125,13

Si, dans les deux colonnes, on prend la moyenne des deux derniers nombres qui diffèrent d'ailleurs très peu l'un de l'autre, et qui seraient identiques si l'intensité était toujours la même et que les deux positions de la bobine fixe à l'ouest et à l'est fussent absolument symétriques, on obtient finalement les nombres suivants :

0	899,79	64,44
300	27,37	125,055

En ne prenant que les moyennes dans le Tableau de la première série, on a de même :

DISTANCES	EST.		OUEST.		SUD.		NORD.	
	dynam.	galvanom.	dynam.	galvanom.	dynam.	galvanom.	dynam.	galvanom.
mm 300	190,08	297,30	192,17	297,81	78,85	299,89	78,08	298,33
400	81,64	303,79	79,60	300,81	35,43	299,30	36,15	302,07
500	42,89	308,80	44,31	314,32	19,49	305,56	20,33	312,48
600	23,89	304,92	26,35	320,14	"	"	"	"

Je me suis assuré que la correction à faire subir aux nombres relatifs au dynamomètre, pour les réduire aux tangentes de la déviation simple, est tellement faible, qu'il est tout à fait inutile d'en tenir compte : elle tombe, en effet, au-dessous des erreurs inévitables de l'observation. On peut dire aussi qu'elle est sans importance pour les nombres relatifs au galvanomètre, attendu que tous ces nombres ne présentent entre eux que de très petites différences.

6.

Les actions électrodynamiques observées dans l'article précédent ne sont pas immédiatement comparables aux résultats qu'on tirerait, par le calcul, de la formule d'Ampère, en n'ayant égard dans chaque cas qu'à la position relative des conducteurs, par ce qu'elles ne correspondent pas à une même intensité de courant. Il faut donc commencer par les réduire à une *même intensité,* en appliquant la loi, démontrée dans l'art. 4, d'après laquelle les déviations du dynamomètre sont proportionnelles aux carrés des déviations du galvanomètre. L'application de cette loi aux observations doit elle-même être précédée d'une autre réduction, savoir, à une *même force directrice* du bifilaire, celle-ci pouvant varier d'une manière appréciable dans le cours des expériences. Dans les expériences de l'art. 4 qui ont servi à établir la loi dont il vient d'être question, ces variations étaient assez faibles pour qu'il n'y eût pas lieu d'en tenir compte; une portion très faible du courant qui traversait la bobine fixe, $\frac{1}{246}$ seulement, était conduite dans la bobine mobile et, dans ces conditions, l'action directe de la Terre ne pouvait avoir qu'une influence insensible sur la force directrice de l'appareil mobile. Il n'en est plus de même dans les observations actuelles, dans lesquelles les deux bobines sont traversées intégralement par le même courant.

La force directrice du bifilaire se compose donc d'une partie constante et d'une partie variable. La partie constante, que nous appellerons le *moment statique,* dépend du poids de la bobine, de la longueur et de l'écartement des fils ; on le déduit par le calcul de la *durée des oscillations* et du *moment d'inertie* du système. La *durée d'oscillation* du bifilaire, sans courant, a été déterminée par des observations spéciales et trouvée égale à

$$t = 13^s{,}3259.$$

Le moment d'inertie k a été évalué par la méthode de Gauss (*Intensitas,* etc.) et trouvé égal à

$$K = 864800000,$$

le millimètre étant pris comme unité de longueur et le milligramme comme unité de masse. Le *moment statique* S est, par suite,

$$S = \frac{\pi K^2}{t^2} = 48064000 \quad (^1).$$

La *partie variable* de la force directrice du bifilaire, que l'on peut appeler son *moment électromagnétique,* dépend de la composante horizontale T du *magnétisme terrestre,* de l'intensité $\varkappa$, du courant qui traverse la bobine, de la surface totale λ comprise par les spires qui la composent, et elle est égale au produit de ces trois quantités. La composante horizontale du magnétisme terrestre, au lieu occupé par la bobine, avait été trouvée égale à

$$T = 1{,}83.$$

La surface comprise par les spires ne pouvait être calculée directement, le nombre des tours n'étant pas connu exactement. On

(1) Weber emploie toujours l'ancienne notation du redoublement des facteurs, $\pi\pi$ au lieu de π^2, pour l'expression des carrés. Il a paru qu'il n'y avait aucun intérêt à la conserver. (J.)

l'a déterminée par comparaison avec une autre bobine de surface connue, d'après l'action exercée à distance par chacune d'elles sur une boussole; on a obtenu ainsi

$$\lambda = 29314000^{\text{mmq}}.$$

Enfin les intensités sont données par les observations galvanométriques en fonction des divisions de l'échelle; il est nécessaire, pour le calcul actuel, de les exprimer en *unités électromagnétiques*. A cet effet, il faut multiplier le nombre de divisions observé par un facteur constant que nous calculerons dans l'art. 9 et qui est égal à

$$0,0003614.$$

Si donc y représente le nombre de divisions observé, l'intensité est donnée par la formule

$$\varkappa = 0,0003614 y.$$

De ces données on tire, pour la valeur du moment *électromagnétique* de la bobine mobile, la valeur

$$\varkappa \lambda T = 19400 y.$$

Pour obtenir la *force directrice du bifilaire*, il faut, dans la première série d'expériences, retrancher le moment électromagnétique du moment statique et l'ajouter dans la seconde série, puisque, comme on l'a déjà fait remarquer (p. 325), la direction du courant dans la bobine était de sens contraire dans les deux séries.

Pour la première série, la force directrice est exprimée en parties du moment statique par

$$1 - \frac{19400}{48064000} y$$

et, dans la seconde série, par

$$1 + \frac{19400}{48064000} y.$$

Pour réduire les déviations du dynamomètre à une force directrice constante, égale au moment statique, il suffit donc de multiplier le nombre de divisions x observé à l'échelle du dynamomètre par $\left(1 - \frac{19400}{48064000} y\right)$ pour la première série et par $\left(1 + \frac{19400}{48064000} y\right)$ pour la seconde.

Cette réduction faite, on obtient pour les déviations du dynamomètre et du galvanomètre le Tableau suivant :

DISTANCE.	EST.		OUEST.		SUD.		NORD.	
	dynam.	galvanom.	dynam.	galvanom.	dynam.	galvanom.	dynam.	galvanom.
mm 300	167,26	297,30	169,06	297,81	69,30	299,89	68,67	298,33
400	71,63	303,79	69,93	300,81	31,15 (1)	299,30	31,74	302,07
500	37,54	308,80	38,69	314,32	17,09	305,56	17,74	312,48
600	20,95	304,92	22,94	320,14	"	"	"	"

On a, pour la seconde série :

DISTANCES.	EST OU OUEST	
	dynamomètre.	galvanomètre.
mm 0	923,19	64,44
300	28,75	125,055

La *sensibilité* d'un instrument est inversement proportionnelle à la *force directrice* qui est en jeu, c'est-à-dire que l'action à mesurer détermine une déviation d'autant plus grande que cette force directrice est plus petite. Les observations ainsi réduites à une même force directrice sont donc celles qui correspondent à une *même sensibilité* du dynamomètre.

Une fois faite cette réduction à une même force directrice, nous allons, pour rendre les comparaisons plus faciles, réduire les observations à une *même intensité*, en appliquant la loi démontrée dans l'art. **4**. On peut ici choisir arbitrairement l'intensité normale à laquelle on rapportera les observations. Comme il n'est pas nécessaire d'avoir la même intensité normale dans les deux séries, nous prendrons pour intensité normale dans la première série celle qui donnerait la déviation galvanométrique dont le

(1) Le texte de Weber donne 81,15, par suite d'une faute d'impression évidente. (J.)

carré est 100000, et, pour la seconde série, une intensité cinq fois plus petite et, par suite, donnant la déviation dont le carré est 4000. Conformément à la loi de l'art. 4, une déviation x du dynamomètre, correspondant à une déviation y du galvanomètre, aura pour valeur réduite, dans la première série,

$$100000 \frac{x}{y^2},$$

et, dans la seconde,

$$4000 \frac{x}{y^2}.$$

Le Tableau suivant renferme les valeurs réduites de la *première* série :

DISTANCES.	EST.	OUEST.	SUD.	NORD.
300	189,24	190,62	77,06	77,16
400	77,61	77,28	34,77	34,78
500	39,37	39,16	18,30	18,17
600	22,53	22,38	//	//

Les valeurs réduites de la *seconde* série sont

Distance.	Est ou ouest.
0	889,29
300	7,35

Ces derniers nombres montrent que l'action électrodynamique de la bobine fixe sur la bobine mobile est

$$\frac{88929}{735} = 120,9 \text{ fois}$$

plus grande quand les centres des deux bobines coïncident, que lorsqu'ils sont placés à une distance de 300^{mm} l'un de l'autre sur la ligne ouest-est.

Dans le Tableau relatif à la première série, on voit que les différentes valeurs obtenues, soit à l'ouest et à l'est, soit au sud et au nord, sont presque identiques ; c'est une preuve de la précision des mesures, en même temps que de la symétrie parfaite des positions de la bobine fixe, de part et d'autre de la bobine mobile. En prenant la moyenne de ces nombres déjà si voisins et adoptant pour la valeur qui correspond à la distance zéro, conformément au résultat obtenu dans la seconde série, 120,9 fois la valeur obtenue pour la distance 300^{mm} dans la direction perpendiculaire au méridien, on obtient le Tableau suivant :

DISTANCES.	PERPENDICULAIREMENT au méridien magnétique.	DANS LA DIRECTION du méridien magnétique.
0	22960	22960
300	189,93	77,11
400	77,45	34,77
500	39,27	18,24
600	22,46	"

7.

Avant d'appliquer les résultats qui précèdent sur l'action mutuelle de deux conducteurs à la vérification directe de la formule d'Ampère, j'en tirerai une première vérification intéressante, quoique partielle et indirecte. On sait qu'une des conséquences les plus importantes de la formule d'Ampère, relative à l'action mutuelle de deux éléments de courants, est que l'action mutuelle qui s'exerce entre deux aimants dans des conditions quelconques est celle que produiraient des courants constants distribués d'une manière déterminée à la surface ou dans l'intérieur de l'aimant, et, réciproquement, que l'action mutuelle de deux bobines traversées par des courants, comme celles que nous avons employées, est toujours identique à celle que produiraient deux aimants constants ayant la forme et la position des bobines et présentant à la surface ou à l'intérieur une distribution déterminée de magnétisme libre. Il suit de là que tous les résultats obtenus par Gauss, pour les aimants, dans son Mémoire *Intensitas vis magneticæ*, etc., sont immédiatement applicables à nos bobines ; et la chose est d'autant plus facile que la disposition adoptée dans nos expériences avec les bobines est identique à celle que Gauss a employée avec les aimants. Gauss exprime la distance des aimants en mètres; nous avons employé le millimètre. Gauss donne la déviation simple, à partir de la position d'équilibre, exprimée en degrés, minutes et secondes; nous avons donné le double de la tangente de la déviation exprimée en divisions de l'échelle (c'est-à-dire multipliées par le facteur constant 6612,6). En mettant les résultats obtenus pour les bobines sous une forme analogue à celle de Gauss, on obtient le Tableau suivant pour les déviations observées :

R.	v.	v'.
m 0,3	° ′ ″ 0.49.22	° ′ ″ 0.20. 3
0,4	0.20. 8	0. 9. 2
0,5	0.10.12	0. 4.44
0,6	0. 5.50	//

En développant les tangentes de v et v' suivant les puissances impaires de la distance, on a, comme on sait,

$$\operatorname{tang} v = aR^{-3} + bR^{-5},$$
$$\operatorname{tang} v' = \tfrac{1}{2} aR^{-3} + cR^{-5},$$

en désignant par a, b et c des constantes à déduire des expériences. On trouve, dans le cas actuel,

$$\operatorname{tang} v = 0{,}0003572\, R^{-3} + 0{,}000002755\, R^{-5},$$
$$\operatorname{tang} v' = 0{,}0001786\, R^{-3} - 0{,}000001886\, R^{-5},$$

et l'on en déduit par le calcul les valeurs de v et v' du Tableau suivant :

R.	v.	DIFFÉRENCE.	v'.	DIFFÉRENCE.
m 0,3	° ′ ″ 0.49.22	0	° ′ ″ 0.20. 4	− 1
0,4	0.20. 7	+ 1	0. 8.58	+ 4
0,5	0.10. 8	+ 4	0. 4.42	+ 2
0,6	0. 5.49	+ 1	//	//

L'accord entre les résultats du calcul et ceux de l'expérience est aussi complet qu'il est possible de le désirer, et la formule d'Ampère se trouve ainsi vérifiée dans une de ses conséquences les plus générales et les plus importantes.

8.

La loi fondamentale d'Ampère, relative à l'action réciproque de deux éléments de courants, dont la démonstration doit résulter du système de mesures qui viennent d'être rapportées, peut être énoncée ainsi : l'action réciproque de deux éléments de courant est en raison inverse du carré de la distance qui les sépare, en raison directe de la longueur de chaque élément et de l'intensité du courant qui le parcourt, et enfin proportionnelle à un facteur qui dépend de l'angle que les deux éléments font entre eux et des deux angles qu'ils font respectivement avec la droite qui joint leurs milieux. Si l'on désigne par r la distance des deux éléments, par i et i' les intensités, par ds et ds' les longueurs des deux éléments, par ε l'angle que font entre elles les directions des deux éléments, enfin par θ l'angle du premier avec la droite r et θ' l'angle du second avec la même droite prolongée, on a, pour l'expression de la *valeur* de l'action réciproque des deux éléments, la formule

$$-\frac{ii'}{r^2}\left(\cos\varepsilon - \frac{3}{2}\cos\theta\cos\theta'\right) ds\, ds';$$

quant à la *direction* de cette action, elle coïncide avec la ligne qui joint les deux éléments; elle est d'ailleurs de sens opposés pour chacun d'eux, répulsive pour les deux quand l'expression ci-dessus est positive, attractive dans le cas contraire.

Nous allons maintenant déduire de la formule fondamentale l'expression de la résultante des actions exercées sur un élément, par la somme de tous les éléments qui constituent un circuit *fermé*.

On peut décomposer l'action suivant trois axes de coordonnées rectangulaires. Soient X, Y, Z ces trois composantes ; si l'on prend l'origine des coordonnées au milieu de l'élément ds' pour lequel on veut calculer l'action du circuit fermé, et qu'on désigne par λ, μ, ν les angles que fait l'élément ds' avec les trois axes, on a, comme l'a démontré Ampère (*voir* les *Mémoires de l'Académie royale des Sciences de l'Institut de France;* 1823, p. 214 [36]),

$$X = -\tfrac{1}{2}\, ii'\, ds'\left(\cos\mu\int\frac{x\,dy - y\,dx}{r^3} - \cos\nu\int\frac{z\,dx - x\,dz}{r^3}\right),$$

$$Y = -\tfrac{1}{2}\, ii'\, ds'\left(\cos\nu\int\frac{y\,dz - z\,dy}{r^3} - \cos\lambda\int\frac{x\,dy - y\,dx}{r^3}\right),$$

$$Z = -\tfrac{1}{2}\, ii'\, ds'\left(\cos\lambda\int\frac{z\,dx - x\,dz}{r^3} - \cos\mu\int\frac{y\,dz - z\,dy}{r^3}\right).$$

Si le circuit fermé est une circonférence de rayon m et qu'on prenne pour axe des x la projection de la droite qui joint l'origine au centre du cercle sur un plan parallèle au cercle ([1]) et pour axe des y une parallèle au diamètre du cercle perpendiculaire à cette projection; en désignant par p la distance à l'origine de la projection du centre et par ω l'angle que fait la droite p avec le rayon correspondant à un élément ds de la circonférence, enfin par q la perpendiculaire abaissée de l'origine sur le plan du cercle, on a

$$z = q, \qquad y = m \sin\omega, \qquad x = p - m\cos\omega,$$

et, à cause de $r^2 = x^2 + y^2 + z^2$,

$$\begin{aligned}
\int \frac{x\,dy - y\,dx}{r^3} &= mp\int \frac{\cos\omega\,d\omega}{r^3} - m^2\int\frac{d\omega}{r^3}\\
&= mp\left(\frac{\sin\omega}{r^3} + 3\int \sin\omega\,\frac{dr}{r^4}\right) - m^2\int\frac{d\omega}{r^3},\\
\int \frac{z\,dx - x\,dz}{r^3} &= mq\int\frac{\sin\omega\,d\omega}{r^3},\\
\int \frac{y\,dz - z\,dy}{r^3} &= -mq\int\frac{\cos\omega\,d\omega}{r^3} = mq\left(\frac{\sin\omega}{r^3} + 3\int\sin\omega\,\frac{dr}{r^4}\right).
\end{aligned}$$

En substituant la valeur de dr déduite de l'équation

$$r^2 = x^2 + y^2 + z^2 = m^2 + p^2 + q^2 - 2mp\cos\omega,$$

qui donne

$$dr = \frac{mp\sin\omega\,d\omega}{r},$$

et étendant les intégrales à tout le contour, on obtient

$$\begin{aligned}
\int \frac{x\,dy - y\,dx}{r^3} &= 3m^2p^2\int\frac{\sin^2\omega\,d\omega}{r^5} - m^2\int\frac{d\omega}{r^3},\\
\int \frac{z\,dx - x\,dz}{r^3} &= 0,\\
\int \frac{y\,dz - z\,dy}{r^3} &= -3m^2pq\int\frac{\sin^2\omega\,d\omega}{r^5},
\end{aligned}$$

et enfin

$$\mathrm{X} = -\tfrac{1}{2}\,ii'ds'\,m^2\cos\mu\left(3p^2\int\frac{\sin^2\omega\,d\omega}{r^5} - \int\frac{d\omega}{r^3}\right),$$

$$\mathrm{Y} = +\tfrac{1}{2}\,ii'ds'\,m^2\left(3pq\cos\nu\int\frac{\sin^2\omega\,d\omega}{r^5} + 3p^2\cos\lambda\int\frac{\sin^2\omega\,d\omega}{r^3} - \cos\lambda\int\frac{d\omega}{r^5}\right).$$

([1]) *Voir* la *fig.* 14, p. 45. (J.)

Si l'élément ds' appartient lui-même à un cercle de rayon n dont le plan est parallèle à l'axe des z et qu'on représente par a la perpendiculaire abaissée du centre du cercle m sur le plan du cercle n, par c la perpendiculaire abaissée du centre du cercle n sur le plan du cercle m et par b la distance des deux perpendiculaires, et que l'on considère le cas des expériences précédentes, où

$$b = 0,$$

on a, pour les angles α, β, γ que fait avec les axes coordonnés la perpendiculaire au cercle n, les relations

$$\gamma = 90^\circ,$$
$$\cos^2\alpha + \cos^2\beta = 1,$$
$$\cos\alpha\cos\lambda + \cos\beta\cos\mu = 0.$$

En tenant compte de la condition

$$\cos^2\lambda + \cos^2\mu + \cos^2\nu = 1,$$

on en déduit

$$\cos\alpha = \frac{\cos\mu}{\cos\nu}, \qquad \cos\beta = -\frac{\cos\lambda}{\sin\nu}.$$

On a d'ailleurs, entre p et q, les relations

$$p\cos\beta = n\cos\nu,$$
$$p^2 = a^2 + n^2\cos^2\nu,$$
$$q = c + n\sin\nu.$$

Si l'on multiplie les composantes X, Y, Z respectivement par les cosinus des angles α, β, γ que fait avec les axes la perpendiculaire au cercle n, la somme des produits obtenus représente la composante de l'action élémentaire suivant la normale au cercle n; on a ainsi

$$X\cos\alpha + Y\cos\beta + Z\cos\gamma$$

ou, en substituant les valeurs de X, Y, $\cos\alpha$, $\cos\beta$ et de γ trouvées plus haut et éliminant p et q,

$$-\tfrac{1}{2}\, ii' m^2 ds' \left[3(a^2\sin\nu - cn\cos^2\nu)\int\frac{\sin^2\omega\, d\omega}{r^5} - \sin\nu\int\frac{d\omega}{r^3}\right],$$

avec

$$r^2 = a^2 + c^2 + m^2 + n^2 + 2cn\sin\nu - 2m\cos\omega\sqrt{a^2 + n^2\cos^2\nu}.$$

Si, dans l'expression précédente, on remplace la longueur de l'élément ds' par sa valeur en fonction du rayon et des angles, c'est-à-dire par $n d\nu$, et qu'on la multiplie ensuite par la distance de l'élément au diamètre vertical du cercle n, c'est-à-dire par $n \sin\nu$, on obtient, pour le moment de l'action par rapport à ce diamètre considéré comme axe de rotation,

$$-\tfrac{1}{2}\, ii' m^2 n^2 \sin\nu\, d\nu \left[3(a^2 \sin\nu - cn \cos^2\nu)\int \frac{\sin^2\omega\, d\omega}{r^5} - \sin\nu \int \frac{d\omega}{r^3}\right].$$

En intégrant cette expression entre les limites $\nu = 0$ et $\nu = 2\pi$, on aura le moment de l'action que le cercle m exerce sur le cercle n.

Relativement à la situation respective des deux cercles que nous avons considérée (les deux plans perpendiculaires entre eux et les normales situées dans le même plan), on peut distinguer trois cas principaux, les seuls d'ailleurs qui aient trait aux expériences ci-dessus, savoir :

1° Le plan du cercle m passe par le centre du cercle n, autrement dit $c = 0$;

2° Le plan du cercle n passe par le centre du cercle m ou $a = 0$;

3° Le plan de chacun des cercles passe par le centre de l'autre, c'est-à-dire $a = 0$ et $c = 0$.

Dans le premier cas, le moment de l'action exercée sur le cercle n a pour expression

$$-\tfrac{1}{2}\, ii' m^2 n^2 \int_0^{2\pi} \sin^2\nu\, d\nu \left(3a^2 \int \frac{\sin^2\omega\, d\omega}{r^5} - \frac{d\omega}{r^3}\int\right),$$

avec

$$r^2 = a^2 + m^2 + n^2 - 2m \cos\omega \sqrt{a^2 + n^2 \cos^2\nu}.$$

Dans le second,

$$+\tfrac{1}{2}\, ii' m^2 n^2 \int_0^{2\pi} \sin\nu\, d\nu \left(3cn\cos^2\nu \int \frac{\sin^2\omega\, d\omega}{r^5} + \sin\nu \int \frac{d\omega}{r^3}\right),$$

avec

$$r^2 = c^2 + m^2 + n^2 - 2cn \sin\nu - 2mn \cos\nu \cos\omega;$$

et enfin, dans le troisième,

$$+\tfrac{1}{2}\, ii' m^2 n^2 \int_0^{2\pi} \sin^2\nu\, d\nu \int \frac{d\omega}{r^3}$$

avec

$$r^2 = m^2 + n^2 - 2mn \cos\nu \cos\omega.$$

La première intégration, celle qui est relative à ω, ne peut s'effectuer qu'en développant $\frac{1}{r^5}$ et $\frac{1}{r^3}$ en série suivant les puissances croissantes de $\cos\omega$. En posant

$$r^2 = l^2(1 - k\cos\omega),$$

on obtient

$$\frac{1}{r^3} = \frac{1}{l^3}\left(1 + \frac{3}{2}k\cos\omega + \frac{15}{8}k^2\cos^2\omega + \frac{35}{16}k^3\cos^3\omega + \frac{315}{128}k^4\cos^4\omega + \ldots\right),$$

$$\frac{1}{r^5} = \frac{1}{l^5}\left(1 + \frac{5}{2}k\cos\omega + \frac{35}{8}k^2\cos^2\omega + \frac{105}{16}k^3\cos^3\omega + \frac{1155}{127}k^4\cos^4\omega + \ldots\right).$$

Comme on a d'ailleurs

$$\begin{aligned}
\pi = \frac{1}{2}\int_0^{2\pi} d\omega &= \int_0^{2\pi}\sin^2\omega\, d\omega = \int_0^{2\pi}\cos^2\omega\, d\omega \\
&= 4\int_0^{2\pi}\sin^2\omega\cos^2\omega\, d\omega = \frac{4}{3}\int_0^{2\pi}\cos^4\omega\, d\omega \\
&= 8\int_0^{2\pi}\sin^2\omega\cos^4\omega\, d\omega = \ldots, \\
0 = \int_0^{2\pi}\cos\omega\, d\omega &= \int_0^{2\pi}\sin^2\omega\cos\omega\, d\omega = \int_0^{2\pi}\cos^3\omega\, d\omega \\
&= \int_0^{2\pi}\sin^2\omega\cos^3\omega\, d\omega = \ldots,
\end{aligned}$$

il vient

$$\int_0^{2\pi}\frac{\sin^2\omega\, d\omega}{r^5} = \frac{\pi}{l^5}\left(1 + \frac{35}{32}k^2 + \frac{1155}{1024}k^4 + \ldots\right),$$

$$\int_0^{2\pi}\frac{d\omega}{r^3} = \frac{2\pi}{l^3}\left(1 + \frac{15}{16}k^2 + \frac{945}{1024}k^4 + \ldots\right).$$

En substituant ces valeurs, on obtient dans le *premier* cas où $c = 0$, pour la valeur du moment, l'expression

$$-\frac{\pi}{2}\frac{m^2 n^2}{l^3}ii'\Sigma,$$

dans laquelle Σ représente l'intégrale

$$\int_0^{2\pi}\sin^2\nu\, d\nu\left[3\frac{a^2}{l^2}\left(1 + \frac{35}{32}k^2 + \frac{1155}{1024}k^4 + \ldots\right) - 2\left(1 + \frac{15}{16}k^2 + \frac{945}{1024}k^4 + \ldots\right)\right];$$

on a d'ailleurs

$$a^2 + m^2 + n^2 = l^2 \qquad \text{et} \qquad 4(a^2 + n^2 \cos^2 v)\,\frac{m^2}{l^4} = k^2.$$

Si l'on substitue cette valeur de k^2, et qu'on intègre l'expression ordonnée suivant les puissances de $\cos^2 v$, on obtient pour l'expression du moment électrodynamique

$$-\frac{\pi}{2}\,\frac{m^2 n^2}{l^3}\,ii'\left[3\,\frac{a^2}{l^2} - 2 + \frac{15}{32}\left(7\,\frac{a^2}{l^2} - 4\right)\left(4 + \frac{n^2}{a^2}\right)\frac{a^2 m^2}{l^4} + \ldots\right].$$

Cette valeur est celle du moment de l'action exercée par un anneau de rayon m sur un anneau de rayon n, quand leur situation relative est celle du premier cas. Pour avoir le moment de l'action exercée sur le même anneau de rayon n par un système d'anneaux dont les rayons iraient en croissant en progression arithmétique depuis o jusqu'à m, il faut multiplier l'intégrale précédente par dm et intégrer depuis $m = 0$ jusqu'à $m = m$. Si l'on pose, pour abréger,

$$\frac{m^2}{a^2 + n^2} = v^2, \quad \frac{n^2}{a^2 + n^2} = w^2, \quad \frac{4a^2 + n^2}{16(a^2 + n^2)} = f, \quad \frac{8a^4 + 4a^2 n^2 + n^4}{64(a^2 + n^2)^2} = g,$$

on aura ainsi, pour le moment électrodynamique,

$$-\frac{\pi^2}{2}\,v^3 n^2\,ii'\,\mathrm{S},$$

S représentant la série

$$\begin{aligned}
\mathrm{S} = &+ \left(\tfrac{1}{3} - w^2\right)\\
&- \tfrac{3}{2}\left[\tfrac{3}{5} - w^2 - (3 - 7w^2)f\right]v^2\\
&+ \tfrac{15}{8}\left[\tfrac{5}{7} - w^2 - 2(5 - 9w^2)f + 3(5 - 11w^2)g\right]v^4\\
&- \tfrac{35}{16}\left[\tfrac{7}{9} - w^2 - 3(7 - 11w^2)f + 11(7 - 13w^2)g\right]v^6\\
&+ \tfrac{315}{256}\left[\tfrac{9}{11} - w^2 - 4(9 - 13w^2)f + 26(9 - 15w^2)g\right]v^8\\
&\ldots\ldots\ldots\ldots\ldots\ldots\ldots\ldots\ldots\ldots
\end{aligned}$$

Une comparaison rigoureuse avec l'observation dans le cas de l'action réciproque de deux systèmes composés de systèmes d'anneaux concentriques, analogues au précédent, exigerait encore de nouvelles intégrations. Mais il est facile de voir que, si, dans l'un des systèmes complexes, on considère le système médian, l'action de ce système peut être considérée comme égale à la moyenne des actions exercées par deux systèmes placés symétriquement par rapport à lui, puisque l'un de ces derniers exerce nécessairement une action plus grande et l'autre une action plus petite. L'approximation sera d'autant plus grande que les rayons m et n seront plus petits par rapport à la distance a des centres des deux systèmes. Nous pouvons donc prendre l'expression donnée plus haut comme la mesure de cette action.

Introduisons maintenant dans la formule les valeurs de m et de n en millimètres données par l'observation, savoir

$$m = 44{,}4,$$
$$n = 55{,}8,$$

et pour a les valeurs

$$1^\circ \quad a' = 300,$$
$$2^\circ \quad a'' = 400,$$
$$3^\circ \quad a''' = 500;$$

on trouve, tout calcul fait, pour le facteur de $\pi^2\, ii'$, dans l'expression du moment,

$$1^\circ \quad -1{,}4544,$$
$$2^\circ \quad -0{,}6547,$$
$$3^\circ \quad -0{,}3452.$$

Un calcul analogue, pour le *deuxième* cas où $a = 0$, donne, pour la valeur du moment électrodynamique,

$$+\pi^2 v^3 n^2 ii' \mathrm{S},$$

avec

$$\frac{m^2}{c^2+n^2} = v^2, \qquad \frac{c^2}{c^2+n^2} = f, \qquad \frac{n^2}{c^2+n^2}\, 4gv^2,$$

et

$$\begin{aligned}
\mathrm{S} = +\ & \left(\tfrac{1}{3}\right) \\
-\tfrac{3}{2}\ & \left(\tfrac{1}{5} - \tfrac{10}{3} fg\right) v^2 \\
+\tfrac{15}{28}\ & \left[\tfrac{1}{7} + \tfrac{2}{5}(1-14f)g + 42f^2q^2\right] v^4 \\
-\tfrac{35}{16}\ & \left[\tfrac{1}{9} + \tfrac{3}{7}(2-18f)g - \tfrac{54}{5}(1-11f)fg^2 - 572f^3g^3\right] v^6 \\
+\tfrac{315}{128} & \Big[\tfrac{1}{11} + \tfrac{4}{9}(3-22f)g + \tfrac{12}{7}(1-22f+143f^2)g^2 \\
& \qquad + \tfrac{1144}{5}(1-10f)f^2g^3 + \tfrac{24310}{3} f^4g^4\Big] v^8
\end{aligned}$$

. . . .

En mettant les valeurs en millimètres, pour m et n,

$$m = 44{,}4,$$
$$n = 55{,}8,$$

et pour c, successivement,

$$1^\circ \quad c' = 300,$$
$$2^\circ \quad c'' = 400,$$
$$3^\circ \quad c''' = 500,$$
$$4^\circ \quad c^{\text{IV}} = 600;$$

on obtient, pour le facteur de $\pi^2 ii'$,

$$1^\circ \quad +3,5625,$$
$$2^\circ \quad +1,4661,$$
$$3^\circ \quad +0,7420,$$
$$4^\circ \quad +0,4267.$$

Dans le *troisième* cas où $a = c = 0$ et où $\frac{m}{n}$ est une fraction plus petite que l'unité, il ne suffit plus, pour le but que nous avons en vue, de prendre pour n une valeur moyenne; il faut multiplier l'expression trouvée pour une valeur arbitraire n par dn et l'intégrer entre les valeurs extrêmes de n, qui correspondent à la bobine, valeurs que nous désignerons par n' et n''. Il faudra ensuite diviser le résultat obtenu par $n'' - n'$ pour le rendre comparable à ceux que nous avons obtenus pour le premier et le second cas, sans faire l'intégration par rapport à n. On obtient ainsi, pour le troisième cas, dans lequel on a $a = c = 0$, l'expression suivante du moment électrodynamique

$$+\frac{\pi^2 m^3}{n''-n'}ii'\left[\begin{array}{l}\frac{1}{3}\log\text{nat.}\,\frac{n''}{n'} + \frac{9}{160}\left(\frac{1}{n''^2}-\frac{1}{n'^2}\right)m^2 - \frac{225}{14336}\left(\frac{1}{n''^4}-\frac{1}{n'^4}\right)m^4 \\ \quad + \frac{6125}{884736}\left(\frac{1}{n''^6}-\frac{1}{n'^6}\right)m^6 + \frac{694575}{184549376}\left(\frac{1}{n''^8}-\frac{1}{n'^8}\right)m^8 + \ldots\end{array}\right]$$

En faisant dans cette formule

$$m = 44,4,$$
$$n' = 50,25,$$
$$n'' = 61,35,$$

on obtient, pour le facteur de $\pi^2 ii'$, le nombre

$$442,714.$$

La proximité des deux bobines, dans ce dernier cas, exige encore que l'on tienne compte de ce que les spires qui composent chacune d'elles ne sont pas dans un même plan. Pour les deux sections moyennes, on a $a = 0$ et $c = 0$; mais il n'en est pas de même pour les autres. Il en résulte, comme il est facile de le voir, un affaiblissement de l'action. On obtiendra, avec une approximation suffisante, la diminution qui en résulte pour l'action totale, en ne conservant dans la formule générale donnée (p. 336), après la substitution des valeurs de $\frac{1}{r^3}$ et $\frac{1}{r^5}$, que le terme indépendant de k, intégrant une première fois entre les limites $\omega = 0$ et $\omega = 2\pi$ l'expression ainsi réduite; puis après avoir multiplié par $n \sin\nu$ et par $dm\,dn\,da\,dc$, et remplacé ds' par $n\,d\nu$, en prenant de nouveau l'intégrale entre les limites $\nu = 0$ et $\nu = 2\pi$, $m = 0$ et $m = 44,4$, $n = 50,25$ et $n = 61,35$, $a = 0$ et $a = 15$ et, enfin, $c = 0$ et $c = 15$. On est ainsi conduit à une expression de la forme

$$A\left(1 - \frac{\alpha^2}{5000} + \frac{\gamma^2}{22000}\right)\alpha\gamma,$$

dans laquelle A est une quantité dépendant uniquement de i et de i' et des valeurs limites de m et de n, et α et γ représentent les valeurs limites de a et de c. La diminution cherchée, exprimée en parties de l'action totale, a donc pour expression

$$\frac{1}{5000}\alpha^2 - \frac{1}{22000}\gamma^2$$

et s'élève à

$$\frac{1}{29}$$

dans le cas de l'expérience actuelle où l'on a

$$\alpha = \gamma = 15.$$

En retranchant de la valeur trouvée plus haut $\frac{1}{29}.442,714$, on trouve, pour la valeur du facteur qui, dans le *troisième* cas, doit multiplier $\pi^2 i^2$,

$$427,45.$$

En disposant ces résultats du calcul de la même manière que ceux de l'expérience, on obtient le Tableau suivant pour les valeurs calculées du moment électrodynamique :

DISTANCES.	PERPENDICULAIREMENT au méridien magnétique.	DANS LA DIRECTION du méridien magnétique.
0	+427,45	+427,45
300	+ 3,5625	− 1,4544
400	+ 1,4661	− 0,6547
500	+ 0,7420	− 0,3452
600	+ 0,4267	"

Si la loi d'Ampère est exacte, ces valeurs doivent être proportionnelles aux valeurs observées. En fait, si on les multiplie par le facteur constant

$$53{,}06,$$

on obtient des nombres très voisins de ceux qu'a donnés l'expérience. Ces nombres sont donnés dans le Tableau suivant, avec les différences entre l'observation et le calcul :

DISTANCES.	PERPENDICULAIREMENT au méridien magnétique.	DIFFÉRENCE.	DANS LA DIRECTION du méridien magnétique.	DIFFÉRENCE.
0	+22680	+280	+22680	+280
300	+ 189,03	+ 0,90	− 77,17	− 0,06
400	+ 77,79	− 0,34	− 34,74	+ 0,03
500	+ 39,37	− 0,10	− 18,31	− 0,07
600	+ 22,64	− 0,18	"	"

Le premier de ces nombres obtenus par le calcul, savoir +22680, est ici comparé avec le produit par le facteur 120,9 du nombre obtenu pour la distance de 300^{mm} sur la ligne ouest-est; nous avons vu, en effet, dans l'art. 6, que c'est dans ce rapport que l'action électrodynamique est multipliée, quand les deux bobines ont leurs centres en coïncidence. C'est ce qui explique la différence considérable de 280; en fait, cette différence correspond tout au plus à une erreur de $\frac{1}{3}$ de division de l'échelle, qu'on commettrait dans l'observation faite, dans la seconde série, à la distance de 300^{mm}. Cet accord si complet entre les résultats de l'expérience et ceux qu'on déduit par le calcul de la formule d'Ampère (les différences ne dépassent nulle part les erreurs inévitables des observations), se manifestant dans des conditions aussi diverses, est la preuve la plus complète de l'exactitude de la formule d'Ampère.

Les valeurs calculées du moment électrodynamique, telles que les donne le Tableau précédent, sont tantôt positives, tantôt négatives. Voici quelle est la signification de ces signes. Les plans des deux bobines sont supposés à angle droit, l'un par rapport à l'autre. Le moment électrodynamique qui résulte de l'action de la bobine fixe sur la bobine mobile (bifilaire) tend à amener au parallélisme les deux plans de ces bobines, ce qui, à partir de la position rectangulaire, peut se faire de deux manières, par la rotation dans un sens ou dans le sens opposé. Par l'une de ces rotations, les plans sont amenés dans une situation parallèle pour laquelle les courants tournent dans le même sens autour d'un axe commun perpendiculaire aux plans des bobines; par l'autre, les plans sont encore parallèles, mais les courants tournent en sens contraires autour du même axe. Les moments électrodynamiques doivent, dans le calcul, être comptés comme positifs ou négatifs, suivant qu'ils tendent à produire une rotation dans le premier sens ou dans le second. Les signes qui précèdent les différents nombres du Tableau précédent nous montrent, par conséquent, que lorsque la bobine fixe agit sur la bobine bifilaire dans le plan du méridien, le sens de la déviation est tel, que si la rotation était de 90°, les courants des deux bobines tourneraient en sens opposés autour de l'axe commun; au contraire, quand la bobine fixe agit de l'est vers l'ouest, la rotation est telle que, si elle était poussée jusqu'à 90°, les courants des deux bobines tourneraient dans le même sens autour de l'axe commun. Le calcul montre que c'est également ce dernier cas qui se présente quand les centres des deux bobines coïncident.

Ces résultats du calcul sont également confirmés par l'observation. Il n'a pas été question de cette circonstance dans l'exposé des expériences, parce qu'il eût été trop long de donner chaque fois tous les détails relatifs à la direction du courant dans les diverses parties de l'appareil et au sens dans lequel s'effectuaient les déviations. Comme il s'agit d'une simple observation n'exigeant aucune mesure, il suffisait de joindre à chacune des moyennes les indications correspondantes relatives au sens des courants et des déviations, ce qui a été fait; il ne restait plus ensuite qu'à constater, d'une manière générale, l'accord du calcul avec l'observation.

9.

La formule fondamentale d'Ampère donne, en mesure absolue, la valeur du moment de rotation, si l'intensité i est elle-même exprimée en unités absolues d'intensité; l'unité d'intensité est ici celle pour laquelle deux éléments de courants égaux, parallèles, perpendiculaires à la droite qui joint leurs milieux et situés à une distance égale à l'unité de longueur, exercent l'un sur l'autre une action qui est, à l'unité de force adoptée en Mécanique, comme le carré de la longueur commune des deux éléments est à l'unité de surface. En effet, la formule d'Ampère donne pour l'action mutuelle de deux éléments de longueur α, parcourus par le même courant i,

$$-\frac{\alpha^2}{r^2} i^2 (\cos\varepsilon - \tfrac{1}{2}\cos\theta\cos\theta');$$

qu'on fasse : 1° l'angle ε que font entre eux les deux éléments $\doteq 0$ ou 180°; 2° les angles θ et θ' que chacun d'eux fait avec la ligne qui joint leurs milieux $= 90°$ ou $= 270°$; 3° la distance $r = 1$, on obtient, comme valeur de l'action électrodynamique pour l'*unité* de courant,

$$\pm\alpha^2,$$

c'est-à-dire que, dans la formule d'Ampère, l'unité de courant adoptée est celle pour laquelle l'*action électrodynamique, dans les conditions précitées,* est à l'*unité de force* comme

$$\alpha^2 : 1,$$

autrement dit, comme le *carré de la longueur commune* des deux éléments est à l'*unité de surface*. Cette unité est l'*unité électrodynamique d'intensité*.

Dans nos mesures, au contraire, les intensités sont exprimées dans le *système électromagnétique;* dans ce système, l'unité d'intensité est l'intensité du courant fermé, de surface égale à l'unité, qui exerce sur un *aimant éloigné* la même action qu'un aimant situé au même point, dont le moment magnétique serait égal à l'unité adoptée par Gauss dans son Mémoire *Intensitas,* etc., et dont l'axe coïnciderait avec la normale au courant.

La relation donnée par Ampère, entre l'*électrodynamique* et l'*électromagnétisme,* permet d'établir le rapport qui existe entre ces deux unités. Il résulte, en effet, de cette relation, que l'*aimant éloigné* peut, comme le premier, être remplacé par un courant fermé.

Le moment de l'action qui s'exerce entre deux aimants éloignés, dont les moments magnétiques exprimés en valeurs absolues sont m et m' est, d'après la formule de Gauss (*Resultate aus den*

Beobachtungen des magnetischen Vereins im Jahre 1840), p. 26-34,

$$\frac{mm'}{r^3}\sin\delta\sqrt{1+3\cos^2\psi},$$

ψ représentant l'angle que fait l'axe du premier aimant avec la ligne qui les joint, et δ l'angle que fait l'axe du second avec la direction pour laquelle le moment de rotation est nul.

Substituons au premier aimant un petit courant fermé d'intensité $\varkappa$, de surface λ et dont la normale ait la même direction que l'axe de l'aimant; en vertu de la formule fondamentale de l'*électromagnétisme* (l'action électromagnétique d'un élément de courant de longueur α et d'intensité $\varkappa$, sur un élément de fluide magnétique μ situé à une distance r, la ligne r faisant un angle φ avec la direction de l'élément a pour valeur $\frac{\alpha\varkappa\mu}{r^2}\sin\varphi$ et est normale au plan qui passe par r et α) on aura, pour le moment de l'action exercée par le courant sur l'aimant éloigné, l'expression

$$\frac{\varkappa\lambda m'}{r^3}\sin\delta\sqrt{1+3\cos^2\psi},$$

dans laquelle l'intensité $\varkappa$ est exprimée en *unités électromagnétiques*. Si les deux moments sont égaux, on doit avoir

$$\varkappa\lambda = m.$$

D'après le théorème d'Ampère, on peut, sans aucun changement, remplacer de même le *second aimant par un courant fermé*, tel que

$$\varkappa'\lambda' = m',$$

et l'on a alors, pour l'expression du moment de l'action mutuelle qui s'exerce entre les deux courants,

$$\frac{\varkappa\varkappa'\lambda\lambda'}{r^3}\sin\delta\sqrt{1+3\cos^2\psi},$$

les deux intensités $\varkappa$ et $\varkappa'$ étant exprimées en *unités électromagnétiques*.

En calculant, par la formule d'Ampère, le moment de l'action qu'exerce un petit courant plan comme celui que nous considérons sur un courant semblable placé à une grande distance, on obtient l'expression

$$-\frac{1}{2}\frac{ii'\lambda\lambda'}{r^3}\sin\delta\sqrt{1+3\cos^2\psi} \quad (^1),$$

dans laquelle les intensités i et i' sont exprimées en *unités électrodynamiques*.

---

(1) Le cas où l'on a $\delta=\psi=90°$ et, par suite, pour le moment électrodynamique

$$-\frac{1}{2}\frac{ii'\lambda\lambda'}{r^3}$$

correspond à la *première position principale*, pour laquelle la valeur du moment a été trouvée (p. 339)

$$=-\frac{1}{2}\frac{\pi^2 m^2 n^2}{l^5}ii'\left[3\frac{a^2}{l^2}-2+\frac{15}{32}\left(7\frac{a^2}{l^2}-4\right)\left(4+\frac{n^2}{a^2}\right)\frac{a^2 m^2}{l^4}+\ldots\right].$$

Pour de grandes distances, comme dans le cas actuel, m et n sont négligeables par rapport à l, et a et l peuvent être remplacés par r; la formule se réduit alors à l'expression

$$-\frac{\pi^2}{2}\frac{m^2 n^2}{r^3}ii',$$

identique à la précédente, puisque πm^2 et πn^2 sont les valeurs des deux surfaces λ et λ'.

Ces formules *analogues* pour le magnétisme, l'électromagnétisme et l'électrodynamique, qui révèlent entre les trois classes de phénomènes des rapports que les *formules fondamentales* ne laisseraient pas soupçonner, peuvent s'en déduire de la manière suivante :

1. *Loi de l'action magnétique qui s'exerce à distance entre deux barreaux aimantés.*

Dans les *Resultate*, etc., 1840, Gauss déduit, à la page 16, de la *loi fondamentale du magnétisme*, la loi de l'action exercée par un barreau aimanté en un

Fig. 11.

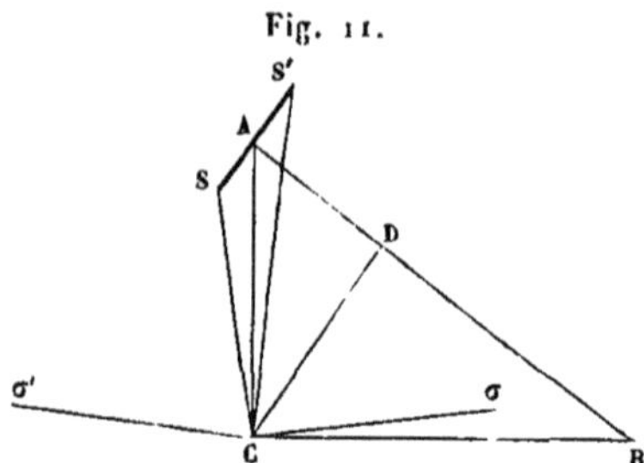

point où l'on supposerait concentrée une masse de fluide magnétique nord égale à l'unité. Voici l'énoncé de cette loi : Soient A (*fig.* 11) le milieu du barreau dont le moment magnétique est m; n un point quelconque pris sur l'axe magnétique passant par A, du côté du pôle nord; C le point pour lequel on veut calculer l'action du barreau. Si CB représente la normale élevée en C à la ligne CA

Pour que cette dernière valeur en unités *électrodynamiques* et la précédente en unités *électromagnétiques* soient identiques,

---

dans ce plan, qui passe par n, A et C, et B le point de rencontre de cette normale avec l'axe magnétique, et qu'on prenne sur AB un point D, tel que $AD = \frac{1}{3}AB$, la valeur de l'action exercée par le barreau sur l'unité de fluide magnétique nord concentré en C,

$$= \frac{CD}{AD}\,\frac{m}{AC^3},$$

et cette force est dirigée suivant CD, si l'angle nAC est obtus et, suivant DC, s'il est aigu.

Dans le triangle ABC, l'angle ACB est droit; on a donc

$$AC = AB\cos BAC = 3\,AD\cos DAC.$$

D'autre part, le triangle ACD donne

$$CD = \sqrt{\overline{AC}^2 + \overline{AD}^2 - 2\,AC.AD\cos DAC} = AD\sqrt{1 + 3\cos^2 DAC};$$

on a, par suite,

$$\frac{CD}{AD} = \sqrt{1 + 3\cos^2 DAC}.$$

Posons $AC = r$ et $n AC = \psi$; comme $\cos^2 DAC = \cos^2 n AC = \cos^2\psi$, on a, pour l'*intensité* de la force,

$$\frac{CD}{AD}\,\frac{m}{AC^3} = \frac{m}{r^3}\sqrt{1 + 3\cos^2\psi}.$$

Supposons maintenant en C un barreau d'acier formé de deux masses magnétiques $+\mu$ et $-\mu$ situées à une distance α infiniment petite par rapport à r; $m' = \alpha\mu$ est le moment magnétique de ce barreau; $+\frac{m\mu}{r^3}\sqrt{1 + 3\cos^2\psi}$ et $-\frac{m\mu}{r^3}\sqrt{1 + \cos^2\psi}$ sont les actions qui s'exercent sur chacun de ses pôles dans la direction CD ou DC. Soient n' l'extrémité de la ligne infiniment petite α où la masse $+\mu$ est concentrée, C le milieu de cette ligne. Représentons par δ l'angle que fait Cn' avec la direction CD ou DC de la force; alors $\alpha\sin\delta$ est la distance des points d'application de deux forces estimée perpendiculairement à leur direction. Le produit de cette distance par la force donne le moment de l'action du barreau A sur le barreau C

$$= \alpha\sin\delta\,\frac{m\mu}{r^3}\sqrt{1 + 3\cos^2\psi} = \frac{mm'}{r^3}\sin\delta\sqrt{1 + 3\cos^2\psi},$$

et ce moment tend à faire tourner l'aimant placé en C dans le plan ACD et dans le sens où Cn se rapproche de la direction CD ou DC de la force.

2. *Loi de l'action électromagnétique exercée par un courant fermé plan sur un aimant.*

Nous allons maintenant déduire de la *formule fondamentale de l'électroma-*

il faut que les unités électrodynamiques et électromagnétiques d'intensité, définies plus haut, soient telles, que les nombres $\varkappa$

---

gnétisme l'action d'un courant fermé sur une masse $+\mu$ de fluide magnétique nord, placée en C (*fig.* 11). Par le point C et le centre A du courant fermé, menons un plan ABC perpendiculaire au plan du courant et, dans ce plan, menons CB perpendiculaire à CA; soient S et S' les points d'intersection du courant par ce plan. On peut décomposer chaque élément du courant en trois autres, suivant trois directions rectangulaires. L'une de ces directions sera prise vers le point C, la seconde, perpendiculaire à CB. Les composantes dirigées vers C sont sans action sur le point C et nous n'avons pas à en tenir compte; en effet, dans la formule générale $\frac{\alpha k \mu}{r^2} \sin\varphi$, on a toujours pour elles $\varphi = 0$. A la seconde classe appartiennent les éléments situés en S et S' qui sont perpendiculaires au plan ACB et dont nous représenterons la longueur par ds. L'action du premier est dirigée suivant $C\sigma$ perpendiculaire à CS; celle du second, suivant $C\sigma'$ perpendiculaire à CS'; en désignant par $\varkappa$ l'intensité électromagnétique du courant, on a, respectivement, pour l'intensité de ces actions,

$$\frac{\varkappa\mu\, ds}{\mathrm{CS}^2} \quad \text{et} \quad \frac{\varkappa\mu\, ds}{\mathrm{CS}'^2}.$$

Décomposons ces forces suivant CA et une perpendiculaire à CA, on aura

Pour la composante parallèle à CA .... $\frac{\varkappa\mu\, ds}{\mathrm{CS}^2}\cos \mathrm{AC}\sigma + \frac{\varkappa\mu\, ds}{\mathrm{CS}'^2}\cos \mathrm{AC}\sigma'$

Pour la composante perpend. à CA..... $\frac{\varkappa\mu\, ds}{\mathrm{CS}^2}\sin \mathrm{AC}\sigma - \frac{\varkappa\mu\, ds}{\mathrm{CS}'^2}\sin \mathrm{AC}\sigma'$

Désignons par ψ l'angle que fait la normale AB au plan du courant avec $\mathrm{AC} = z$, et supposons que AS et AS' soient négligeables devant r; on aura

$$\mathrm{CS} = r - \mathrm{AS}\cos\psi,$$
$$\mathrm{CS}' = r + \mathrm{AS}'\cos\psi$$

ou

$$\frac{1}{\mathrm{CS}} = \frac{1}{r}\left(1 + \frac{\mathrm{AS}}{r}\cos\psi\right), \qquad \frac{1}{\mathrm{CS}'} = \frac{1}{r}\left(1 - \frac{\mathrm{AS}'}{r}\cos\psi\right),$$

$$\cos \mathrm{AC}\sigma = \sin \mathrm{ACS} = \mathrm{ACS},$$
$$\cos \mathrm{AC}\sigma' = \sin \mathrm{ACS}' = \mathrm{ACS}',$$

$$\mathrm{SCS}' = \frac{\mathrm{SS}'}{r}\cos\psi.$$

Substituant ces valeurs et désignant par x la distance SS', on aura, pour la composante suivant CA,

$$\frac{\varkappa\mu}{r^3}\cos\psi\, x\, ds.$$

Comme tous ces éléments de courant sont très voisins de A, on peut regarder

et $\varkappa'$ représentent dans le second système les mêmes intensités que les nombres $i\sqrt{\frac{1}{2}}$ et $i'\sqrt{\frac{1}{2}}$ dans le premier; d'où il suit qu'il suffit

---

le facteur $\frac{\varkappa\mu}{r^3}\cos\psi$ comme constant, et l'on a alors, pour la somme de toutes les composantes suivant CA des actions dues aux éléments de la seconde classe

$$\frac{\varkappa\mu}{r^3}\cos\psi\int x\,ds.$$

L'intégrale $\int x\,ds$ représente la surface du courant fermé $= \lambda$; par suite, la somme des composantes de tous les éléments de la *seconde* classe suivant CA est

$$\frac{\varkappa\lambda\mu}{r^3}\cos\psi.$$

On aura de même, pour la somme des composantes perpendiculaires à CA,

$$\frac{\varkappa\lambda\mu}{r^3}\sin\psi.$$

On trouvera de la même manière, pour la somme des composantes suivant CA des éléments de la *troisième* classe,

$$\frac{\varkappa\lambda\mu}{r^3}\cos\psi,$$

et pour la somme des composantes suivant la perpendiculaire à CA des mêmes éléments de la *troisième* classe,

$$0.$$

La résultante générale est alors

$$\frac{\varkappa\lambda\mu}{r^3}\sqrt{4\cos^2\psi+\sin^2\psi} = \frac{\varkappa\lambda\mu}{r^3}\sqrt{1+3\cos^2\psi}.$$

La direction de cette résultante est dans le plan ACB et fait avec CA un angle dont la tangente est égale au quotient de la composante perpendiculaire à AC, c'est-à-dire $\frac{\varkappa\lambda\mu}{r^3}\sin\psi$, par la composante suivant AC, ou $2\frac{\varkappa\lambda\mu}{r^3}\cos\psi$, c'est-à-dire

$$\tfrac{1}{2}\operatorname{tang}\psi.$$

Par suite, CD est la direction de la résultante. Il a été supposé qu'un observateur, placé normalement sur le courant, la tête en B, voit tourner le courant dans le sens apparent du mouvement du Soleil. Dans le cas contraire, il faudrait prendre la direction DC au lieu de CD. Il suit de là que le courant fermé, placé en A, a la même action sur C qu'un aimant, placé en A, dont le moment magnétique serait

$$m = x\lambda$$

et dont l'axe magnétique serait perpendiculaire au plan du courant, le pôle sud étant du côté du plan où doit se placer l'observateur pour voir le courant circuler dans le sens apparent du mouvement du Soleil. Il suit de là que, si l'on a en

de multiplier par le facteur constant $\sqrt{2}$ les intensités exprimées

---

C un aimant dont le moment magnétique soit m', et dont l'axe magnétique fasse un angle δ avec CD, le moment du couple, dû à l'action du courant fermé sur l'aimant, a pour valeur

$$\frac{\varkappa\lambda m'}{r^3} \sin\delta \sqrt{1+3\cos^2\psi},$$

ce qu'il fallait démontrer.

3. *Loi de l'action électrodynamique entre deux courants fermés et plans.*

La loi de l'action d'un courant fermé plan, sur un élément, a été déduite par Ampère, pages 214, 227 [36, 49] de son Mémoire, de la formule fondamentale de l'électrodynamique. On peut l'énoncer de la manière suivante :

Supposons en C l'élément de courant et en A le courant fermé; soient AB normale à son plan, CB perpendiculaire sur CA et AD $= \frac{1}{3}$ AB. L'action que le courant situé en A exerce sur l'élément placé en C est perpendiculaire au plan qui passe par l'élément et par CD, et son intensité, en désignant par i l'intensité électrodynamique du courant fermé et par ds' la longueur de l'élément, et posant $r =$ AC et $\psi =$ CAD, est

$$\tfrac{1}{2} ii'\,ds' \sqrt{1+3\cos^2\psi}.$$

Supposons en C un courant fermé, et soit δ l'angle que fait la normale à son plan avec CD; on peut décomposer chacun des éléments de ce courant en deux autres, l'un parallèle à la ligne suivant laquelle un plan normal à CD coupe le plan du courant, et l'autre perpendiculaire à cette ligne d'intersection. Les éléments de la première espèce peuvent être groupés par paires de même longueur ds', deux éléments correspondants étant reliés par une perpendiculaire à la ligne d'intersection. Représentons par x la longueur de cette perpendiculaire; il est facile de voir que l'action du courant fermé situé en A sur chaque paire d'éléments se réduit à un couple dont le moment est donné par le produit de la force précédente par $x \sin\delta$ et est égal, par suite, à

$$\tfrac{1}{2} ii' \frac{\lambda}{r^3} \sin\delta \sqrt{1+3\cos^2\psi}\; x\,ds'.$$

L'action totale exercée par le courant fermé sur tous les éléments parallèles à la ligne d'intersection a donc pour moment

$$\tfrac{1}{2} ii' \frac{\lambda}{r^3} \sin\delta \sqrt{1+3\cos^2\psi} \int x\,ds';$$

expression dans laquelle l'intégrale $\int x\,ds'$ représente la surface λ' comprise par le courant situé en C; on peut donc l'écrire

$$\tfrac{1}{2} ii' \frac{\lambda\lambda'}{r^3} \sin\delta \sqrt{1+3\cos^2\psi}.$$

En calculant de même l'action du courant fermé A sur les éléments perpendiculaires à la ligne d'intersection considérée, on trouve que le moment $= 0$; d'où il suit que le moment ci-dessus est celui de l'action totale que le courant fermé situé en A exerce sur le courant fermé situé en C; ce qu'il fallait démontrer.

(W.)

en *unités électromagnétiques,* pour obtenir les intensités exprimées, conformément à la formule d'Ampère, en *unités électrodynamiques.*

Cela posé, nous allons pouvoir déduire, des observations au galvanomètre, le *facteur constant* par lequel il faut multiplier les valeurs calculées pour retrouver les valeurs observées, et la comparaison de ce facteur avec celui qui a été employé plus haut, savoir

$$53,06,$$

nous donnera une nouvelle vérification, au point de vue des valeurs absolues, de l'exactitude des résultats calculés par la formule d'Ampère, autrement dit, une démonstration de la relation donnée entre l'électrodynamique et l'électromagnétisme.

La détermination de ce facteur en exige trois autres :

1° Celle du facteur par lequel il faut multiplier la déviation observée au dynamomètre pour en déduire *la valeur absolue du moment de rotation;* 2° celle du facteur par lequel il faut multiplier les valeurs observées au galvanomètre pour réduire les *intensités* aux *valeurs absolues électromagnétiques;* 3° celle de la *surface* comprise par les spires tant de la bobine mobile que de la bobine fixe du dynamomètre.

1° *Détermination du facteur pour la réduction aux mesures absolues des déviations observées au dynamomètre.*

Les déviations observées du dynamomètre sont exprimées en *divisions* de l'échelle; pour les réduire en angles, il suffit, étant donnée la petitesse des angles, de diviser le nombre trouvé par le double de la distance horizontale de l'échelle au miroir ($=6612,6$ divisions de l'échelle). Le nombre donné étant la différence de deux élongations consécutives, il faut encore diviser par deux pour avoir la déviation proprement dite. En désignant par x *un nombre de divisions* pris dans le Tableau, on aura donc

$$\frac{x}{13225,2}$$

pour l'expression de la déviation angulaire en parties du rayon. Continuant à désigner par S le *moment statique* de la bobine bifilaire, dont la valeur a été donnée à l'art. 6 et auquel toutes les déviations ont été ramenées, il suffira, pour avoir le moment de l'action électrodynamique qui produit une déviation réduite x, exprimé en fonction des unités adoptées en statique, de multiplier par S la valeur $\frac{x}{13225,2}$ de la déviation angulaire. Ce moment sera donc

$$\frac{x}{13225,2}\,S = 3634\,x.$$

Le nombre 3634 est donc le facteur par lequel il faut multiplier les déviations du dynamomètre, données à la fin de l'art. 6, pour les réduire aux valeurs absolues.

2° *Détermination du facteur pour la réduction aux mesures absolues des actions observées au galvanomètre.*

Les déviations galvanométriques sont également données en *divisions* de l'échelle, et le nombre désigné par y est la différence des élongations positive et négative. La distance horizontale du miroir à l'échelle étant ici de 1103 divisions de l'échelle, la déviation angulaire simple, exprimée en arc ou en parties de rayon, est

$$\frac{y}{4412}.$$

Cette déviation est produite par une bobine traversée par le courant et située à une distance de 217^{mm} à l'ouest du petit magnétomètre.

En multipliant le sinus de la déviation par l'action directrice $= m'T$, que le magnétisme terrestre $= T$ exerce sur l'aiguille de moment magnétique $= m'$, on aura, pour le moment du couple qui tend à ramener l'aiguille dans le méridien magnétique,

$$m'T \sin \frac{y}{4412}\,\frac{180}{\pi}.$$

Il faut donner ici à T la valeur

$$T = 1,91,$$

qui a été trouvée directement par le point occupé par la boussole [1].

---

[1] La boussole était tout près du mur de séparation d'une pièce voisine dans laquelle se trouvaient de gros aimants; quand on les enlevait, la valeur de T tombait à 1,83, ce qui est la valeur moyenne de la composante horizontale du magnétisme terrestre à Leipsick. (W.)

Dans chaque cas, l'aiguille déviée était en équilibre dans l'action du couple terrestre et du couple dû à l'action du courant de la bobine placée à distance de 217^{mm}. La valeur du moment de ce dernier couple est donc aussi

$$= 1,91\, m' \sin \frac{y}{4412} \frac{180}{\pi}.$$

D'autre part, d'après la formule donnée dans le § 2 de la note, le moment, quand la distance r est grande, a pour expression générale

$$= \frac{\varkappa \lambda m'}{r^3} \sin \delta \sqrt{1 + 3\cos^2\psi}.$$

Dans le cas actuel, on a $\psi = 0$ et δ est le complément à 90° de la déviation angulaire observée; l'expression devient donc

$$= \frac{2\varkappa\lambda m'}{r^3} \cos \frac{y}{4412} \frac{180}{\pi}.$$

La distance 217^{mm} est beaucoup trop petite pour que l'on puisse appliquer la formule sans correction. J'ai fait dans ce but quelques expériences spéciales et comparé l'action de la bobine à 217^{mm} avec l'action qu'elle exerce à des distances r assez grandes pour que la formule soit immédiatement applicable; j'ai trouvé que le rapport de ces actions est

$$1 : 1388 \frac{10^4}{r^3}.$$

Le moment observé $= 1,91\, m' \sin \frac{y}{4412} \frac{180}{\pi}$ doit donc être multiplié par le facteur

$$1388 \frac{10^4}{217^3},$$

pour être rendu comparable à celui qu'on déduit de la formule. On a ainsi la relation

$$1388 \frac{10^4}{217^3}\, 1,91\, m' \sin \frac{y}{4412} \frac{180}{\pi} = 2 \frac{\varkappa\lambda m'}{217^3} \cos \frac{y}{4412} \frac{180}{\pi}.$$

On en déduit, pour les petits angles, la valeur

$$\varkappa\lambda = 3004\, y.$$

Une mesure exacte a donné

$$\lambda = 8313440^{mm};$$

on a donc

$$x = 0{,}0003614\,y;$$

autrement dit, le nombre

$$0{,}0003614$$

est le facteur par lequel il faut multiplier les déviations galvanométriques observées pour en déduire la valeur absolue des intensités en *unités électromagnétiques*. C'est ce facteur que nous avons déjà employé dans l'art. 6 pour réduire les observations à une même force directrice du bifilaire. L'intensité i telle qu'elle entre dans la formule d'Ampère, où elle est exprimée en unités électrodynamiques, s'obtiendra donc en multipliant les déviations observées par le facteur $0{,}0003614\sqrt{2}$. Il faut remarquer que ce facteur a été déduit de données expérimentales dont quelques-unes n'ont été obtenues qu'incidemment et qui, par suite, ne présentent qu'une exactitude relative.

3° *Détermination des surfaces des bobines fixe et mobile du dynamomètre.*

La surface de la bobine mobile a déjà été donnée dans l'art. 6; elle est de

$$29314000^{\text{mmq}};$$

on a déterminé par le même procédé la surface comprise par la bobine fixe et on l'a trouvée de

$$31327000^{\text{mmq}}.$$

Il est clair que ces nombres, obtenus par une méthode indirecte, ne peuvent pas prétendre à une grande précision.

Ces trois déterminations vont nous permettre de soumettre les valeurs absolues des actions électrodynamiques déduites de la formule d'Ampère au contrôle de l'expérience. La deuxième nous donne la valeur i de l'intensité *normale* à laquelle on a réduit les observations. En prenant, comme à la page 320, pour cette intensité normale

$$y^2 = 100000,$$

on a

$$i^2 = 2x^2 = 2 . 0{,}0003614^2\,y^2 = 0{,}02612.$$

De plus, on voit facilement que, dans les valeurs du moment de l'action électrodynamique calculées (p. 340), il faut remplacer, pour la surface de la bobine mobile, le produit

$$\pi(55,8)^2,$$

par le nombre

$$29314000^{\text{mmq}},$$

trouvé plus haut (3), et de même, pour la bobine fixe, le produit

$$\tfrac{1}{3}\pi(44,4)^3,$$

par

$$21327000^{\text{mmq}}.$$

Il faut donc multiplier par

$$\frac{29314000 . 31227000}{\frac{1}{3}\pi^2 55,8^2\, 44,4^3}\,\pi^2 i^2 = 180000$$

les valeurs *calculées* du Tableau de la page 49, pour exprimer en mesure absolue les moments des couples électrodynamiques déduits de la formule d'Ampère. D'autre part, il résulte de (1) qu'il faut multiplier par le facteur 3634 les valeurs *observées* des actions dynamométriques exprimées en divisions de l'échelle pour en déduire la valeur absolue du moment. En divisant le premier facteur par le second, on obtient le nombre 49,5, pour le facteur par lequel on devra multiplier les valeurs calculées du Tableau de la page 49, pour les rendre comparables aux valeurs observées du Tableau de la page 39. Ce facteur est environ de 6 pour 100 plus petit que celui que nous avons déduit directement de la comparaison des valeurs calculées et observées et qui est égal à 53,06, différence qui n'est pas considérable quand on songe au nombre des données expérimentales nécessaires pour la détermination de ce facteur, données dont quelques-unes n'avaient pas été l'objet de mesures spéciales, mais seulement observées incidemment (2) et (3). L'exactitude des valeurs absolues *calculées* par la formule d'Ampère, ou l'exactitude de la relation établie par lui entre l'électrodynamique et l'électromagnétisme, se trouve ainsi établie avec toute la rigueur que comportent les expériences elles-mêmes.

Cette vérification des valeurs absolues ou de la relation en question n'entrait point d'abord dans le programme que je m'étais proposé au commencement de ces recherches, mon intention étant seulement de trouver la relation entre l'action électrodynamique de deux conducteurs et la position relative et la distance de ces conducteurs; autrement, j'aurais disposé les expériences de manière à obtenir avec plus de précision les valeurs absolues des intensités des courants, et me serais arrangé de manière à obtenir directement le nombre des spires et les dimensions exactes des deux bobines. Cette vérification ne s'est donc présentée qu'incidemment et parce que les expériences me mettaient en main les données nécessaires pour l'effectuer.

Il en résulte aussi que toutes ces données n'ont pas la précision désirable et qu'il faut attendre des conditions meilleures pour pousser plus loin cette vérification. Il est facile de voir quels sont les changements qu'il faudrait apporter à ces expériences, pour en tirer à ce point de vue des résultats plus satisfaisants, et il n'est pas nécessaire que je m'y arrête plus longtemps.

10.

Nous n'avons encore considéré que la première classe des phénomènes électrodynamiques, ceux qui ont été découverts par Ampère et dans lesquels les *supports* du courant tendent, pour une intensité donnée, à se déplacer l'un par rapport à l'autre avec une force déterminée; nous avons vérifié la parfaite exactitude de la loi d'Ampère, relativement à cette classe de phénomènes. A cette première classe d'actions électrodynamiques est venue, dix ans plus tard, à la suite des travaux de Faraday, s'en ajouter une seconde, dans laquelle l'action électrodynamique se manifeste par des forces qui tendent à déplacer non plus les supports du courant, mais l'*électricité même* à l'intérieur de ces supports. Deux expériences fondamentales dues à Faraday caractérisent ces phénomènes, qu'on désigne sous le nom d'*induction voltaïque*.

Dès les premières lignes de ses *Experimental Researches in Electricity* (*Pogg. Ann.*, t. XXV, 1832, p. 93, art. 10), Faraday décrit la première expérience fondamentale de l'induction voltaïque: Deux fils de cuivre isolés sont enroulés côte à côte sur un cylindre de bois; les deux extrémités de l'un sont mises en communication avec un galvanomètre, les deux extrémités de l'autre avec les pôles d'une pile; le galvanomètre indique l'existence d'un courant dans le premier fil, toutes les fois qu'on établit ou qu'on interrompt la communication du second avec la pile. La seconde expérience fondamentale est décrite un peu plus loin à l'art. 18 : Deux fils de cuivre sont disposés de la même manière en zigzag sur deux planches, l'un en communication avec le galvanomètre, l'autre avec la pile; on observe un courant dans le premier fil, toutes les fois qu'on approche brusquement la planche qui porte le premier fil de celle qui porte le second, ou que, les deux planches étant juxtaposées, on les sépare brusquement en les éloignant l'une de l'autre.

Nobili et Lenz ont étudié ces phénomènes à la suite de Faraday, et ce dernier a énoncé une loi simple, établissant une relation entre l'induction d'un courant dans un conducteur mobile et les mouvements électrodynamiques qui se produisent entre ces conducteurs en vertu de la loi d'Ampère.

« A la lecture du Mémoire de Faraday, dit Lenz (*Pogg. Ann.*, t. XXXI, p. 484; 1834), j'entrevis qu'on pouvait rattacher très simplement tous ces effets électrodynamiques de distribution électrique aux lois du mouvement électrodynamique, de telle sorte qu'en supposant celles-ci connues, ceux-là se trouvaient par cela même déterminés; toutes les expériences n'ont fait que confirmer cette vue; parmi celles que je vais analyser dans ce qui va suivre, les unes étaient déjà connues, les autres ont été faites en vue du fait qu'il s'agissait de démontrer.

La loi qui permet ainsi de ramener les phénomènes magnéto-électriques aux phénomènes électromagnétiques est la suivante :

> « Tout circuit métallique, déplacé dans le voisinage d'un courant galvanique ou d'un aimant, devient le siège d'un courant dont la direction est telle qu'il tendrait à donner au circuit en repos un mouvement de sens contraire à celui qu'on lui a donné, étant supposé que le circuit n'est mobile que dans cette direction ou dans la direction contraire. »

Pour établir cette loi relative à l'induction d'un courant dans un conducteur mobile, Lenz cite trois expériences, l'une de Faraday, l'autre qui lui est propre, la troisième de Nobili.

> « *a*. Quand de deux fils conducteurs rectilignes et parallèles un seul est parcouru par un courant et qu'on en approche l'autre parallèlement à lui-même, ce conducteur mobile est

pendant tout le temps du mouvement le siège d'un courant de sens contraire à celui du fil immobile; si l'on éloigne le fil mobile, il est traversé par un courant de même sens que celui de l'autre fil (FARADAY). »

« *b*. Deux cadres circulaires à peu près de même diamètre ont leurs plans verticaux et à angle droit l'un par rapport à l'autre; l'un est fixe et est traversé par un courant galvanique; l'autre est mobile autour d'un axe vertical coïncidant avec le diamètre commun aux deux cadres; si on le fait passer brusquement de la position rectangulaire à la position parallèle, il est le siège d'un courant de sens contraire à celui de l'autre conducteur. J'ai fait cette dernière expérience, dit Lenz, avec deux cadres circulaires, dont chacun portait 20 tours de fil de cuivre recouvert de soie; l'un était en communication avec deux éléments, zinc-cuivre, de 4 pieds carrés, l'autre avec un multiplicateur de Nobili très sensible. »

« *c*. Un conducteur rectiligne fini, perpendiculaire à un conducteur rectiligne indéfini, parcouru par un courant, peut se déplacer parallèlement à lui-même le long du courant indéfini; s'il se déplace dans le sens du courant, il est parcouru par un courant qui va vers le courant indéfini; s'il se déplace en sens contraire du courant indéfini, il est parcouru par un courant qui s'en éloigne (NOBILI, *Pogg. Ann.*, n° 3, p. 407; 1833). »

La loi de Lenz, comme on voit, n'a trait qu'à la direction du courant induit; elle ne donne aucune indication quantitative, relativement à l'intensité du courant induit. C'est une lacune que vient de combler Neumann dans un Mémoire non encore publié et dont un extrait seulement a paru dans les *Annales de Poggendorff*, t. LXVII, p. 31; 1846. Les résultats obtenus demandent encore une confirmation expérimentale que pourront donner seulement des mesures précises.

On doit à Henry (*Pogg. Ann.*, 1842, *Erganzungsband*, p. 282) une étude sur les courants induits produits dans un conducteur en repos par l'interruption du courant dans un conducteur voisin; il place le fil induit à différentes distances et dans diverses positions par rapport au fil inducteur. Il se sert aussi du courant induit pour exciter un nouveau courant dans un nouveau fil et ainsi de suite. Il trouve que les courants sont alternativement de sens contraires dans les fils successifs; dans le premier, le courant est de même sens que celui qu'on interrompt.

Nous allons *d'abord* montrer dans cette section comment les phénomènes d'induction voltaïque peuvent être observés au moyen de l'*électrodynamomètre; ensuite* nous donnerons quelques *déterminations quantitatives* relativement à la seconde expérience fondamentale de Faraday.

Dans l'exposition des phénomènes d'induction voltaïque, il y a évidemment deux choses à considérer : *d'abord* la disposition employée pour exciter le courant; ensuite, comme le courant produit n'est pas immédiatement perceptible, la disposition employée pour observer un de ses effets sensibles. Ainsi, par exemple, dans l'expérience fondamentale de Faraday, les deux fils de cuivre sont disposés en zigzag; l'un est en communication avec la pile, l'autre peut être approché ou éloigné du premier : voilà la première partie, celle qui est relative à la *production* du courant; le *galvanomètre* qui est relié à l'autre fil représente la seconde, celle qui permet d'observer *un effet sensible* du courant produit. Les deux parties sont bien différentes et bien séparées l'une de l'autre.

L'*électrodynamomètre* permet de simplifier considérablement les conditions de l'expérience, en ce sens que l'appareil qui sert à la production du courant peut servir en même temps à en observer l'effet sensible. Il suffit de faire *osciller* la bobine bifilaire de l'électrodynamomètre pour produire l'induction, puis de suivre la *diminution d'amplitude des oscillations* pour observer un effet de l'action réciproque du courant inducteur et du courant induit. La régularité, d'une part, des oscillations qui déterminent l'induction, d'autre part, du décroissement des amplitudes qui fournit un effet sensible de l'action du courant induit, permet d'obtenir une *mesure quantitative* exacte des phénomènes d'induction.

Lorsque la bobine bifilaire est en *oscillation,* il suffit de mettre le fil d'*une* des bobines de l'électrodynamomètre en communication avec la pile, et de fermer le fil de l'*autre* bobine sur lui-même, pour obtenir dans celle-ci des *courants induits*. Ce courant induit, qui ne serait pas immédiatement perceptible, éprouve de la part du courant de l'autre bobine une *action électrodynamique sensible,* qui change l'oscillation de la bobine bifilaire. L'observation de ce changement fait connaître l'action électrodynamique qui le produit, et de cette action électrodynamique elle-même on peut déduire la grandeur du *courant induit,* laquelle lui est proportionnelle, sans avoir besoin de faire passer ce courant dans le multiplicateur d'un *galvanomètre*. Le *dynamomètre* sert donc à la fois et à *produire* le courant et à observer un *effet sensible et mesurable* de ce courant.

Quand la bobine bifilaire est en repos, il n'y a aucun courant et l'action électrodynamique est nulle; la bobine bifilaire ne tend point à se déplacer par rapport à la bobine fixe. Quand la bobine bifilaire est en oscillation, deux cas sont à distinguer : ou c'est la bobine fixe qui est en communication avec la pile et la bifilaire qui est fermée sur elle-même : c'est alors cette dernière qui est le siège des courants induits; ou bien c'est la bobine bifilaire en mouvement qui est mise par ses fils de suspension en communication avec la pile et la bobine fixe qui est fermée sur elle-même et qui est le siège des courants induits. Dans les deux cas, la force électrodynamique développée change de la même manière l'oscillation de la bobine bifilaire.

L'*observation* des changements apportés dans les oscillations par le courant induit et par l'action *électrodynamique* qui s'exerce entre les deux bobines inductrice et induite, en vertu de la loi d'Ampère, se fera par un tout *autre* procédé que les observations faites au *dynamomètre* dans les articles précédents. Au lieu d'observer, comme ci-dessus, des *positions d'équilibre,* on observera la *diminution d'amplitude* des oscillations. La nécessité de ce changement dans la méthode d'observation résulte évidemment des considérations qui vont suivre.

L'action électrodynamique des deux bobines, qu'on doit observer au moyen de l'électrodynamomètre, consiste, en vertu de la loi d'Ampère, en un couple qui agit sur la bobine mobile et auquel correspondrait à chaque instant une *position d'équilibre* variable de la bobine. Cette *position d'équilibre* de la bobine mobile pour un instant donné n'est pas immédiatement observable, puisque celle-ci est en mouvement; elle pourrait être seulement déduite de plusieurs observations séparées l'une de l'autre par la durée d'une oscillation et seulement dans l'hypothèse que, dans l'intervalle de deux observations, les forces extérieures qui agissent sur la bobine sont restées *constantes* ou bien ont varié d'une manière constante et *proportionnellement au temps*. Si l'action électrodynamique sur la bobine mobile qui résulte de l'action du courant induit restait constante ou variait proportionnellement au temps pendant la durée de plusieurs oscillations, celle-ci pourrait, en effet, se déduire de la *position variable du point* d'équilibre telle qu'on la déduirait d'un système convenable d'observations. Mais, si l'action électrodynamique, qui résulte sur la bobine mobile de l'action du courant induit, *change de sens d'une oscillation à l'autre,* la position d'équilibre de la bobine qu'on déduit des observations pendant le mouvement doit rester *invariable* en dépit de l'action électrodynamique. C'est ce que l'expérience montre en effet dans le cas actuel; par suite, l'action électrodynamique, s'il s'en produit réellement une, en vertu du courant induit, change de sens à chaque oscillation et, par suite, on ne peut rien tirer de l'observation d'une *position d'équilibre* dans le dynamomètre.

Supposons qu'une pareille action électrodynamique, changeant de sens à chaque oscillation, existe réellement. Son effet ne peut se faire sentir sur la position d'équilibre de la bobine mobile, mais elle influera sur l'amplitude de l'*oscillation :* celle-ci devra *changer* d'une oscillation à l'autre, soit en croissant constamment, soit en décroissant de même.

En fait l'expérience montre que, tandis que la position d'équilibre que l'on déduit pour la bobine mobile reste constante, l'amplitude de l'oscillation va constamment en *diminuant* et les observations que nous allons rapporter montrent bien que cette diminution est due aux actions électrodynamiques et non à des causes extérieures étrangères, abstraction faite de l'effet de la résistance de l'air.

Ainsi, pour étudier à l'aide de l'électrodynamomètre la seconde classe de phénomènes, il est nécessaire d'observer expérimentalement les *oscillations* de la bobine bifilaire pour en déduire les décroissements d'amplitude, tandis que, tant qu'il s'agissait des phénomènes électrodynamiques découverts par Ampère, il nous suffisait d'observer des *déviations* ou des *positions d'équilibre*.

Il est donc d'un intérêt capital, pour le but que nous nous proposons, de montrer que l'*observation des oscillations* dans l'électrodynamomètre peut se faire par la même méthode et avec la même précision que dans le magnétomètre. Dans ce but, je vais examiner une série d'observations que j'ai faites avec l'électrodynamomètre, en dehors de toute action électrodynamique, aucun courant ne passant dans l'instrument et les circuits des deux bobines étant ouverts.

La méthode employée dans ces expériences est celle que Gauss a donnée dans les *Resultate aus den Beobachtungen des magnetischen Vereins im Jahre* 1837, p. 58; il n'est donc pas nécessaire de donner tous les détails des observations, mais seulement les résultats qu'on en déduit d'après la marche exposée dans le Mémoire en question.

On employait pour ces expériences le dynamomètre de Mayerstein représenté dans les *fig.* 1, 2 et 3; la bobine mobile est suspendue au centre de la bobine fixe; la lunette est placée à 6^{m} environ de l'instrument. La distance du miroir à l'échelle était de 6018,6 divisions de l'échelle; d'ailleurs

$$1 \text{ division de l'échelle} = 17'',1356.$$

Les observations étaient faites alternativement par diverses personnes, en particulier par M. le Dr Stähelin, de Bâle, par mon assistant M. Dutzel et par moi. Chacun faisait une série d'observations conformément au modèle de la page 61 (*loc. cit.*) comprenant l'observation de six époques de passage d'un point situé à peu près au milieu de l'arc d'oscillation et de 7 élongations. Dans le Tableau suivant, chaque ligne horizontale représente le résultat d'une de ces séries, savoir le numéro de l'oscillation, l'époque du passage, la division de l'échelle correspondant à la position d'équilibre, l'amplitude de l'oscillation en divisions de l'échelle et enfin le logarithme de ce dernier nombre.

Observations pour déterminer la durée de l'oscillation et le décroissement d'amplitude des oscillations de la bobine bifilaire du dynamomètre, le circuit étant ouvert.

NUMÉRO de l'oscillation.	ÉPOQUE DU PASSAGE.	POSITIONS d'équilibre.	AMPLITUDE.	LOGARITHME de l'amplitude.
	h m s			
0	5.16.28,53	457,10	650,80	2,813448
14	20.10,20	457,38	601,43	2,779185
25	23. 4,39	457,15	564,90	2,751972
52	30.12,50	457,19	485,28	2,685992
82	38. 8,02	457,29	409,62	2,612381
109	45.16,16	457,15	353,08	2,547873
134	51.52,08	457,65	306,70	2,486714
163	59.31,80	457,41	261,08	2,416774
189	6. 6.23,90	457,56	226,33	2,354742
212	12.28,22	457,69	198,68	2,298154
232	17.45,45	457,63	178,26	2,251054
254	23.33,89	457,78	157,98	2,198602
284	31.29,30	457,73	134,17	2,127655
309	38. 5,33	456,55	116,30	2,065580
328	43. 6,90	458,02	105,25	2,022222
369	53.56,24	457,81	83,68	1,922602
387	58.41,96	457,90	75,45	1,877659

En divisant la différence entre les deux époques extrêmes par le nombre des oscillations, on obtient une valeur assez exacte de la durée de l'oscillation, la réduction aux oscillations infiniment petites n'entraînant, pour des amplitudes aussi faibles que les amplitudes actuelles, qu'une correction insignifiante. Cette durée approchée est de

15",84865.

Si l'on se sert de cette durée approchée pour ramener à une même origine les temps de chaque oscillation en retranchant de l'époque observée pour chacune d'elles le produit de la durée d'une oscillation par le nombre des oscillations, on obtient les valeurs inscrites dans la troisième colonne du Tableau suivant :

NUMÉROS de l'oscillation.	TEMPS.	TEMPS RÉDUITS.	ÉCARTS de la moyenne.
	h m s	h m s	s
0	5.16.28,53	5.16.28,53	+ 0,13
14	20.10,20	28,32	— 0,08
25	23. 4,39	28,17	— 0,23
52	30.12,50	28,37	— 0,03
82	38. 8,02	28,43	+ 0,03
109	45.16,16	28,66	+ 0,26
134	51.52,08	28,36	— 0,04
163	59.31,80	28,47	+ 0,07
184	6. 6.23,90	28,50	+ 0,10
212	12.28,22	28,31	— 0,09
232	17.45,45	28,56	+ 0,16
254	23.33,89	28,33	— 0,07
284	31.29,30	28,28	— 0,12
309	38. 5,53	28,30	— 0,10
328	43. 6,90	28,54	+ 0,14
369	53.56,24	28,07	— 0,33
387	58.41,96	28,53	+ 0,13

Cet accord des valeurs réduites, dont la différence avec la valeur moyenne reste toujours au-dessous d'un tiers de seconde, montre bien que la détermination de la durée de l'oscillation de la bobine bifilaire du dynamomètre comporte tout autant d'exactitude et de précision que celle du magnétomètre, d'autant mieux que ces écarts se trouvent augmentés de la différence constante correspondant à l'erreur personnelle de chacun des observateurs. Les positions d'*équilibre* données dans la troisième colonne et qui sont déduites des élongations observées de la bobine mobile offrent également un très grand accord, comme on peut s'en convaincre par les faibles écarts qu'ils présentent avec la moyenne, d'après le Tableau suivant :

—6,3	+3,1	+ 4,5
—1,5	—1,0	—15,8
—5,5	+1,5	+ 9,4
—4,8	+3,8	+ 5,8
—3,1	+2,7	+ 7,4
—5,5	+5,3	

On ne peut pas désirer un accord plus grand, surtout si l'on considère que le support de la lunette était simplement placé sur le plancher en bois de la salle et que la direction de la lunette était très manifestement modifiée par le déplacement de l'observateur. On reconnaît facilement que la position d'équilibre s'était déplacée vers les hautes divisions de la première moitié des observations à la seconde.

Il ne nous reste plus qu'à considérer le décroissement de l'amplitude des oscillations. Les différentes séries d'observations se suivent à des intervalles tellement rapprochés, que la diminution de l'amplitude pendant le même temps n'est pas assez grande pour qu'on puisse en déduire une valeur très exacte du rapport de deux amplitudes consécutives. Il vaut mieux déterminer le logarithme de ce rapport en prenant, au lieu de la différence des deux logarithmes correspondant à deux oscillations consécutives, celle du premier et du cinquième, du deuxième et du sixième, et ainsi de suite, et diviser la différence par le nombre des oscillations intermédiaires. Les 17 séries qui précèdent donnent aussi 13 valeurs au lieu de 16, mais d'une manière plus exacte, du *décrément logarithmique*. Ces valeurs sont données dans le Tableau suivant : le nombre placé en face de chacune d'elles est le numéro de l'oscillation qui tombe au milieu de l'intervalle auquel elle se rapporte :

NUMÉRO de l'oscillation.	DÉCRÉMENT logarithmique.	ÉCART de la moyenne.
41	0,002452	+0,000038
$61\frac{1}{2}$	0,002435	+ 21
$79\frac{1}{2}$	0,002433	+ 19
$107\frac{1}{2}$	0,002425	+ 11
$135\frac{1}{2}$	0,002408	— 06
$160\frac{1}{2}$	0,002424	+ 10
183	0,002405	— 09
$208\frac{1}{2}$	0,002397	17
$236\frac{1}{2}$	0,002390	24
$260\frac{1}{2}$	0,002398	16
280	0,002384	— 30
$311\frac{1}{2}$	0,002400	— 14
$335\frac{1}{2}$	0,002427	+ 13
Moyenne...	0,002414	

Ainsi la *diminution d'amplitude* est telle qu'après $124\frac{7}{10}$ oscillations, soit après 32 minutes $56\frac{1}{3}$ secondes, la grandeur de l'arc est réduite à la moitié. La concordance des valeurs partielles montre que cette diminution de l'amplitude, malgré sa petitesse, peut être mesurée avec une assez grande précision.

Le même jour, immédiatement avant les séries d'observations que l'on vient de rappeler, on avait fait plusieurs séries semblables dans les mêmes conditions extérieures, mais avec cette différence que les deux extrémités de la bobine fixe étaient en communication avec une pile de trois petits éléments de Grove, ceux dont il a été déjà question dans l'art. 4, et que les deux extrémités libres du fil de suspension de la bobine bifilaire avaient été réunis. Pour avoir une notion plus précise du courant qui traversait la bobine fixe, on observait la déviation que cette bobine imprimait au petit *magnétomètre à miroir* décrit dans l'art. 3 et qui se trouvait placé à une distance de $583^{mm},5$ au nord; on trouvera cette déviation du magnétomètre à miroir dans la dernière colonne du Tableau suivant. La valeur des divisions de l'échelle du magnétomètre dépend de la distance horizontale de l'échelle au milieu, laquelle était de 1301 divisions de l'échelle. Les observations et les méthodes d'observation étaient les mêmes.

Le Tableau suivant donne un extrait des diverses séries d'observations sous la même forme que les précédentes :

Observations pour la détermination de la durée d'oscillation et de la diminution de l'amplitude des oscillations de la bobine bifilaire du dynamomètre, la bobine fixe étant traversée par le courant de 3 éléments de Grove et la bobine mobile étant fermée sur elle-même.

NUMÉROS de l'oscillation.	ÉPOQUES.	POSITION d'équilibre.	AMPLITUDES.	LOGARITHMES.	DÉVIATION du magnétomètre.
	h m s				
0	3.29.44,88	464,05	764,10	2,883150	108,50
9	32. 7,03	464,44	679,15	2,831966	
18	34.29,58	464,23	604,05	2,781073	
35	38.50,17	464,07	484,15	2,684980	108,60
47	42. 9,10	464,20	414,60	2,617629	
57	44.47,66	464,25	365,50	2,562887	
74	49.16,79	464,22	292,27	2,465784	109,10
85	52.10,80	464,30	253,30	2,403635	
103	56.56,11	464,40	200,80	2,302764	
118	4. 0.53,43	464,25	165,56	2,218955	108,95
130	4. 3,26	464,37	141,37	2,150357	
143	7.28,90	465,23	119,33	2,076750	
157	11.11,11	464,96	100,49	2,002123	109,20
176	16.59,23	465,20	75,79	1,878464	
196	21.28,65	464,88	60,58	1,782329	109,40
216	25.10,23	464,96	50,08	1,699664	

Ces observations étant pour tout le reste tout à fait semblables aux précédentes, je me bornerai à considérer la diminution de l'amplitude des oscillations. Le logarithme du rapport de deux amplitudes consécutives, ou le décrément logarithmique, s'obtiendra en prenant la différence du premier logarithme et du quatrième, du deuxième et du cinquième, et en divisant cette différence par le nombre d'oscillations intermédiaires. Les 16 séries nous donneront ainsi 13 valeurs du décrément logarithmique qu'on trouvera dans le Tableau suivant, avec le numéro de l'oscillation qui correspond au milieu de l'intervalle.

NUMÉROS de l'oscillation.	DÉCRÉMENT logarithmique.	ÉCART de la moyenne.
17½	0,005662	+0,000042
28	0,005640	+ 20
37½	0,005695	− 25
54½	0,005620	0
66	0,005631	+ 11
80	0,005655	+ 35
96	0,005610	10
107½	0,005628	+ 8
123	0,005650	+ 30
137½	0,005560	− 60
154½	0,005549	− 71
169½	0,005555	− 65
183½	0,005707	+ 87
Moyenne...	0,005620	

Ainsi la *diminution d'amplitude* est telle que la grandeur de l'arc se trouve réduite de moitié au bout de 53,564 oscillations, soit un temps de $14^m 8^s,187$. L'accord des résultats partiels montre quelle est la précision des mesures; la différence ne devient un peu grande que lorsque les arcs d'oscillation sont devenus très petits.

La différence entre les deux valeurs du décrément logarithmique dans ces dernières expériences et dans les précédentes n'est point due à une différence dans les influences extérieures auxquelles pouvait être soumise la bobine oscillante, puisque toutes les circonstances étaient restées les mêmes : elle est due à l'action inductrice de la bobine fixe sur la bobine mobile, cette condition étant la seule qui soit différente dans la première et dans la seconde série. Les expériences ont été répétées à différents jours et ont donné non seulement presque exactement la même différence entre les valeurs des décréments logarithmiques, mais encore presque les mêmes valeurs absolues pour les deux décréments; de sorte qu'il ne peut rester aucun doute sur ce fait, qu'il se produit réellement un courant d'induction dans la bobine mobile, fermée sur elle-même sous l'influence du courant de la bobine fixe, et que l'effet est assez grand pour que l'on puisse trouver dans la diminution de l'amplitude des oscillations le moyen de mesurer exactement l'action du courant induit.

11.

Après avoir ainsi montré les *avantages pratiques* de l'emploi de l'électrodynamomètre pour l'étude des phénomènes d'induction voltaïque, nous allons chercher les *déductions théoriques* que l'on peut tirer de l'observation des oscillations de la bobine bifilaire et de la diminution de l'amplitude.

En premier lieu, comme nous l'avons déjà fait remarquer, le fait que les courants induits déterminent un changement dans l'amplitude, sans modifier la position d'équilibre, prouve que le sens du courant induit change avec le *sens du mouvement* de la bobine et que, par suite, à des mouvements de sens contraires correspondent des courants induits de sens contraires, comme dans le cas de l'induction magnéto-électrique.

En second lieu, le fait de la *diminution* de l'amplitude montre qu'au *rapprochement* de deux éléments parallèles correspond dans le fil induit un courant de *sens contraire* à celui du courant inducteur, et à l'*éloignement* de ces mêmes éléments un courant induit de *même sens* que le courant inducteur. S'il en était autrement et qu'il existât entre les directions des courants inducteur et induit la relation inverse, on constaterait une augmentation continue de l'amplitude des oscillations. C'est encore l'analogue de ce qui arrive dans l'induction magnéto-électrique.

En troisième lieu, le fait que l'amplitude des oscillations décroît, par l'effet du courant induit, comme les termes d'une *progression géométrique,* prouve que l'intensité du courant induit est à chaque instant proportionnelle *à la vitesse* du mouvement qui produit l'induction. En effet, la loi de la progression géométrique, dans le cas d'oscillations dont l'amplitude va en diminuant, prouve que la force qui cause la diminution d'amplitude, c'est-à-dire, dans le cas actuel, l'intensité du courant induit, est toujours proportionnelle à l'amplitude : on sait d'ailleurs que, lorsqu'un corps exécute des oscillations *isochrones,* l'amplitude est proportionnelle à la vitesse qu'il possède aux instants successifs de l'oscillation.

En quatrième lieu, pour ce qui concerne la détermination

absolue de la grandeur de l'induction volta-électrique, nous déduisons la loi suivante des observations faites au dynamomètre :

> Il y a identité entre l'*induction volta-électrique* produite sur la bobine bifilaire par la bobine fixe parcourue par un courant et l'*induction magnéto-électrique* qui serait produite sur la même bobine par des aimants, capables d'exercer sur la bobine mobile traversée par un courant une *action électromagnétique* identique à l'*action électrodynamique* exercée par la bobine fixe.

Cette loi, comme on le verra facilement, permet, au moyen des lois bien connues des actions *électrodynamiques* et *électromagnétiques,* de ramener la détermination de l'induction volta-électrique aux lois de l'induction magnéto-électrique, lois qui ont été déterminées avec précision par d'autres voies. Pour démontrer cette loi, je n'ai que quelques expériences faites avec le dynamomètre dans des circonstances où des mesures rigoureuses n'étaient pas possibles, mais qui paraissent cependant suffisantes; car, si la loi énoncée n'eût pas été exacte, on n'aurait pas obtenu, même approximativement, les vérifications que l'expérience donne sans le moindre doute. Pour avoir une preuve plus parfaite de la loi en question, il faudrait que toutes les expériences qui concourent à l'établir fussent faites avec la même précision. Mais, pour obtenir en tous les points cette même précision, il faudrait faire construire des instruments en vue de cet objet spécial, ce que je n'ai pu faire jusqu'à présent.

La *première* partie de l'expérience est relative aux mesures d'induction magnéto-électriques. Ce sont celles dont la disposition est la moins avantageuse et qui limitent beaucoup la précision de l'ensemble des mesures, et la laissent beaucoup au-dessous de ce qu'on obtiendrait facilement avec une installation meilleure. La bobine bifilaire donnée dans l'art. 1 et représentée dans les *fig.* 1, 2 et 3 du dynamomètre, était fermée sur elle-même et mise en oscillation sous l'action de plusieurs petits aimants NS, N'S' (*fig.* 12) placés en dehors de la boîte qui préservait la bobine mobile de l'agitation de l'air, dans la situation où ils induisaient les courants *magnéto-électriques* les plus intenses sur la bobine en mouvement. A cet effet, les petits aimants étaient placés perpendiculairement au plan du méridien magnétique passant par l'axe de la bobine et symétriquement au nord et au sud de la bobine mobile, leurs pôles de même nom tournés dans le même sens, comme le montre la figure, dans laquelle N et N' représentent les

Fig. 12.

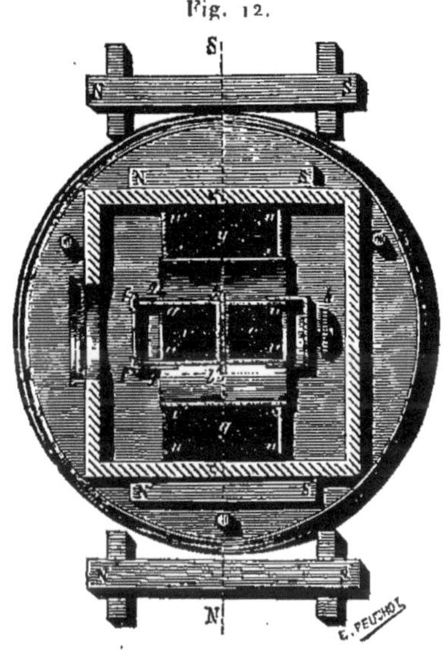

pôles nord et S et S' les pôles sud. On observait comme plus haut les oscillations de la bobine depuis le moment où elles pouvaient être mesurées sur l'échelle jusqu'au moment où elles devenaient trop petites pour qu'on pût en déduire avec quelque sûreté la diminution d'amplitude.

Ces observations ont été calculées comme plus haut et ont donné, pour le *décrément logarithmique* de la diminution de l'amplitude des oscillations, le nombre

$$0,002638.$$

Une autre série a été faite avec cette seule différence que la bobine bifilaire était ouverte; elle a fourni pour le décrément logarithmique un nombre un peu plus faible,

$$0,002541.$$

La faible différence des deux nombres,

$$0,000097,$$

représente l'action *électromagnétique* du courant induit par les aimants dans la bobine fermée sur elle-même et en mouvement. On a apporté les plus grands soins à mesurer cette faible différence avec toute l'exactitude possible, et à cet égard les expériences laissent peu à désirer; toutefois la petitesse du nombre à déterminer n'a pas permis de l'obtenir, comme on a pu le constater en répétant plusieurs fois l'expérience, avec une erreur moindre que 6 ou 8 pour 100.

La *seconde* partie de l'expérience est relative au moment *électromagnétique*. Les petits aimants restant fixes dans leur position, on faisait passer un courant faible fourni par une pile constante, dans la bobine bifilaire; le même courant traversait un *galvanomètre* qui en donnait l'intensité. On observait la position d'équilibre de la bobine, alternativement en ouvrant et en fermant le circuit de la pile. On répétait les alternatives un grand nombre de fois; les résultats réduits à une même intensité (laquelle du reste variait très peu) ont donné, avec un accord parfait, pour la différence des deux positions,

19,1 divisions de l'échelle.

Cette différence mesure le moment *électromagnétique* résultant de l'action des aimants sur le courant de la bobine bifilaire.

La *troisième* partie des expériences est relative au moment *électrodynamique*. Les petits aimants étant enlevés, on faisait passer dans la bobine fixe du dynamomètre le courant d'une forte pile, tandis que le même courant faible et constant traversait la bobine bifilaire. L'intensité des deux courants était mesurée au galvanomètre (¹).

On déterminait, comme ci-dessus, par des expériences alternatives, les positions d'équilibre correspondant à la pile ouverte et à la pile fermée. Les expériences réduites à une même intensité ont donné, comme résultat très concordant, une différence de

101,9 divisions de l'échelle.

Cette différence mesure le moment *électrodynamique*, résultant de l'action du fort courant de la bobine fixe sur le courant faible de la bobine mobile.

(¹) Les deux courants étaient fournis par une même pile constante, les deux bobines étant placées en dérivation. (W.)

La *quatrième* partie des expériences est relative à l'*induction volta-électrique*. La bobine bifilaire était fermée sur elle-même et mise en oscillation, pendant que le courant de la pile voltaïque de l'expérience précédente traversait la bobine fixe. On observait alors les oscillations de la bobine bifilaire comme dans la première série d'observations et on en déduisait le *décrément logarithmique*. Ce décrément, réduit à l'intensité du courant dans la bobine fixe pour laquelle on avait précédemment trouvé le moment électromagnétique, était de

0,005423.

On recommençait une nouvelle série avec cette seule différence que la bobine bifilaire restait ouverte; on obtenait alors, comme *décrément logarithmique* de l'amplitude des oscillations, le nombre plus petit

0,002796 (1).

La différence des deux valeurs

0,002627

représente l'action de l'induction volta-électrique produite par le courant de la bobine fixe sur la bobine bifilaire fermée sur elle-même et en mouvement.

L'action *électrodynamique* du courant de la bobine fixe dans la troisième série n'est pas égale à l'action *électromagnétique* de nos aimants dans la seconde; le rapport des deux actions est celui de

101,9 à 19,1.

Il en résulte que les deux courants induits, toutes choses égales d'ailleurs, dans la bobine bifilaire, ne doivent pas être égaux, mais dans le même rapport de

101,9 à 19,1.

Mais, si les intensités des courants induits dans la bobine bifilaire sont dans ce rapport, les actions réciproques qui s'exercent

(1) Ce nombre était plus petit encore quand on interrompait aussi le courant dans la bobine fixe, parce que ce courant, lorsque la bobine mobile est ouverte, agit encore sur la monture de laiton pour y produire des courants induits; ce même effet a lieu, quoiqu'à un moindre degré, dans la série précédente, sous l'influence des aimants. (W.)

entre ces courants et les courants inducteurs auxquels ils sont proportionnels doivent déterminer des amortissements des oscillations dont les décréments logarithmiques sont entre eux comme les carrés de 101,9 et de 19,1, c'est-à-dire dans le rapport de

28,5 à 1.

Or nous trouvons, d'après les observations de l'amortissement dans les deux cas, que les rapports des décréments logarithmiques dus aux courants induits dans la *quatrième* et dans la *première* série sont entre eux comme

0,002627:0,000097 ou 27,1:1,

rapport qui ne diffère que de 5 pour 100 du précédent. On ne pouvait, comme on l'a déjà fait remarquer (p. 373), obtenir un résultat plus satisfaisant, étant donnée la petitesse du *décrément logarithmique* dans le cas des courants *électromagnétiques*.

12.

Courant induit de même intensité que le courant inducteur.

La *constance* du décrément logarithmique de la bobine mobile résultant de l'action mutuelle du courant constant de la bobine fixe et du courant induit dans la bobine bifilaire en mouvement, démontre pour l'induction la loi déjà énoncée (p. 370), que l'intensité du courant induit est à chaque instant proportionnelle à la *vitesse* de la bobine mobile au même instant. Si l'on considère cette loi comme absolument générale, il en résulte que, pour une valeur donnée et constante du courant inducteur, on peut faire croître à volonté le courant *induit,* pourvu qu'on augmente convenablement la *vitesse,* et que, par suite, il y a une vitesse pour laquelle l'*intensité du courant induit devient égale à celle du courant inducteur.* Il n'est pas sans intérêt de déterminer la *valeur* de cette vitesse. On l'obtiendra facilement : 1° en calculant, d'après la valeur de l'arc d'oscillation de notre bobine et de la durée d'oscillation correspondante, la *vitesse* que possède la bobine au milieu de son oscillation; 2° en calculant, d'après la valeur du décrément logarithmique résultant de l'induction voltaélectrique, la *déviation* de la bobine qui serait produite par une force égale à celle qui diminue la *vitesse* de la bobine mobile au moment où elle est au milieu de son oscillation, cette force étant supposée constante d'intensité et de direction; 3° en faisant passer un courant dans la bobine bifilaire et modifiant l'intensité de ce courant jusqu'à ce que la déviation électrodynamique due à l'action réciproque des courants constants des deux bobines prenne la valeur précédemment calculée, et en mesurant alors le *rapport* des intensités des deux courants.

Il est évident que, si l'on fait croître la vitesse de la bobine mobile dans le rapport des intensités, le courant induit à l'instant où la bobine passera par le point milieu de l'arc d'oscillation sera précisément égal en intensité au courant inducteur. On trouve ainsi que la bobine bifilaire du dynamomètre décrit dans l'art. 1 devrait faire autour de son axe

31

tours par seconde, pour qu'à l'instant où les deux bobines ont leurs axes à angle droit, le courant *induit* dans la bobine mobile fût égal au courant *inducteur* de la bobine fixe, quelle que fût d'ailleurs l'*intensité de ce courant*. Si l'on se reporte aux dimensions de la bobine bifilaire qui, comme on l'a vu page 298, a $33^{mm},4$ de rayon, cette vitesse de rotation correspond au maximum pour un élément de circuit à une vitesse linéaire de $6^{m},5$ ou environ 20 pieds par seconde.

13.

Emploi du dynamomètre pour la mesure de la durée d'un courant instantané. Application aux recherches physiologiques.

Pour mettre en évidence et mesurer l'action de deux conducteurs, il n'est pas nécessaire, comme on l'a vu plus haut, de courants de grande intensité : il suffit de courants faibles qui seraient à peine appréciables par d'autres procédés, comme, par exemple, les courants induits qui, comme on l'a vu (art. 10), n'impriment à la bobine mobile que des oscillations qui seraient imperceptibles si l'on n'employait le procédé optique. Cette circonstance est d'un grand intérêt pratique en considération du grand développement auquel se prête ce genre de recherches et des nombreuses applications que pourra recevoir le dynamomètre, surtout pour les déterminations *galvanométriques*. On donne le nom de *galvano-*

mètre à l'instrument formé d'une boussole ou d'un magnétomètre muni d'un cercle multiplicateur, parce qu'il sert à mesurer l'intensité du courant qui traverse le fil du multiplicateur.

Dans ce cas, la mesure de l'intensité du courant galvanique est fondée non sur des effets *purement galvaniques,* mais sur des actions *électromagnétiques.* On pourrait au même titre donner au *voltamètre* le nom de *galvanomètre,* puisqu'il donne la mesure de l'intensité du courant qui traverse le voltamètre; seulement le dernier est un galvanomètre *électrochimique,* le premier un galvanomètre *électromagnétique.*

L'*électrodynamomètre* est aussi un *galvanomètre,* puisqu'il mesure l'intensité des courants galvaniques qui le traversent; mais c'est un galvanomètre purement *galvanique* ou *électrodynamique,* puisque c'est l'action réciproque des courants galvaniques eux-mêmes qui est employée pour la mesure de l'intensité ; c'est donc lui qui mériterait à plus juste titre le nom de *galvanomètre.*

Il semblerait cependant que le dynamomètre, en dehors de l'emploi que nous en avons fait pour la vérification des lois fondamentales de l'Électrodynamique et considéré comme instrument purement galvanométrique, ne devrait pas présenter un intérêt pratique bien considérable : les nombreuses dispositions données au voltamètre et au galvanomètre électromagnétique répondent d'une manière si complète et si simple à toutes les exigences de la mesure des intensités qu'il ne paraît y avoir aucune raison de remplacer ces instruments éprouvés par un nouveau. Et, en effet, tant qu'on n'a en vue que les déterminations que ces instruments fournissent d'ordinaire ou toutes celles auxquelles ils pourraient être appliqués, le dynamomètre ne présente pas d'avantage spécial; mais il en est autrement pour tous les cas, nombreux d'ailleurs, où les premiers instruments sont insuffisants, par exemple pour la détermination d'une intensité à *un moment donné.*

En effet, le sinus ou la tangente de la déviation dans une boussole des sinus ou des tangentes ne donne une valeur exacte de l'intensité du courant à *un instant donné* que si le courant qui agit sur l'aiguille est *constant;* mais, si son intensité est *variable,* la déviation de l'aiguille ne donne plus l'intensité du courant à un instant donné, ou tout au moins ne permettrait de la calculer que si l'on connaissait la loi de variation du courant. On peut bien ne faire agir le courant sur l'aiguille que pendant un *instant* très court; mais la déviation imprimée à l'aiguille par cette action instantanée, si elle est assez grande pour être observée exactement et donner lieu à une mesure précise, ne peut aucunement faire connaître l'intensité du courant, si l'on ne connaît pas en même temps un autre élément, que l'instrument n'est pas apte à fournir, savoir la *durée* de l'action momentanée. Si l'on connaissait à la fois la *quantité* d'électricité correspondant au courant momentané et le *temps* que l'électricité a mis à traverser chaque section du fil, il suffirait, pour avoir l'intensité, de diviser le premier nombre par le second. La déviation imprimée à l'aiguille par l'action du courant momentané donne simplement la quantité d'électricité mise en mouvement, mais n'apprend rien quant au temps.

Le *dynamomètre* peut intervenir dans ce cas comme un *complément* précieux du galvanomètre *électromagnétique :* les deux instruments donnent en effet *deux déterminations essentiellement distinctes* et indépendantes l'une de l'autre, et pouvant fournir par suite *les deux éléments inconnus* dont dépend l'intensité. La *différence* essentielle des indications fournies par les deux instruments se manifeste déjà avec les courants *constants,* quand on met à la fois dans le circuit d'une pile le *galvanomètre* ordinaire et le *dynamomètre* et que, faisant varier l'*intensité,* on mesure les *déviations* qui dans chacun des instruments correspondent à l'équilibre. Ces déviations croissent dans les deux instruments avec l'intensité, mais non suivant la même loi; car, comme on l'a vu dans l'art. 2, les tangentes des déviations dans le dynamomètre sont proportionnelles aux carrés des tangentes des déviations du *magnétomètre.*

La *différence* des indications fournies par les deux instruments apparaît d'une manière encore plus frappante quand, faisant toujours passer un même courant dans les deux instruments et observant les déviations, on vient, sans changer l'intensité, à *changer* brusquement la *direction* du courant dans tout le circuit au moyen d'un commutateur : on sait que le renversement du sens du courant dans le multiplicateur *change le sens* de la déviation de l'aiguille, sans changer la grandeur de cette déviation. Dans le *dynamomètre* le même effet n'a plus lieu : la déviation qui existait avant le renversement du courant *reste identique* à elle-même après que ce renversement a eu lieu; de sorte que, si le renversement se fait assez rapidement pour qu'il n'y ait pas d'interruption réelle, il ne produit *aucun effet* appréciable sur le dynamomètre. L'effet est exactement celui qui aurait lieu dans un *galvanomètre* électromagnétique, si, à l'instant même où l'on renverse le courant, on *renversait les pôles de l'aiguille,* en supposant que l'aiguille fût, comme la bobine bifilaire du dynamomètre, soumise à une force directrice déterminée, indépendante de la position de ses pôles. Cette identité des actions, produite dans le dynamomètre par les courants positifs et les courants négatifs, frappe d'autant plus, au premier abord, qu'on est habitué à voir des effets contraires correspondre à des courants de sens contraires.

Cette *différence* des indications fournies par les deux instruments, qui est mise si bien en évidence par l'expérience, peut se définir facilement d'une manière précise. L'action immédiate du courant qui traverse les deux instruments est un *moment de rotation,* qui tend à imprimer un mouvement autour de son axe à la boussole ou à la bobine bifilaire sur laquelle il agit. Ce moment de rotation dans le *galvanomètre magnétique* est proportionnel à l'intensité i du courant qui agit sur l'aiguille, et au moment magnétique m de cette aiguille; il peut donc être représenté par la formule

$$a.mi,$$

dans laquelle, tant qu'il ne s'agit que de déviations très petites, a peut être considéré comme une constante de l'instrument à déterminer une fois pour toutes. L'action de ce moment de rotation, pendant le temps infiniment petit dt, est exprimée par le produit

$$ami.dt;$$

elle est égale au produit de la vitesse de rotation qu'elle imprime au corps mobile pendant le même temps par le moment d'inertie de ce corps.

Dans le *dynamomètre*, le moment de rotation est proportionnel à l'intensité i du courant qui traverse la bobine fixe et agit sur la bobine bifilaire et à l'intensité i du courant de la bobine bifilaire elle-même; il est donc représenté par la formule

$$b.i^2,$$

dans laquelle, toujours en se restreignant aux angles très petits, b représente une constante qu'il suffira de déterminer une fois pour toutes pour chaque instrument. Pendant le temps infiniment petit dt, l'action de ce moment de rotation est exprimée par le produit

$$bi^2 . dt,$$

lequel est encore égal au produit de la vitesse angulaire par le moment d'inertie du système mobile.

Si le courant reste constant pendant le temps court, de $t = 0$ à $t = \theta$, pendant lequel il agit, et qu'on représente par p et q les moments d'inertie de l'aiguille et de la bobine bifilaire, la *vitesse angulaire* imprimée est, pour l'aiguille,

$$\int_0^\theta \frac{a}{p} midt = \frac{am}{p} i\theta,$$

et, pour la bobine bifilaire,

$$\int_0^\theta \frac{b}{q} i^2 dt = \frac{b}{q} i^2\theta.$$

Si les deux instruments étaient primitivement au repos, chacun d'eux est lancé hors de sa position d'équilibre en vertu de l'impulsion donnée; si l'on désigne respectivement par s et par ς la *durée d'oscillation* des deux instruments, et qu'on suppose que l'intervalle de temps θ, pendant lequel la vitesse est communiquée à l'aiguille et à la bobine bifilaire, est assez petit pour qu'on puisse, comme dans le cas d'un choc instantané, ne pas tenir compte du *déplacement* du mobile pendant ce temps, on a, en vertu des lois connues du mouvement oscillatoire sans amortissement, pour l'expression de la vitesse angulaire au bout du temps t,

$$\frac{e\pi}{s} \cos \frac{\pi}{s} (t - \theta) \qquad \text{et} \qquad \frac{\varepsilon\pi}{\varsigma} \cos \frac{\pi}{\varsigma} (t - \theta),$$

e et ε représentant les deux élongations fournies par l'observation dans les deux cas. Prenons pour t la valeur qui correspond à la cessation du courant, c'est-à-dire faisons $t = \theta$: nous obtiendrons entre les vitesses initiales communiquées par le courant aux deux systèmes les deux relations

$$\frac{am}{p} i\theta = \frac{e\pi}{s}, \qquad \frac{b}{q} i^2\theta = \frac{\varepsilon\pi}{\varsigma};$$

on a donc, pour déterminer l'*intensité* i du courant et la *durée* θ de ce courant, les deux équations

$$i\theta = \frac{\pi p}{ams}e, \qquad i^2\theta = \frac{\pi q}{b\varsigma}\varepsilon,$$

qui permettront de déterminer ces deux inconnues quand on aura déterminé par l'expérience les deux quantités e et ε; $\frac{\pi p}{ams}$ et $\frac{\pi q}{b\varsigma}$ sont deux constantes à déterminer une fois pour toutes.

L'*intensité* cherchée est donnée par l'expresion

$$i = \frac{am}{b}\,\frac{q}{p}\,\frac{s}{\varsigma}\,\frac{\varepsilon}{e},$$

et la *durée* du courant par

$$\theta = \frac{\pi b p^2 \varsigma}{a^2 m^2 q s^2}\,\frac{e^2}{\varepsilon}.$$

Les durées d'oscillation s et ς des deux instruments s'obtenant immédiatement, il suffit, pour déterminer complètement la *constante* des deux instruments, de faire passer simultanément dans chacun d'eux un courant normal dont on prendra l'intensité $= 1$ et de mesurer les tangentes e' et ε' des déviations correspondant à l'équilibre. Ces tangentes des déviations sont, comme on sait, égales respectivement aux *moments de rotation* pour l'intensité $= 1$, c'est-à-dire aux rapports des quantités

$$am \quad \text{et} \quad b,$$

aux *forces directrices* de la boussole et de la bobine bifilaire, savoir

$$\frac{\pi^2 p}{s^2} \quad \text{et} \quad \frac{\pi^2 q}{\varsigma^2};$$

on a donc

$$e' = am\frac{s^2}{\pi^2 p}, \qquad \varepsilon' = b\frac{\varsigma^2}{\pi^2 q}.$$

Substituant ces valeurs dans les équations précédentes, on obtient

$$i\theta = \frac{s}{\pi}\,\frac{e}{e'}, \qquad i^2\theta = \frac{\varsigma}{\pi}\,\frac{\varepsilon}{\varepsilon'};$$

par suite,

$$i = \frac{\varsigma}{s}\,\frac{e'}{\varepsilon'}\,\frac{\varepsilon}{e},$$

$$\theta = \frac{1}{\pi}\,\frac{s^2}{\varsigma}\,\frac{\varepsilon'}{e'^2}\,\frac{e^2}{\varepsilon},$$

formules dans lesquelles l'observation des déviations e' et ε' et des durées d'oscillation s et ς de la boussole et de la bobine bifilaire donnera une fois pour toutes les valeurs des coefficients constants $\frac{\varsigma}{s}$, $\frac{e'}{\varepsilon'}$, $\frac{s^2}{\varsigma}$ et $\frac{\varepsilon'}{e'^2}$. On voit donc comment les observations faites simultanément aux deux instruments se complètent l'une par l'autre, et fournissent à elles deux toutes les données nécessaires pour connaître l'*intensité* et la *durée* d'un courant instantané, quantités qu'aucune des observations faites isolément ne serait capable de faire connaître.

Les cas dans lesquels cette détermination complète des éléments d'un courant instantané, faite par l'emploi simultané des deux instruments, trouvera son *application,* sont extrêmement nombreux et sautent aux yeux. Ainsi, dans les recherches *physiologiques,* on emploie souvent les courants *instantanés* pour étudier l'influence du *galvanisme* sur le *système nerveux;* on sait, en effet, qu'une action prolongée du courant galvanique sur les nerfs qu'il traverse, surtout quand il s'agit des nerfs sensitifs, s'éteint très rapidement, de sorte qu'il est impossible de faire une série d'expériences se suivant à des intervalles rapprochés, mais que la chose devient possible quand on ne fait passer par les nerfs que des courants durant un temps très court. Ces expériences très intéressantes ne peuvent donner des résultats bien déterminés, si l'on se contente de constater les différentes *actions* que chaque courant produit sur les nerfs, sans avoir une *connaissance complète de ces courants,* principalement en ce qui concerne leur *intensité* et leur *durée.*

Une étude sérieuse des actions physiologiques des courants galvaniques sur le système nerveux exige donc la détermination complète de ces deux éléments, qui ne peuvent être obtenus que par la méthode, que nous venons de décrire, de l'emploi simultané du *galvanomètre* et du *dynamomètre.* En particulier, ce serait un problème intéressant, pour la physiologie du système nerveux, de déterminer la *limite* du temps pendant lequel un courant doit agir sur les nerfs, pour y produire une action déterminée, et de voir comment ce temps varie avec l'intensité du courant. J'ai d'autant plus lieu de croire que l'*électrodynamomètre* sera employé très utilement dans ce but, que dans notre *Institut physio-*

logique quelques expériences d'essais ont déjà donné de très bons résultats qui seront publiés ultérieurement. Pour le moment, je me bornerai aux applications concernant la Physique et surtout celles qui ont trait à la théorie de l'*électricité*.

14.

Répétition des expériences fondamentales d'Ampère avec l'électricité ordinaire et mesure de la durée de l'étincelle électrique dans la décharge de la bouteille de Leyde.

Les expériences fondamentales d'Ampère relatives à l'action réciproque de deux conducteurs voisins n'ont jamais été faites qu'avec des courants galvaniques, c'est-à-dire ceux qu'on obtient avec la *pile voltaïque*. Bien qu'on soit naturellement conduit à penser que tous les courants électriques, quelle que soit leur origine, doivent être soumis aux mêmes lois et que la loi d'Ampère, relative à l'action réciproque de deux éléments de courant, doive s'appliquer également à toutes les espèces de courants galvaniques et électriques, la vérification expérimentale de cette identité n'est point superflue. C'était déjà un point important de démontrer, comme nous l'avons fait par les expériences qui précèdent, l'identité d'action des courants développés par l'induction volta-électrique et magnéto-électrique. Il paraît plus important encore de répéter les expériences fondamentales d'Ampère avec l'*électricité ordinaire*, par exemple, quand elle parcourt un fil conducteur dans la décharge de la bouteille de Leyde ou d'une batterie; les différences entre le courant d'électricité dans ce cas et les autres courants galvaniques sont tellement grandes, que l'expérience seule peut nous apprendre si les expériences fondamentales d'Ampère sont encore oui ou non réalisables dans ce cas. En particulier, on pourrait penser, tant que l'expérience ne se sera pas prononcée sur ce point, que la *durée extrêmement courte* du courant d'électricité ordinaire ou, dans le cas d'une durée plus longue, la *discontinuité* de ce courant, pourraient être un obstacle à l'action réciproque de deux longs conducteurs, tels que ceux qui constituent les bobines du dynamomètre; il pourrait arriver, en effet, que le courant eût cessé d'exister dans l'un des fils, au moment où il s'élance dans l'autre. Les expériences faites avec l'électrodynamomètre nous ont montré que les expériences d'Ampère réussissent également avec l'électricité ordinaire : c'est ce que je vais maintenant exposer en détail.

On sait que, pour répéter l'*expérience fondamentale d'Oerstedt* avec l'*électricité ordinaire* accumulée dans une bouteille de Leyde, il y a tout avantage à introduire dans le circuit une corde mouillée ([1]); on attache l'une des extrémités de cette corde à l'excitateur, l'autre au fil qui forme le multiplicateur du galvanomètre, lequel communique par son autre extrémité avec l'armature extérieure de la bouteille. On approche alors l'excitateur de l'armature intérieure en ayant soin que la corde mouillée reste suspendue et, au moment de la décharge, on voit l'aiguille lancée dans la direction qu'elle doit prendre en vertu des lois de l'*électromagnétisme*. L'emploi d'une corde mouillée pour répéter cette expérience n'est pas absolument indispensable; il est ordinairement avantageux, quand on se sert de l'électricité accumulée dans une bouteille de Leyde ou une batterie, mais devient superflu quand on met immédiatement les extrémités du fil du multiplicateur d'un galvanomètre sensible avec le conducteur positif et le conducteur négatif d'une machine électrique. Il n'est pas nécessaire non plus, dans ce dernier cas, d'isoler les fils avec plus de soin qu'on ne le fait pour les courants ordinaires. Dans le premier cas, l'emploi d'une corde mouillée a surtout l'avantage d'empêcher que, par suite de la violence de la décharge, il ne se produise une recomposition des fluides accumulés séparément sur les deux armatures de la batterie par une autre voie que celle du fil du multiplicateur. L'interposition d'une corde mouillée diminue ce danger en atténuant la violence de la décharge et en empêchant qu'une trop grande quantité d'électricité ne se recombine dans le fil dans un temps trop court.

Ainsi, dans le dispositif nécessaire pour répéter l'expérience fondamentale d'Oersted, la question capitale est de faire passer dans le multiplicateur une grande quantité d'électricité : la question du *temps* que l'électricité met à traverser le multiplicateur, n'a qu'une importance *secondaire;* quand il s'agit de répéter l'ex-

---

([1]) Cette remarque semble avoir été faite en premier lieu par Colladon (*Annales de Chimie et de Physique* [2], t. XXXIII, p. 62; 1826). (J.)

périence fondamentale d'Ampère, la condition du succès est de faire passer par les conducteurs une grande quantité d'électricité dans *le moins de temps possible;* l'emploi des batteries pour condenser l'électricité et d'une corde mouillée pour opérer la décharge semble particulièrement indiqué. Dans le *premier cas,* l'action d'une même masse d'électricité est toujours la même, quel que soit le temps qu'elle mette à s'écouler, pourvu que ce temps reste petit par rapport à la durée d'une oscillation; dans la *seconde* expérience, conformément à l'article précédent, l'action est *inversement proportionnelle* au temps du passage. C'est ce qui fait que l'emploi de la batterie avec une corde mouillée, sans être absolument indispensable, semble être particulièrement approprié à notre but, et, en effet, j'en ai fait usage tout d'abord dans mes expériences.

A cet effet, je réunissais, dans le même circuit, à la suite l'une de l'autre, les deux bobines du dynamomètre et les deux extrémités libres des fils étaient mises en relation l'une avec l'armature extérieure de la batterie, l'autre par l'intermédiaire d'une corde mouillée avec l'une des branches d'un excitateur à manche de verre. La batterie étant chargée, on approchait l'autre branche de l'excitateur du bouton correspondant à l'armature intérieure de la batterie. Au moment où la décharge s'opérait à travers la corde et les bobines, la bobine mobile, primitivement en repos, était lancée de sa position d'équilibre et mise en oscillation; l'arc d'impulsion dépassait souvent plusieurs centaines de divisions de l'échelle; on en trouvera plus loin plusieurs exemples. L'observateur placé à la lunette pouvait facilement déterminer la *grandeur* de la première élongation, en même temps que le *sens* dans lequel elle avait lieu.

On recommençait l'expérience en donnant la même charge à la bouteille de Leyde ou à la batterie, seulement avec cette différence que l'extrémité du fil qui communiquait avec l'armature extérieure était maintenant mise en relation avec la corde mouillée, et inversement, celui qui était en communication avec la corde mouillée en relation avec l'armature extérieure; dans ce cas, l'action était la *même* non seulement en grandeur, mais en direction, de sorte que, de même que pour les courants ordinaires, il n'y avait *aucune différence d'effet* entre le courant *positif* et le courant *négatif.*

Quant au sens de la *déviation* produite par le courant d'électricité ordinaire, il était bien celui que l'on pouvait déduire à l'*avance* de la loi fondamentale d'Ampère. Il était ainsi démontré que l'expérience fondamentale pouvait être réalisée avec un courant d'électricité ordinaire.

Il était intéressant de vérifier si, pour le succès de cette expérience, l'emploi de la corde mouillée était nécessaire ou bien superflu, comme il arrive généralement, quand le courant d'électricité naturelle est employé non pour l'expérience d'Ampère, mais pour celle d'Oersted, et de voir si les choses se passent toujours de la même manière pour les deux espèces d'actions avec les courants d'électricité ordinaires. Il faudrait, pour résoudre convenablement ce point, des expériences plus complètes que celles que j'ai faites jusqu'à présent; cependant quelques expériences d'essais pourront prendre place ici en attendant.

On a répété les expériences, tantôt en employant, tantôt en enlevant la corde mouillée, et en les complétant par des observations *électromagnétiques;* à cet effet, le multiplicateur d'un galvanomètre magnétique était placé dans le circuit des deux bobines du dynamomètre. Ce dernier instrument servait à indiquer et à mesurer la *quantité* d'électricité qui traversait le circuit, par suite de la décharge de la bouteille de Leyde. Lorsqu'on supprimait la corde mouillée, on remplaçait la grande résistance qu'elle présentait par celle d'un fil de maillechort de $0^{mm},3$ de diamètre, enroulé sur deux tubes de verre distants de $3^{m},75$, de manière à former des spires plates de $7^{m},5$ de longueur parfaitement isolées et distantes environ de 40^{mm}. Le fil formait 32 de ces spires, et l'une de ses extrémités était en communication avec la batterie. Je mets en regard, dans le Tableau suivant, le résultat de deux séries d'expériences, l'une faite avec la corde mouillée, l'autre en enlevant cette corde du circuit. La batterie se composait de quatre bouteilles ayant chacune 2 pieds carrés d'armature; on les chargeait dans toutes les expériences aussi également qu'il était possible de le faire d'après les indications de l'électromètre à quadrant.

La corde était une corde de chanvre de 320^{mm} de long et de 4^{mm} d'épaisseur; elle était plongée dans l'eau avant chaque expérience.

I. — *Décharge à travers la corde mouillée.*

Numéros.	Élongation du galvanomètre $= e$.	Élongation du dynamomètre $= \varepsilon$.
1	51,75	206,99
2	56,26	214,94
3	61,36	236,98
4	52,68	216,63
5	55,31	223,88

II. — *Décharge à travers le circuit métallique, sans la corde.*

6	7,06	0,85
7	7,04	0,85

Les observations au *galvanomètre* montrent que, si l'on admet qu'avec la corde la totalité de l'électricité traverse le circuit, il n'en passe guère que la septième ou la huitième partie, quand la corde est supprimée; d'où il suit qu'en admettant que la décharge sans la corde est plus rapide ou tout au moins n'est pas plus lente qu'avec la corde, on devrait trouver dans le second cas une action électrodynamique qui serait au moins le cinquantième de l'action correspondant au premier. C'est ce qui n'a point lieu, et la comparaison des valeurs de ε inscrites dans la troisième colonne montre que cette action est environ six fois plus petite encore. Quelque faible d'ailleurs que fût cette action, elle était parfaitement appréciable.

Il semblait que l'on eût dû mettre plus nettement en évidence l'influence exercée par l'eau sur le passage du courant, en remplaçant la corde mouillée par un tube de verre rempli d'eau; on s'est servi d'un tube de verre de 120^{mm} de long, de 13^{mm} de diamètre, recourbé en U et rempli d'eau; il fut placé entre l'excitateur et le reste du circuit et l'on recommença les expériences avec la même charge de la batterie. Les résultats qui suivent montrent que l'eau renfermée dans le tube ne peut remplacer la corde mouillée.

III. — *Décharge à travers un tube rempli d'eau.*

Numéros.	Élongation du galvanomètre $= e$.	Élongation du dynamomètre $= \varepsilon$.
1	4,68	3,23
2	4,50	1,57

Toutes les précautions prises dans ces dernières expériences, comme dans les précédentes où l'on supprimait la corde mouillée, pour forcer l'électricité à passer à travers le tube plein d'eau et ensuite à travers le fil de maillechort, pour diminuer au moyen de ces résistances la violence de la décharge et pour obtenir que toute l'électricité traversât le fil de l'instrument, restaient donc vaines : une faible partie seulement de l'électricité semblait suivre réellement ce chemin. Au contraire, quand on remplaçait le tube de verre par une corde en *fils de verre* mouillée extérieurement, on obtenait les mêmes effets qu'avec la corde de chanvre mouillée de la même manière. La décharge à travers une corde de cette espèce de 500^{mm} de longueur, mouillée avec de l'ammoniaque, donnait au galvanomètre et au dynamomètre les élongations suivantes

100,55, 70,35.

Il semble donc que l'électricité fournie par une bouteille de Leyde se répand surtout à la surface des corps, et que par suite un conducteur liquide a plus d'action quand il est répandu à la surface extérieure des corps que lorsqu'il est renfermé à l'intérieur.

Nous citerons encore les résultats d'une série d'expériences faites avec une corde mouillée, et dans laquelle on employait huit bouteilles comme les précédentes et une corde de chanvre de 7^{mm} de diamètre et 2000^{mm} de longueur; cette longueur fut d'ailleurs réduite graduellement jusqu'à 125^{mm}.

LONGUEUR de la corde.	ÉLONGATION du galvanomètre $= e$.	ÉLONGATION du dynamomètre $= \varepsilon$.	$\frac{e^2}{\varepsilon}$.
2000	79,9	65,6	97,3
1000	76,6	153,0	38,3
500	62,2	293,8	23,0
250	87,3	682,0	11,2
125	93,2	hors de l'échelle	//
250	82,9	609,1	11,3
500	95,6	422,8	21,6
1000	95,8	210,1	43,7
2000	101,5	98,0	105,0

J'ajouterai encore que, lorsque la corde était trempée dans de l'acide sulfurique étendu, la décharge de la batterie donnait au galvanomètre une déviation de 83^{div} de l'échelle, tandis que l'impulsion du dynamomètre, même pour la longueur de 2^{mm}, était trop grande pour être mesurée avec l'échelle.

On voit facilement qu'il y a là un vaste champ de recherches d'un grand intérêt; je n'ai pas poursuivi ces expériences parce qu'il me paraissait nécessaire avant tout de déterminer exactement par des mesures directes la quantité d'électricité de la batterie; il n'y avait qu'à suivre pour ces expériences la marche donnée par Riess dans ses recherches électriques; mais, n'ayant pas à ma disposition les appareils nécessaires, j'ai remis ce travail à un moment plus favorable.

Quoi qu'il en soit, les dernières expériences citées présentent déjà, abstraction faite de la *grandeur* des actions, un tel degré de régularité, qu'il paraît vraisemblable que, dans la décharge de la bouteille de Leyde par une corde mouillée, *toute l'électricité* traverse réellement le circuit et donne un courant tout à fait comparable pour la continuité au courant d'une pile voltaïque ([1]).

([1]) On pourrait disposer les expériences électrodynamiques avec deux *dynamomètres*, de manière que dans l'un l'électricité traversât *successivement* et dans l'autre *simultanément* la bobine fixe et la bobine mobile. En comparant les données des deux instruments quand on les fait traverser par la décharge d'une batterie, on pourrait s'assurer avec précision de la continuité ou de la discontinuité du courant. (W.)

S'il en était réellement ainsi, on pourrait tirer un parti important des expériences précédentes, en appliquant les règles données dans l'art. 13, pour déterminer en valeur absolue la *durée* du courant, durée qu'on peut considérer comme étant la même que celle de l'étincelle de décharge. On sait que Wheatstone a déterminé d'une tout autre manière la durée de l'étincelle de décharge, et il serait nécessaire de comparer les résultats obtenus par des voies si différentes. Pour réduire aux valeurs *absolues* les valeurs *relatives* du temps, déduites des expériences précédentes et inscrites dans la colonne sous le titre $\frac{e^2}{\varepsilon}$, il suffit, comme à la page 381, de faire passer un même courant constant dans les deux instruments. J'ai trouvé ainsi qu'il fallait diviser les valeurs de $\frac{e^2}{\varepsilon}$ du Tableau précédent par le nombre

$$1188$$

pour avoir la durée du courant en secondes. C'est ainsi qu'a été calculé le Tableau suivant :

Longueur de la corde en millimètres.	Durée de l'étincelle en secondes.
2000	0,0819
1000	0,0322
500	0,0193
250	0,0094
250	0,0095
500	0,0182
1000	0,0368
2000	0,0883

ou, en prenant les moyennes,

Longueur de la corde en millimètres.	Durée de l'étincelle en secondes.
2000	0,0851
1000	0,0345
500	0,0187
250	0,0095

Il s'ensuit que *la durée de l'étincelle est sensiblement propor-*

tionnelle à la longueur de la corde; voici, en effet, les valeurs *calculées* et les différences qu'elles présentent avec les valeurs *observées.*

Longueur de la corde en millimètres.	Durée calculée de l'étincelle en secondes.	Différence avec l'observation.
2000	0,0816	—0,0035
1000	0,0408	+0,0060
500	0,0204	+0,0017
250	0,0102	+0,0007

Les résultats obtenus par Wheatstone pour la durée de la décharge dans des conducteurs purement métalliques sont incomparablement plus petits; mais ils sont en conformité parfaite en ce qui concerne la proportionnalité que nous trouvons ici entre la durée de l'étincelle et la longueur de la corde mouillée. Le fait que *le mouvement de l'électricité est tellement retardé par l'eau* qu'elle met $\frac{1}{12}$ de seconde environ à parcourir un chemin de 2^m mérite une attention spéciale. On pourrait objecter à la méthode suivie pour observer ces durées, abstraction faite de l'objection relative à la discontinuité du courant d'électricité ordinaire (objection dont il a déjà été question plus haut et qui me paraît écartée en grande partie, sinon absolument, par l'influence de l'eau), que le courant commence par être très intense au premier instant, mais qu'il va ensuite en *décroissant progressivement* et que la méthode n'est exacte que lorsque le courant garde une intensité constante pendant sa courte durée. Quand même on n'obtiendrait pas dans ce cas la véritable durée, mais celle qui correspondrait à l'*intensité moyenne,* l'intérêt de la détermination n'en serait pas beaucoup diminué, attendu qu'en général la connaissance de cette dernière durée est plus intéressante que celle de la première. Remarquons en outre que la même cause entraîne une erreur du même genre dans les déterminations de la durée de l'étincelle faites par la méthode de Wheatstone : l'étincelle donne lieu à une ligne lumineuse qui, par suite de cette diminution progressive de l'intensité, va en s'éteignant progressivement et sans limite précise.

15.

Je citerai encore deux genres de recherches intéressant la *théorie de l'électricité* et pour lesquelles l'emploi du dynamomètre ouvre une voie nouvelle; je ne m'y arrêterai pas longuement pour le moment, parce que je n'ai point encore fait les expériences nécessaires pour exposer en même temps que la méthode les résultats qu'elle peut donner.

Voici quelles sont ces recherches :

1° Détermination de la durée de propagation d'un courant, sujet sur lequel on a seulement quelques expériences de Wheatstone, mais qui, d'après la déclaration de Wheatstone lui-même, ne donnent aucun résultat certain;

2° Détermination de la force électromotrice d'une pile indépendamment de la polarisation.

L'emploi du dynamomètre, dans le *premier* cas, demanderait que la bobine bifilaire fût séparée de la bobine fixe par un conducteur d'une grande longueur et qu'on lançât dans ce long circuit un courant dont les changements de direction eussent une rapidité comparable à la vitesse de rotation du miroir de Wheatstone. La méthode du dynamomètre aurait sur celle de Wheatstone l'avantage d'employer des courants galvaniques, au lieu de l'électricité ordinaire, et de ne jamais laisser le circuit ouvert, ce qui est indispensable pour produire l'étincelle dans la méthode de Wheatstone. Le *second* emploi du dynamomètre repose sur la mesure des courants instantanés suivant la méthode de l'art. 13.

16.

Emploi du dynamomètre pour la mesure de l'intensité des vibrations sonores.

Il me reste à parler de l'application du dynamomètre à des recherches concernant une autre partie de la Physique; cette application présente un intérêt tout particulier, parce qu'elle met en pleine lumière et d'une façon caractéristique ce qu'on peut tirer de cet instrument. Nous sommes en possession de *galvanomètres* d'une sensibilité extraordinaire qui nous permettent de découvrir ou d'étudier les plus faibles courants produits dans la nature. Il suffit de citer les beaux travaux de Melloni pour comprendre l'importance extrême, pour la Science générale, de cet instrument qui permet de saisir les traces des moindres mouvements électriques. En dépit de cette sensibilité, on n'est pas parvenu à reconnaître des courants électriques là où l'on s'attendrait à en trouver, peut-être uniquement parce que l'instrument, malgré sa délicatesse, n'est pas apte à les mettre en évidence. Ceci mérite d'autant plus l'attention qu'on peut concevoir et même réaliser *une espèce* de courants, qui serait incapable, par la nature même des choses, d'agir sur les instruments les plus sensibles. Je veux parler des courants variables dont la *direction change* rapidement et à intervalles égaux. Les actions, alternativement de sens contraires, qu'exerce un pareil courant sur l'aiguille aimantée la plus délicate, mais dont le magnétisme reste le même, s'annulent complètement. Les phénomènes observés par Poggendorff (*Ann.*, t. XLV, p. 355; 1838), et dans lesquels cette action ne paraît pas s'annuler complètement, sont dus à ce que le magnétisme de l'aiguille ne reste pas constant, et d'ailleurs ils disparaissent de nouveau quand les alternances deviennent extrêmement rapides. Peut-être existe-t-il dans la nature beaucoup de ces courants alternatifs de très courte période, dont nous n'avons aucune idée, faute d'un moyen de les mettre en évidence. L'existence de pareils courants n'est pas du tout invraisemblable, puisque le mouvement d'électricité qui leur donnerait naissance ne différerait du mouvement de l'électricité dans les courants ordinaires qu'en ce que ce mouvement serait *oscillatoire* au lieu d'être *progressif*. Le mouvement progressif de l'électricité est si fréquent dans la nature, qu'on ne voit pas pourquoi, avec une mobilité si grande, on ne rencontrerait pas des conditions capables de produire un mouvement alternatif. Si, par exemple, les ondulations de la lumière exerçaient une action sur les fluides électriques et étaient capables de troubler leur équilibre, il y aurait tout lieu de croire que ces *actions*, produites par les ondulations lumineuses, auraient la même période que ces *ondulations elles-mêmes* et donneraient comme résultat des *oscillations électriques* qu'il serait impossible de découvrir avec les instruments ordinaires. Maintenant les oscillations lumineuses sont tellement rapides que, si les oscillations électriques qui en seraient la conséquence étaient de même période, il n'y aurait guère à espérer d'arriver jamais, avec quelque instrument que ce fût, à les mettre en évidence; mais il y a dans la nature des oscillations beaucoup plus lentes, par exemple les ondulations sonores, et il est permis de se demander s'il n'existerait pas aussi des oscillations électriques qui en seraient la conséquence, et, dans ce cas, quels seraient les moyens de les découvrir et de les étudier.

Je donnerai ici un exemple de pareilles *oscillations électriques* développées par les vibrations sonores et je montrerai comment le dynamomètre permet de saisir et d'étudier ces oscillations électriques, comment, d'autre part, la mesure de l'action de ces oscillations peut servir à son tour à mesurer les vibrations sonores dont elles sont l'effet, et comment enfin nous trouvons là, pour beaucoup de recherches acoustiques, un procédé qui nous faisait absolument défaut, pour mesurer l'*intensité des vibrations sonores*.

En fait, la propriété essentielle du dynamomètre, celle qui le caractérise le mieux et le distingue des autres galvanomètres, c'est d'être *indifférent* à la *direction* du courant qui agit sur lui, tandis que les indications de tous les autres galvanomètres changent de sens avec le courant. C'est ce que nous avons déjà fait remarquer dans l'art. 13. Il en résulte immédiatement que, dans le cas d'un courant *constant*, l'indication du dynamomètre mesure le *carré de l'intensité du courant*, tandis que les autres galvanomètres mesurent l'intensité elle-même.

Il résulte de cette propriété caractéristique du dynamomètre que les actions du courant alternatif qui se succèdent avec une grande rapidité, au lieu de s'annuler réciproquement comme dans les galvanomètres électromagnétiques, ajoutent au contraire leur effet; et que par suite le dynamomètre se trouve destiné par sa nature même à mettre en évidence des courants qui auraient échappé à tout autre moyen d'investigation.

Les limites dans lesquelles s'exercent les vibrations sonores sont le plus souvent tellement étroites, tellement microscopiques, qu'on pouvait difficilement espérer pouvoir leur faire produire des oscillations électriques de l'amplitude nécessaire pour agir d'une manière sensible sur le dynamomètre. Toutefois, en calculant les vitesses absolues que prend un corps en vibration au milieu de son oscillation, on trouve que ces vitesses, à cause de la très courte durée de l'oscillation et en dépit de la petitesse de l'élongation, peuvent souvent atteindre 1 pied et davantage par seconde.

En partant de là, j'ai disposé une expérience qui semblait devoir me donner du premier coup un résultat.

J'ai pris une lame vibrante d'acier *aaa* (*fig.* 13), bien dressée et trempée, je l'ai aimantée et serrée aux extrémités *b*, *b*, *b'b'* de ses deux lignes nodales, par des pointes de vis faisant axe de rotation, suivant la manière que j'ai déjà décrite dans les *Annales de Poggendorff* de 1833 (t. XXVIII, p. 4), de manière qu'elle se divisât en trois parties vibrant simultanément en sens contraires. Les deux extrémités font simultanément leurs oscillations dans

Fig. 13.

le même sens, alternativement vers le haut et vers le bas. Le magnétisme libre qui est distribué dans le barreau peut, comme Gauss l'a montré, être remplacé par une distribution idéale limitée à la surface du barreau et exerçant sur tout point extérieur la même action que la distribution réelle; pour une forte aimantation du barreau le magnétisme nord se trouve presque entièrement sur l'une des extrémités vibrantes de la lame et le magnétisme sud sur l'autre extrémité, et il faut considérer chacun d'eux comme concentré surtout vers les bords, c'est-à-dire précisément dans les parties où les vibrations sonores atteignent leur plus grande amplitude. J'ai entouré ces deux parties extrêmes de la lame vibrante de deux cadres conducteurs *ccc*, *c'c'c'*, formés d'un fil fin de cuivre, en les disposant de telle sorte qu'ils ne touchent nulle part la lame de manière à gêner son mouvement. Sur les côtés des cadres inducteurs qui se faisaient face, on avait ménagé entre les spires un passage pour la barre dont les extrémités se trouvaient ainsi entièrement comprises dans l'inducteur. Les spires de l'inducteur étaient parallèles entre elles et situées dans un plan perpendiculaire à la direction des vibrations de la lame. Les deux fils *dddd* des inducteurs étaient reliés entre eux de manière que les spires fussent enroulées en sens contraire de part et d'autre. Les deux extrémités restées libres *ee* et *e'e'* étaient reliées l'une au fil de la bobine mobile, l'autre au fil de la bobine fixe du dynamomètre, les deux autres fils des bobines communiquant entre eux. Le dynamomètre était complètement en repos. Tout étant ainsi préparé, on mettait la lame en vibration en la frappant en son milieu d'un fort coup de tampon. Aussitôt la bobine bifilaire s'écartait de 20^{div} à 30^{div} et se mettait à osciller; en déduisant des valeurs des maxima et des minima des élongations la position d'équilibre autour de laquelle se faisaient les oscillations, on trouvait que cette position avait changé, mais qu'elle allait en se rapprochant rapidement du zéro initial, au fur et à mesure que les vibrations sonores allaient en diminuant.

J'ajouterai que j'ai obtenu des élongations dépassant plusieurs centaines de divisions de l'échelle en ne laissant vibrer le barreau que pendant que la déviation de la bobine allait en augmentant, arrêtant les vibrations pendant que l'oscillation se faisait en sens contraire, et la faisant vibrer de nouveau quand l'oscillation recommençait dans le sens primitif, et ainsi de suite.

Il est à peine besoin de dire que, si l'on voulait effectivement faire une détermination exacte de l'intensité des vibrations sonores, ce ne serait point par le choc d'un tampon qu'on devrait mettre la lame en vibration : de cette manière l'intensité des vibrations diminue trop rapidement et arrive trop vite à zéro; il faudrait, par une action continue convenablement réglée, obtenir un mouvement vibratoire permanent d'une plus grande durée.

Il n'y avait aucun doute *a priori* que les oscillations électriques que nous venons de réaliser ne dussent se produire dans les conditions où nous opérions, mais il y avait à trouver une méthode capable de les *mettre en évidence*. Maintenant que cette méthode a fait ses preuves, on peut aller de l'avant et considérer comme certain que son emploi conduira à la découverte d'oscillations électriques dans des circonstances dont nous ne pouvons avoir l'idée. Pour donner une nouvelle preuve de la variété de ces applications, je citerai encore l'expérience suivante. On fait passer un fort courant galvanique très près d'une corde vibrante faisant partie d'un circuit fermé; celui-ci, par suite des oscillations de la corde, devient le siège de courants induits, alternativement positifs et négatifs, semblables à ceux qui étaient produits par les vibrations du barreau aimanté et dont l'intensité peut être mesurée avec le dynamomètre.

17.

Des différents modes d'emploi du dynamomètre.

Il y a, en réalité, *trois* manières d'installer le dynamomètre, se prêtant toutes à des mesures exactes et présentant, suivant les circonstances, des avantages particuliers. En dehors de la *première* disposition, la seule que nous ayons employée jusqu'ici, il en est une *seconde* qui se présente d'elle-même, attendu que, dans son principe essentiel, elle a déjà été employée bien des fois pour observer l'action du magnétisme terrestre sur un conducteur. L'expérience consiste à suspendre par un fil, comme on le ferait

Fig. 14.

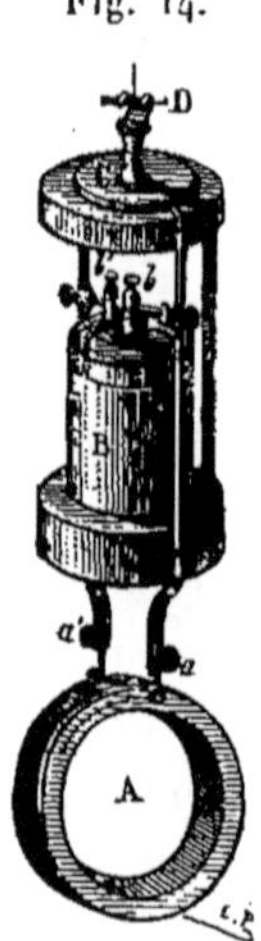

pour un aimant, le système formé par un conducteur contourné en cercle et la pile qui lui fournit le courant, et à observer le mouvement de rotation que la Terre imprime au courant fermé, comme elle le ferait sur une aiguille aimantée mobile. En fait, dans cette disposition, on a un conducteur mobile dont les oscillations et les déviations peuvent être observées avec la même précision que celles de notre bobine bifilaire et il suffirait d'entourer le système mobile d'un multiplicateur fixe traversé également par le courant pour compléter le dynamomètre. Ajoutons que la découverte des piles *constantes* de Daniell et de Grove permet d'employer cet instrument dans des recherches délicates que la variation des courants aurait empêché d'aborder autrefois. C'est un petit élément de Grove qui convient le mieux dans ce cas; avec de petites dimensions et un faible poids, il donne un courant suffisamment fort et constant. Grâce à l'emploi du miroir, de la lunette et de l'échelle, on peut effectuer avec cet instrument les observations les plus délicates. La *fig.* 14 représente l'instrument employé. A est le fil enroulé en anneau : ses extrémités sont mises en communication par les bornes de laiton *ab* et *a'b'* avec les pôles platine et zinc d'un petit élément de Grove construit par Kleinert, de Berlin. L'élément est porté par un équipage en bois muni, à sa partie supérieure, d'un cercle de torsion C, auquel est fixé le fil de suspension D.

Malgré les avantages que présente cette disposition dans certains cas particuliers, elle ne saurait en général remplacer la première, attendu qu'il lui manque *deux* avantages que possède le dynamomètre avec la bobine *bifilaire*, et qui tiennent à ce que le courant qui traverse la bobine bifilaire peut non seulement être envoyé dans la bobine fixe qui sert de multiplicateur, mais encore dans tout autre conducteur. Le *premier* de ces avantages est la possibilité d'employer simultanément le *dynamomètre* et le *galvanomètre* et d'avoir ainsi une mesure indépendante de l'intensité du courant dans la bobine mobile, mesure qu'on ne peut obtenir avec l'autre instrument, faute de pouvoir faire passer le courant de la pile mobile dans le multiplicateur d'un *galvanomètre*.

L'observation simultanée du dynamomètre et du galvanomètre permet, comme on en a eu plusieurs exemples dans ce qui précède, de ramener les actions électrodynamiques à une même intensité de courant. L'emploi d'une pile constante ne saurait éviter cette correction, parce que dans ces piles l'intensité du courant est encore soumise à des variations considérables, lesquelles ne peuvent pas du tout être négligées dans des expériences précises.

Le *second* avantage, c'est que, dans le dynamomètre, on fait passer le même courant dans les deux bobines, la bobine fixe et la bobine mobile, et que, par suite, on observe *le carré de l'intensité,* lequel est indépendant de la *direction* du courant; d'où cette propriété caractéristique de l'instrument de donner, par son emploi simultané avec le galvanomètre électromagnétique, les éléments nécessaires pour la connaissance complète d'un courant *instantané* (voir plus haut art. 13). Cet avantage ne se retrouve dans aucun des instruments où la pile forme un système mobile avec la bobine; les courants qu'on *veut étudier* ne peuvent être utilisés que dans la bobine *fixe*, la bobine *mobile* étant traversée par un courant invariable; il en résulte que, comme dans le galvanomètre électromagnétique, l'action est simplement proportionnelle à l'intensité du courant, de sorte que l'instrument ne peut que rendre les mêmes services qu'un galvanomètre électromagnétique sans pouvoir le compléter.

J'arrive maintenant à la *troisième* forme du dynamomètre, laquelle présente toutes les propriétés essentielles de la première, mais qui est susceptible de donner une extension encore plus grande aux mesures électrodynamiques, principalement dans ces cas où le *premier* système ne peut plus être employé à cause de la finesse des fils de suspension par lesquels il faut faire passer le courant.

Cette troisième forme repose sur le principe que j'ai appliqué, dans le tome VIII des *Commentat. Soc. Reg. Sc. Gottengensis recentiores,* à la construction d'une *balance* complètement mobile et exempte de tout frottement, principe qui consiste à opposer à l'*action de la pesanteur* l'*action d'un ressort.* Je suspends le fléau horizontal de la balance à deux ressorts élastiques verticaux. Ces ressorts se tendent quand le fléau tend à tourner et en vertu de leur *élasticité s'opposent* d'autant plus à la rotation que celle-ci tend à être plus grande. Si la rotation du fléau se fait autour d'un axe situé au-dessous de son centre de gravité, l'action de la pesanteur, quand le fléau s'incline, tend d'autant plus à faire tourner le fléau que la rotation est déjà plus grande, et dès lors il y a nécessairement une position pour laquelle l'action *résistante* du ressort et l'action *motrice* de la pesanteur se font mutuellement équilibre; le fléau n'est plus horizontal, il reste en équilibre dans une position inclinée, mais il est évident que la moindre action le fera passer de cette position à une autre, toute question de frottement se trouvant écartée.

C'est un fléau *compensé* de cette manière, que j'emploie pour le dynamomètre; il remplace la bobine mobile et les deux ressorts jouent le même rôle que les deux fils de suspension pour amener et emporter le courant. Les ressorts ont sur les fils fins cet avantage important de pouvoir supporter des courants de grande intensité que l'on ne pourrait faire passer dans ces fils. Pour de pareils courants, il faut un circuit formé de conducteurs aussi gros et aussi courts que possible; dans ce cas, le fléau, qui est traversé lui-même par ce courant entre les deux ressorts, doit être un barreau médiocrement long; on augmente la sensibilité en le munissant d'un miroir. Quant à la bobine *fixe,* on la remplace également par un barreau *fixe* assez court, dans lequel on fait également passer le courant galvanique; ce barreau agit sur le barreau *mobile* et l'écarte, comme dans le cas de la balance, de sa position primitive. La sensibilité de l'instrument dépend surtout de la distance à laquelle les deux barreaux parallèles, le barreau fixe et le barreau mobile, sont l'un de l'autre. J'avais été conduit à construire cet instrument pour poursuivre les expériences électrodynamiques avec l'électricité ordinaire, en présence des difficultés que je rencontrais et que je tenais à écarter à tout prix, pour assurer le passage de la décharge de la bouteille de Leyde dans les nombreuses spires des deux bobines du *premier* dynamomètre. Cet instrument n'a pas encore été amené au degré de perfection qui serait nécessaire pour ce genre de recherches.

Avant de terminer ce Chapitre sur les différentes formes du dynamomètre, je ferai encore quelques remarques sur la transformation de cet instrument en un *galvanomètre magnétique*. J'ai déjà rappelé, en parlant de la *seconde* forme du dynamomètre, que le système d'une pile *mobile* fermée sur elle-même avait déjà été appliqué à des recherches *électromagnétiques,* par exemple pour observer l'action de la terre sur un conducteur galvanique. Avec une pile mobile ainsi fermée sur elle-même, à la condition de pouvoir compter sur l'invariabilité du courant, on pourrait répéter toutes les expériences et toutes les mesures relatives au magnétisme terrestre que l'on fait avec le magnétomètre et l'on pourrait par suite donner à l'instrument le nom de *magnétomètre galvanique*. Notre premier dynamomètre peut aussi de son côté être employé comme galvanomètre magnétique, présentant, par rapport à un magnétomètre muni d'un multiplicateur, de grands avantages quand on l'applique non seulement à des mesures relatives, mais à des mesures *absolues* d'intensité. Avec le magnétomètre muni d'un multiplicateur, le conducteur du courant reste immobile et c'est l'aimant qui se déplace; il est évidemment indifférent, au point de vue de l'action exercée, que ces rapports soient renversés et que ce soit l'aimant qui soit fixe, tandis que le courant est mobile. Pour le conducteur mobile, on peut prendre la bobine de notre dynamomètre suspendue par les deux fils, et pour l'aimant fixe (que remplace ici la bobine fixe) la terre elle-même. Quand on veut employer de cette manière l'action de la terre, il faut orienter autrement la bobine bifilaire; au lieu de l'orienter comme plus haut à la manière d'un *magnétomètre de déclinaison*, de telle sorte que son axe soit parallèle au méridien magnétique, il faut l'orienter comme un *magnétomètre d'intensité*, de manière que son axe soit perpendiculaire au méridien magnétique. On peut alors l'appeler un *galvanomètre magnétique bifilaire*. Cet instrument si simple présente pour les déterminations *absolues* d'intensité de courant le grand avantage que, vu la grande distance à laquelle agit le magnétisme terrestre, on n'a plus à tenir compte de la position et de la distance de chaque élément de conducteur par rapport à chaque élément de l'aimant, et que par suite, pour une mesure absolue d'intensité de courant, en dehors de la connaissance en valeurs absolues du magnétisme terrestre, de la déviation, de la durée d'oscillation et du moment d'inertie de la bobine mobile, il suffit de connaître un seul élément, savoir la *surface* comprise par les spires de fil, comme je l'ai déjà montré dans les *Resultate aus den Beobachtungen des Magnetischen Vereines im Jahre* 1840, p. 93; j'ai donné en cet endroit quelques déterminations d'intensité en valeur absolue qui avaient été faites au moyen de cet instrument.

Les recherches qui précèdent avaient pour but principal d'établir une méthode *expérimentale* pour la mesure des forces électrodynamiques, de les exprimer en valeur absolue, en fonction des unités d'espace, de temps et de masse. C'est cette pensée qui avait présidé à l'installation des appareils, laquelle, comme dans le cas du magnétisme de Gauss, exigeait pour les locaux employés des conditions de stabilité et de grandeur que ne demandent point les appareils ordinaires de Physique, dans lesquels la graduation qui donne la mesure fait partie de l'instrument même en observation. Une pareille installation, une fois faite dans des conditions convenables, peut servir à de nombreuses séries d'observations de même nature; mais elle n'est pas facile à modifier et ne se prête pas aisément à des objets divers. Je dois reconnaître comme une circonstance particulièrement heureuse d'avoir trouvé dans l'Institut physique de Leipzig des conditions favorables à une pareille installation; cependant, plus d'une fois, comme j'ai eu occasion de le mentionner, j'ai été obligé de me restreindre dans mes expériences de vérification, faute de pouvoir disposer d'une manière également convenable toutes les parties de l'installation. En considération de ces difficultés toutes matérielles et qui seraient peut-être plus grandes encore ailleurs qu'ici, et aussi parce que beaucoup d'expérimentateurs sont moins familiarisés avec ce genre d'instruments, j'ai engagé notre constructeur, M. Leyser, à établir pour l'usage courant des appareils portatifs de petite dimension, sans le dispositif de l'échelle, munis seulement, à la manière ordinaire, d'un cercle divisé avec un index, et pouvant suffire cependant à la répétition de la plupart des expériences et aux mesures ordinaires. J'appelle sur ces instruments de petite dimension l'attention des personnes qui voudraient s'adonner à ce genre de recherches, sans avoir à leur disposition les instruments décrits précédemment (1).

---

(1) Le Mémoire de Weber renferme une dernière partie purement théorique que nous n'avons pas jugé utile de reproduire. Elle forme les articles 18-31 (p. 97-170) du Mémoire. Weber y établit une formule comprenant à la fois la loi de Coulomb et la loi d'Ampère et dont on peut déduire les phénomènes d'induction. Le lecteur trouvera un résumé du travail de Weber dans la *Théorie mécanique de la chaleur* de Briot, 2e édit., p. 208 (Gauthier-Villars, 1883), et dans les *Leçons sur l'électricité et le magnétisme* de Mascart et Joubert, t. I, p. 679 (G. Masson, 1882). (J.)

FIN DU TOME III.

TABLE DES MATIÈRES.

Pages.

XXX. Ampère.... — Mémoire sur la théorie mathématique des phénomènes électro-dynamiques, uniquement déduite de l'expérience, dans lequel se trouvent réunis les Mémoires que M. Ampère a communiqués à l'Académie royale des Sciences, dans les séances des 4 et 26 décembre 1820, 10 juin 1822, 22 décembre 1823, 12 septembre et 28 novembre 1825 1

Notes contenant quelques nouveaux développements sur des objets traités dans le Mémoire précédent..... 174

XXXI. Ampère.... — Mémoire communiqué à l'Académie royale des Sciences dans sa séance du 21 novembre 1825, faisant suite au Mémoire lu dans la séance du 12 septembre.......... 194

XXXII. Ampère.... — Précis d'un Mémoire lu à l'Académie royale des Sciences dans sa séance du 21 novembre 1825......... 203

XXXIII. Ampère.... — Lettre de M. Ampère à M. Gherardi, sur divers phénomènes électro-dynamiques..... 217

XXXIV. Ampère.... — Mémoire sur l'action mutuelle d'un conducteur voltaïque et d'un aimant..... 224

XXXV. Ampère.... — Lettre à M. le Dr Gherardi (Supplément au Mémoire sur l'action mutuelle d'un conducteur voltaïque et d'un aimant)..... 275

XXXVI. W. Weber. — Mesures électrodynamiques absolues. — Sur la loi fondamentale des actions électriques..... 289

Table des matières..... 403

10892 Paris. — Imprimerie GAUTHIER-VILLARS, quai des Augustins, 55.

www.ingramcontent.com/pod-product-compliance
Ingram Content Group UK Ltd.
Pitfield, Milton Keynes, MK11 3LW, UK
UKHW021843190726
13855UKWH00001B/122

9 782013 590075